全国技工院校计算机类专业教材（中／高级技能层级）

Access 2021 基础与应用

主　编　申海军
副主编　袁超凡
主　审　王　雪

中国劳动社会保障出版社

简介

本书主要内容包括初步认识 Access 2021 数据库、数据库表的创建及应用、查询的创建及应用、窗体的创建及应用、报表的创建及应用、综合运用、综合案例分析等。

本书由申海军担任主编，袁超凡担任副主编，王雪担任主审。

图书在版编目（CIP）数据

Access 2021 基础与应用 / 申海军主编 . -- 北京：中国劳动社会保障出版社，2024. --（全国技工院校计算机类专业教材）. -- ISBN 978-7-5167-6531-9

Ⅰ. TP311.132.3

中国国家版本馆 CIP 数据核字第 2024ED8044 号

中国劳动社会保障出版社出版发行

（北京市惠新东街 1 号　邮政编码：100029）

*

保定市中画美凯印刷有限公司印刷装订　　新华书店经销

787 毫米 ×1092 毫米　16 开本　20.75 印张　394 千字

2024 年 11 月第 1 版　　2024 年 11 月第 1 次印刷

定价：51.00 元

营销中心电话：400-606-6496

出版社网址：https://www.class.com.cn

https://jg.class.com.cn

前　言

为了更好地满足技工院校计算机类专业的教学要求，适应计算机行业的发展现状，全面提升教学质量，我们组织全国有关学校的一线教师和行业、企业专家，在充分调研企业用人需求和学校教学情况、吸收借鉴各地技工院校教学改革的成功经验的基础上，根据人力资源社会保障部颁布的《全国技工院校专业目录》及相关教学文件，对技工院校计算机类专业教材进行了修订和新编。

本次修订（新编）的教材涉及计算机类专业通用基础模块及办公软件、多媒体应用软件、辅助设计软件、计算机应用维修、网络应用、程序设计、操作指导等多个专业模块。

本次修订（新编）工作的重点主要有以下几个方面。

突出技工教育特色

坚持以能力为本位，突出技工教育特色。根据计算机类专业毕业生就业岗位的实际需要和行业发展趋势，合理确定学生应具备的能力和知识结构，对教材内容及其深度、难度进行了调整。同时，进一步突出实际应用能力的培养，以满足社会对技能型人才的需求。

针对计算机软、硬件更新迅速的特点，在教学内容选取上，既注重体现新软件、新知识，又兼顾技工院校教学实际条件。在教学内容组织上，不仅局限于某一计算机软件版本或硬件产品的具体功能，而是更注重学生应用能力的拓展，使学生能够触类旁通，提升综合能力，为后续专业课程的学习和未来工作中解决实际问题打下良好的基础。

创新教材内容形式

在编写模式上，根据技工院校学生认知规律，以完成具体工作任务为主线组织教材内容，将理论知识的讲解与工作任务载体有机结合，激发学生的学习兴趣，提高学生的实践能力。

在表现形式上，通过丰富的操作步骤图片和软件截图详尽地指导学生了解软件功能并完成工作任务，使教材内容更加直观、形象。结合计算机类专业教材的特点，多数教材采用四色印刷，图文并茂，增强了教材内容的表现效果，提高了教材的可读性。

本次修订（新编）工作还针对大部分教材创新开发了配套的实训题集，在教材所学内容基础上提供了丰富的实训练习题目和素材，供学生巩固练习使用，既节省了教材篇幅，又能帮助学生进一步提高所学知识与技能的实际应用能力。

提供丰富教学资源

在教学服务方面，为方便教师教学和学生学习，配套提供了制作素材、电子课件、教案示例等教学资源，可通过技工教育网（https://jg.class.com.cn）下载使用。除此之外，在部分教材中还借助二维码技术，针对教材中的重点、难点内容，开发制作了操作演示微视频，可使用移动设备扫描书中二维码在线观看。

致谢

本次修订（新编）工作得到了河北、山西、黑龙江、江苏、山东、河南、湖北、湖南、广东、重庆等省（直辖市）人力资源社会保障厅（局）及有关学校的大力支持，在此我们表示诚挚的谢意。

编者

2023 年 4 月

目　录

CONTENTS

项目一
初步认识 Access 2021 数据库

任务　体验 Access 2021 的基本操作

1. 了解 Access 2021 的基本功能。
2. 掌握 Access 2021 的启动方法。
3. 熟悉 Access 2021 的开始界面和操作界面。
4. 了解 Access 2021 数据库的基本知识。

当某位同学想要写生日贺卡时，可能会拿出写满了姓名、出生日期的同学录，通过某种顺序或分类来查找需要的信息。

当某位同学想要去学校的图书馆查找资料时，管理员可能会拿出写满了书名、存放位置的馆藏目录，通过某种顺序或分类来查找需要的书籍。

这里的同学录和馆藏目录其实都是典型的小数据库，可以用来存储和组织有用的信息。想象一下，当同学录上记录的名字逐渐超过百人，馆藏目录上记录的书目超过千本甚至更多时，如果仍使用原来的方法查找需要的内容，既费时费力，又准确率低，这时就需要数据库软件来协助管理这些数据。

Access 2021 是微软公司推出的基于 Windows 操作系统的数据库管理软件，本任务的内容是练习 Access 2021 的几种启动方法，并熟悉其开始界面和操作界面的基本组成元素。

一、数据库

数据库是一种用于存储和组织信息的工具，可以用来存储同学录、馆藏目录、考试成绩或其他任何内容的信息。

实际上，同学录就是一个最简单的数据库，每位同学的姓名、地址、电话等信息就是这个数据库中的数据。

二、Access 2021 的基本功能

Access 2021 提供了表、查询、窗体、报表 4 种用来建立数据库系统的对象，提供了多种向导、生成器、模板，把数据存储、数据查询、界面设计、报表生成等操作规范化，为建立功能完善的数据库管理系统提供了方便，使用户不必编写代码就可以完成大部分的数据管理任务。

三、Access 2021 的数据库对象

通过熟悉 Access 2021 数据库中的表、查询、窗体和报表对象，用户可以更加轻松地执行各种任务。例如，将数据输入到数据库表中、添加或删除记录、查找并替换数据，以及进行数据查询操作。

1. Access 2021 的数据库文件

Access 2021 创建的数据库文件的扩展名为“.accdb”，早期版本的 Access 创建的数据库文件的扩展名为“.mdb”。Access 2021 可以兼容早期版本的 Access 创建的数据库文件。

在 Access 2021 数据库文件中，可以使用 Access 2021 数据库对象来管理各种信息，如图 1-1-1 所示。

（1）使用表来存储数据。只需在一个表中存储一次数据，便可以在多处使用此数据。

（2）使用查询来查找和检索所需数据。

（3）使用窗体来查看、添加和更新表中的数据。

（4）使用报表来分析数据或打印特定布局的数据。

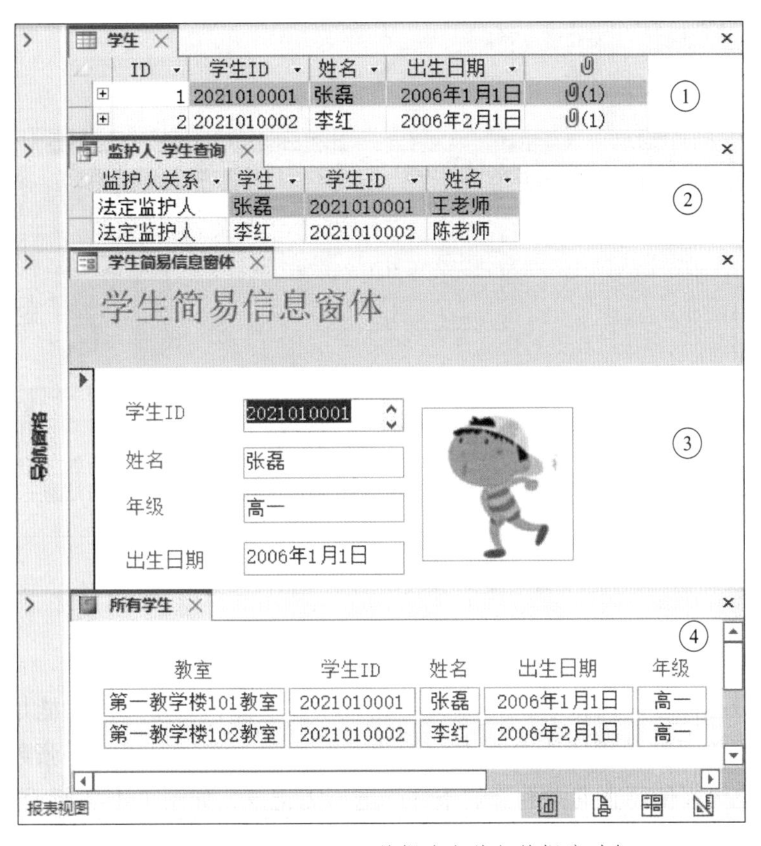

图 1-1-1　Access 2021 数据库文件与数据库对象

2. 表和关系

Access 2021 数据库表在外观上与 Excel 2021 电子表格相似，二者都是以行和列存储数据，可以很容易地将 Excel 2021 电子表格导入 Access 2021 数据库表中。

要在 Access 2021 数据库中存储数据，需要为每种信息创建一个数据库表。例如，可以为学生信息和监护人信息各创建一个数据库表。在查询、窗体或报表中收集多个表中的信息时，还需要定义表与表之间的关系，如图 1–1–2 所示。

（1）曾经存在于学生学籍文档中的学生信息现在位于“学生”表中。

（2）曾经存在于监护人花名册中的监护人信息现在位于“监护人”表中。

（3）通过将一个表的唯一字段添加到另一个表中并定义这两个字段之间的关系，Access 2021 可以匹配这两个表中的相关记录，以便在窗体、报表或查询中收集相关记录，如“学生”表中的字段“学生 ID”与“监护人”表中的字段“学生 ID”相互匹配。

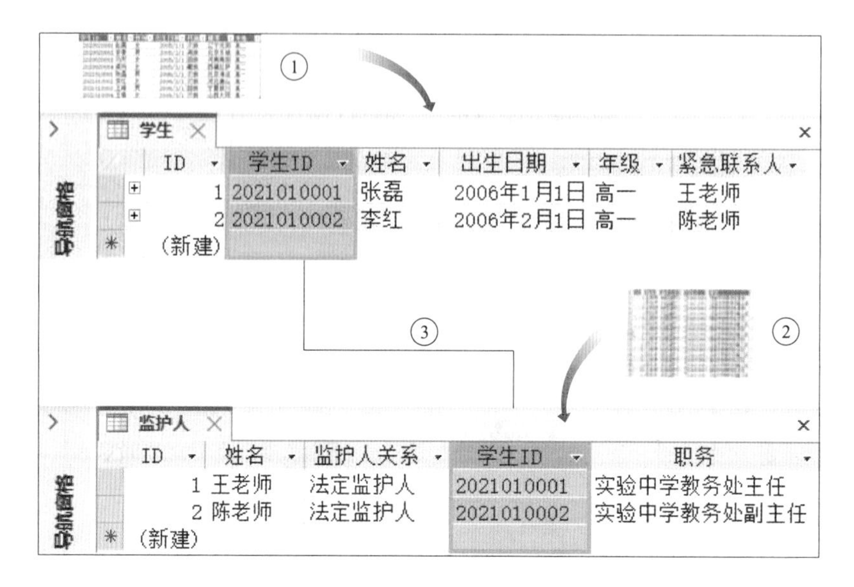

图 1-1-2　定义表与表之间的关系

3. 查询

查询是数据库中应用最多的对象，可完成很多功能，最常用的功能是从表中检索特定数据。要查看的数据通常分布在多个表中，通过查询就可以在一张数据表中查看所需数据，也可以使用查询中的添加条件筛选所需记录，如图 1-1-3 所示。

（1）“学生”表为有关学生的信息。

（2）“监护人”表为有关监护人的信息。

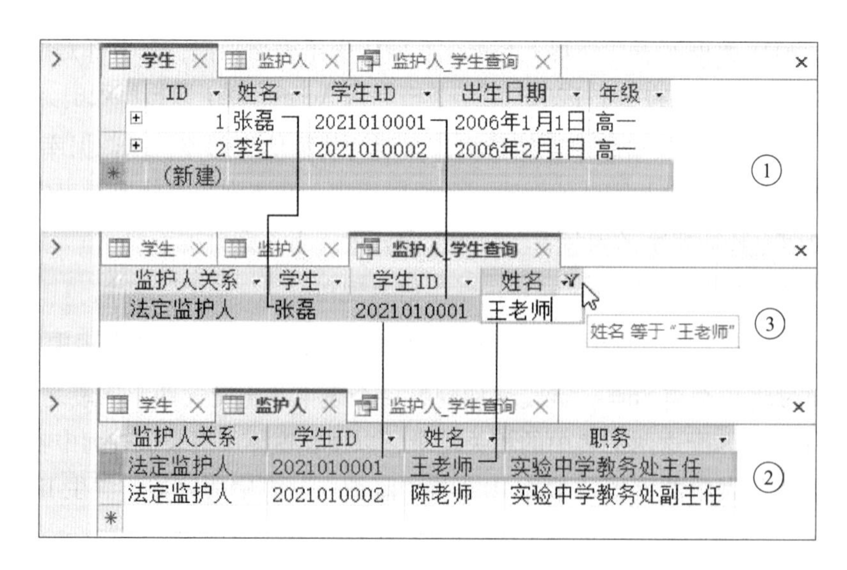

图 1-1-3　使用查询中的添加条件筛选所需记录

（3）利用“监护人_学生查询”从“学生”表中检索“姓名”字段和“学生 ID”字段，从“监护人”表中检索“学生 ID”字段和监护人“姓名”字段。通过筛选，此查询只返回监护人姓名为“王老师”的监护人信息和学生信息。

4. 窗体

窗体可以用于查看、输入和更改数据。窗体通常包含若干个链接到表中基础字段的控件。当打开窗体时，Access 2021 会从其中的一个或多个表中检索数据，然后用创建窗体时所选择的布局显示数据，如图 1-1-4 所示。

（1）“学生”表同时显示了多条记录，呈列表状显示。

（2）利用“学生简易信息窗体”查看其中一条记录，可以显示多个表中的字段，也可以显示图片和其他对象。

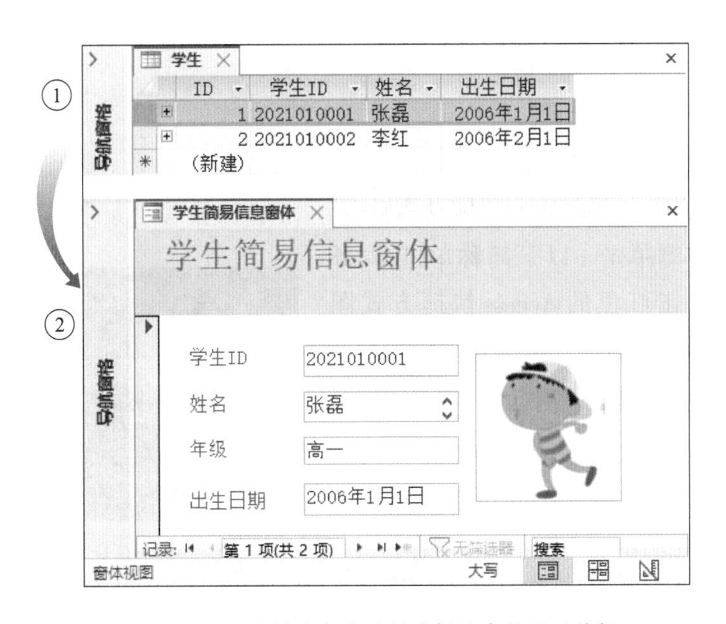

图 1-1-4　用创建窗体时所选择的布局显示数据

5. 报表

报表可用来汇总和显示表中的数据。一个报表通常可以回答一个特定的问题，如“今年 ×× 班每位学生的期末考试成绩是多少”或“同学们来自哪些城市”。每个报表都可以按照需求设置格式，从而以最容易阅读的方式显示信息。

报表可在任何时候运行，始终反映数据库中的当前数据。报表的格式通常会被设置为适合打印的格式，报表也可以在显示器的屏幕进行查看、导出到其他程序或以电子邮件的形式发送。用户可以使用报表快速分析数据，还可以用某种预先设定的格式或自定义格式呈现数据。例如，图 1-1-5 所示为“按教室排列学生表”按照预设格式打印时所呈现的数据。

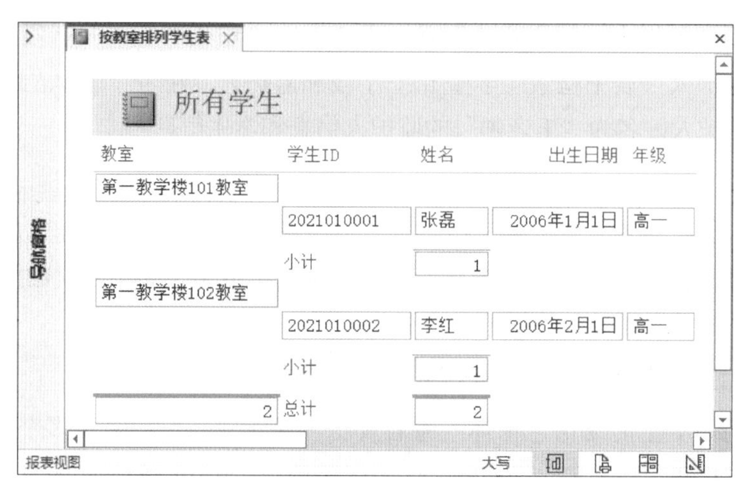

图 1-1-5 “按教室排列学生表”按照预设格式打印时所呈现的数据

四、实践操作

1. 启动 Access 2021

（1）通过“开始”菜单中的快捷方式启动

使用鼠标左键单击（以下简称单击）“开始”按钮，再单击红色的 Access 快捷方式图标，即可启动 Access 2021，如图 1-1-6 所示。

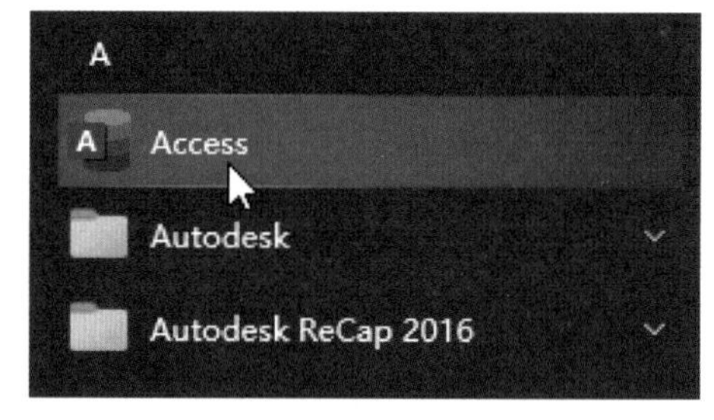

图 1-1-6 通过“开始”菜单中的快捷方式启动

（2）通过桌面快捷方式启动

使用鼠标左键双击（以下简称双击）桌面上的 Access 快捷方式图标，即可启动 Access 2021，如图 1-1-7 所示。

（3）通过打开 Access 数据库文件启动

找到需要打开的 Access 数据库文件，如“学生 .accdb”，双击该文件图标，即可启动 Access 2021，如图 1-1-8 所示。

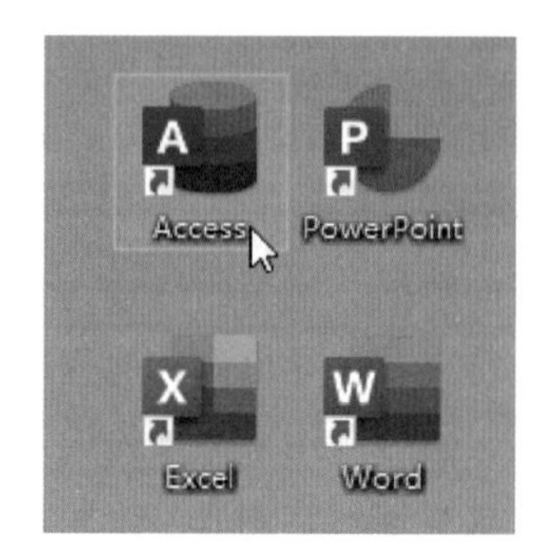

图 1-1-7 通过桌面快捷方式启动

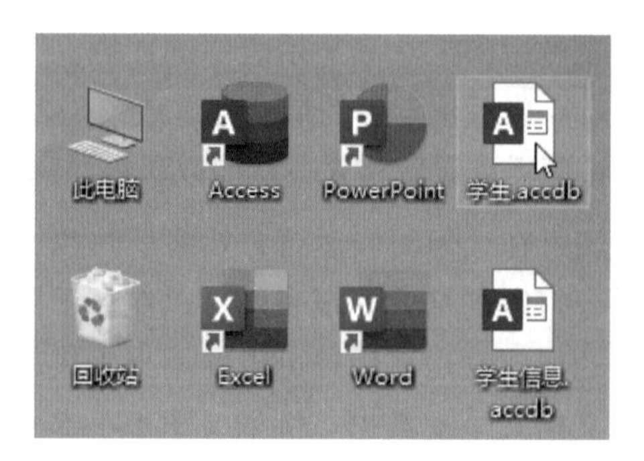

图 1-1-8 通过打开 Access 数据库文件启动

2. 新建和打开数据库文件

通过“开始”菜单或桌面快捷方式（不是直接打开 Access 数据库文件）启动 Access 2021 时，将出现图 1-1-9 所示的 Access 2021 开始界面。

图 1-1-9　Access 2021 开始界面

通过该界面，可以新建空白数据库文件、从本地模板创建新数据库文件或打开最近使用过的数据库文件（如果之前已经打开过某些数据库文件）。

（1）新建空白数据库文件

下面以创建“学生 .accdb”数据库文件为例，说明新建空白数据库文件的具体操作步骤。

1）在图 1-1-9 所示的开始界面中，单击“空白数据库”按钮，如图 1-1-10 所示。

2）弹出“空白数据库”界面，在该界面右侧“空白数据库”窗格中的“文件名”文本框中输入数据库文件名，或使用 Access 2021 提供的文件名，此处输入文件名为“学生”，如图 1-1-11 所示。

3）单击“创建”按钮，将创建新的数据库文件“学生 .accdb”，并且在数据表视图中打开一个新的空白数据库表，空白数据库文件创建完成，如图 1-1-12 所示。

（2）从本地模板创建新数据库文件

Access 2021 中提供了许多模板。模板是一个预先设计的包括表、窗体和报表等对象的数据库文件。在创建新数据库文件时，模板可提供一个良好的开端。这里以使用“学生”模板创建数据库文件为例，说明从本地模板创建新数据库文件的具体操作步骤。

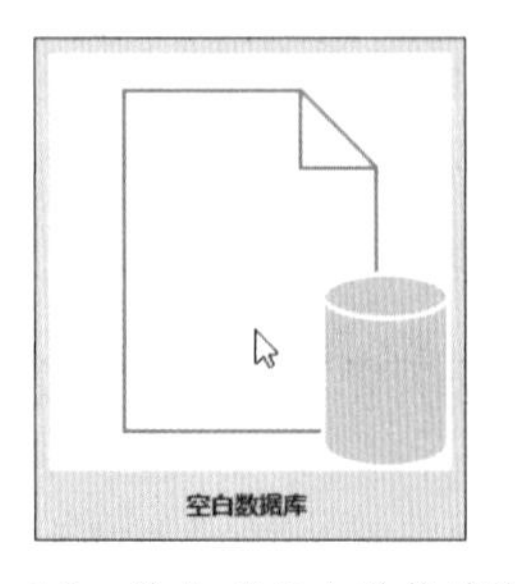

图 1-1-10　单击“空白数据库”按钮

图 1-1-11　输入文件名为“学生”

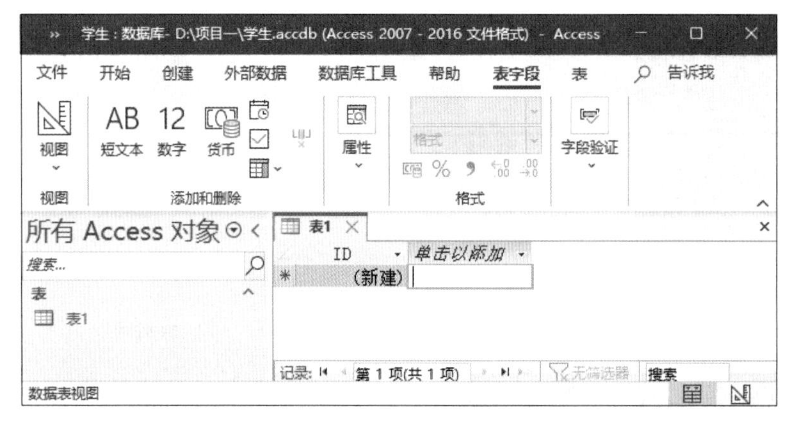

图 1-1-12　空白数据库文件创建完成

1）在图 1-1-9 所示的开始界面中，单击“新建”按钮，在右侧界面中，单击选择“学生”模板，如图 1-1-13 所示。

2）弹出“学生”界面，在该界面的“文件名”文本框中输入“学生”，并将文件保存位置设置为“D：\项目一\”，如图 1-1-14 所示。

图 1-1-13　单击选择“学生”模板

图 1-1-14　输入数据库文件名并保存

3）单击“创建”按钮，Access 2021 将从该模板创建新的数据库文件，并打开该数据库文件。在窗体视图中将打开一个根据该模板创建的窗体“学生列表”，“学生 .accdb”数据库文件创建完成，如图 1-1-15 所示。

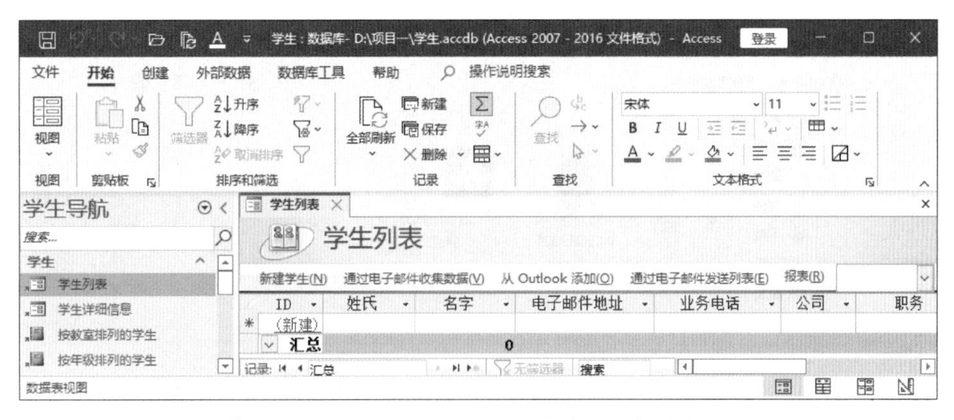

图 1-1-15　“学生 .accdb”数据库文件创建完成

（3）打开最近使用过的数据库文件

在打开（或创建后打开）数据库文件时，Access 2021 会将该数据库文件的文件名和位置添加到最近使用的文件列表中。此列表会显示在开始界面中，可用于快速打开最近使用过的数据库文件，如图 1-1-16 所示。

图 1-1-16　最近使用过的数据库文件

（4）使用“文件”选项卡打开数据库文件

在 Access 2021 中，还可以使用“文件”选项卡中的“打开”命令来打开数据库文件。

1）单击“文件”选项卡，单击选择“打开”命令，在弹出的“打开”界面中单击“浏览”按钮，如图 1-1-17 所示。

图 1-1-17　在弹出的“打开”界面中单击“浏览”按钮

2）在弹出的图 1-1-18 所示的“打开”对话框中，选择 Access 数据库文件“学生.accdb”，然后单击“打开”按钮，Access 2021 将打开该数据库文件。

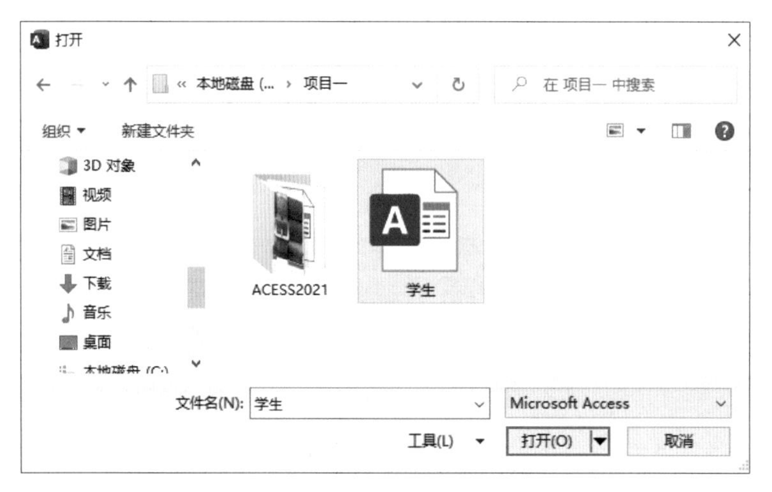

图 1-1-18 “打开”对话框

3. 认识 Access 2021 的操作界面

Access 2021 的操作界面由多个元素构成，这些元素定义了用户与程序的交互方式。它们不仅能帮助用户熟练运用 Access 2021，还有助于更快速地查找所需命令。

（1）功能区、选项卡和命令组

功能区是位于操作界面顶部的带状区域，它提供了 Access 2021 中的主要命令。功能区中有多个选项卡，各选项卡以直观的方式将功能相关的命令分组并组合成不同的命令组。

选择所需的选项卡，用户可以浏览该选项卡中可用的各种命令，功能区中有 5 个固定的标准选项卡，包括“开始”“创建”“外部数据”“数据库工具”“帮助”等。

“开始”选项卡中包括“视图”“剪贴板”“排序和筛选”“记录”“查找”“文本格式”等命令组，如图 1-1-19 所示。

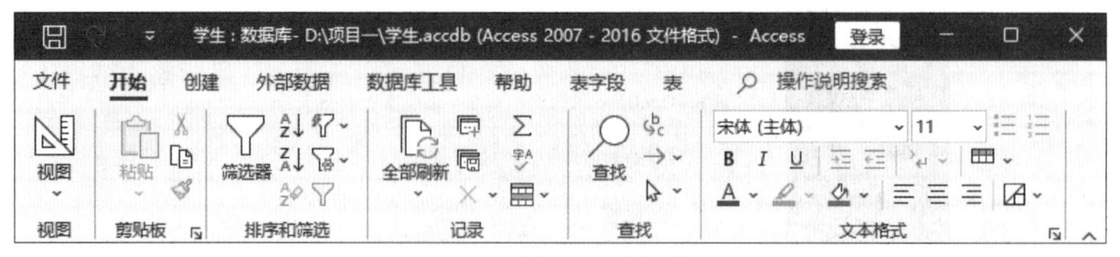

图 1-1-19 “开始”选项卡

“创建”选项卡中包括“模板”“表格”“查询”“窗体”“报表”“宏与代码”等命令组，如图 1-1-20 所示。

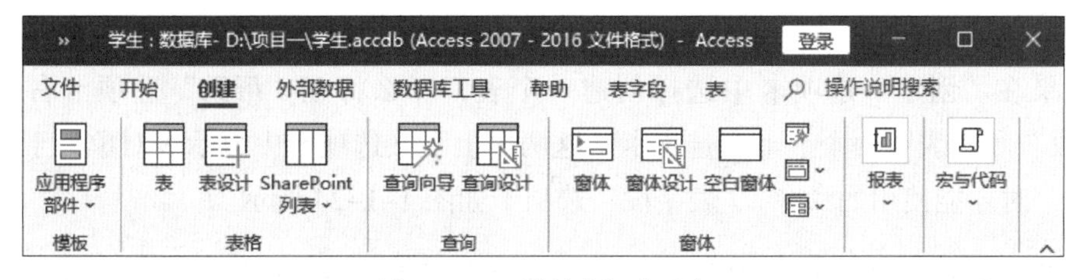

图 1-1-20　“创建”选项卡

“外部数据”选项卡中包括“导入并链接”和“导出”命令组，如图 1-1-21 所示。

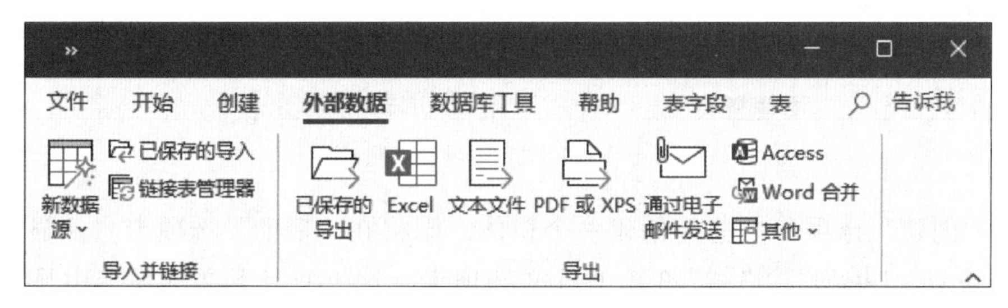

图 1-1-21　“外部数据”选项卡

“数据库工具”选项卡中包括“工具”“宏”“关系”“分析”“移动数据”“加载项”等命令组，如图 1-1-22 所示。

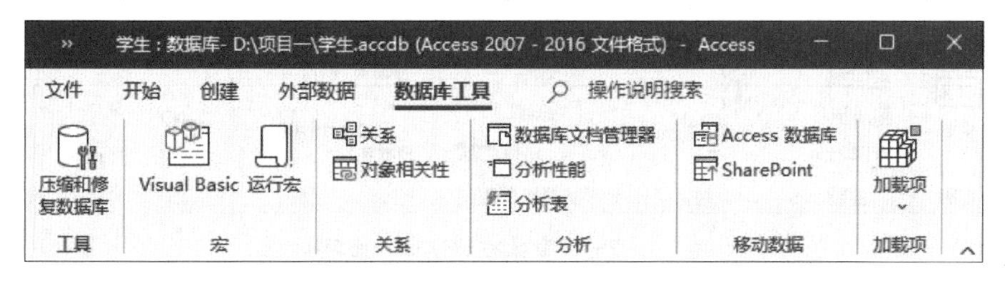

图 1-1-22　“数据库工具”选项卡

“帮助”选项卡中只有一个“帮助”命令组，其中包括“帮助”“反馈”“显示培训内容”等命令，如图 1-1-23 所示。

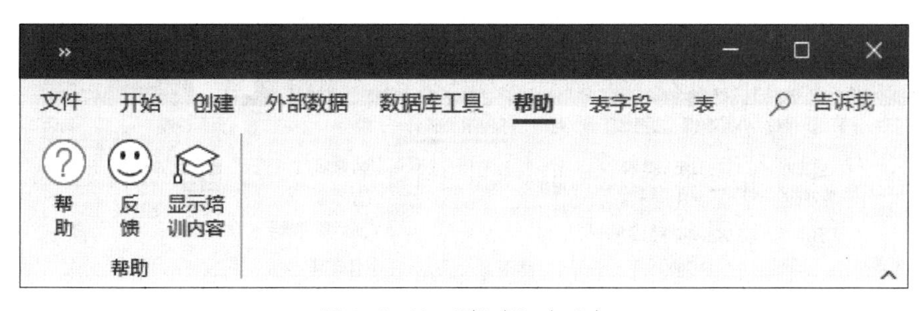

图 1-1-23　“帮助”选项卡

在实际应用中，根据操作对象或任务执行的特点，5 个标准选项卡右侧会出现一个或多个具有特定功能的上下文选项卡。

如果在“创建”选项卡中选择创建一个表，那么将在“帮助”选项卡右侧显示“表字段”和“表”两个上下文选项卡，这两个上下文选项卡中显示表对象处于“数据表视图”时才能使用的命令，“表字段”选项卡如图 1-1-24 所示。

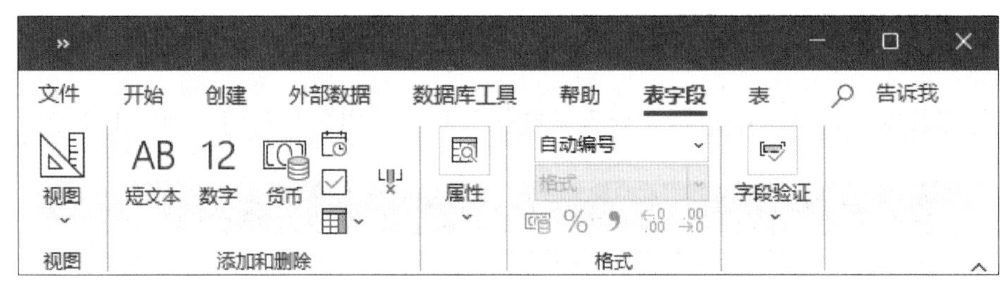

图 1-1-24 “表字段”选项卡

在“创建”选项卡中选择创建一个窗体，则将在“帮助”选项卡右侧显示“窗体布局设计”“排列”“格式”3 个上下文选项卡，这 3 个上下文选项卡中显示窗体对象处于“布局视图”时才能使用的命令，“窗体布局设计”选项卡如图 1-1-25 所示。

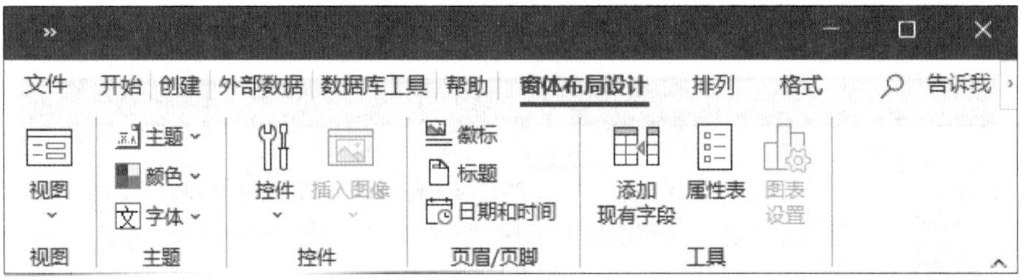

图 1-1-25 “窗体布局设计”选项卡

在“创建”选项卡中选择创建一个报表，则将在“帮助”选项卡右侧显示“报表布局设计”“排列”“格式”“页面设置”4 个上下文选项卡，这 4 个上下文选项卡中显示报表对象处于“布局视图”时才能使用的命令，“报表布局设计”选项卡如图 1-1-26 所示。

图 1-1-26 “报表布局设计”选项卡

（2）快速访问工具栏

快速访问工具栏是与功能区邻近的小块区域，其中显示只需单击即可快速访问的常用命令。除此之外，用户可以自定义快速访问工具栏，以便将较常用的命令添加进来，达到方便、快速操作的目的。自定义快速访问工具栏的具体步骤如下。

1）单击快速访问工具栏最右侧的下拉箭头，可在打开的预设命令列表中选择所需命令添加到快速访问工具栏中。例如，单击选择“打开”命令，如图 1–1–27 所示，则会将“打开”命令添加到快速访问工具栏中，如图 1–1–28 所示。

图 1–1–27 单击选择“打开”命令

图 1–1–28 将“打开”命令添加到快速访问工具栏中

2）除预设的几个命令外，用户还可以添加其他命令。例如，要添加“自动套用格式”命令，可单击快速访问工具栏最右侧的下拉箭头，在打开的菜单中单击选择“其他命令”选项，弹出图 1–1–29 所示的“Access 选项”对话框，单击“从下列位置选择

图 1–1–29 “Access 选项”对话框

命令”下拉列表按钮，单击选择“不在功能区中的命令”选项，然后在下面列表框中查找并单击选择“自动套用格式”命令，单击“添加”按钮，在右面列表框中出现“自动套用格式”命令，如图 1–1–30 所示，单击“确定”按钮，添加“自动套用格式”命令后的效果如图 1–1–31 所示。

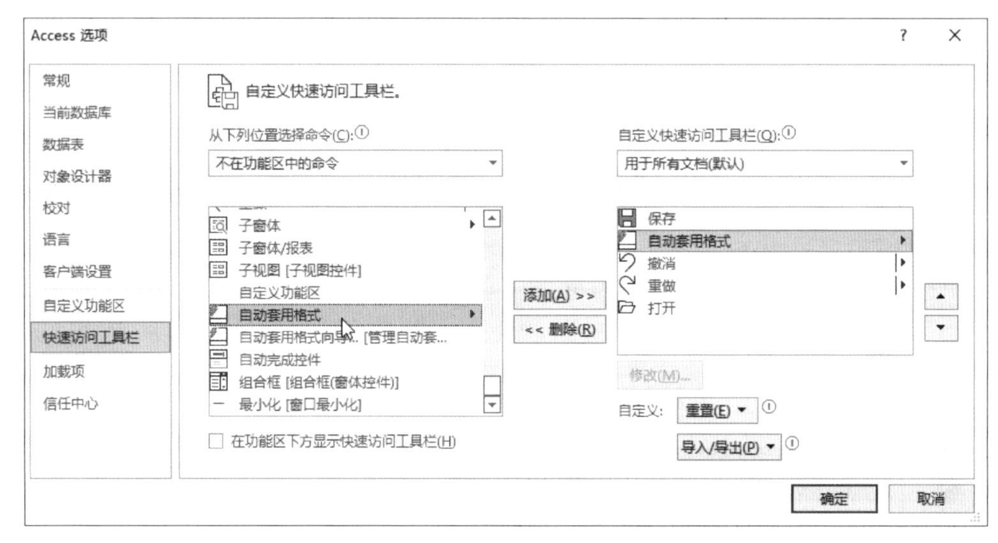

图 1–1–30　添加“自动套用格式”命令

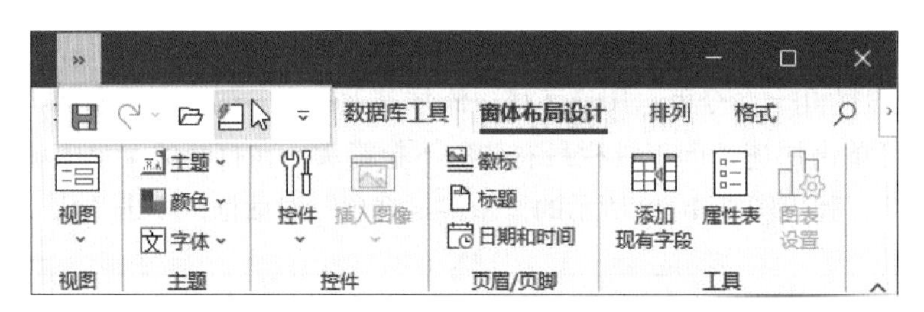

图 1–1–31　添加“自动套用格式”命令后的效果

（3）功能区的自定义与折叠

功能区可以自定义或折叠，具体操作步骤如下。

1）使用鼠标右键单击（以下简称右键单击）任意选项卡，可以在弹出的右键快捷菜单中，单击选择“自定义功能区”或“折叠功能区”命令，如图 1–1–32 所示。

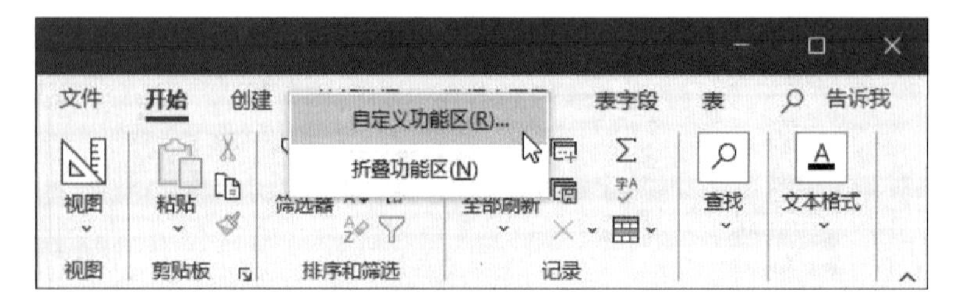

图 1–1–32　单击选择“自定义功能区”或“折叠功能区”命令

2）如果单击选择“自定义功能区”命令后，可以在打开的对话框中对功能区中的选项卡或命令进行灵活设置并展示，如图 1–1–33 所示。

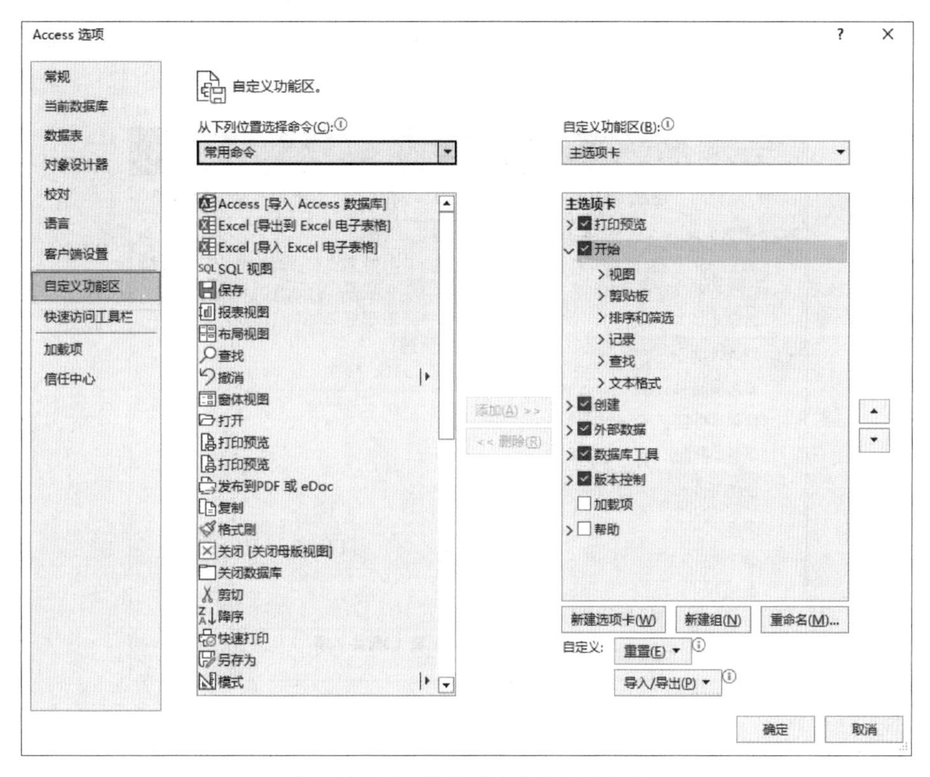

图 1-1-33　设置“自定义功能区”

3）功能区的折叠与展开。折叠功能区可以给文档区域更多的显示空间，如图 1–1–34 所示。除了在选项卡右键快捷菜单中选择“折叠功能区”命令外，也可以单击选项卡右下角的“折叠功能区”按钮 ^ 将功能区折叠。右键单击任一选项卡可取消勾选“折叠功能区”命令，从而将折叠的功能区重新显示出来。

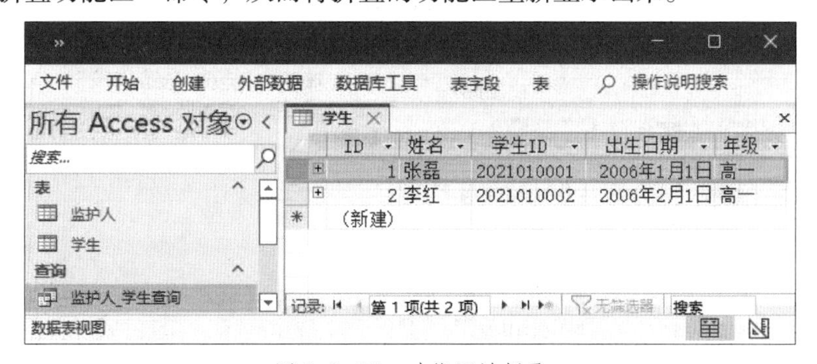

图 1-1-34　功能区被折叠

（4）导航窗格

在打开数据库文件或创建新数据库文件时，在操作界面左侧将显示导航窗格，其使用方法如下。

1）单击导航窗格顶部文件“所有 Access 对象”右侧的下拉按钮，在弹出的下拉菜单中，单击选择“对象类型”选项，如图 1-1-35 所示，导航窗格中的对象将会以不同的对象类型分组浏览。

图 1-1-35　单击选择“对象类型”选项

2）右键单击导航窗格中的表对象“监护人”，在弹出的右键快捷菜单中，单击选择“打开”命令，如图 1-1-36 所示，在窗口右侧将打开“监护人”表，也可以直接双击该对象打开该表。

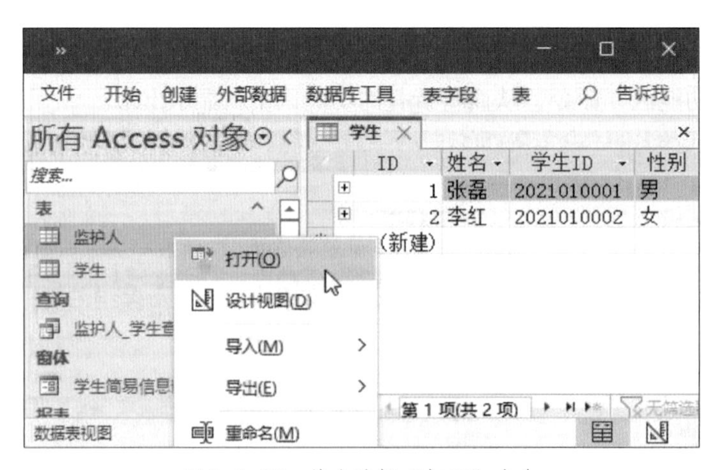

图 1-1-36　单击选择“打开”命令

3）单击导航窗格右上角的“百叶窗开 / 关”按钮，或按 F11 键，即可隐藏或显示导航窗格，分别如图 1-1-37、图 1-1-38 所示。

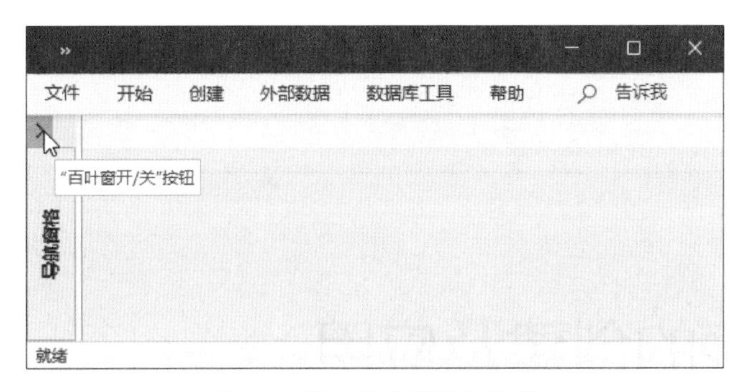

图 1-1-37　导航窗格被隐藏

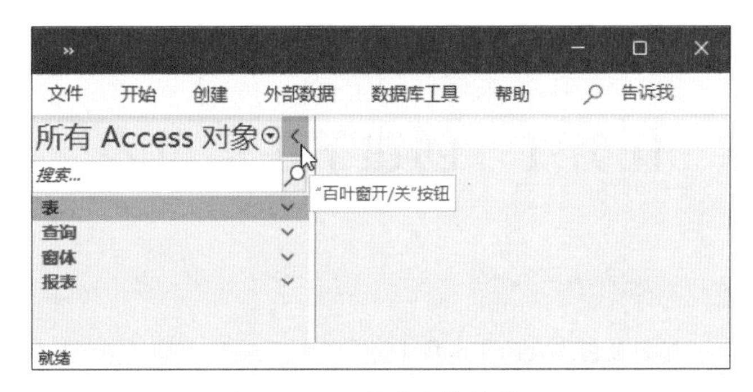

图 1-1-38　导航窗格被显示

（5）文档区域

在打开数据库文件或创建新数据库文件时，数据库对象的名称将显示为选项卡式文档，位于窗口中部的文档区域，文档对象标签的使用方法如下。

1）单击各文档对象标签，可以在不同的对象视图间进行切换。

2）右键单击文档对象标签，可以在弹出的右键快捷菜单中选择将要执行的操作，如图 1-1-39 所示。

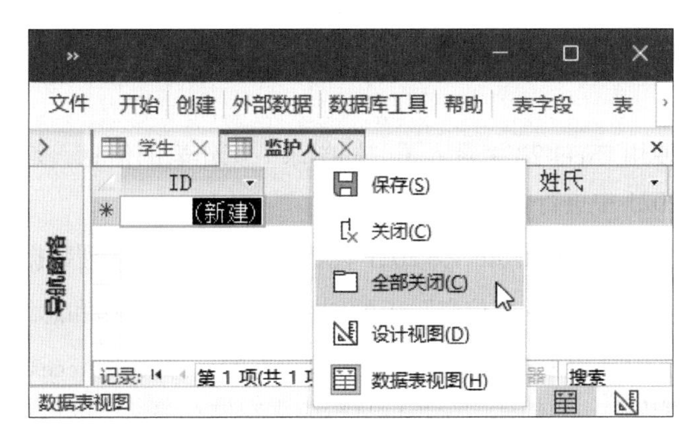

图 1-1-39　文档对象标签的右键快捷菜单

项目二 数据库表的创建及应用

任务 1　创建学生信息表

1. 了解数据库表的基本功能。
2. 掌握数据库表的创建方法。
3. 掌握数据库表的基本操作。
4. 能导入、导出 Excel 数据。

在体验了 Access 2021 的基本功能和基本操作后，自然会思考以下问题。

1. Access 数据库是如何存储和管理数据的，想使用 Access 2021 管理数据，应该做些什么？

2. 如果已经使用 Excel 2021 录入了“同学录”工作表的信息，是否可以将这些信息导入到 Access 2021 中进行管理？

3. 在什么情况下应该使用 Access 2021 代替 Excel 2021 来管理数据？

本任务的内容是完成“学生信息”表的创建，通过实际操作和总结回答以上问题。

1. Access 数据库是用表对象来存储和管理数据的，想使用 Access 2021 管理数据，应该创建新的数据库表，如创建“学生信息”表来存储有关学生的信息。

2. 在 Access 2021 中，只需通过简单的操作便可将“同学录”工作表导入到 Access

数据库的表中，以便将来更好地利用。

3. 当管理的数据较多时，需要使用多个表来存放数据。此时，表与表中的数据或多或少会存在重叠或交叉，使得表与表之间存在着某种关系，即每个表不再孤立地存在。对这种关系较复杂的数据，使用 Excel 2021 管理就会显得力不从心，而使用 Access 2021 可以得心应手地处理这类关系较为复杂的数据。

一、Access 2021 和 Excel 2021

1. Access 2021 和 Excel 2021 的相似之处

Access 2021 和 Excel 2021 有许多相似的地方，它们都可以进行数据排序和筛选，都可以进行计算以生成所需信息，都可以使用各种视图交互地处理数据，都可以生成数据报表并以多种格式进行查看，都可以使用窗体轻松地添加、更改、删除和浏览数据，都可以从外部数据库（如 Microsoft SQL Server）及其他类型文件（.txt 文件或 .htm 文件）导入数据等。

这两个软件都是按照列（即字段）组织数据的，而列存储特定类型的信息（也称为字段数据类型）。每列顶部的第一个单元格用作该列的标签。Excel 2021 和 Access 2021 在术语上有一点不同，那就是 Excel 2021 中的行在 Access 2021 中称为记录。

例如，管理和存储学生信息时，可以使用 Excel 2021 创建一个学生列表，该列表使用 5 列来组织学生 ID、姓名、性别、出生日期及年级，每列最顶部的单元格包含描述该列数据的文本标签。

2. Access 2021 和 Excel 2021 的不同之处

Excel 2021 不是数据库管理系统，它是电子表格软件，它将信息单元存储在单元格的行和列中，这些行和列组成了工作表。

Access 2021 将数据存储在数据库表中，数据库表看起来与工作表非常相似，但其功能与工作表不同，通过其能对其他表的字段所存储的数据进行复杂的查询。

因此，虽然这两个软件都能很好地管理数据，但当所管理数据的类型以及想对数据执行的操作不同时，就应该根据它们的特点来选择使用。

如果数据只需存储于一个表或工作表中，这样的数据就称为平面或非关系数据。例如，前面介绍的使用 Excel 2021 创建一个学生列表就是这样的数据，该表使用 5 列来组织学生 ID、姓名、性别、出生日期及年级，不需要将学生的姓名和性别分别存储在不同的表中，表中各列的数据描述了同一个实体——学生。

如果数据必须存储于多个表或工作表中，而且这些表包含一系列名称相似的列，如前面介绍的“学生”表中的“姓名”字段与“监护人”表中的“学生”字段相互匹配，则表示数据是关系数据。因此，关系数据就需要使用关系数据库程序（如 Access 2021）来管理。在关系数据库中，每个表都包含有关一种数据的信息，如学生信息和监护人信息。

在使用关系数据库时，可能会在数据中标识一对多的关系。例如，设计一个学生信息管理数据库，其中一个表包含学生信息，另一个表包含这些学生的监护人信息，而一个学生可能有多个监护人，所以会出现一对多的关系。由于关系数据库需要多个相关的表，因此最好存储在 Access 数据库中。

3. 使用 Access 2021 的时机

以下情况应优先使用 Access 2021。

（1）需要使用关系数据库存储数据。

（2）可能需要向原始的平面或非关系数据库添加多个表。例如，目前需要记录“姓名”“性别”“出生日期”等学生信息，以后可能还需要记录学生的其他信息（如不同学期的各科成绩），那么应考虑将数据存储在 Access 数据库中。

（3）需要存储大量的数据。例如，存储的学生信息超过千人。

（4）存储的数据类型较多，尤其是包含图片等信息。

（5）需要运行复杂的计算和查询。

（6）需要许多人同时使用数据，并希望获得一些显示可更新数据的可靠选项。

（7）需要与外部的大型数据库（如用 Microsoft SQL Server 构建的数据库）保持长久连接。

4. 使用 Excel 2021 的时机

以下情况应优先使用 Excel 2021。

（1）只需要数据的平面视图或非关系视图，不需要包含多个表的关系数据库。

（2）只需要存储少量的数据，如存储的学生信息只有几十人。

（3）存储的数据类型较少，多为数字型信息。

（4）只需要进行简单的计算和统计。

二、数据库表

数据库表是存放数据库中所有数据的主要对象，数据在其中是按行和列的格式来组织的，其中的每行表示一条记录，每列表示记录中的一个字段，如图 2-1-1 所示。

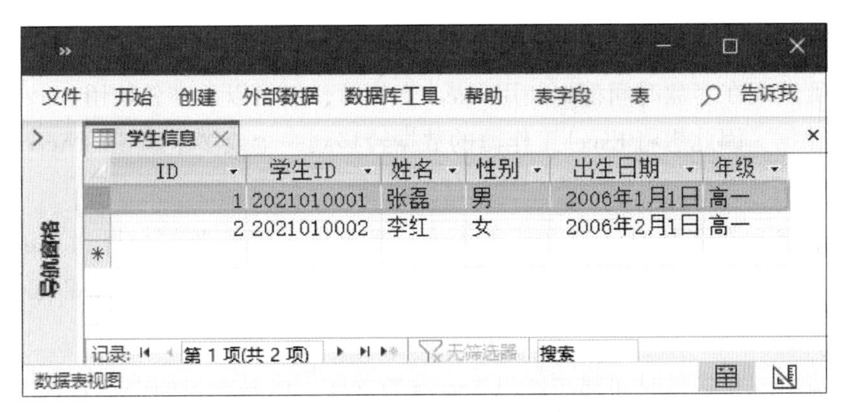

图 2-1-1　行（记录）和列（字段）

1. 记录

记录是数据库表中的一行数据，是包含特定字段的一条信息。在“学生信息”表中，通过记录区分不同学生的信息，如“张磊”“李红”等。

2. 字段

字段是数据库表中的一列数据，包含信息的某一方面的特性。在“学生信息”表中，通过字段区分每位学生的一些特定信息，如“李红”的“姓名”“性别”“出生日期”等。

3. 字段数据类型

字段数据类型决定该字段可以存储哪种字段特征的数据。例如，数据类型为“短文本”或“长文本”的字段可以存储由文本或数字字符组成的数据，而“数字”字段只能存储由数字字符组成的数据。

数据库可以包含许多表，每个表用于存储不同主题的信息。每个表可以包含许多不同类型的字段，包括文本、数字、日期和图片等。

三、导入及导出数据

Access 数据库的外部数据主要包括 Excel 工作簿数据、其他 Access 数据库文件、文本文件和其他类型的数据库等。

1. 导入 Excel 工作簿数据

Access 数据库导入 Excel 工作簿数据时，会在新表或现有的表中创建数据副本，而不更改 Excel 源文件。常用的导入方法如下。

（1）将数据从打开的 Excel 工作簿复制并粘贴到 Access 数据库中。

（2）将 Excel 工作簿导入新表或现有的表中。

（3）从 Access 数据库链接到 Excel 工作簿。

需要将 Excel 工作簿数据导入 Access 数据库的常见情况如下。

（1）虽然现在多数时间都在使用 Excel 工作簿，但是以后准备使用 Access 数据库处理这些数据，因此想将 Excel 工作簿的数据转移到一个或多个新建的 Access 数据库中。

（2）虽然现在多数时间都在使用 Access 数据库，但是偶尔会得到 Excel 工作簿数据，而这些数据又必须合并到 Access 数据库中，因此想把这些 Excel 工作簿导入 Access 数据库中。

（3）虽然现在多数时间都在使用 Access 数据库，但是会定期得到 Excel 工作簿数据，而这些数据又必须合并到 Access 数据库中，为了避免大量重复劳动，简化导入过程，因此想确保 Excel 工作簿数据能定期导入 Access 数据库中。

2. 导入其他 Access 数据库文件数据

在导入其他 Access 数据库文件数据时，Access 2021 将在目标数据库中创建数据或对象的副本，而不更改源数据库文件。在导入过程中，可以选择要复制的对象，控制如何导入表和查询，指定是否应导入表之间的关系等。常用的导入方法如下。

（1）将数据从打开的 Access 数据库表中复制，然后粘贴到另一个 Access 数据库表中。

（2）将 Access 数据库表导入新表或现有的表中。

（3）将数据从 Access 目标数据库链接到源 Access 数据库。

利用导入和链接的方法，可以更方便、更灵活地在目标数据库中添加数据。

需要从其他 Access 数据库中导入数据或对象的常见情况如下。

（1）想通过将一个数据库中的所有对象复制到另一个数据库中的方式来合并这两个数据库。在进行导入时，可以在一次操作中将所有的表、查询、窗体、报表连同表之间的关系一起复制到另一个数据库中。

（2）需要创建与另一数据库中的现有表相似的一些表，为了避免重新设计每个表，或者想复制整个表，或者只复制表定义。如果选择只导入表定义，则生成一个空表，也就是字段及字段属性被复制到目标数据库中，但不复制表内的数据。与复制、粘贴操作相比，导入操作的优点是不仅可以导入表本身，而且还可以选择导入表之间的关系。

（3）需要将相关的一组对象复制到其他数据库中。例如，如果想将“学生信息”表和“学生信息”窗体复制到另一个数据库中，那么只需执行一次导入操作，就能将一个对象及其所有相关对象复制到其他数据库中。

3. 将 Access 数据库的数据导出到 Excel 工作簿

通过将数据库对象导出到 Excel 工作簿，可以将数据从 Access 数据库复制到 Excel 工作簿中。在导出数据时，Access 2021 会创建所选数据或数据库对象的副本，然后将该副本存储在一个 Excel 工作簿中。常用的导出方法如下。

（1）将数据从打开的 Access 数据库复制并粘贴到 Excel 工作簿中。

（2）通过使用 Access 2021 中的“导出向导”命令来完成。

（3）如果需要频繁地从 Access 数据库中向 Excel 工作簿复制数据，在执行导出操作时，可以保存详细信息以备将来使用，甚至还可以预定时间，让导出操作按特定的时间间隔自动运行。

需要将 Access 数据库的数据导出到 Excel 工作簿的常见情形主要有以下几种。

（1）在处理数据时，既使用 Access 数据库，也使用 Excel 工作簿。例如，既使用 Access 数据库来存储数据，也使用 Excel 工作簿来分析数据。

（2）多数时间都在使用 Access 数据库，但有时更愿意在 Excel 工作簿中查看数据。

将 Access 数据库的数据导出到 Excel 工作簿时，需要注意以下事项。

（1）Access 数据库可以导出表、查询或窗体，还可以将视图中选中的记录导出，但不能将报表导出到 Excel 工作簿。

（2）在导出包含子窗体或子数据库表的窗体或数据库表时，Access 2021 只会导出主窗体或主数据表。想要将子窗体或子数据库表导出到 Excel 工作簿时，必须对每个子窗体或子数据库表重复执行导出操作。

（3）在 Access 2021 中，一次导出操作只能导出一个数据库对象。在完成各次导出操作之后，可以在 Excel 2021 中合并多个工作表中的数据。

4. 将 Access 数据库的数据导出到其他 Access 数据库

可以将一个 Access 数据库中的表、查询、窗体、报表、宏或模块导出到另一个 Access 数据库中。导出对象时，Access 2021 将在目标数据库中创建该对象的副本。但是 Access 2021 只能导出整个对象，不能导出部分对象。例如，不能仅导出在数据库表中选择的记录或字段。若要复制某个对象的一部分，应直接复制并粘贴数据，而不要使用导出数据的功能。常用的导出方法如下。

（1）将数据从打开的 Access 数据库表中复制并粘贴到新的 Access 数据库表中。

（2）通过使用 Access 2021 中的“导出向导”来完成。

（3）将操作的详细步骤另存为导出任务以便以后使用。

需要从 Access 数据库导出数据或对象到另一个 Access 数据库的常见情况如下。

（1）将表的结构复制到另一个数据库，作为创建新数据库表的捷径。

（2）将窗体或报表的设计和布局复制到另一个数据库，作为创建新窗体或新报表的捷径。

（3）定期将表或窗体的最新版本复制到另一个数据库。

5. 导入和导出的区别

综上所述，在 Access 2021 中，导入和导出操作的区别如下。

（1）一次导入操作可以导入多个对象，但一次导出操作只能导出一个对象。如果要将多个对象导出到另一个数据库，更简便的方法是打开目标数据库，然后在该数据库中执行导入操作。

（2）执行导入操作时，除了可以导入数据库对象外，还可以导入表之间的关系、各种导入和导出任务等。此外，还可以将查询作为表导入。执行导出操作时，Access 2021 并不提供这些选项。

四、实践操作

1. 创建数据库表

创建数据库就是创建一个新文件，作为容纳数据库中的所有对象（包括表、查询、窗体和报表等）的容器。创建数据库时，系统会自动创建数据库表，用于存储用户的信息。创建数据库表的方法如下。

（1）在新建的空白数据库中创建空白表

1）新建空白数据库，命名为“学生 .accdb”，选择保存路径并进行保存，系统将自动创建空白表“表 1”，如图 2–1–2 所示。

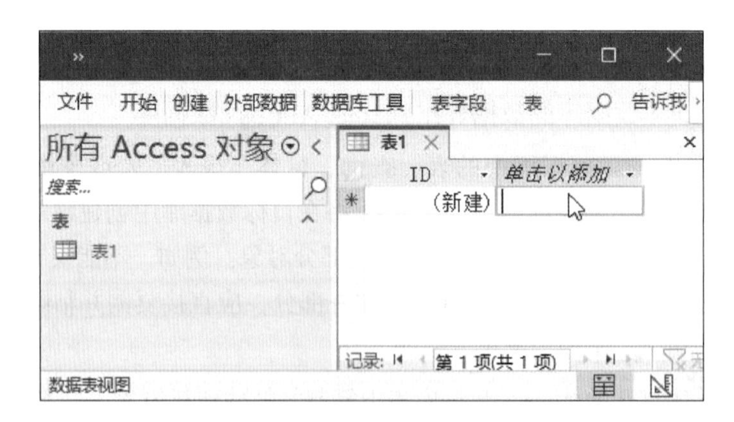

图 2–1–2　在新建的空白数据库中创建空白表

2）右键单击文档区域的“表 1”标签，在弹出的右键快捷菜单中，单击选择“保存”命令，在弹出的图 2–1–3 所示的“另存为”对话框中，将表名称由“表 1”更改为“学生”。

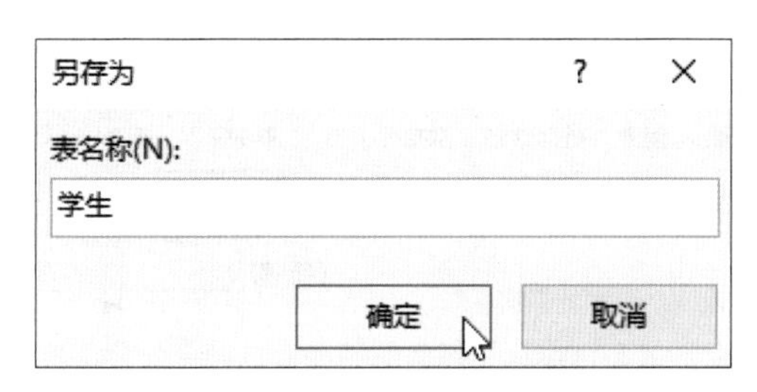

图 2-1-3 “另存为”对话框

3）单击“确定”按钮，空白的数据库表“学生”创建完成，如图 2-1-4 所示。

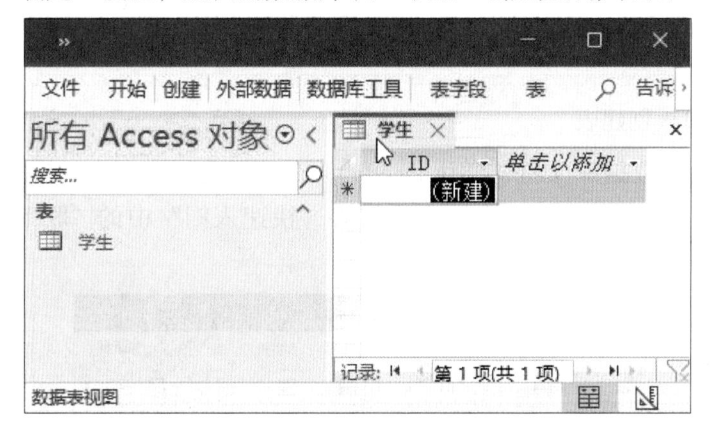

图 2-1-4 空白的数据库表“学生”创建完成

（2）在已有数据库中创建空白表

1）打开已有数据库文件“学生.accdb”，在“创建”选项卡“表格”命令组中，单击“表”按钮，如图 2-1-5 所示。

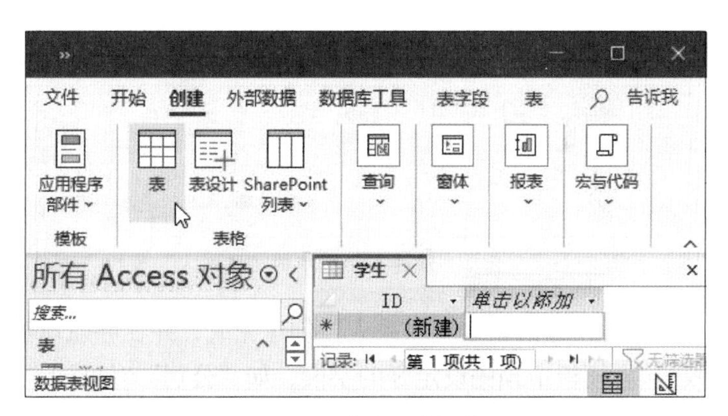

图 2-1-5 单击“表”按钮

2）空白表“表 1”创建完成，并在导航窗格和文档区域同时显示，如图 2-1-6 所示。

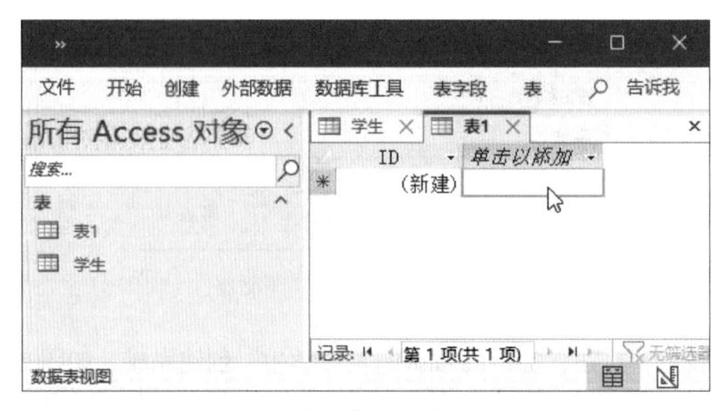

图 2-1-6 空白表“表 1”创建完成

（3）通过模板创建表

1）打开已有数据库文件“学生.accdb”，在“创建”选项卡“模板”命令组中，单击“应用程序部件”按钮，在列表中选择“快速入门”中的“联系人”模板，如图 2-1-7 所示。

图 2-1-7 选择“快速入门”中的“联系人”模板

2）基于“联系人”模板的新表“联系人”创建完成，并在导航窗格和文档区域同时显示，该表中已包含模板中预先设定好的字段，如“公司”“姓氏”“名字”“电子邮件地址”“职务”等，如图 2-1-8 所示。

2. 表的基本操作

表的基本操作包括打开、关闭、保存等，主要通过在文档区域和导航窗格中右键单击表标签，在弹出的右键快捷菜单中选择相应的命令来完成。

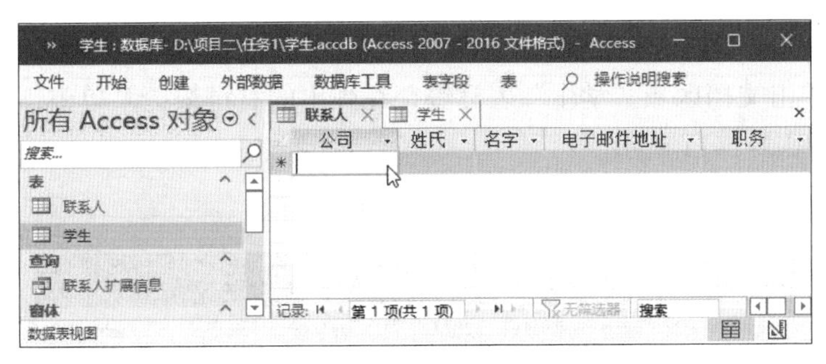

图 2-1-8　新表“联系人”创建完成

（1）打开表

1）打开已有数据库文件“学生.accdb”，右键单击导航窗格中“学生”表标签，在弹出的右键快捷菜单中，单击选择“打开”命令，如图 2-1-9 所示。

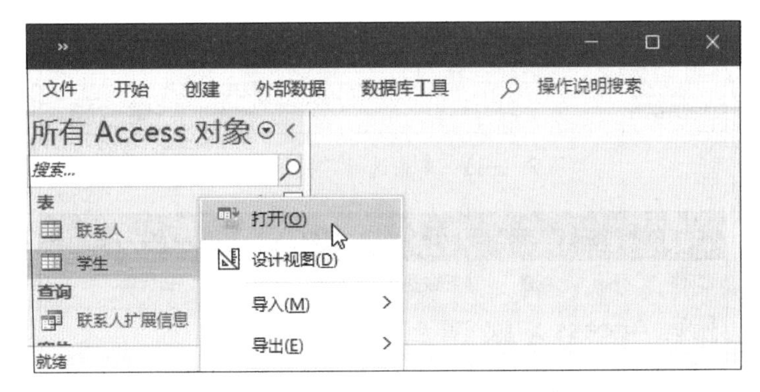

图 2-1-9　单击选择“打开”命令

2）“学生”表在文档区域显示，如图 2-1-10 所示。

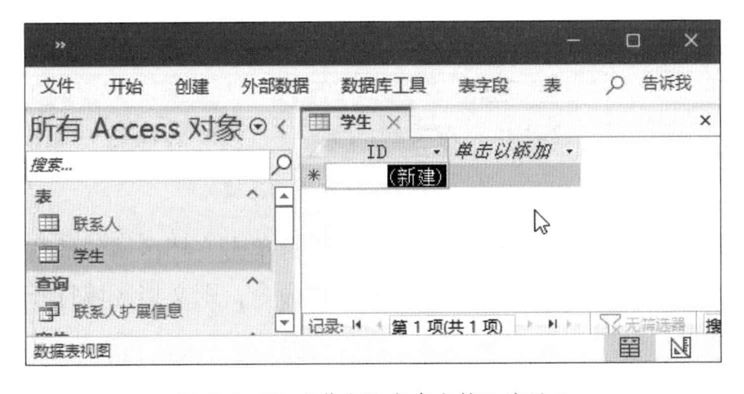

图 2-1-10　“学生”表在文档区域显示

也可以在导航窗格中双击“学生”表标签将其打开，或在导航窗格中单击“学生”表标签后按 Enter 键将其打开。

（2）关闭表

1）右键单击文档区域“学生”表标签，在弹出的右键快捷菜单中，单击选择“关闭”命令，如图 2–1–11 所示。

2）“学生”表在文档区域关闭，如图 2–1–12 所示。

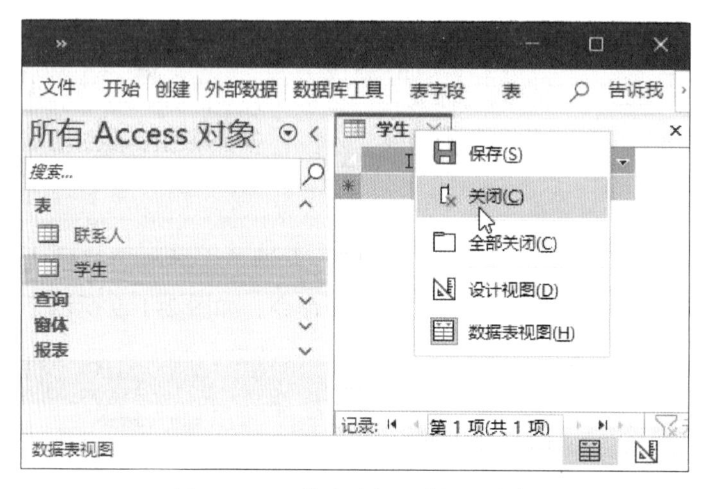

图 2-1-11　单击选择“关闭”命令

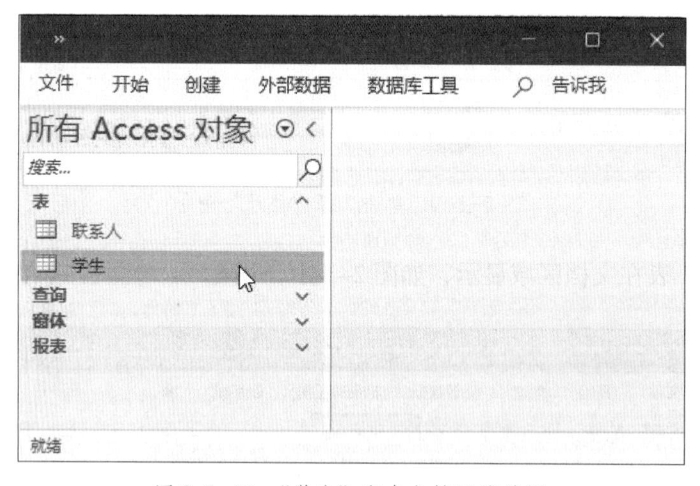

图 2-1-12　“学生”表在文档区域关闭

如果文档区域打开了多个表或多个对象，右键单击文档区域的任意对象标签，在弹出的右键快捷菜单中，单击选择“全部关闭”命令，则文档区域打开的表和对象将全部被关闭。

（3）保存表

右键单击文档区域“学生”表标签，在弹出的右键快捷菜单中，单击选择“保存”命令，如图 2–1–13 所示，对“学生”表所做的各种操作结果都保存到了“学生 .accdb”数据库文件中。

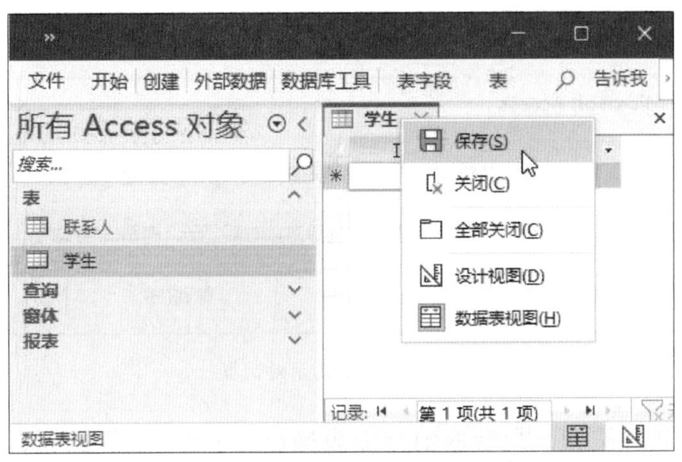

图 2-1-13　单击选择“保存”命令

在文档区域关闭某个表或关闭 Access 2021 时，系统自动将对该表所做的各种操作保存到相应数据库中。

单击快速访问工具栏中的“保存”按钮，也可以实现保存操作。

（4）删除表

1）右键单击导航窗格中“学生”表标签，在弹出的右键快捷菜单中，单击选择“删除”命令，如图 2-1-14 所示。

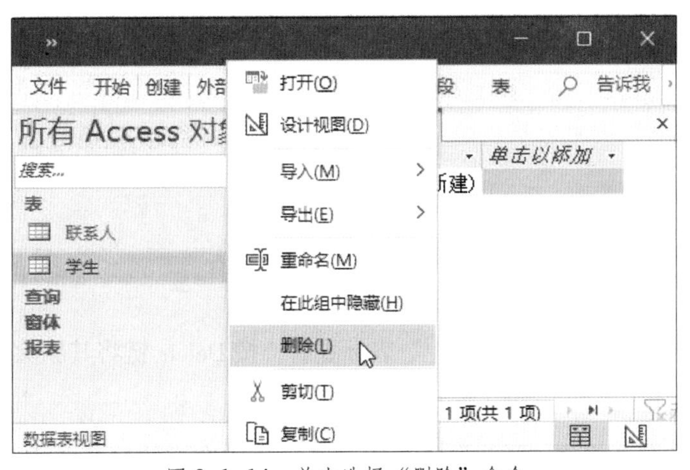

图 2-1-14　单击选择“删除”命令

2）如果此时“学生”表在文档区域正处于打开状态，那么会弹出图 2-1-15 所示的提示对话框。

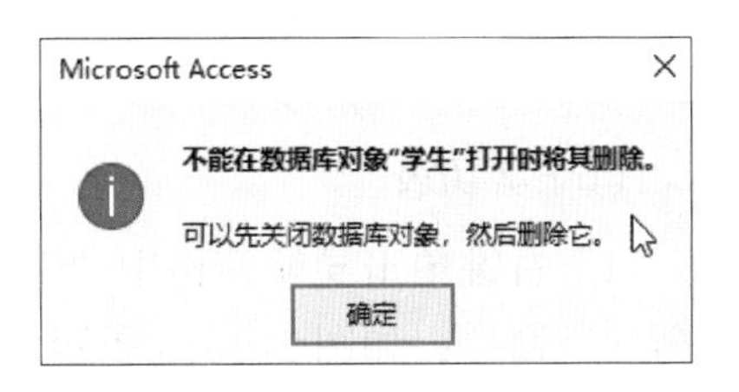

图 2-1-15　提示对话框

3）在文档区域关闭“学生”表后，再重复 1）中删除操作，则会弹出图 2-1-16 所示的提示对话框。

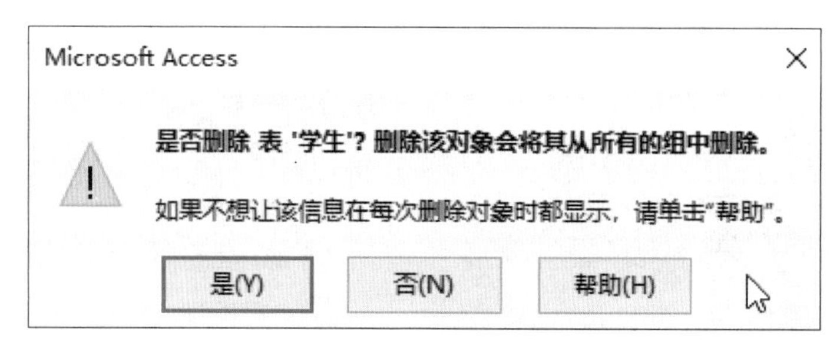

图 2-1-16　提示对话框

4）单击“否”按钮，则会取消删除表操作，单击“是”按钮，则会执行删除表操作。“学生”表的结构和数据信息将会从“学生.accdb”数据库文件中全部删除，且无法恢复。删除操作执行后，在导航窗格中，“学生”表已消失不再显示，如图 2-1-17 所示。

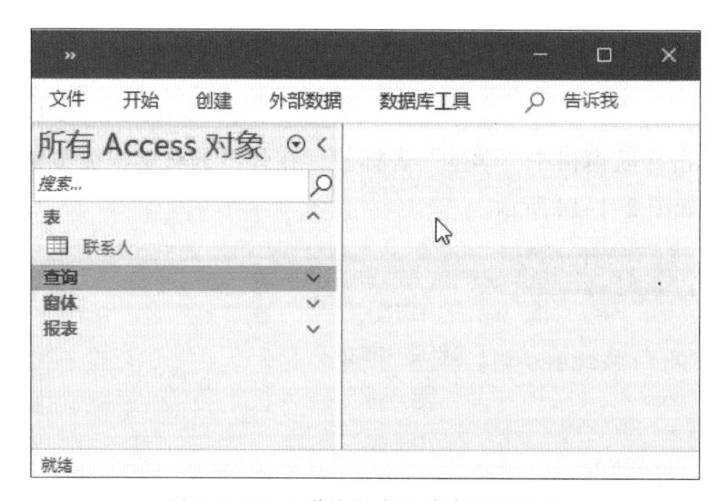

图 2-1-17　“学生”表已消失不再显示

也可以在导航窗格中单击“学生”表标签后，按 Delete 键将其删除。

（5）复制表

右键单击导航窗格中“学生”表标签，在弹出的右键快捷菜单中，单击选择“复制”命令，如图 2-1-18 所示，该表的结构和数据等信息将保存在系统的内存中，以便进行粘贴操作时使用。

（6）剪切表

1）右键单击导航窗格中“学生”表标签，在弹出的右键快捷菜单中，单击选择“剪切”命令，如图 2-1-19 所示，该表的结构和数据等信息将保存在系统的内存中，以便进行粘贴操作时使用。

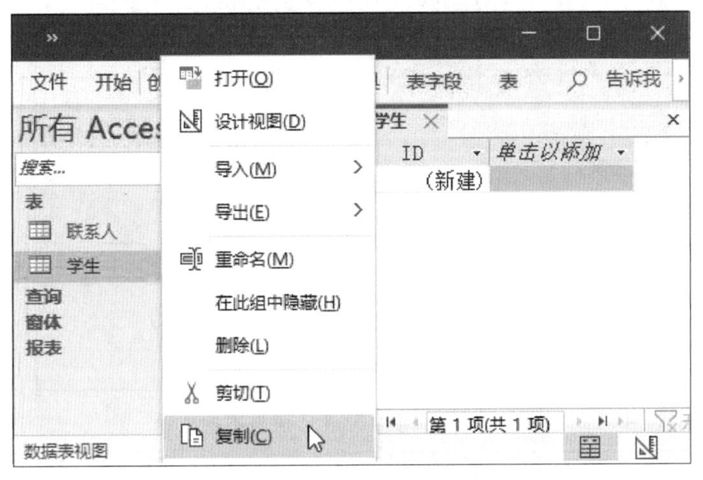

图 2-1-18　单击选择“复制”命令

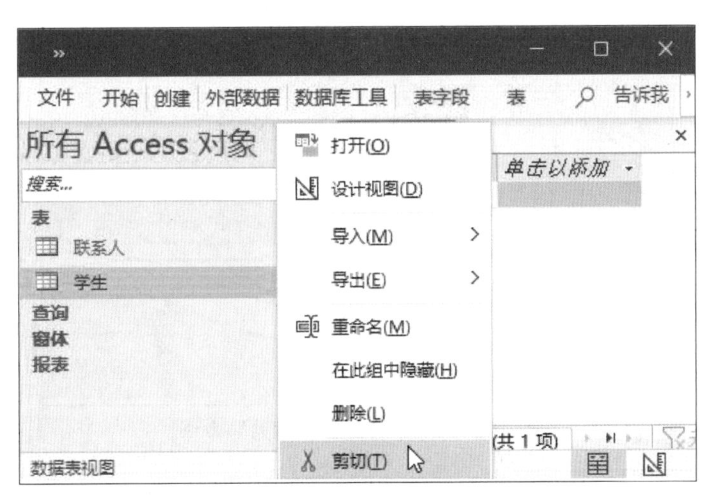

图 2-1-19　单击选择“剪切”命令

2）剪切操作执行后，在导航窗格中，“学生”表已消失不再显示，如图 2-1-20 所示。剪切表意味着复制该表的同时将该表从数据库中删除。

（7）粘贴表

1）在导航窗格中复制或剪切“学生”表后，右键单击导航窗格中任一表标签或空白区域，在弹出的右键快捷菜单中，单击选择“粘贴”命令，如图 2-1-21 所示。

2）在弹出的“粘贴表方式”对话框中，“粘贴选项”包括“仅结构”“结构和数据”“将数据追加到已有的表”，如图 2-1-22 所示，可根据具体情况进行选择，默认新表的名称为原表名称加上“的副本”三个字。

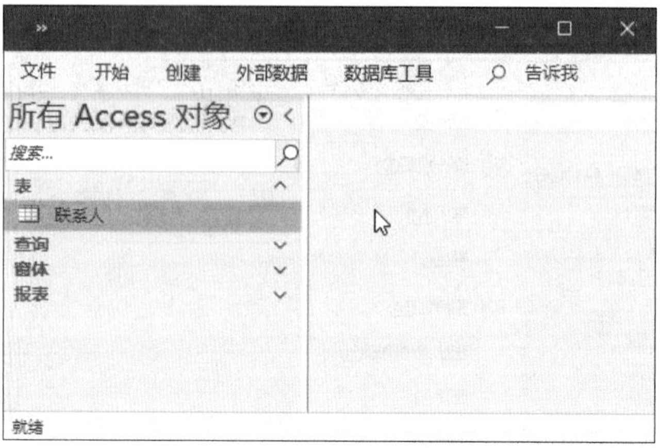

图 2-1-20 “学生”表已消失不再显示

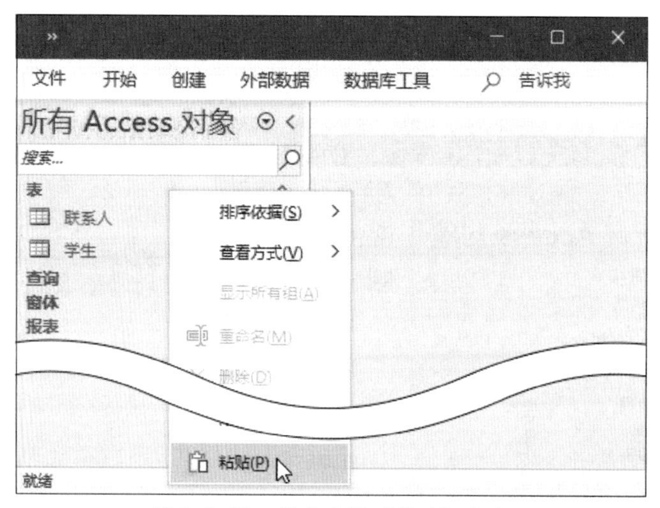

图 2-1-21 单击选择“粘贴”命令

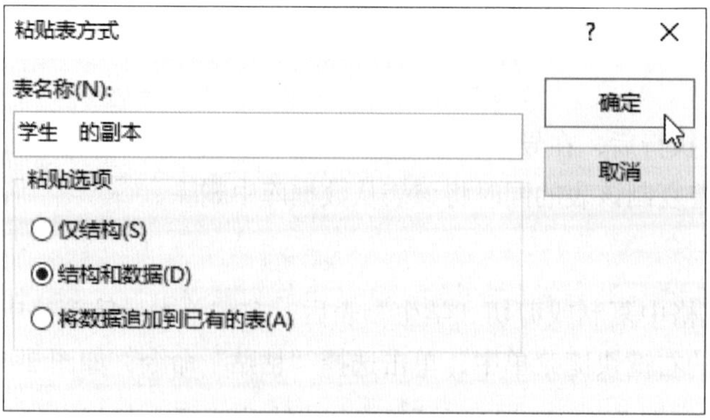

图 2-1-22 “粘贴表方式”对话框

若选择“结构和数据”选项，则可创建与原表结构和数据相同的新表；若选择“仅结构”选项，则可创建与原表结构相同但无数据的空白表。单击“确定”按钮后，新表“学生　的副本”被粘贴到该数据库文件中，并在导航窗格和文档区域同时显示。比较“学生”表和“学生　的副本”表，可以发现它们的结构完全相同，如果包含数据的话，两者的数据也完全相同，如图 2-1-23 所示。

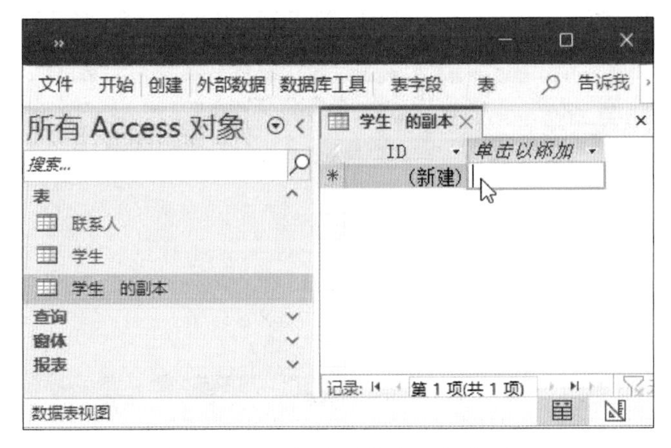

图 2-1-23　新表“学生　的副本”

“表名称”可根据需要自行修改，如改为数据库中已有表的名称，系统会提示用户是否替换现有表，如选择“是”选项，那么现有表会被替换为所复制的表。

若选择“将数据追加到已有的表”选项，则只粘贴其数据，此时需将“表名称”改为已有目标表的名称。如果未在“表名称”文本框中做修改，那么会弹出图 2-1-24 所示的提示对话框。

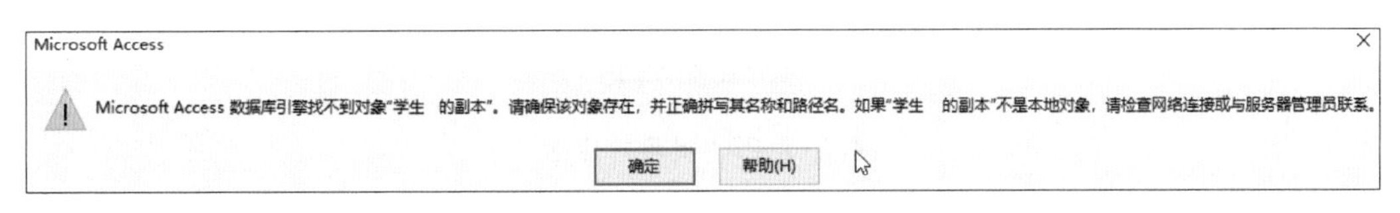

图 2-1-24　提示对话框 1

需要注意的是，如果目标表的结构与所复制的表不相同，那么该操作无法进行，系统会弹出图 2-1-25 所示的提示对话框。

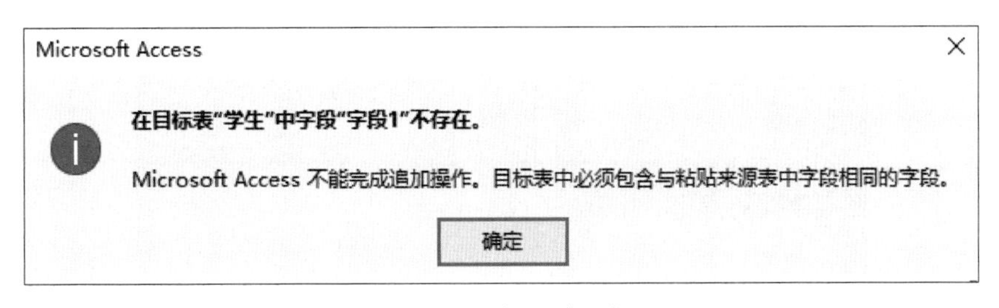

图 2-1-25　提示对话框 2

（8）重命名表

1）右键单击导航窗格中“学生”表标签，在弹出的右键快捷菜单中，单击选择“重命名”命令，如图 2–1–26 所示。

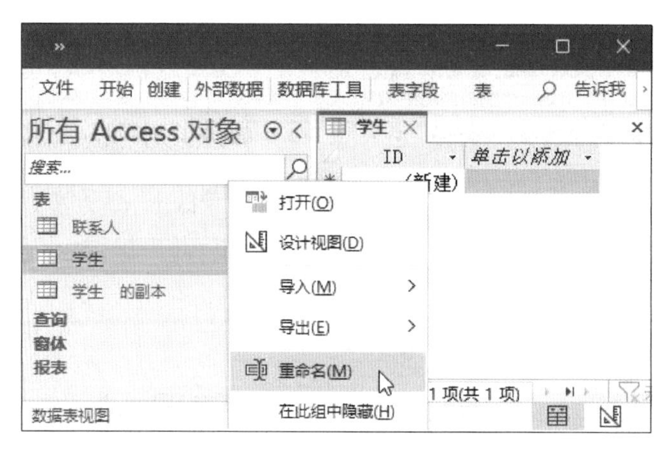

图 2-1-26 单击选择“重命名”命令

2）当“学生”表处于打开状态，系统会弹出图 2–1–27 所示的提示对话框。

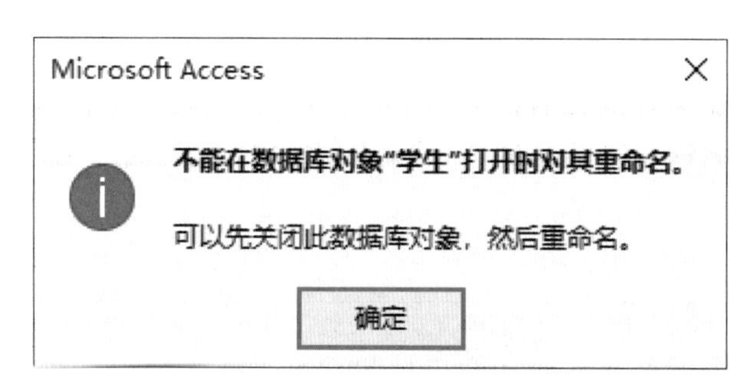

图 2-1-27 提示对话框

3）将“学生”表关闭后，右键单击导航窗格中“学生”表标签，在弹出的右键快捷菜单中，单击选择“重命名”命令，将表名称由“学生”改为“学生信息”，如图 2–1–28 所示。

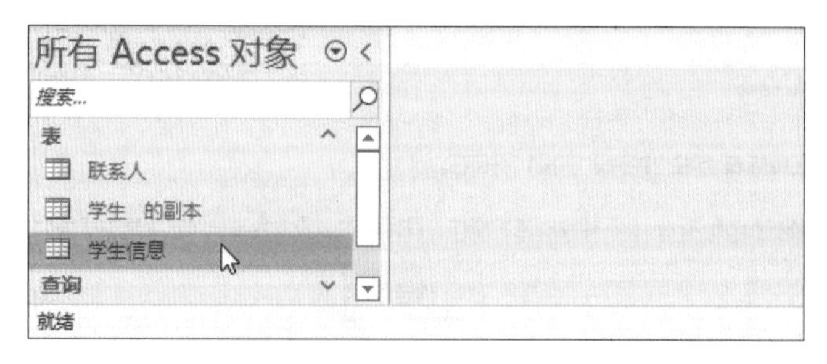

图 2-1-28 将表名称由“学生”改为“学生信息”

4）重命名成功后，导航窗格中该表的标签、该表所在组的标签以及在文档区域打开该表的标签名称均统一为“学生信息”，如图 2–1–29 所示。

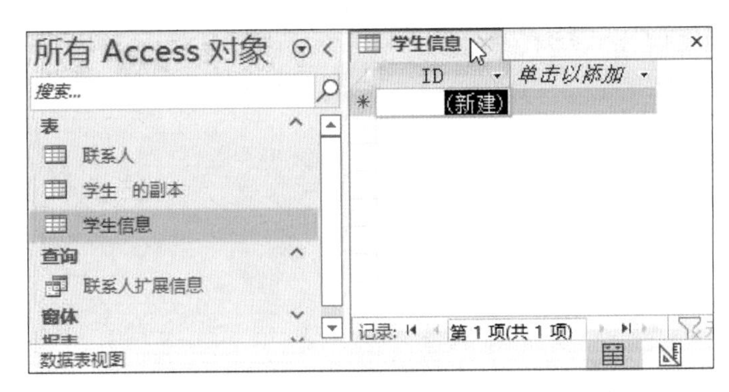

图 2-1-29　文档区域重命名的“学生信息”表

（9）隐藏表

1）在导航窗格中，正常显示的“学生信息”表标签如图 2–1–30 所示。

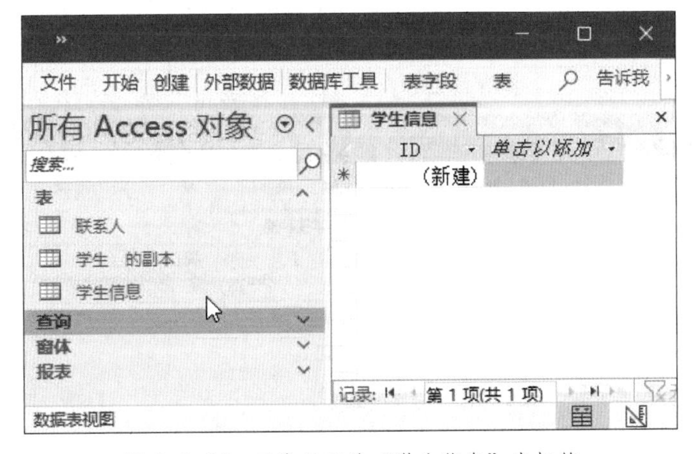

图 2-1-30　正常显示的“学生信息”表标签

2）导航窗格中可以按不同的分类显示对象，单击导航窗格顶部“所有 Access 对象”右侧的下拉按钮，从弹出的下拉菜单中可以看到导航窗格中对象的浏览类别是“所有 Access 对象”，它前面的图标 ☑ 表示被选中，这也是打开表时的默认浏览类别。单击选择“表和相关视图”选项，则浏览类别按照表进行显示，如图 2–1–31 所示。

3）右键单击导航窗格中“学生信息”表标签，在弹出的右键快捷菜单中，单击选择“在此组中隐藏”命令，如图 2–1–32 所示。

4）虽然此时“学生信息”表仍在文档区域打开显示，但“学生信息”表标签在导航窗格中不再显示（即被隐藏起来），如图 2–1–33 所示。采用同样的操作，“联系人”表和“学生　的副本”表也可以被隐藏。

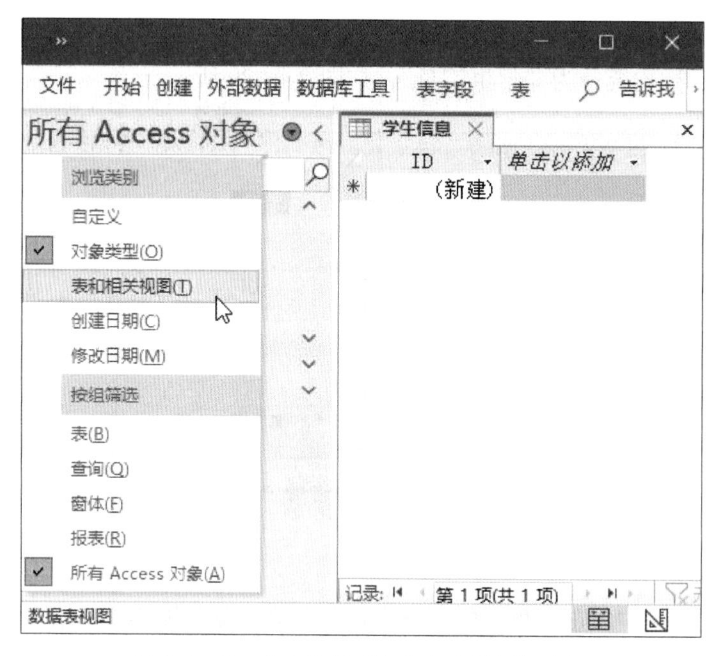

图 2-1-31　单击选择“表和相关视图”选项

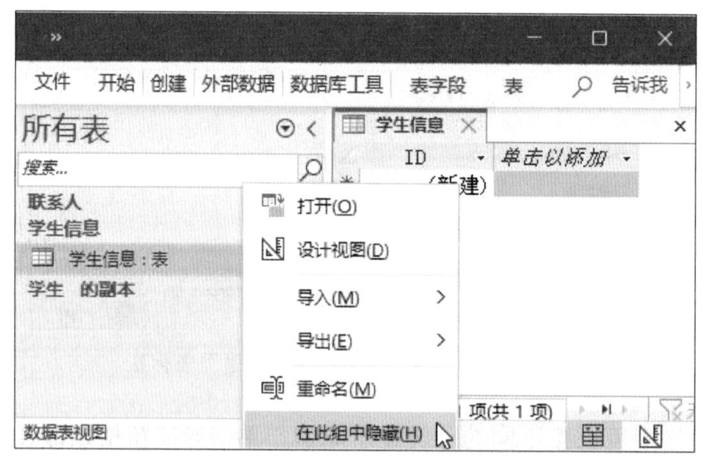

图 2-1-32　单击选择“在此组中隐藏”命令

需要注意的是，这里设置的隐藏仅对当前浏览类别有效，如此时在“所有 Access 对象”下拉菜单中勾选其他浏览类别，会发现前面设置了隐藏的表仍可正常显示。

被隐藏的表有完全不显示和显示为灰色两种显示方式，其设置方法如下。

1）右键单击导航窗格顶部的“所有表”，在弹出的下拉菜单中，单击选择“导航选项”命令，如图 2-1-34 所示。

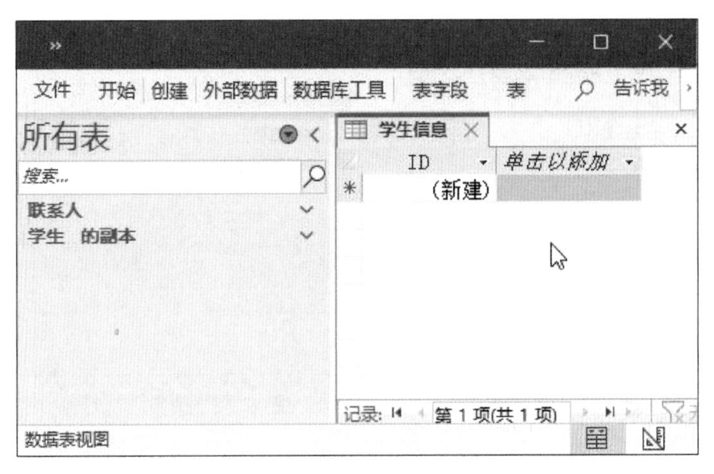

图 2-1-33　“学生信息”表被隐藏

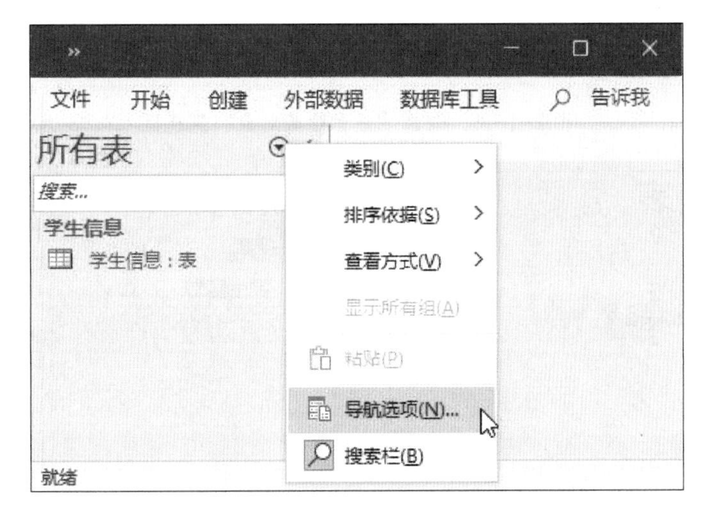

图 2-1-34　单击选择“导航选项”命令

2）弹出“导航选项”对话框，在该对话框左下部的“显示选项”中包含“显示隐藏对象”“显示系统对象”“显示搜索栏”3 个复选框，勾选“显示隐藏对象”复选框，如图 2–1–35 所示，单击“确定”按钮后，即可以灰色方式显示被隐藏的表，如图 2–1–36b 所示，而未隐藏的表则显示为黑色，如图 2–1–36a 所示。

如需取消隐藏，可右键单击导航窗格中显示为灰色的“学生信息”表标签，在弹出的右键快捷菜单中，单击选择“取消在此组中隐藏”命令，如图 2–1–37 所示。

（10）设置表属性

1）右键单击导航窗格中“学生信息”表标签，在弹出的右键快捷菜单中，单击选择“表属性”命令，如图 2–1–38 所示。

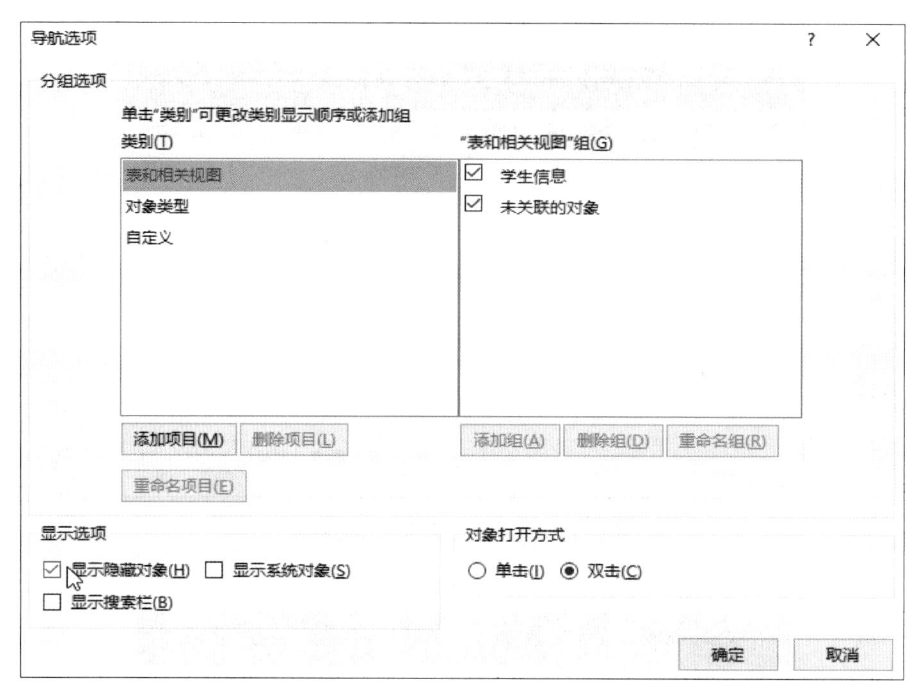

图 2-1-35　勾选“显示隐藏对象”复选框

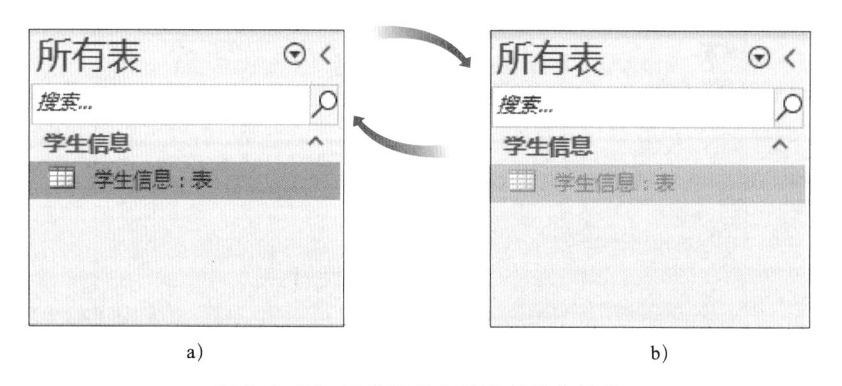

图 2-1-36　正常显示和被隐藏的表标签

a）正常显示的“学生信息”表标签　b）被隐藏的“学生信息”表标签

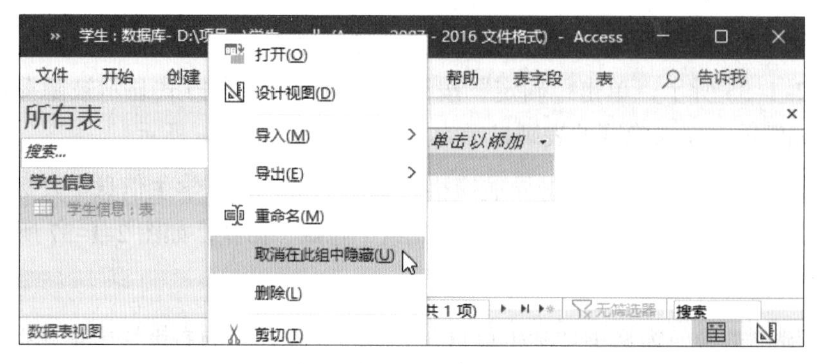

图 2-1-37　单击选择“取消在此组中隐藏”命令

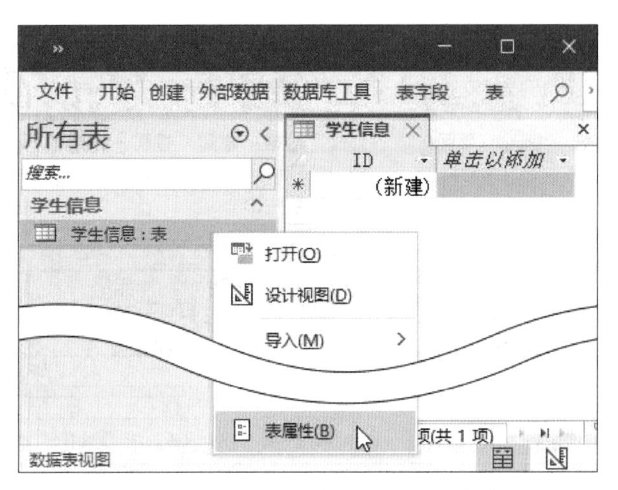

图 2-1-38　单击选择“表属性”命令

2）在弹出的“学生信息　属性”对话框中修改“学生信息”表的属性。例如，将“说明”改为“用于记录学生的各种信息”，如图 2-1-39 所示。在该对话框中勾选或取消勾选“属性”后的“隐藏”复选框，也可以实现在导航窗格中隐藏或取消隐藏某个表的功能。

图 2-1-39　修改“说明”

3. 使用外部数据

使用外部数据包括导入、导出等操作，主要是通过粘贴操作或选择“外部数据”选项卡的相应命令来完成，具体操作如下。

（1）粘贴 Excel 数据

1）在 Excel 2021 中打开“学生表模板 .xlsx”文件，在工作表“sheet1”中选择并复制所需的数据，如图 2-1-40 所示。

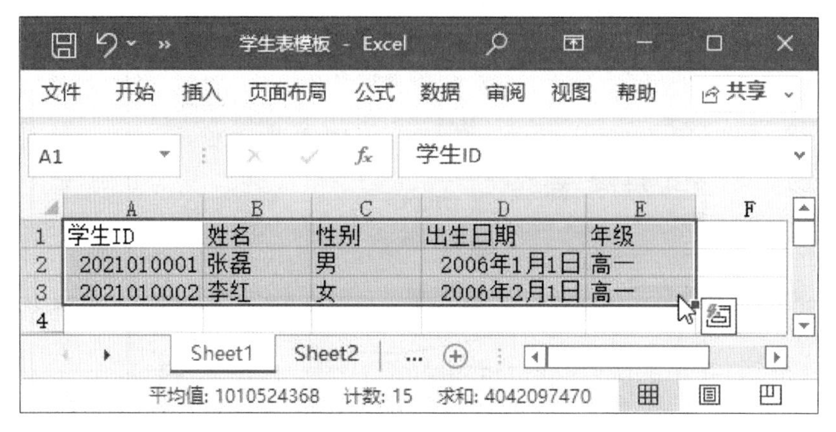

图 2-1-40　选择并复制所需的数据

2）在 Access 2021 中打开 Access 数据库文件“学生 .accdb”，在导航窗格中打开“学生信息”表，右键单击文档区域“学生信息”表内的“单击以添加”区域，在弹出的快捷菜单中，单击选择“粘贴为字段”命令，如图 2-1-41 所示。

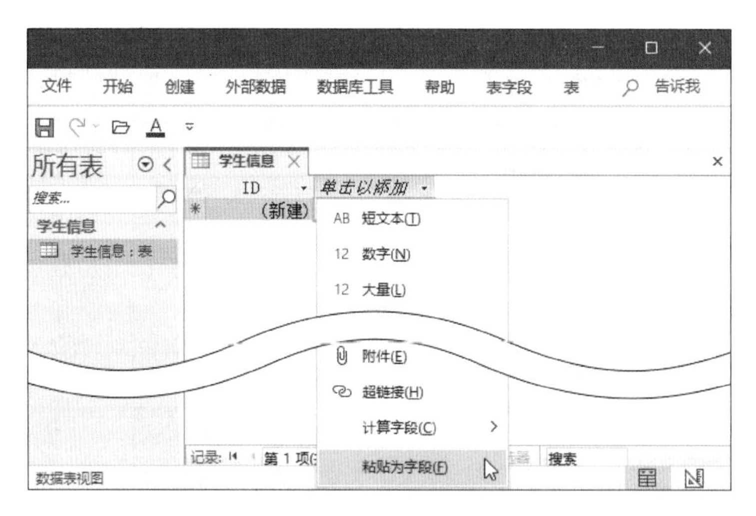

图 2-1-41　单击选择“粘贴为字段”命令

3）弹出图 2-1-42 所示的提示对话框，单击“是”按钮，将会执行粘贴操作；单击“否”按钮，将会取消粘贴操作。

4）执行粘贴操作后，被选择并复制的数据就粘贴到了 Access 数据库的“学生信息”表中，包括新导入的 5 个字段名称和 2 行 5 列数据，如图 2-1-43 所示。

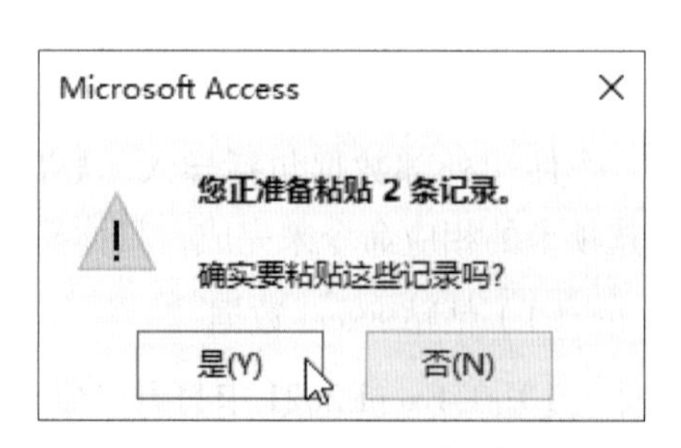

图 2-1-42　提示对话框

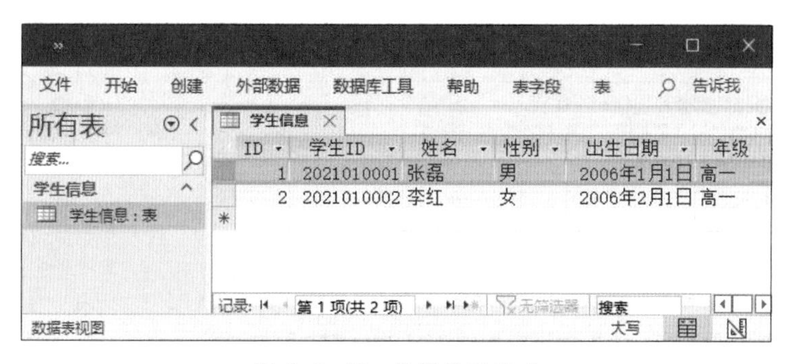

图 2-1-43　数据粘贴完成

（2）导入 Excel 数据

1）在 Access 2021 中，打开 Access 数据库文件“学生 .accdb”，在“外部数据”选项卡“导入并链接”命令组中，单击“新数据源”按钮，在展开的下拉菜单中，单击选择“从文件”中的“Excel”命令，如图 2-1-44 所示。

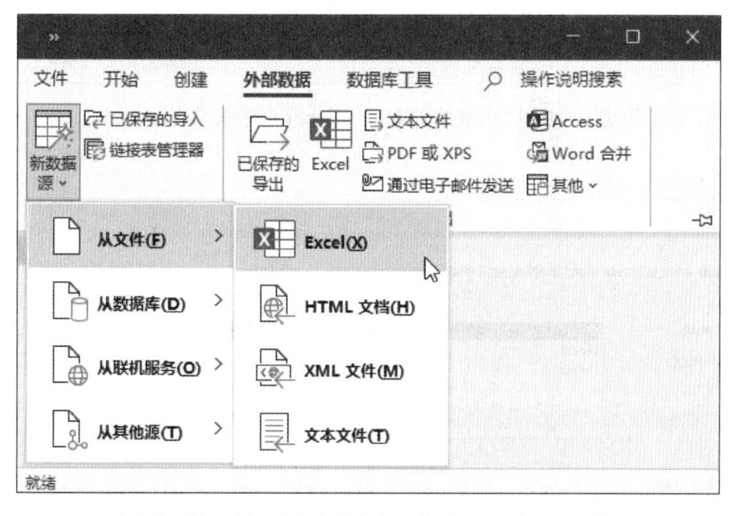

图 2-1-44　单击选择“从文件”中的“Excel”命令

2）弹出“获取外部数据 –Excel 电子表格”对话框，如图 2-1-45 所示。首先需要“指定对象定义的来源”，可以单击“浏览”按钮，打开需要导入数据的 Excel 源文件，或在“文件名”文本框中输入 Excel 源文件的完整路径；然后需要“指定数据在当前数据库中的存储方式和存储位置”，选项包括“将数据源导入当前数据库的新表中”“向表中追加一份记录的副本”“通过创建链接表来链接到数据源”，选择第一个选项，单击“确定”按钮。

3）此时弹出“导入数据表向导”对话框，该对话框中显示了可导入的 Excel 工作表及其示例数据，选择包含所需数据的工作表“Sheet1”，如图 2-1-46 所示，单击“下一步”按钮。

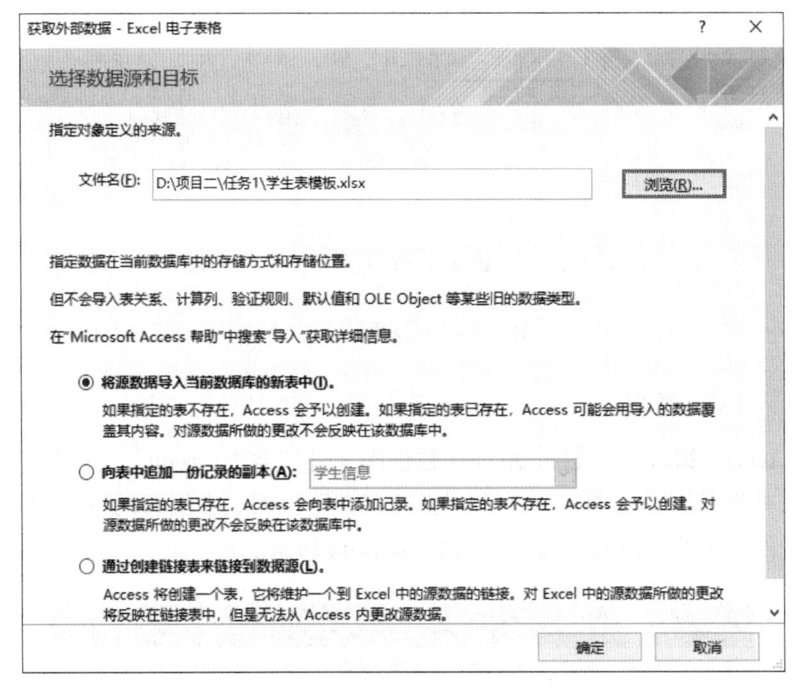

图 2-1-45 “获取外部数据 -Excel 电子表格”对话框

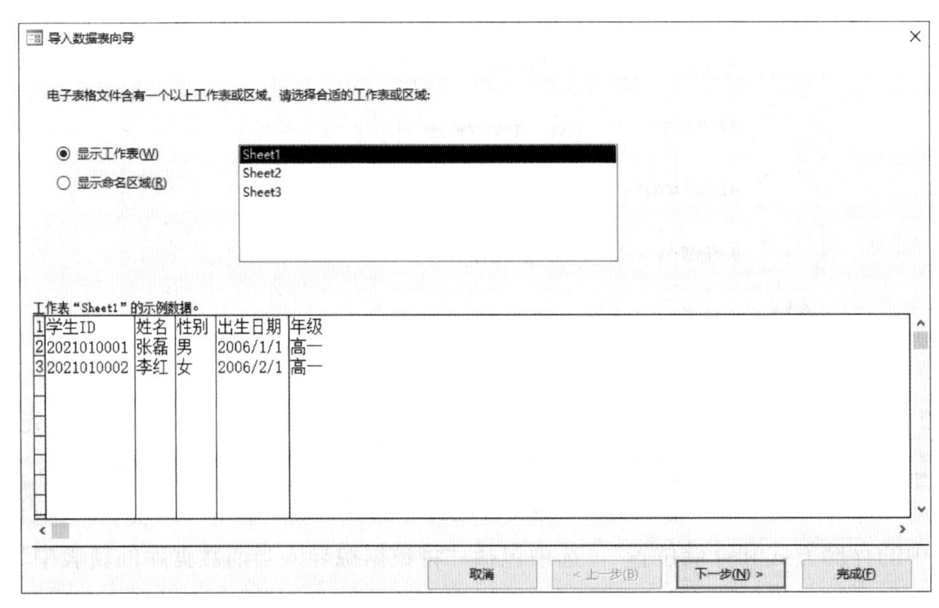

图 2-1-46 选择包含所需数据的工作表“Sheet1”

4）在“导入数据表向导”对话框中，勾选“第一行包含列标题”复选框，如图 2-1-47 所示，这样就可以用 Excel 工作表第一行的列标题作为 Access 数据库表的字段名称，单击“下一步”按钮。

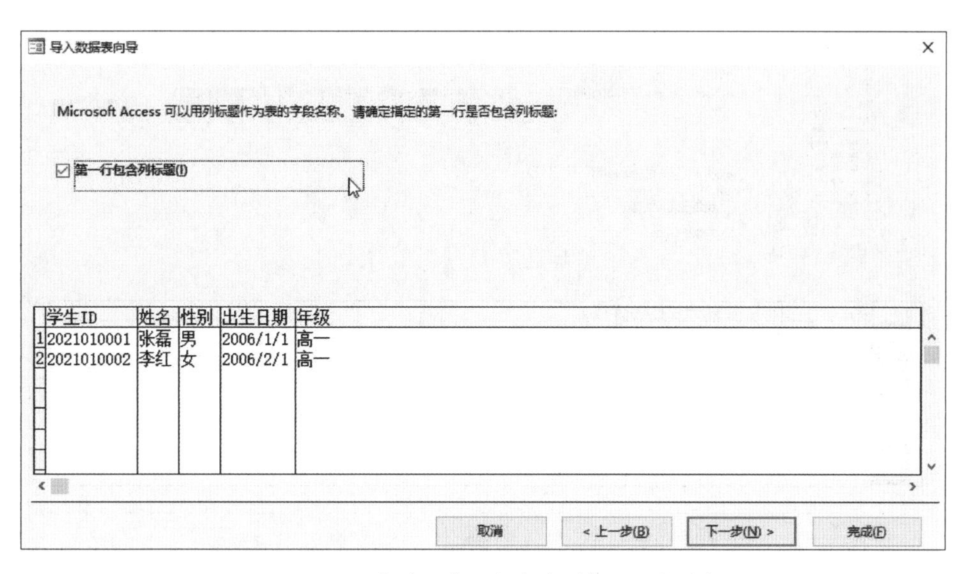

图 2-1-47　勾选“第一行包含列标题”复选框

5）在“导入数据表向导”对话框中可以指定正在导入的每个字段的信息，包括修改默认字段的“字段名称”“索引”“数据类型”，如图 2-1-48 所示，单击“下一步”按钮。

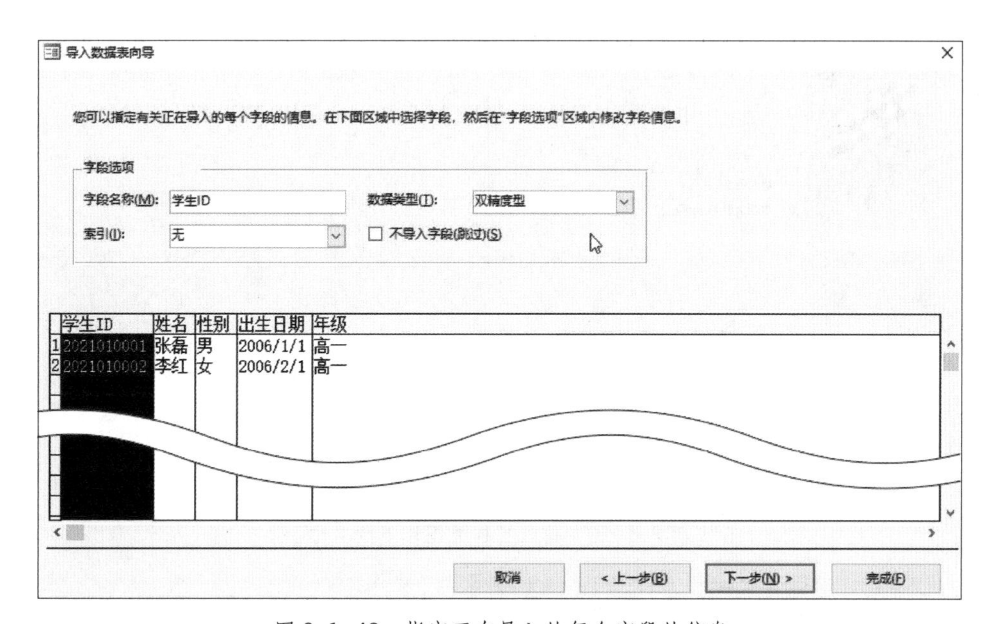

图 2-1-48　指定正在导入的每个字段的信息

6）在“导入数据表向导”对话框中可以为新表定义一个主键，用来唯一地表示表中的每个记录，选项包括“让 Access 添加主键”“我自己选择主键”“不要主键”，如图 2-1-49 所示，选择第一个选项，单击“下一步”按钮。

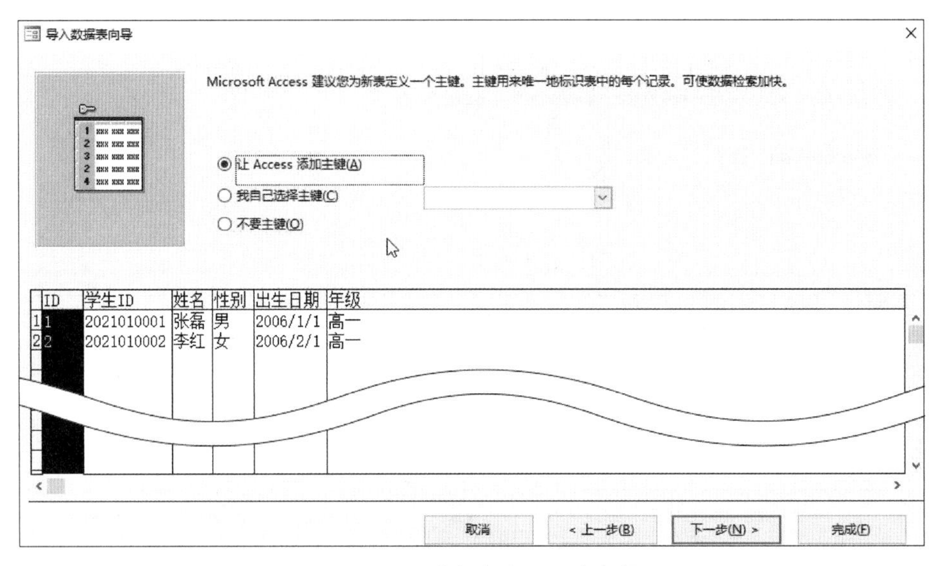

图 2-1-49　为新表定义一个主键

7）在“导入数据表向导”对话框中，输入目标数据库表的名称，如图 2-1-50 所示，单击“完成”按钮。

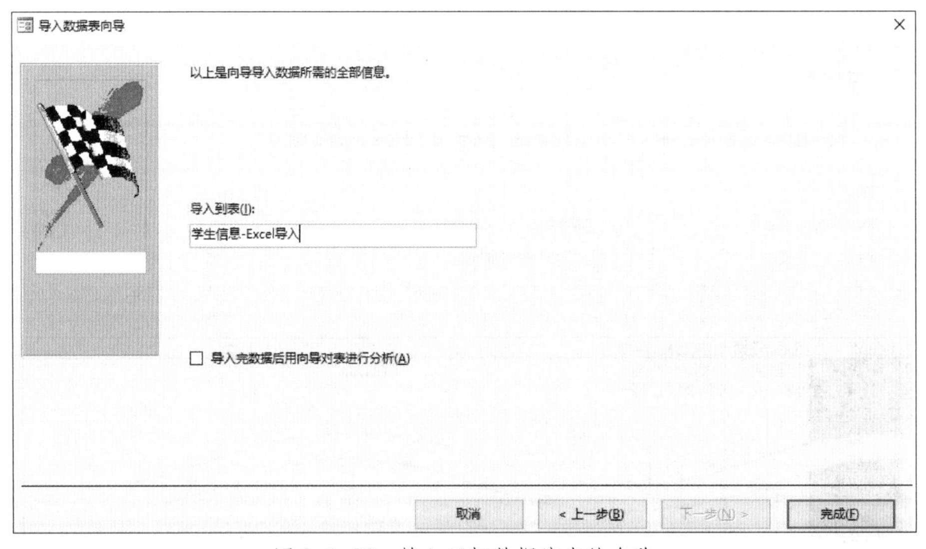

图 2-1-50　输入目标数据库表的名称

8）弹出“获取外部数据 –Excel 电子表格”对话框，勾选“保存导入步骤”复选框，则将来无须使用该向导即可重复该数据导入步骤。在“另存为”文本框中输入导入步骤的名称“导入 – 学生表模板”，在“说明”文本框添加说明“由 Excel 文件‘学生表模板 .xlsx’导入生成表‘学生信息 Excel 导入’”，单击“保存导入”按钮，如图 2-1-51 所示。

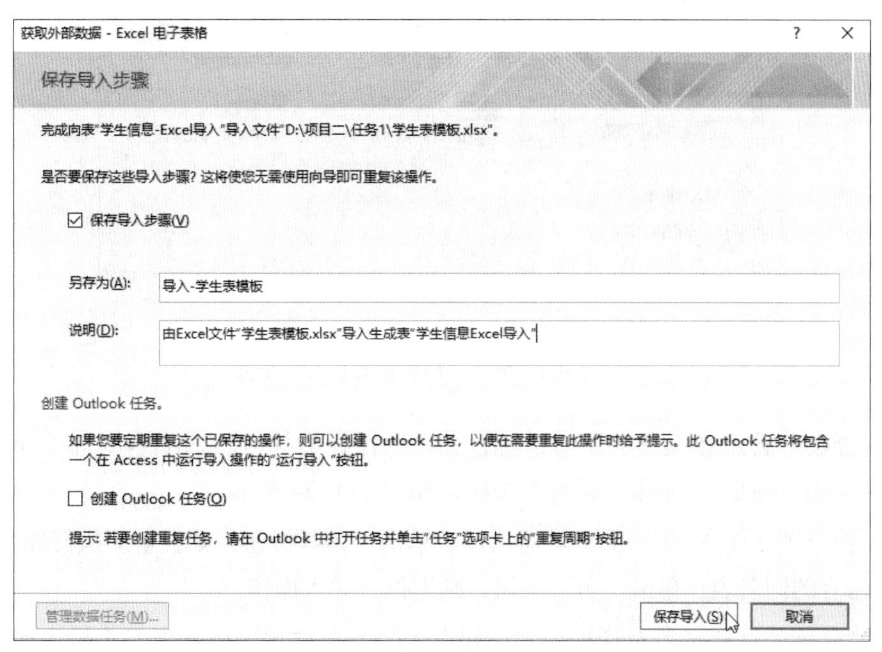

图 2-1-51　单击"保存导入"按钮

9）导入操作执行完成，图 2-1-40 中 Excel 工作表数据通过"导入数据表向导"功能导入到了 Access 数据库文件"学生 .accdb"中，并创建了一个新表"学生信息 -Excel 导入"来装载导入的数据。在导航窗格中打开新表，在文档区域查看其数据，可见新表中包括新导入的 5 个字段名称和 2 行 5 列数据，如图 2-1-52 所示。

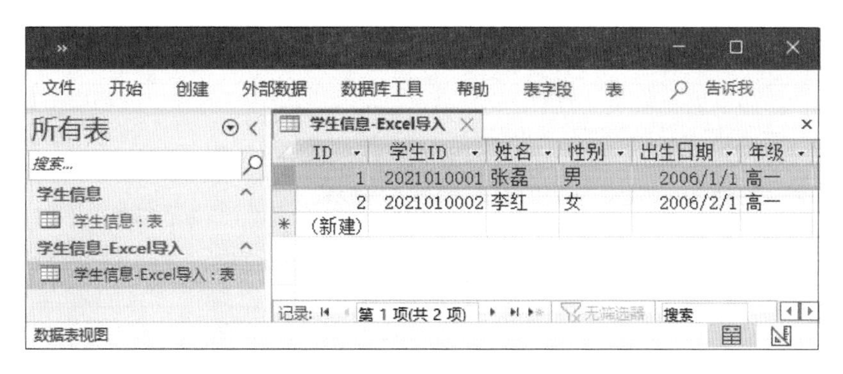

图 2-1-52　查看"学生信息 -Excel 导入"表

（3）通过运行保存的导入步骤重新导入 Excel 数据

1）在 Access 2021 打开 Access 数据库文件"学生 .accdb"，在"外部数据"选项卡"导入并链接"命令组中，单击"已保存的导入"按钮，如图 2-1-53 所示。

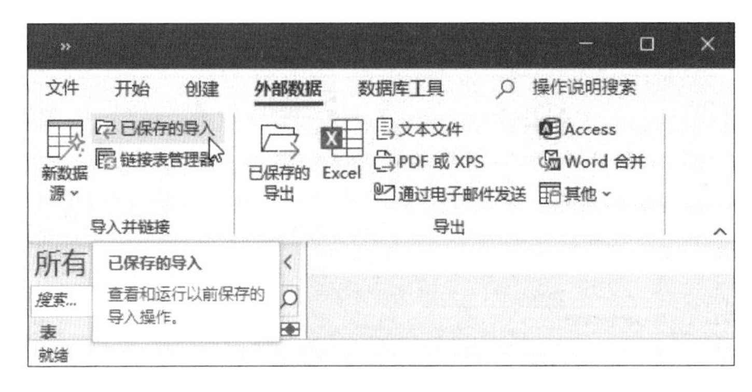

图 2-1-53　单击“已保存的导入”按钮

2）弹出“管理数据任务”对话框，在“已保存的导入”选项卡中选择导入操作“导入 – 学生表模板”，单击“运行”按钮，如图 2-1-54 所示。

3）弹出图 2-1-55 所示的提示对话框。单击“是”按钮，则会重新执行导入操作，并覆盖已有的同名表；单击“否”按钮，则不执行导入操作。

在“管理数据任务”对话框的“已保存的导入”选项卡中选择某个导入操作，单击“删除”按钮，则会将该导入操作删除。

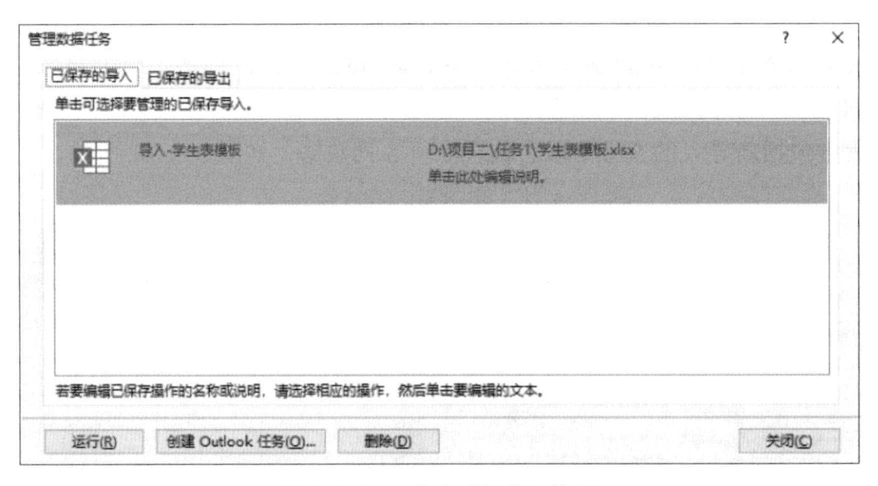

图 2-1-54　单击“运行”按钮

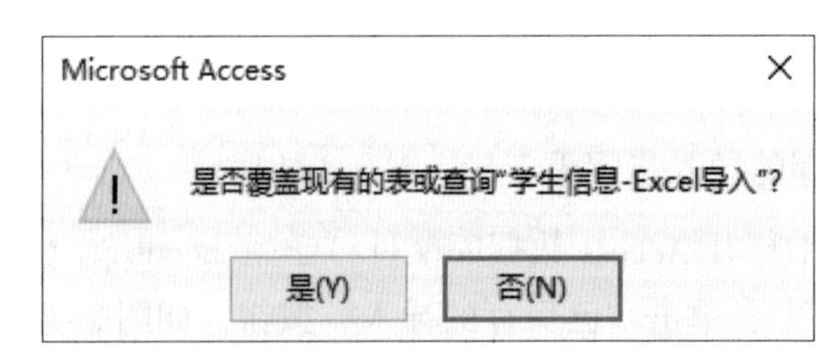

图 2-1-55　提示对话框

在“管理数据任务”对话框的“已保存的导入”选项卡中选择某个导入操作，单击“创建 Outlook 任务”按钮，可启动 Outlook 并创建一个新任务，检查并修改任务设置，如“截止日期”“提醒时刻”“重复周期”，保存 Outlook 任务后，该导入操作会由 Outlook 程序按照设定的周期和时刻，定期、定时地重复执行。

（4）将 Access 数据粘贴到 Excel 工作簿

1）在 Access 2021 中打开 Access 数据库文件“学生 .accdb”，在导航窗格中打开“学生信息 –Excel 导入”表，在文档区域“学生信息 –Excel 导入”表内，选择并复制需要粘贴的数据，如图 2–1–56 所示。

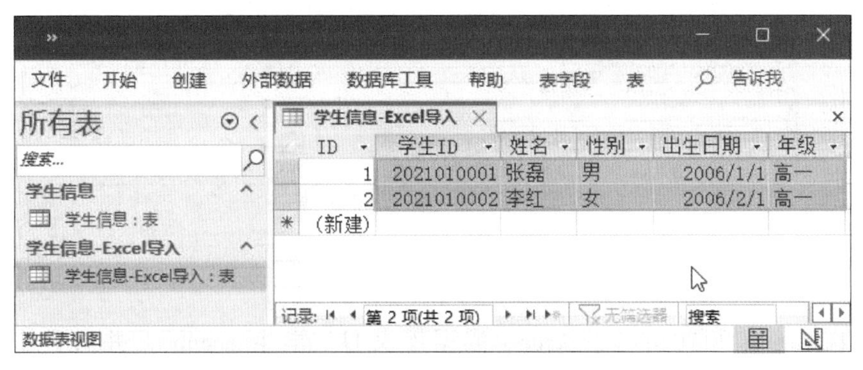

图 2–1–56　选择并复制需要粘贴的数据

2）在 Excel 2021 中打开 Excel 工作簿“学生表模板 .xlsx”，在工作表“Sheet1”中选择并右键单击单元格“A4”，在弹出的右键快捷菜单中，单击选择“选择性粘贴”命令，如图 2–1–57 所示。

图 2–1–57　单击选择“选择性粘贴”命令

3）执行粘贴操作后，图 2–1–56 中被选择并复制的数据粘贴到了 Excel 工作表“Sheet1”中，包括 Access 数据库中的 5 个字段名称和 2 行 5 列数据，如图 2–1–58 所示。与工作表中原有的数据进行比较，可见除了某些格式显示方面的差别以外，两者的内容相同。

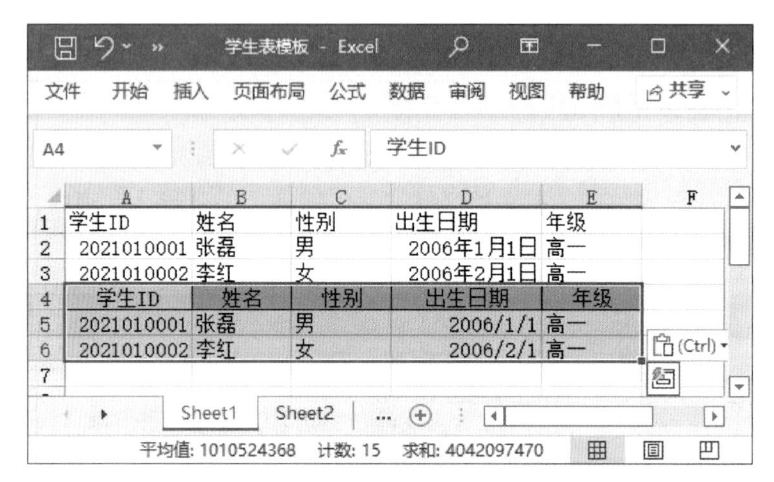

图 2-1-58 完成粘贴操作

（5）将 Access 数据导出到 Excel 工作簿

1）在 Access 2021 中打开 Access 数据库文件“学生 .accdb”，并打开“学生信息 -Excel 导入”表，在“外部数据”选项卡“导出”命令组中，单击“Excel”按钮，如图 2-1-59 所示。

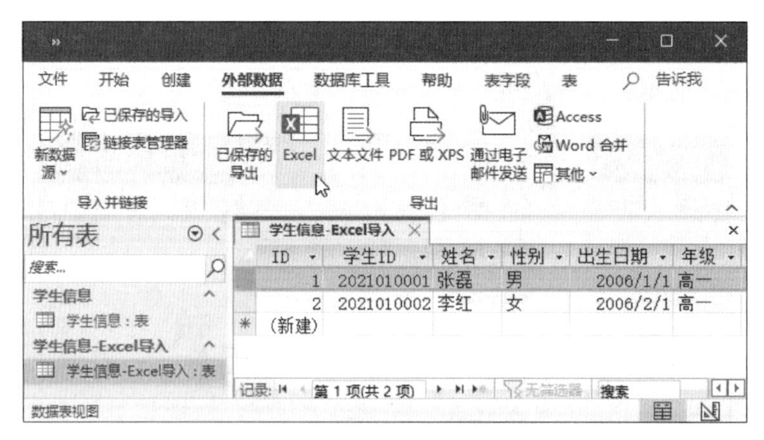

图 2-1-59 单击“Excel”按钮

2）弹出“导出 -Excel 电子表格”对话框，首先需要“指定目标文件名及格式”，可以单击“浏览”按钮打开将要接收导出数据的 Excel 目标文件，或在“文件名”文本框中输入 Excel 文件的完整路径；然后需要“指定导出选项”，包括“导出数据时包含格式和布局”“完成导出操作后打开目标文件”“仅导出所选记录”，勾选第一个复选框，单击“确定”按钮，如图 2-1-60 所示。

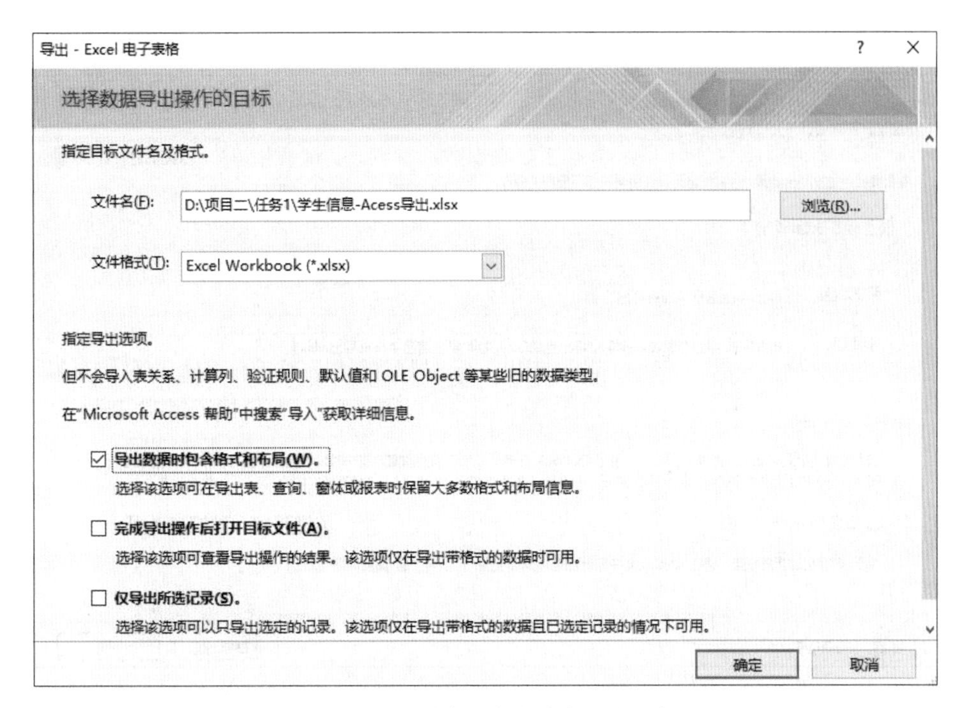

图 2-1-60　选择数据导出操作的目标

3）弹出“导出 –Excel 电子表格”对话框，提示将数据库表“学生信息 –Excel 导入”导出成功。将导出步骤保存为“导出 – 学生信息 –Access 导出”，并添加说明“由数据表‘学生信息 –Excel 导入’导出生成 Excel 文件‘学生信息 –Access 导出 .xlsx’”，单击“保存导出”按钮，这样将来无须使用该向导即可重复该数据导出操作，如图 2–1–61 所示。

4）导出操作执行完成，图 2–1–56 中 Access 数据表“学生信息 –Excel 导入”通过“导出数据表向导”对话框导出到了新建的 Excel 文件“学生信息 –Access 导出 .xlsx”中，并创建了一个新工作表“学生信息 –Excel 导入”来装载导出的数据。在工作表中查看其数据，包括新导入的 5 个字段名称和 2 行 5 列数据，如图 2–1–62 所示。

（6）通过运行保存的导出步骤，重新将数据导出到 Excel 工作簿

1）在 Access 2021 中打开 Access 数据库文件“学生 .accdb”，并打开“学生信息 –Excel 导入”表，在“外部数据”选项卡“导出”命令组中，单击“已保存的导出”按钮，如图 2–1–63 所示。

2）弹出“管理数据任务”对话框，在“已保存的导出”选项卡中选择导出操作“导出 – 学生信息 –Access 导出”，单击“运行”按钮，如图 2–1–64 所示。

图 2-1-61　保存导出步骤

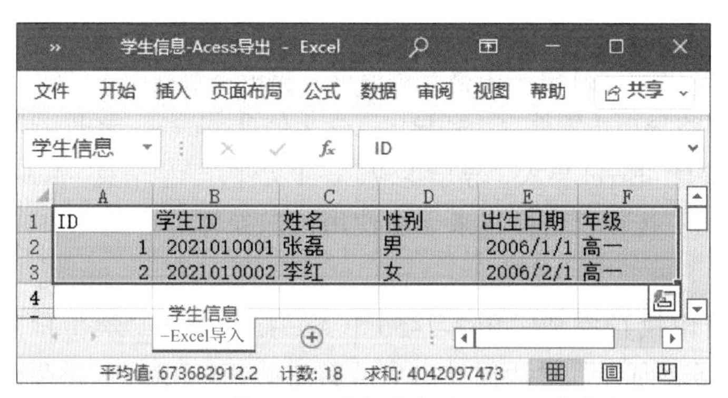

图 2-1-62　将 Access 数据导出到 Excel 工作簿中

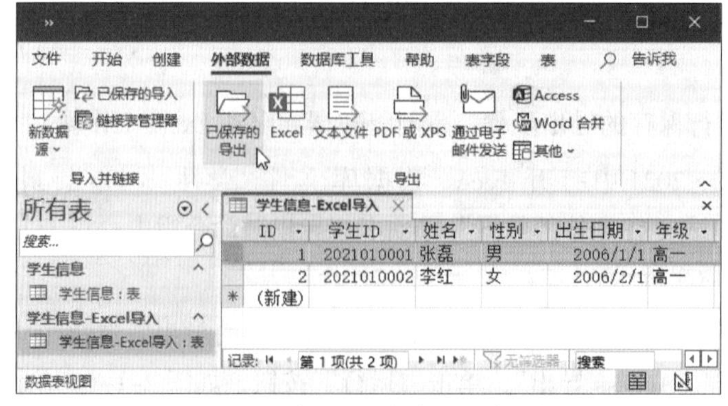

图 2-1-63　单击“已保存的导出”按钮

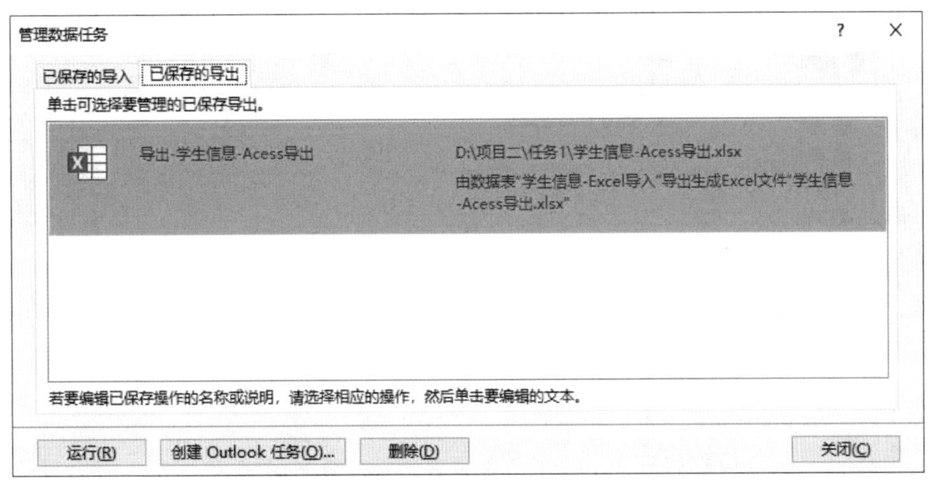

图 2-1-64　运行已保存的导出步骤

3）弹出图 2-1-65 所示的提示对话框，单击“否”按钮则不执行操作，单击“是”按钮则会执行导出操作，并弹出图 2-1-66 所示的提示对话框。单击“是”按钮则替换已有的文件，单击“否”按钮则会弹出“输出到”对话框，如图 2-1-67 所示。选择或输入新的目标文件名，单击“确定”按钮，会重新执行导出操作，并新建 Excel 工作簿来装载导出的数据；单击“取消”按钮则不会执行导出操作。

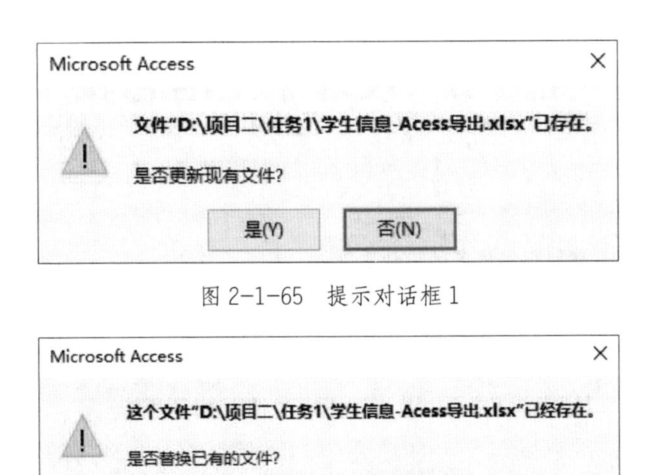

图 2-1-65　提示对话框 1

图 2-1-66　提示对话框 2

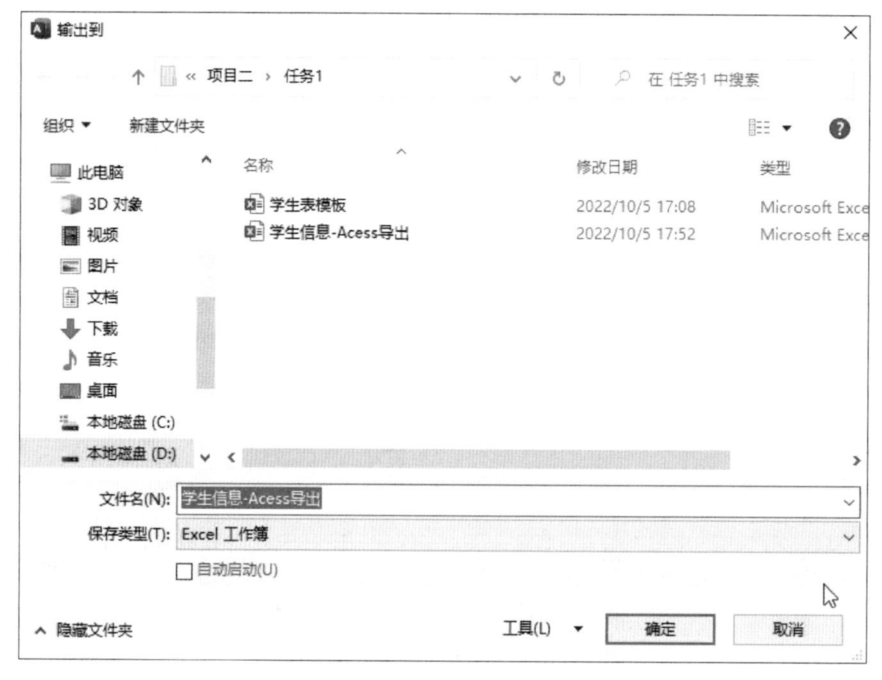

图 2-1-67 “输出到”对话框

任务 2　设计学生信息表

1. 理解数据库表的设计思路。
2. 掌握“数据表视图”的使用。
3. 掌握“设计视图”的使用。

学会了使用 Access 2021 创建新的数据库表之后，新的问题随之而来。

1. 在 Access 2021 数据库表中录入需要管理的数据之前，还应该做些什么？

2. 可以在 Access 2021 数据库表中录入哪些类型的数据？

3. 怎样才能更有效地使用 Access 2021 管理数据？

本任务的内容是完成“学生信息”表的设计，通过实际体验来解决上面这些问题。

1. 先将数据按照其含义划分为独立的信息单元（即字段）后再录入，会起到事半功倍的作用。

2. 在 Access 2021 中不仅可以存储“长文本”“短文本”“数字”等常见类型的数据，还可以存储“日期 / 时间”“图片”等类型的数据。

3. 为每个字段选择合适的数据类型及正确的属性信息，可以更有效地管理数据。为数据库表设定唯一主键，还可以防止冗余数据产生。

4. 利用“数据表视图”，可以完成对数据库表“学生信息”的设计及编辑。利用“设计视图”，可以修改表的结构。

一、表的设计思路

表是数据库中组织和存储数据的关键对象，因此数据库表设计的好坏会直接影响整个数据库的使用效果。

一般的数据库表设计思路如下。

1. 确定数据库表的用途

确定数据库表的用途，并根据用途对表进行命名。例如，所要设计的数据库表是用来存储学生的相关信息的，可将该数据库表命名为“学生信息”。

2. 查找和组织所需的信息项

收集希望在数据库表中记录的各种信息项，如学生的姓名、学生的出生日期和所在年级等。

3. 将信息项转换为字段

根据所需的信息项，确定在数据库表中所需存储的字段名称。例如，学生的姓名、学生的出生日期和学生所在的年级，可分别对应“姓名”“出生日期”和“年级”字段。

4. 设定主键

为数据库表设定主键。例如，可以将“学生 ID”字段设定为数据库表“学生信息”的主键，用来唯一标识每条学生的信息。

二、主键

每个表应包含一列或几列，用于对存储在该表中的每条记录进行唯一标识。这通常是一个唯一的标识号，如“学生 ID”或“考场序号”。在数据库术语中，此字段称为表的主键。

Access 2021 使用主键字段将多个表中的数据关联起来，从而将数据组合在一起。主键中不能有重复的值。例如，不要使用“姓名”作为主键，因为姓名不是唯一的，很可能在同一个表中出现两个同名的人，而应该选择“学生 ID”或“身份证号”等唯一标识。主键不能为空，并且一个表中只能有一个主键。如果某列的值可能在某个时间变成未分配或未知（缺少值），那么该字段不能作为主键的组成部分。

在使用多个表的数据库中，可在其他表中将一个表的主键作为引用使用，用于建立和加强两个表（主表和从表）的一列或多列数据之间的关联。在表中添加、修改和删除数据时，通过参照的完整性保证主表和从表数据的一致性，并维护表与表之间的依赖关系。

如果暂时无法确定将哪一列作为主键，可以考虑使用具有“自动编号”数据类型的列。使用“自动编号”数据类型时，Access 2021 将自动为各条记录分配一个值。这样的标识符不包含事实数据，即不包含描述它所表示的行的事实信息。不包含事实数据的标识符非常适合作为主键使用，因为它们不会更改。

三、字段的数据类型

在设计数据库表时，需要为表中的每个字段选择一个数据类型，该过程有助于提高数据输入的准确率。例如，假设在一个空表中输入一组考试成绩，Access 2021 随后推断该字段的数据类型为“数字”，如果试图在该字段中输入文本，系统会显示错误提示信息，并且禁止该用户保存所更改的记录。因此，为字段设置数据类型可帮助用户保护数据，对输入内容进行初级控制。例如，使用“长文本”字段时，该字段中可以输入所需的任何数据；但使用“自动编号”字段时，该字段会完全禁止输入任何信息。

下面介绍 Access 2021 提供的数据类型，并说明这些数据类型对数据输入的影响。

1. 短文本

“短文本”字段可以接受文字、数字及各种特殊字符，常用于不在计算中使用的文本和数字数据（如学生 ID 和姓名等）。“短文本”字段所接受的字符数较少，范围为 0 ~ 255。

2. 长文本

“长文本”字段可以接受大量文本和数字数据或具有 RTF（rich text format，RTF 是一种通用文本格式，可使用 Word 2021 打开）格式的文本，常用于长度超过 255 个字符的文本或 RTF 格式的文本数据。例如，注释、较长的说明和包含粗体或斜体等格式的段落等经常使用“长文本”字段。用户还可以向数据添加超文本链接标示语言（hypertext markup language，HTML）标记。

此外，“长文本”字段还有一个名为“仅追加”的新属性。启用该属性后，可以在“长文本”字段中追加新数据，但不能更改现有数据。此功能主要用于问题跟踪数据库等应用程序，在这些数据库中数据需要永久记录。

3. 数字

“数字”字段只能接受数值，包括整数和分数值，用于存储要在计算中使用的数字数据，但不包括货币值（货币值使用的数据类型是“货币”）。可以对“数字”字段中的数值执行计算。

4. 日期 / 时间

“日期 / 时间”字段只能接受输入日期和时间，用于存储日期和时间值。“日期 / 时间”字段存储的每个值都包括日期和时间两部分。根据对字段设置方式的不同，可能会遇到以下情况。

（1）如果为字段设置了输入掩码（选择该字段时显示的一系列文字和占位符），则必须按照掩码所提供的空间和格式输入数据。例如，如果出现“____年__月__日”的掩码，则必须在所提供的空间中输入“2017 年 12 月 25 日”格式的日期值，不能按其他格式输入。

（2）如果没有创建输入掩码以控制日期或时间的输入方式，那么在输入值时可以采用任意有效的日期或时间格式。例如，可以输入“2017-12-25”“12/25/17”“December 25，2017”等格式的日期值。

（3）可以对字段应用显示格式。不管输入值时采用了任意有效的日期或时间格式，Access 2021 都将按照该显示格式进行显示。例如，可以输入“2017-12-25”，然后设置显示格式，将值显示为“12/25/17”。

5. 货币

“货币”字段只能接受货币值，用于存储货币值（货币），无须手动输入货币符号。默认情况下，Access 2021 会应用在 Windows 区域设置中指定的货币符号，如 ¥、£、$ 等。

6. 自动编号

“自动编号”字段只能接受在添加记录时 Access 2021 自动插入的一个唯一的数值，用于生成可用作主键的唯一值。“自动编号”字段可以按顺序增加指定的增量，也可以由系统随机选择。

在此类型字段中，任何时候都无法输入或更改数据。只要向数据库表添加了新的记录，Access 2021 就会递增“自动编号”字段中的值，并保证其唯一性。

7. 是 / 否

“是 / 否”字段只能接受布尔值（True 或 False），用于取两个可能的逻辑值（如“是 / 否”或“真 / 假”）之一的字段。

如果将“是 / 否”字段格式设置为显示一个列表，那么可以从该列表中选择“是 / 否”“真 / 假”“开 / 关”等。不能在该列表中输入值，也不能直接从窗体或表中更改该列表中的值。

8. OLE 对象

“OLE 对象”字段只能接受 OLE 对象，用于存储其他 Windows 应用程序中的 OLE 对象，如文本文件、Excel 图表或 PowerPoint 幻灯片。

9. 超链接

“超链接”字段只能接受超链接数据，用于存储超链接，以通过统一资源定位器（uniform resource locator，URL，是在互联网的 WWW 服务程序上用于指定信息位置的表示方法）对网页进行单击访问，或通过通用命名约定（universal naming convention，UNC）格式的名称对文件进行访问，还可以链接至数据库中存储的 Access 2021 对象。

要编辑”超链接”字段，可以选择相邻的字段，按 Tab 键或方向键将焦点移动到超链接字段，然后按 F2 键启用编辑。

10. 附件

“附件”字段可以接受图片、图像、二进制文件、Office 文件，这是用于存储数字图像和任意类型的二进制文件的首选数据类型，可以将其他程序中的数据附加到该类型字段，但不能输入文本或数字数据。

四、字段的属性信息

除了控制数据库表中字段的数据类型之外，还有多个字段属性也会影响向 Access 2021 数据库中输入数据的方式。

1. 字段大小

“字段大小”属性用于设置存储为“短文本”“数字”“自动编号”数据类型的数据的最大长度。

（1）对于“短文本”数据类型的数据，字段大小范围为 1 ~ 255 个字符。对于较长的文本字段，可设置为“长文本”数据类型。

（2）对于“数字”数据类型的数据，字段大小属性可以选择以下选项。

1）字节。字节适用于 0 ~ 255 的数值，存储要求为单个字节。

2）整型。整型适用于 –32 768 ~ +32 767 的数值，存储要求为 2 个字节。

3）长整型。长整型适用于 –2 147 483 648 ~ +2 147 483 647 的数值，存储要求为 4 个字节。

4）单精度型。单精度型适用于 -3.4×10^{38} ~ $+3.4\times10^{38}$ 且最多有 7 个有效数位的浮点数值，存储要求为 4 个字节。

5）双精度型。双精度型适用于 -1.797×10^{308} ~ $+1.797\times10^{308}$ 且最多有 15 个有效数位的浮点数值，存储要求为 8 个字节。

6）同步复制 ID。同步复制 ID 用于存储同步复制所需的全局唯一标识符，存储要求为 16 个字节。

7）小数。小数适用于从 $-9.999\cdots\times10^{27}$ ~ $+9.999\cdots\times10^{27}$ 的数值，存储要求为 12 个字节。

（3）对于“自动编号”数据类型的数据，字段大小属性可以选择以下选项。

1）长整型。长整型适用于 1 ~ 2 147 483 648（将“新值”字段属性设置为“递增”时）以及 –2 147 483 648 ~ +2 147 483 647（将“新值”字段属性设置为“随机”时）的唯一数值，存储要求为 4 个字节。

2）同步复制 ID。同步复制 ID 用于存储同步复制所需的全局唯一标识符，存储要求为 16 个字节。

2. 格式

“格式”属性用于自定义显示或打印时字段的显示方式。

（1）对于“长文本”数据类型的数据，可以选择 RTF 自定义格式。

（2）对于“数字”数据类型的数据，格式属性可以选择以下选项。

1）常规数字。常规数字格式是按照输入值显示数字。例如，3 456.789 显示为 3 456.789。

2）货币。货币格式是将输入值使用千位分隔符显示数字，其中负金额、小数点和货币符号以及小数位数则应用 Windows 操作系统“控制面板”的“区域和语言选项”中的设置。例如，3 456.789 显示为 $3 456.79。

3）欧元。欧元格式是无论在“区域和语言选项”中指定了哪种符号，都使用欧元货币符号显示数字。

4）固定。固定格式是至少显示一个数字，负金额、小数点和货币符号以及小数位数则应用“区域和语言选项”中的设置。例如，3 456.789 显示为 3 457.00。

5）标准。标准格式是使用千位分隔符显示数字，负金额、小数点和小数位数则应用“区域和语言选项”中的设置。例如，3 456.789 显示为 3 457.00。

6）百分比。百分比格式是将输入值乘以 100 并在显示数字时在数字的最后加上百分号，负金额、小数点以及小数位数则应用“区域和语言选项”中的设置。例如，0.345 6 显示为 35%。

7）科学记数。科学记数格式是采用标准科学记数法显示输入值。例如，3 456.789 显示为 3.46E+03。

（3）对于“日期 / 时间”数据类型的数据，格式属性可以选择以下选项。

1）常规日期。常规日期格式是使用“短日期”和“长时间”设置的组合形式显示输入值。例如，2021/1/25 11：23：45。

2）长日期。长日期格式是使用“区域和语言选项”中“长日期”设置的形式显示输入值。例如，2021 年 1 月 25 日。

3）中日期。中日期格式是使用“yy–mm–dd”格式显示输入值。例如，21–01–25。

4）短日期。短日期格式是使用“区域和语言选项”中“短日期”设置的形式显示输入值。例如，2021/1/25。

5）长时间。长时间格式是使用“区域和语言选项”中“时间”设置的形式显示输入值。例如，11：23：45。

6）中时间。中时间格式是使用“HH：MM PM”格式显示输入值，其中 HH 是小时，MM 是分钟，PM 是下午，AM 是上午。小时的范围为 1 ~ 12，分钟的范围为 0 ~ 59。例如，上午 11：23。

7）短时间。短时间格式是使用“HH：MM”格式显示输入值。小时的范围为 0 ~ 23，分钟的范围为 0 ~ 59。例如，11：23。

（4）对于“是 / 否”数据类型的数据，格式属性可以选择以下选项。

1）“真 / 假”格式是将输入值显示为“真”或“假”，即“True”或“False”。

2）“是 / 否”格式是将输入值显示为“是”或“否”，即“Yes”或“No”。

3）“开 / 关”格式是将输入值显示为“开”或“关”，即“On”或“Off”。

其中，“真”“是”“开”均是等效的，“假”“否”“关”也是等效的。

3. 新值

对于“自动编号”字段的值，“新值”属性可以选择以下选项。

（1）递增

递增属性是指该字段的起始数值为 1，对每条新记录递增 1。

（2）随机

随机属性是指该字段以随机值开始，并为每条新记录指定一个随机值。

4. 小数位数

“小数位数”属性是用于指定显示数字时使用的小数位数。

5. 输入掩码

“输入掩码”属性是用于显示指导数据输入的编辑字符。

6. 标题

“标题”属性是用于设置默认情况下在表单、报表和查询的标签中显示的文本。

7. 默认值

“默认值”属性是用于添加新记录时为字段自动指定默认值。

8. 验证规则

在此字段中添加或更改值时，“验证规则”属性是用于限制此字段输入值的表达式。

9. 验证文本

“验证文本”属性是当输入值与验证规则表达式冲突时显示的文本。

10. 必需

“必需”属性用于要求该字段是否必需输入数据。

11. 允许空字符串

“允许空字符串”属性用于决定是否允许在“文本”或“长文本”字段中输入零长度的字符串，通常设置为“是”。

12. 索引

“索引”属性用于指定该字段是否被索引，通过创建和使用索引可以加速对此字段中数据的访问。

13. Unicode 压缩

“Unicode 压缩”属性用于存储大量文本（大于 4 096 个字符）时压缩此字段中存储的文本。

14. 输入法模式

“输入法模式”属性用于控制 Windows 亚洲语言版本中的输入法模式。

15. 输入法语句模式

“输入法语句模式”属性用于控制 Windows 亚洲语言版本中的输入法语句模式。

16. 智能标记

“智能标记”属性用于对字段附加智能标记。

17. 仅追加

“仅追加”属性允许对“长文本”字段执行版本控制，用于控制该字段的值是否在追加记录时被更新。

18. 文本格式

“文本格式”属性允许对“长文本”字段进行设置。例如，选择“格式文本”将按HTML格式存储文本，并允许设置多种格式，选择“纯文本”将只存储文本。

19. 文本对齐

“文本对齐”属性用于指定控件中文本的默认对齐方式。

20. 精度

“精度”属性用于指定允许的数字总位数，包括小数点左右两侧的位数。

21. 数值范围

“数值范围”属性用于指定可在小数分隔符右侧存储的最大位数。

五、表的属性信息

下面介绍 Access 2021 提供的表的属性信息，并说明这些属性的功能。

1. 断开连接时为只读

“断开连接时为只读”属性用于设置数据库断开连接只读属性，可选择“是”或“否”。

2. 子数据表展开

“子数据表展开”属性用于设置在打开表时是否展开所有的子数据表。

3. 子数据表高度

“子数据表高度”属性用于指定在打开时是展开以显示所有可用的子数据表行（默认设置），还是在打开时显示子数据表窗口设置的高度。

4. 方向

“方向”属性用于设置查看方面，可根据语言阅读方向设置是从左到右还是从右到左。

5. 说明

“说明”属性用于提供表的具体说明。

6. 默认视图

“默认视图”属性用于设置在打开表时是“数据表视图”。

7. 验证规则

“验证规则”属性用于限制用户输入值的范围，可通过提供在添加记录或更改记录时必须为真的表达式来验证输入值是否符合要求。

8. 验证文本

“验证文本”属性是当在记录中输入与验证规则表达式冲突时显示的文本。

9. 筛选

“筛选”属性用于定义条件，以仅在数据表视图中显示匹配记录。

10. 排序依据

“排序依据”属性用于选择一个或多个字段，以指定数据表视图中记录的默认排序顺序。

11. 子数据表名称

“子数据表名称”属性用于指定子数据表是否应显示在数据表视图中，如果显示，那么还要指定哪个表或查询应提供子数据表中的记录。

12. 链接子字段

“链接子字段”属性用于列出该子数据表的表或查询中与此表的主键字段匹配的字段。

13. 链接主字段

“链接主字段”属性用于列出此表中与子数据表的子字段匹配的主键字段。

14. 加载时的筛选器

“加载时的筛选器”属性用于在数据表视图中打开表时，设置自动应用“筛选”属性中的筛选条件。

15. 加载时的排序方式

“加载时的排序方式”属性用于在数据表视图中打开表时，设置自动应用“排序依据”属性中的排序条件。

六、实践操作

1. 切换表对象的视图

Access 2021 对于数据库表对象的使用提供了两种不同的视图，即“数据表视图”和“设计视图”，选择不同的视图可以实现不同的操作和功能。

“数据表视图”是打开数据库表时的默认视图，在“数据表视图”中，可以完成对数据库表进行设计的主要工作，而在“设计视图”中，可以对字段及属性信息进行更细致的设定。

在不同视图间切换的主要方法包括如下几种。

（1）在文档区域右键单击表标签，在弹出的右键快捷菜单中进行选择，如图 2-2-1 所示，选择“设计视图”命令可将“数据表视图”切换为“设计视图”。

（2）在“开始”选项卡“视图”命令组的“视图”下拉菜单中进行选择，如图 2-2-2 所示。

（3）在程序状态栏最右侧的“视图”组中进行选择，如图 2-2-3 所示，单击“数据表视图”按钮可将“设计视图”切换为“数据表视图”。

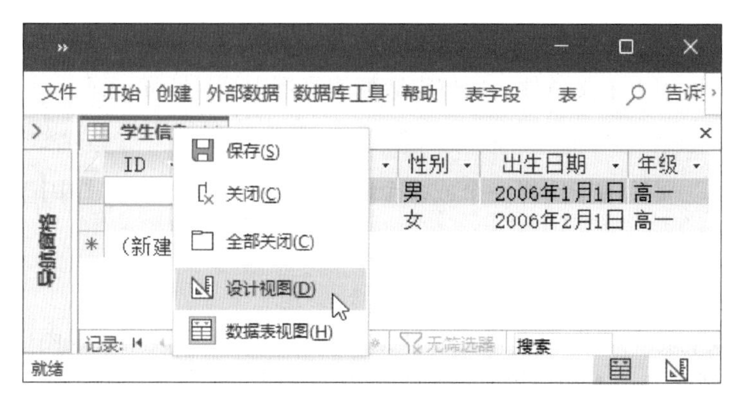

图 2-2-1 利用表标签右键快捷菜单切换视图

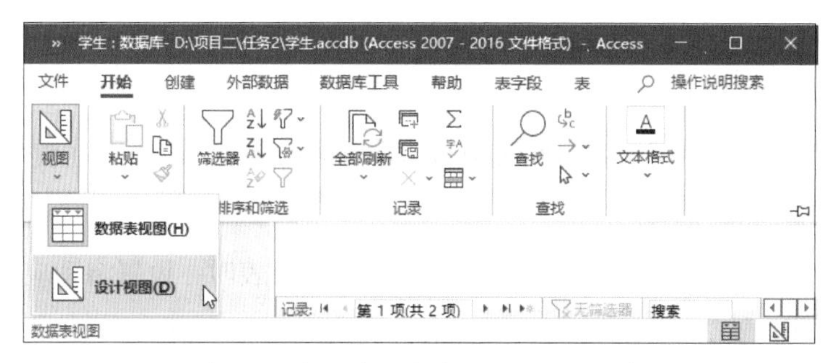

图 2-2-2 利用“开始”选项卡中的“视图”命令组切换视图

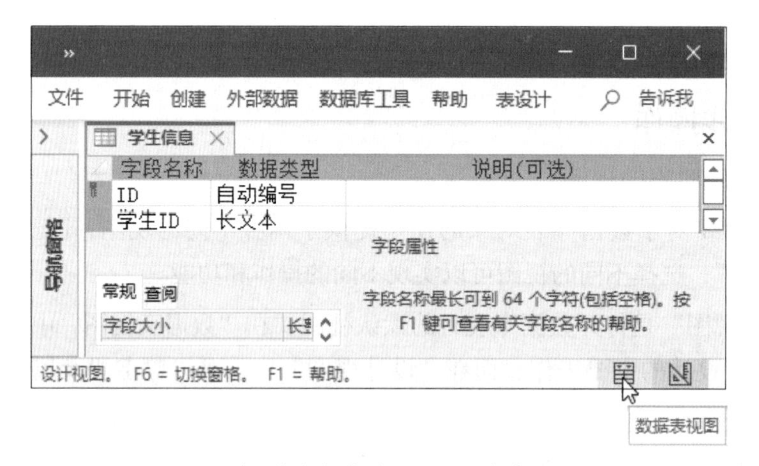

图 2-2-3 利用状态栏中的“视图”命令组切换视图

2. 编辑字段

（1）添加字段

1）新建空白数据库文件，命名为“学生信息”，选择保存路径进行保存。系统将自动插入空白表“表 1”，默认视图为“数据表视图”。在该表中，系统自动插入了字段“ID”，并插入了系统字段“单击以添加”，如图 2-2-4 所示。

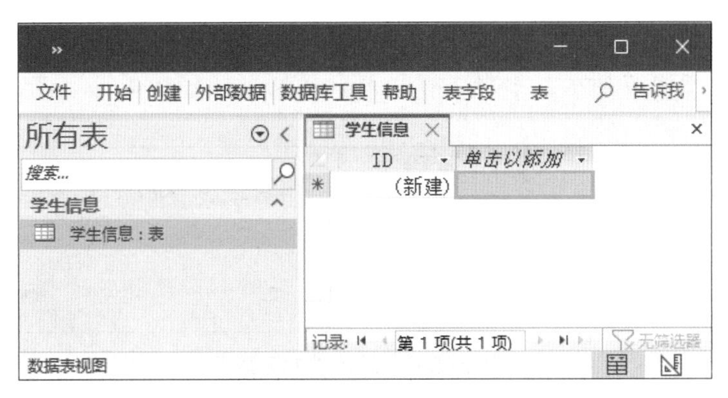

图 2-2-4　添加字段

2）在“表字段”选项卡“添加和删除”命令组中，有各种数据类型的字段可以添加。可以在该命令组中单击“短文本”按钮，以添加文本数据类型的字段，如图 2-2-5 所示，或在“学生信息”表中右键单击系统字段“单击以添加”，在弹出的右键快捷菜单中，单击选择“短文本”命令，如图 2-2-6 所示。

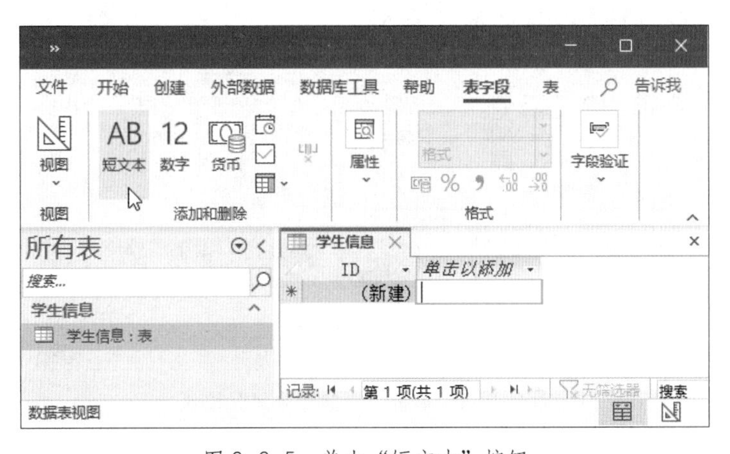

图 2-2-5　单击“短文本”按钮

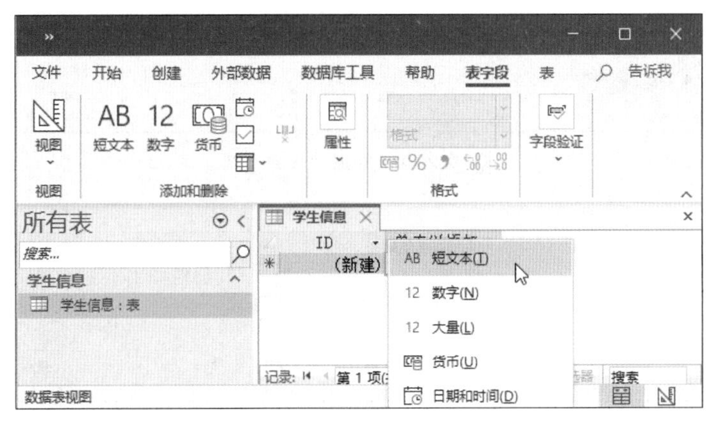

图 2-2-6　单击选择“短文本”命令

3）系统自动在“学生信息”表的系统字段“单击以添加”前添加了一个新的字段“字段 1”，如图 2-2-7 所示。

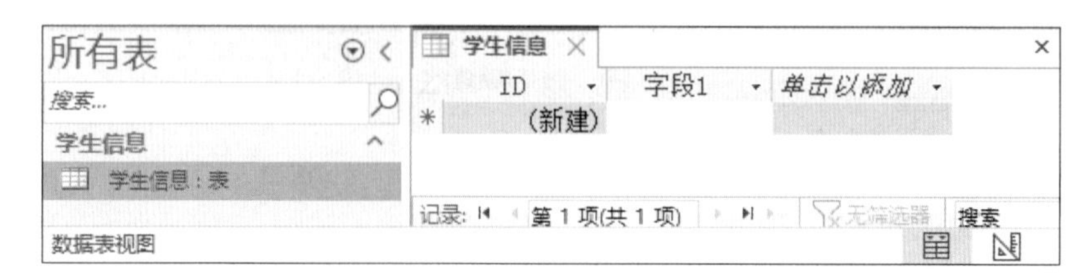

图 2-2-7　添加“字段 1”

4）在“表字段”选项卡“添加和删除”命令组中，单击“日期和时间”按钮，如图 2-2-8 所示，系统自动在“学生信息”表的系统字段“单击以添加”前添加了一个新的字段“字段 2”，如图 2-2-9 所示，将“字段 2”改为“日期和时间”，如图 2-2-10 所示，即完成了“日期和时间”字段的添加。

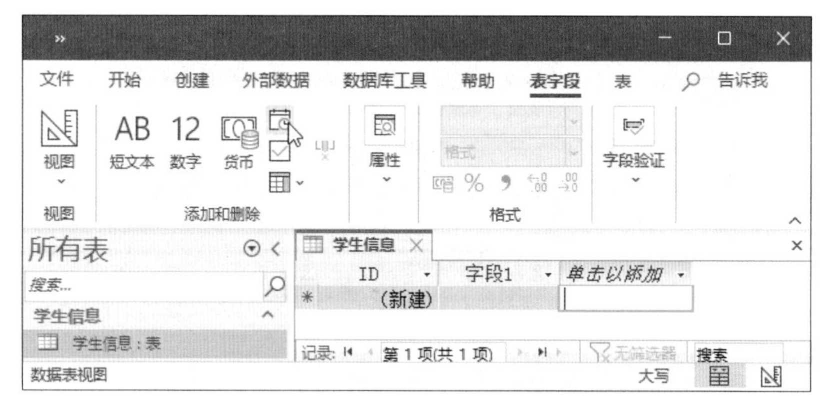

图 2-2-8　单击“日期与时间”按钮

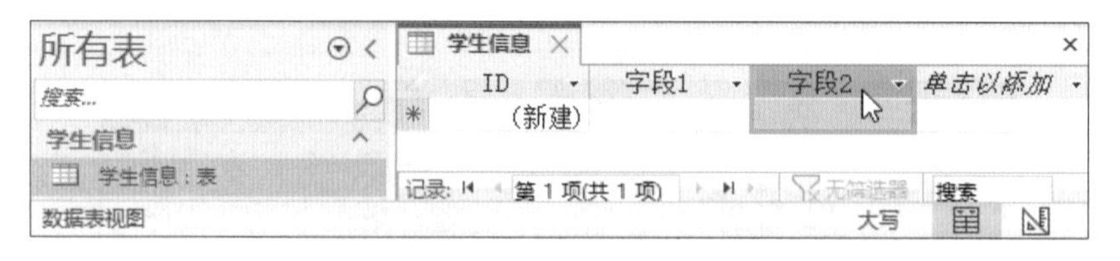

图 2-2-9　添加“字段 2”

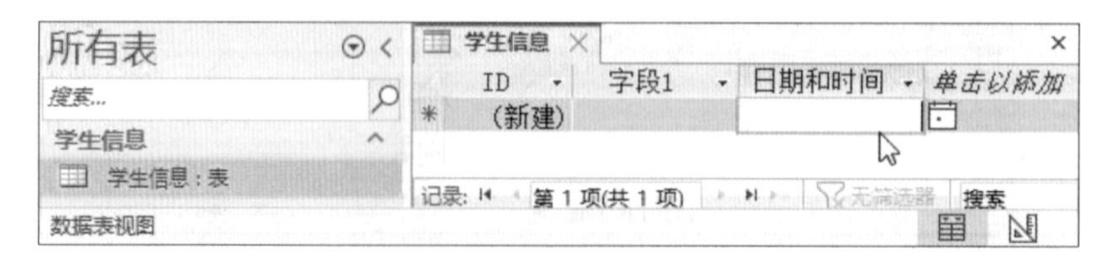

图 2-2-10　修改字段名称

5）将视图切换到“设计视图”，在“表设计”选项卡“工具”命令组中，单击“插入行”按钮，如图 2-2-11 所示，或在“学生信息”字段表中右键单击字段名称“日期和时间”，在弹出的右键快捷菜单中，单击选择“插入行”命令，如图 2-2-12 所示。

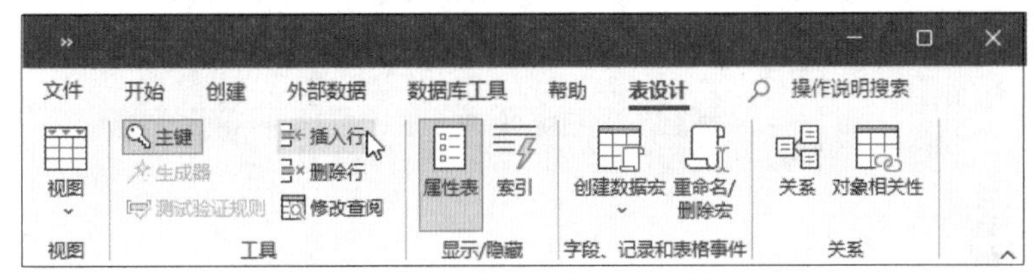

图 2-2-11　单击“插入行”按钮

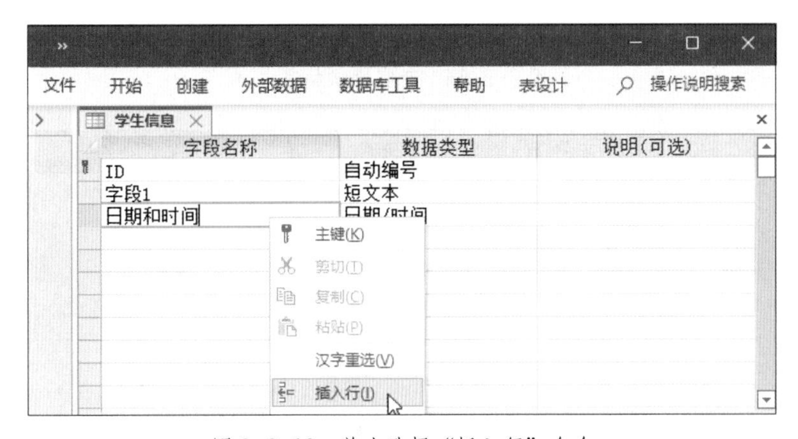

图 2-2-12　单击选择“插入行”命令

6）系统自动在“学生信息”字段表的字段“日期和时间”前添加了一个新的字段，将其重命名为“设计视图字段”，系统自动设置数据类型为“短文本”，如图 2-2-13 所示。

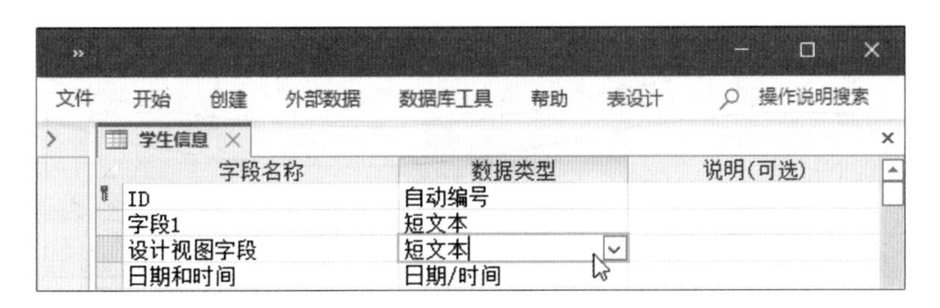

图 2-2-13　添加“设计视图字段”

7）将视图切换到“数据表视图”，并根据提示要求保存表。通过以上操作可以实现三种不同方法在表中添加新字段，添加的新字段为“字段 1”“日期和时间”“设计视图字段”，如图 2-2-14 所示。

（2）删除字段

1）在“表字段”选项卡“添加和删除”命令组中，单击“删除”按钮，如图 2-2-15

所示，或在“学生信息”表中右键单击字段“字段 1”，在弹出的右键快捷菜单中，单击选择“删除字段”命令，如图 2-2-16 所示。

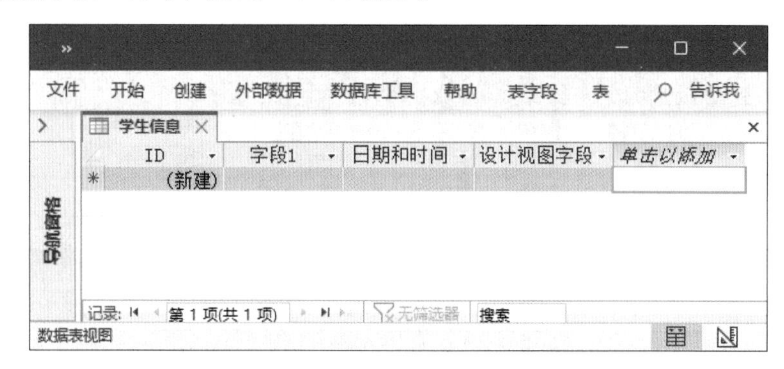

图 2-2-14　新字段添加完成

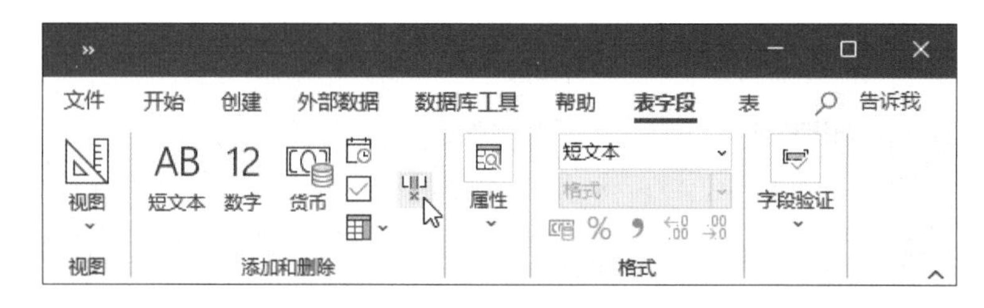

图 2-2-15　单击“删除”按钮

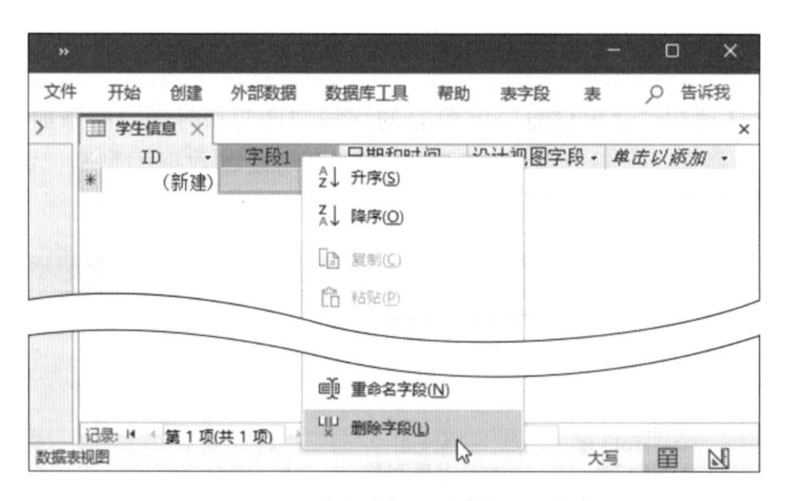

图 2-2-16　单击选择“删除字段”命令

2）“学生信息”表的“字段 1”被删除，如图 2-2-17 所示。

3）将视图切换到“设计视图”，在“表设计”选项卡“工具”命令组中，单击“删除行”按钮，如图 2-2-18 所示，或在“学生信息”字段表中右键单击字段名称“设计视图字段”，在弹出的右键快捷菜单中，单击选择“删除行”命令，如图 2-2-19 所示。

4）“学生信息”表的“设计视图字段”被删除，如图 2-2-20 所示。

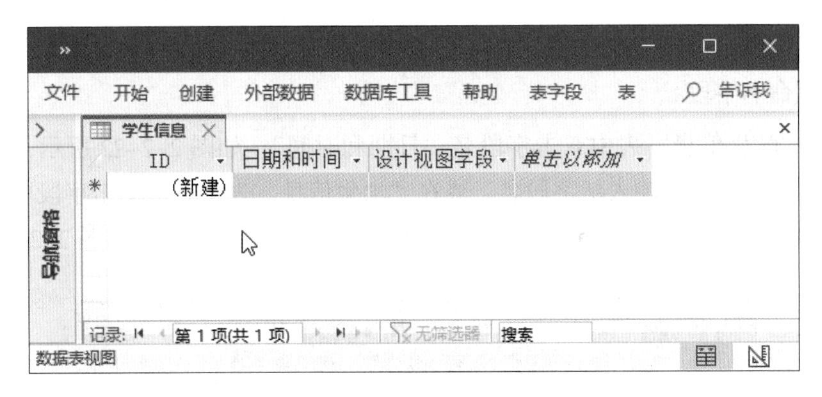

图 2-2-17　删除“字段 1”

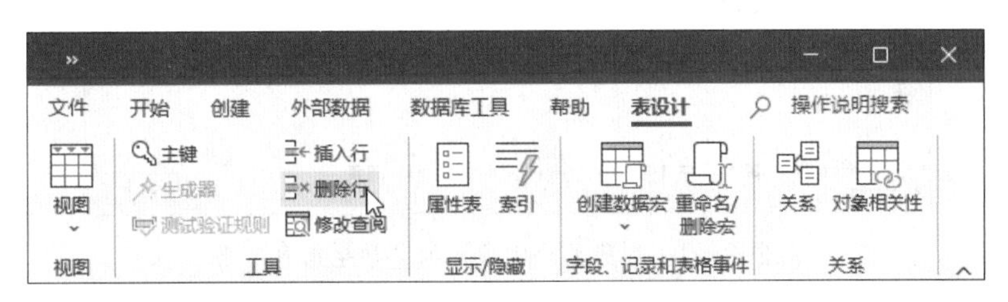

图 2-2-18　单击“删除行”按钮

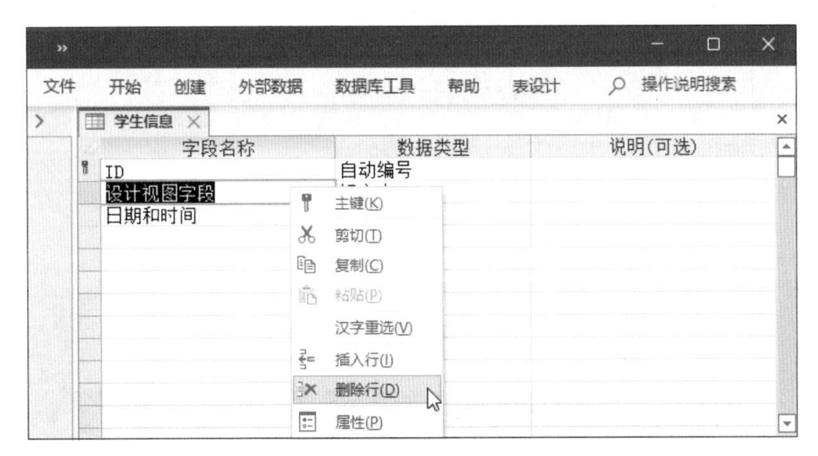

图 2-2-19　单击选择“删除行”命令

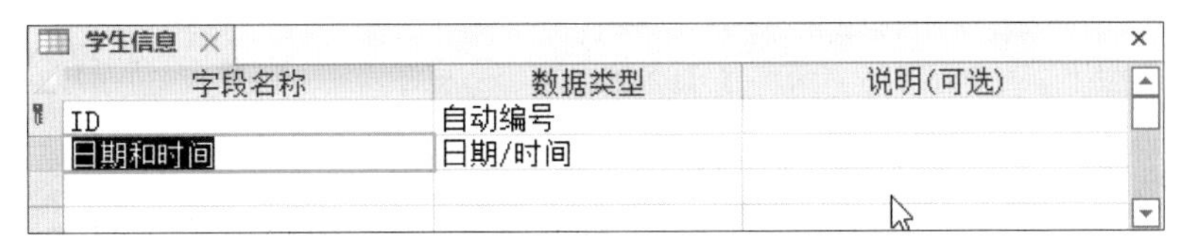

图 2-2-20　删除“设计视图字段”

5）将视图切换到“数据表视图”，在“学生信息”表中可以看到“字段 1”和“设计视图字段”通过两种不同方法被删除，新添加的字段只剩下“日期和时间”，如

图 2-2-21 所示。

（3）重命名字段

1）在“学生信息”表中双击字段名“日期和时间”，如图 2-2-22 所示，待字段名变为可编辑状态，即可输入新字段名。或在“学生信息”表中右键单击字段名“日期和时间”，在弹出的右键快捷菜单中，单击选择“重命名字段”命令，如图 2-2-23 所示。

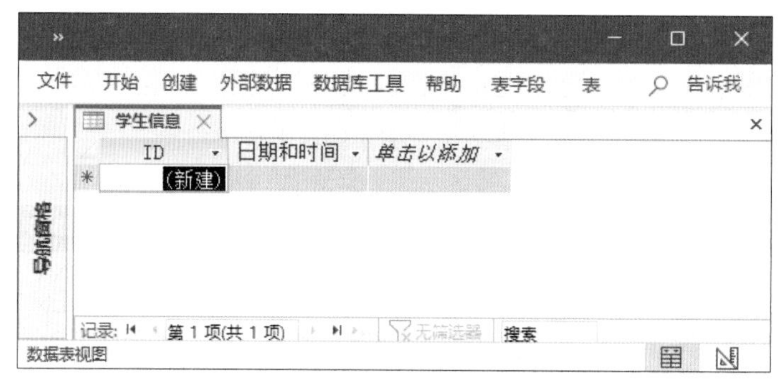

图 2-2-21　删除两个字段后的“学生信息”表

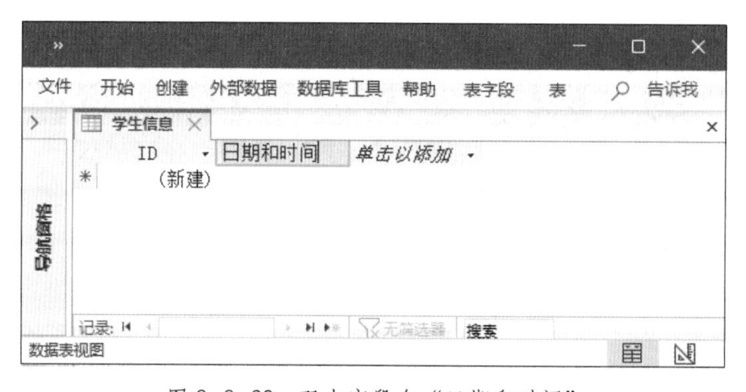

图 2-2-22　双击字段名“日期和时间”

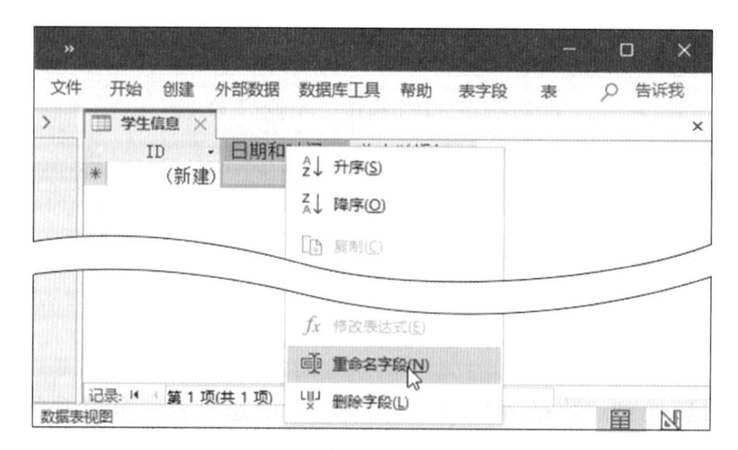

图 2-2-23　单击选择“重命名字段”命令

2）将“学生信息”表的字段“日期和时间”重命名为“姓名”，如图 2-2-24 所示。

3）将视图切换到“设计视图”，在“学生信息”字段表中选择字段“姓名”，在“字段名称”中直接重命名为“性别”，如图 2-2-25 所示。

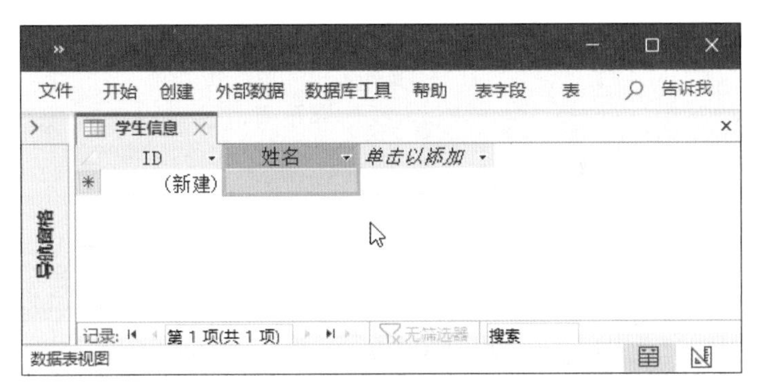

图 2-2-24　将字段“日期和时间”重命名为“姓名”

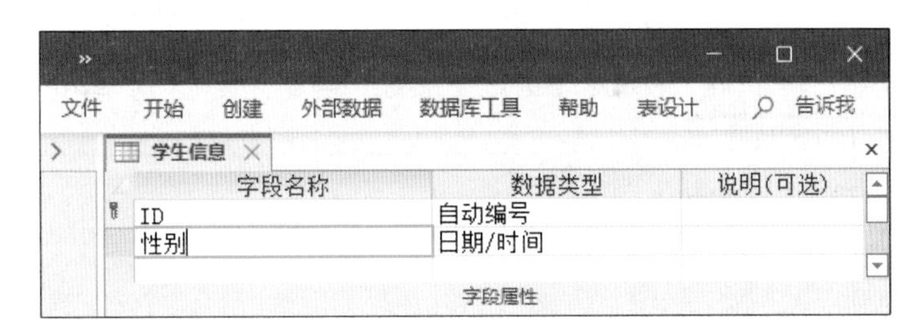

图 2-2-25　在设计视图中重命名字段

4）将视图切换到“数据表视图”，在“学生信息”表中可以看到，字段“姓名”重命名为“性别”，如图 2-2-26 所示。

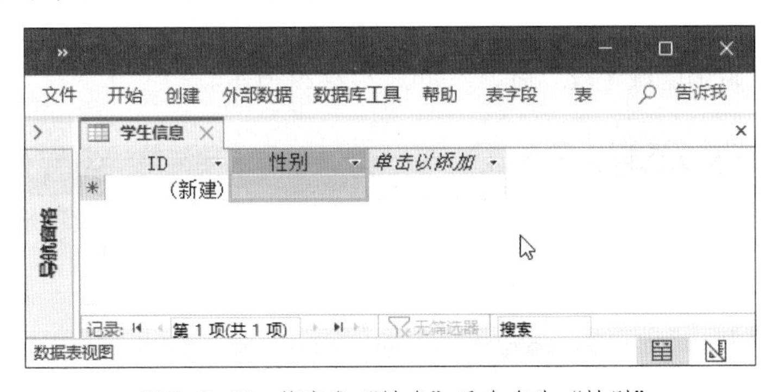

图 2-2-26　将字段“姓名”重命名为“性别”

（4）隐藏字段

1）在“学生信息”表中右键单击字段名“性别”，在弹出的右键快捷菜单中，单击选择“隐藏字段”命令，如图 2-2-27 所示。

2）“学生信息”表中字段“性别”被隐藏，如图 2-2-28 所示。

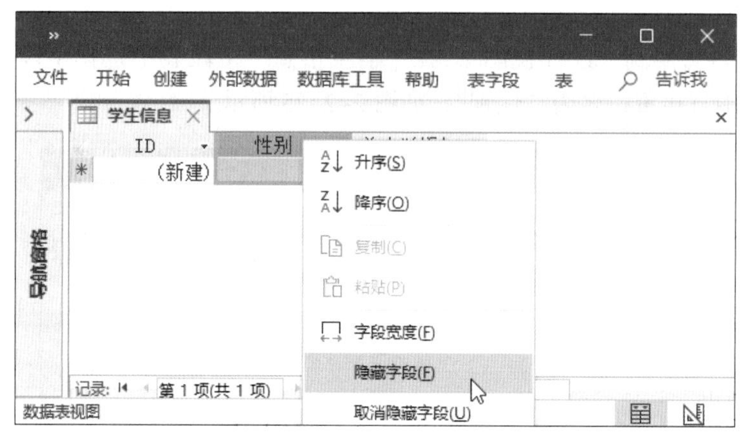

图 2-2-27 单击选择“隐藏字段”命令

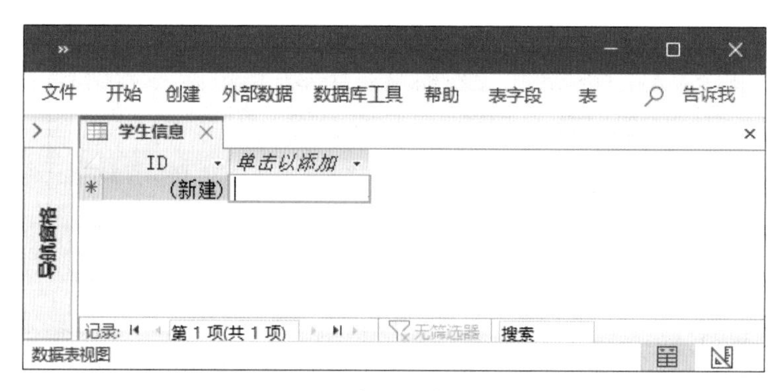

图 2-2-28 字段“性别”被隐藏

3）在“学生信息”表中右键单击系统字段名“ID 字段”，在弹出的右键快捷菜单中，单击选择“取消隐藏字段”命令，如图 2-2-29 所示。

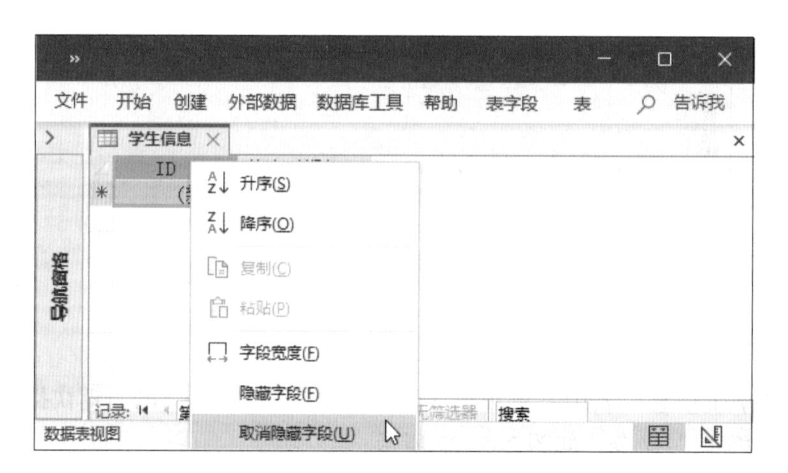

图 2-2-29 单击选择“取消隐藏字段”命令

4）弹出图 2-2-30 所示的“取消隐藏列”对话框，其中“性别”复选框未勾选。

5）在“取消隐藏列”对话框中勾选“性别”复选框，单击“关闭”按钮，则在“学生信息”表中字段“性别”被取消隐藏，又重新显示，如图 2-2-31 所示。

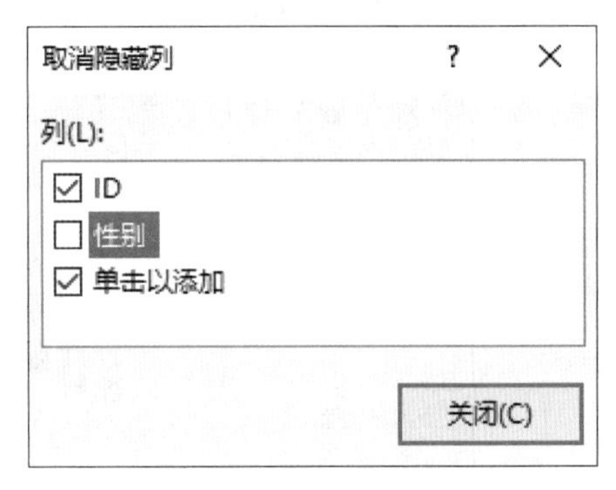

图 2-2-30　“取消隐藏列”对话框

（5）设置字段数据类型

1）在“学生信息”表添加“学生 ID”“姓名”“性别”“出生日期”“年级”5 个字段，录入 1 条虚拟的记录数据，并将系统字段“单击以添加”隐藏，如图 2-2-32 所示。

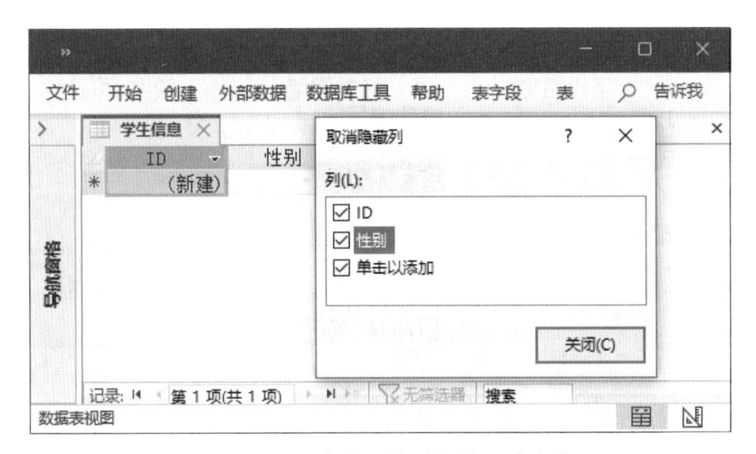

图 2-2-31　字段“性别”被取消隐藏

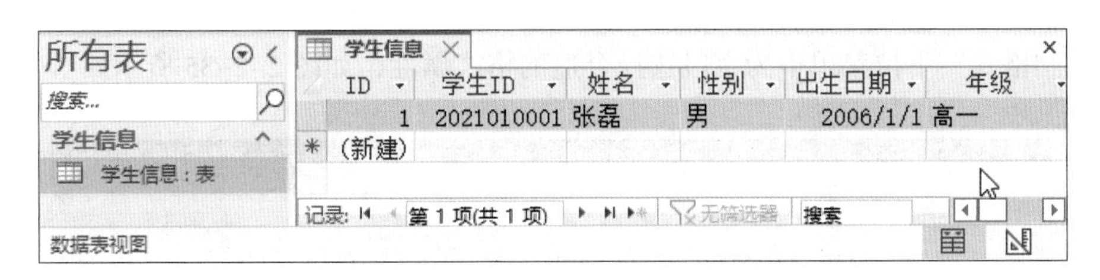

图 2-2-32　添加 5 个字段和 1 条记录

2）在“学生信息”表中选择字段“学生 ID”，在“表字段”选项卡“格式”命令组中，可见其数据类型由系统自动设为“短文本”，可在“数据类型”下拉菜单中为字段选择合适的数据类型，如图 2-2-33 所示。

3）也可将视图切换到“设计视图”，在“学生信息”字段表的“数据类型”下拉菜单中为字段选择合适的数据类型，如图 2-2-34 所示。

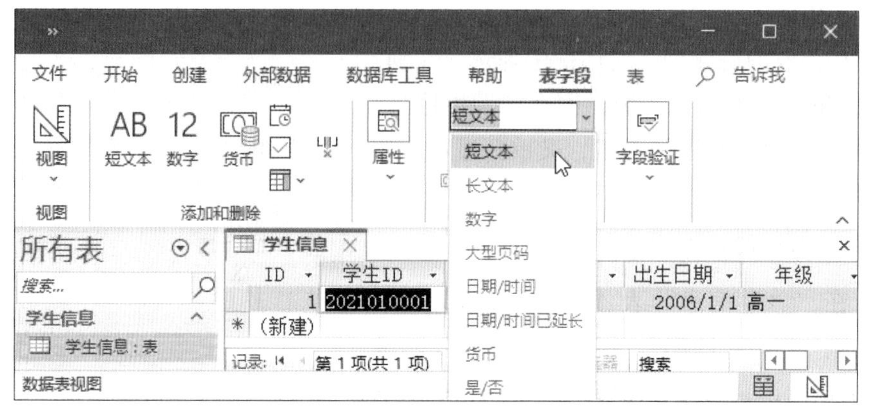

图 2-2-33　在“数据类型”下拉菜单中选择数据类型

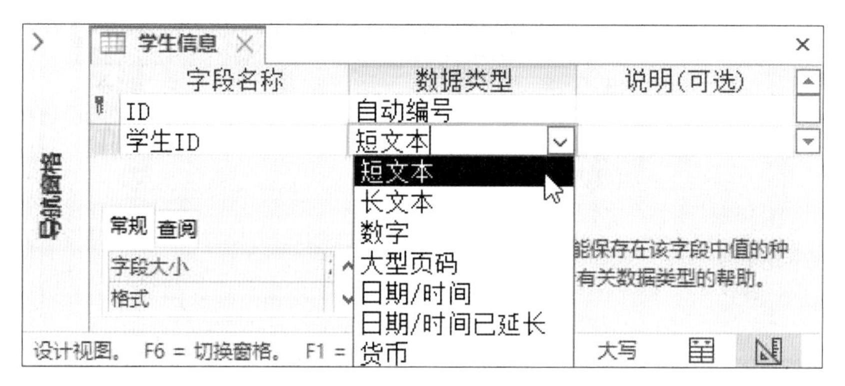

图 2-2-34　在“设计视图”中选择数据类型

（6）设置字段格式属性

1）在“学生信息”表中选择字段“学生 ID”，在“表字段”选项卡“格式”命令组中的“格式”下拉菜单中为字段选择合适的格式属性，如图 2-2-35 所示。

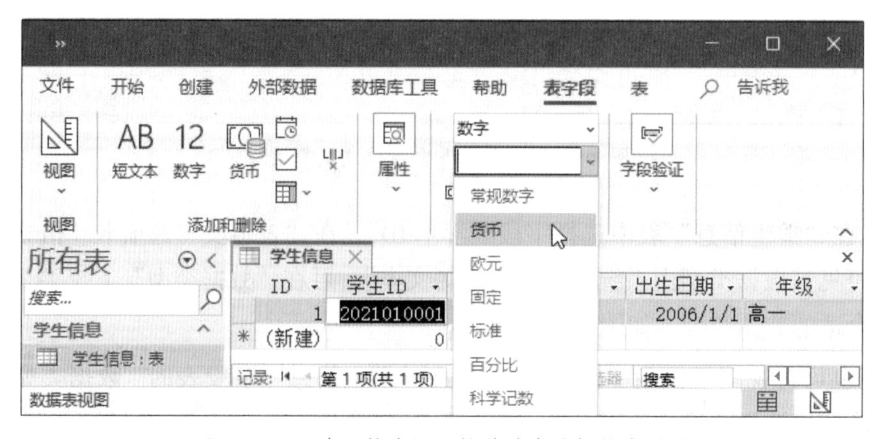

图 2-2-35　在“格式”下拉菜单中选择格式属性

2）在“格式”下拉菜单中为字段“学生 ID”选择“货币”属性，这时在“学生信息”表的字段“学生 ID”中的数据显示发生了变化，如图 2-2-36 所示。

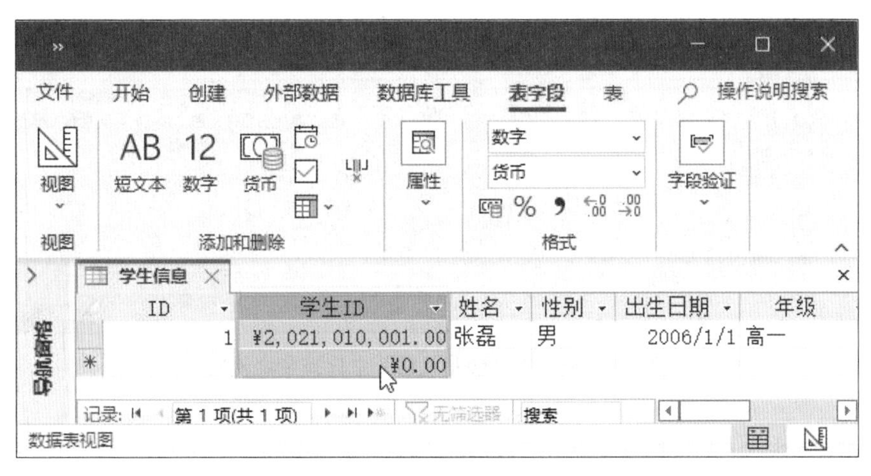

图 2-2-36　数据显示发生了变化

3）将视图切换到“设计视图”，选择字段“学生 ID”，在下面的“字段属性”列表的“格式”下拉菜单中为字段选择合适的格式属性，各属性选项右侧提供了对应的显示实例，如图 2-2-37 所示。

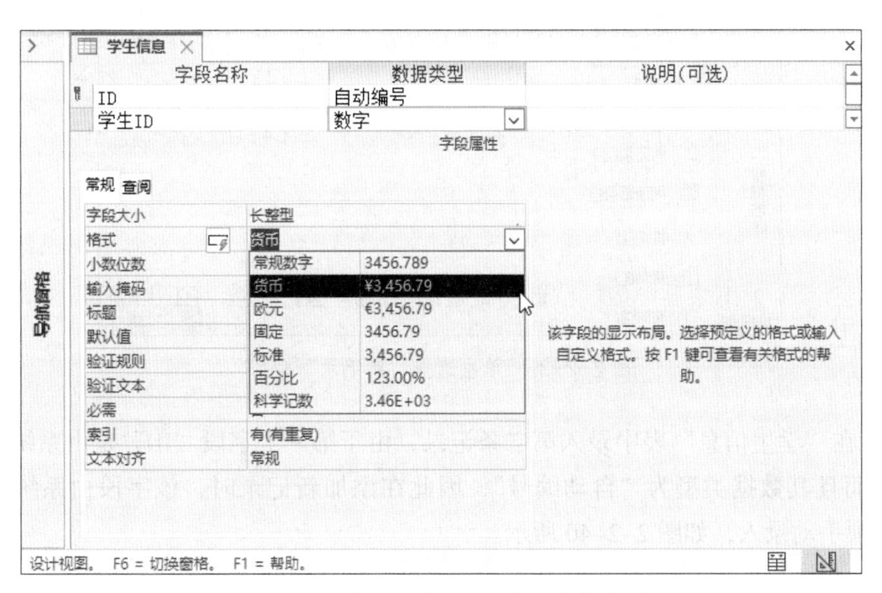

图 2-2-37　在“设计视图”中选择格式属性

（7）设置字段其他属性

选择要更改属性的字段，在下面的“字段属性”列表中，为字段选择合适的格式属性，如图 2-2-38 所示。

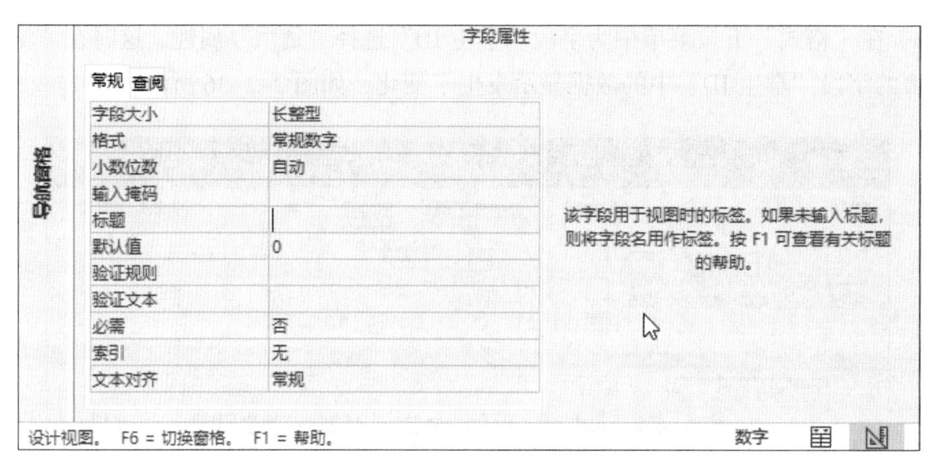

图 2-2-38 在“设计视图”中选择字段属性

3. 对于记录的操作

（1）添加记录

1）在“学生信息”表中右键单击第一条记录，在弹出的右键快捷菜单中，单击选择“新记录”命令，如图 2-2-39 所示，则光标会自动移到第二条记录上并进入编辑状态。

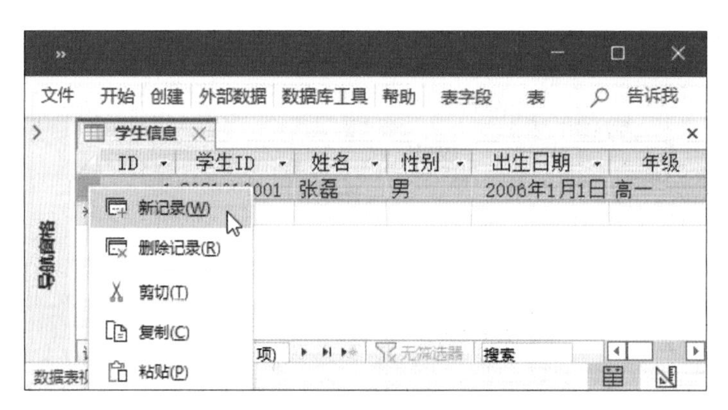

图 2-2-39 单击选择“新记录”命令

2）在“学生信息”表中录入第二条记录，由于第一个字段“ID”是由系统自动创建的，而且其数据类型为“自动编号”，因此在添加新记录时，该字段由系统自动赋值，无须手动录入，如图 2-2-40 所示。

（2）删除记录

1）在“学生信息”表中录入第三条记录，右键单击第三条记录，在弹出的右键快捷菜单中，单击选择“删除记录”命令，如图 2-2-41 所示。

2）弹出图 2-2-42 所示的提示对话框，此时“学生信息”表中第三条记录已经不可见；如果单击“否”按钮，会取消删除操作，第三条记录又会重新显示。

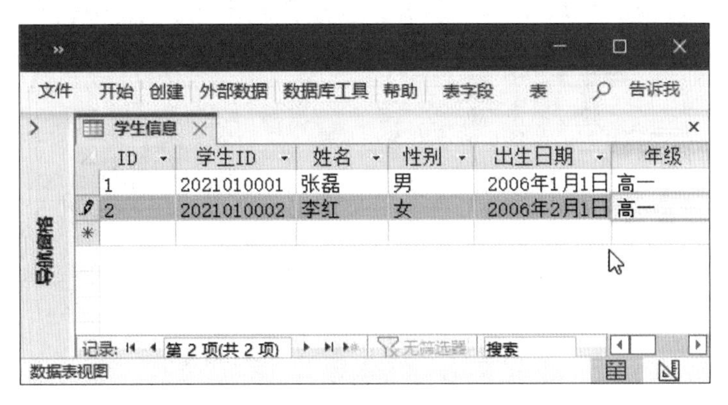

图 2-2-40　添加新记录

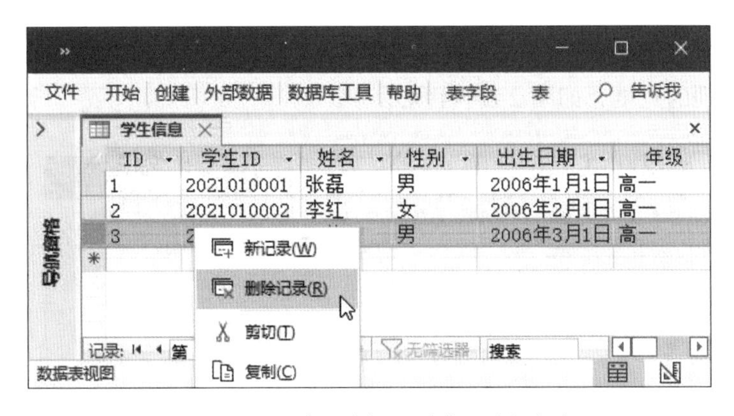

图 2-2-41　单击选择“删除记录”命令

图 2-2-42　提示对话框

3）如果单击“是”按钮，则第三条记录被删除，此时，若再添加一条记录，则“ID”字段由系统自动赋值“4”而非“3”，且无法修改，如图 2-2-43 所示。

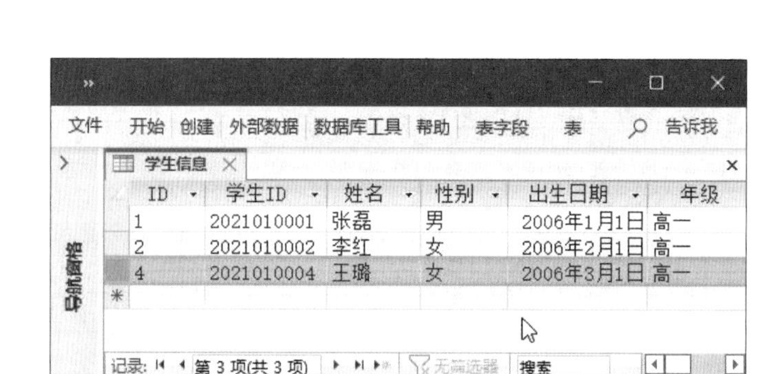

图 2-2-43　系统自动赋值且无法修改

4. 设置表外观

(1) 设置列宽

1) 在“学生信息”表中选中“学生 ID”列，按住鼠标左键直接拖曳该列的右侧边界，即可改变列的宽度，如图 2-2-44 所示。

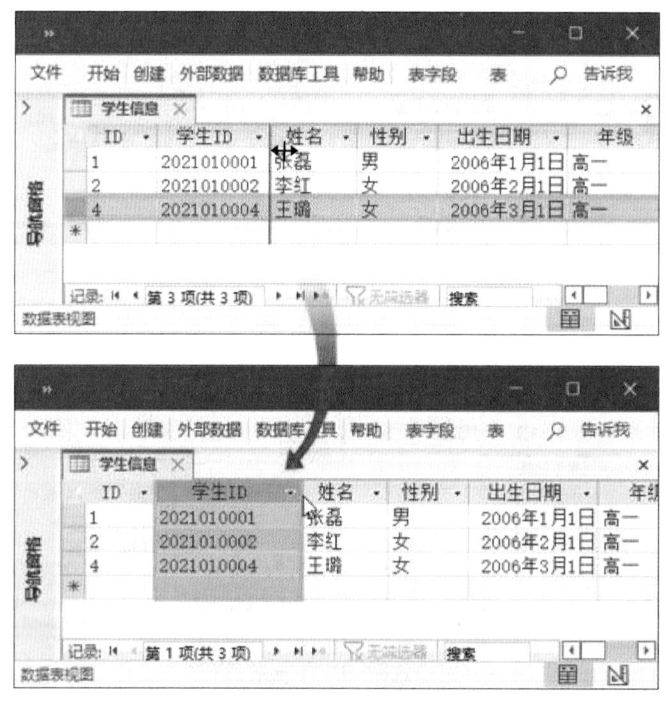

图 2-2-44　拖曳列的右侧边界改变该列的宽度

2) 在“学生信息”表中右键单击字段名“学 ID”，在弹出的右键快捷菜单中，单击选择“字段宽度”命令，在弹出的“列宽”对话框中可以通过设置具体“列宽”或选择“标准宽度”来设置该列的宽度，也可单击“最佳匹配”按钮，由系统选择最佳的列宽，如图 2-2-45 所示。

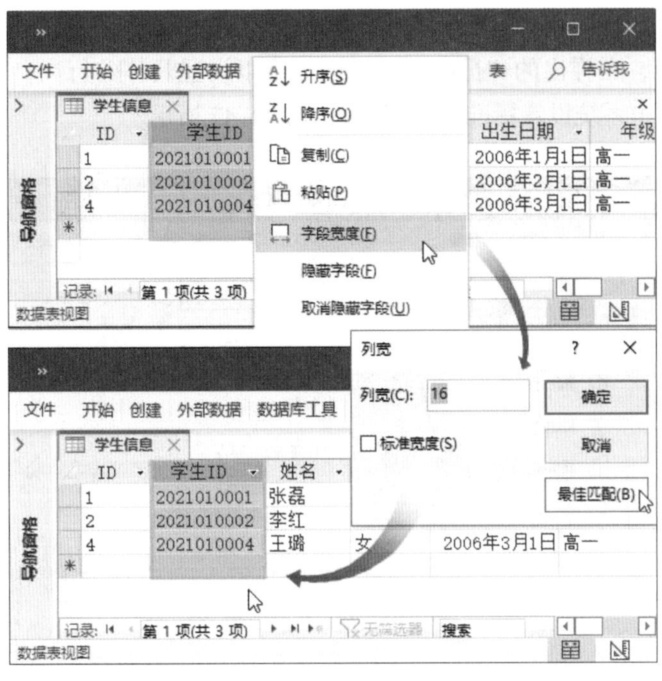

图 2-2-45　设置列宽

（2）设置行高

1）在“学生信息”表中选中第一条记录，按住鼠标左键直接拖曳该行的下侧边界，即可改变全部行的高度，如图 2-2-46 所示。这与设置列宽有所不同，设置列宽时只影响当前列的宽度，而设置任意一行的高度将会改变全部记录的行高。

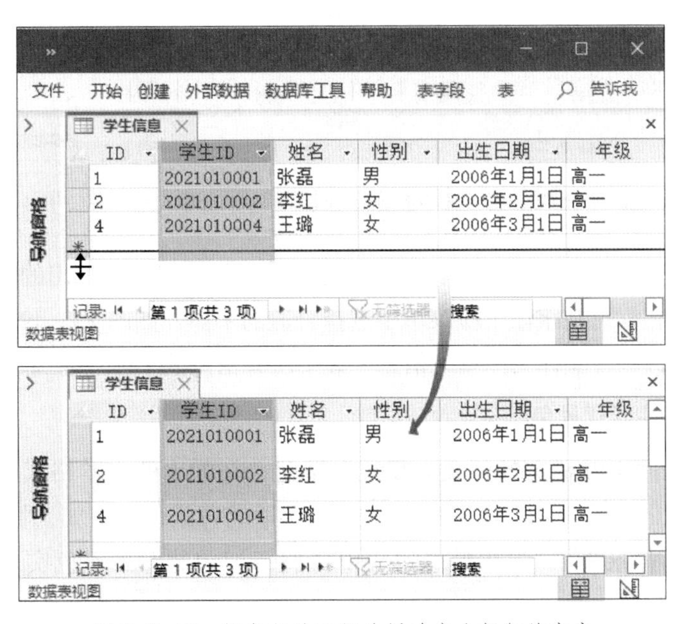

图 2-2-46　拖曳行的下侧边界改变全部行的高度

2）在“学生信息”表中右键单击第一条记录，在弹出的右键快捷菜单中，单击选择“行高”命令，在弹出的“行高”对话框中可以设置具体的行高，也可勾选“标准高度”复选框，由系统设置标准的行高，如图 2-2-47 所示。

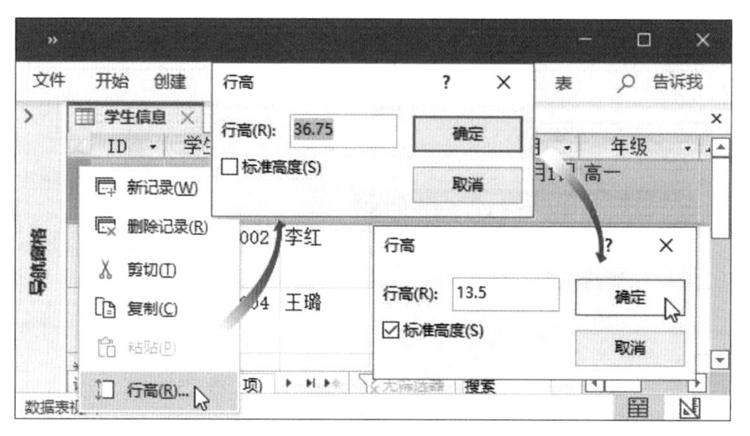

图 2-2-47　设置行高

（3）设置字体

1）右键单击“开始”选项卡“文本格式”命令组中任一位置，在弹出的右键快捷菜单中，单击选择“添加到快速访问工具栏”命令，将“文本格式”按钮添加到快速访问工具栏中，以便将来使用，如图 2-2-48 所示。

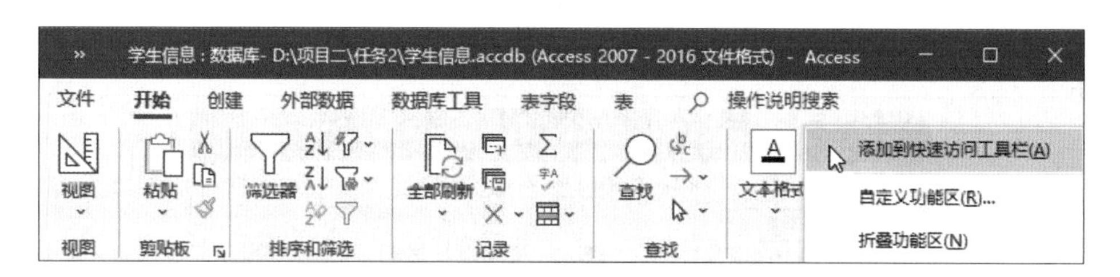

图 2-2-48　将“文本格式”按钮添加到快速访问工具栏中

2）单击快速访问工具栏中新添加的“文本格式”按钮，在弹出的文本格式菜单中单击字体下拉按钮，可在字体下拉菜单中选择合适的字体，如图 2-2-49 所示。例如，由原来的“宋体”改为“黑体”，“学生信息”表中所有信息的字体均变为“黑体”显示。

（4）设置交替行背景色

单击快速访问工具栏中的“文本格式”按钮，在弹出的文本格式菜单中单击“可选行颜色”右侧的下拉按钮，在样式库中选择合适的背景色。例如，将原来的“自动”改为“浅灰色　背景 2”，“学生信息”表中奇偶行记录的背景颜色实现了自动交替显示，如图 2-2-50 所示。

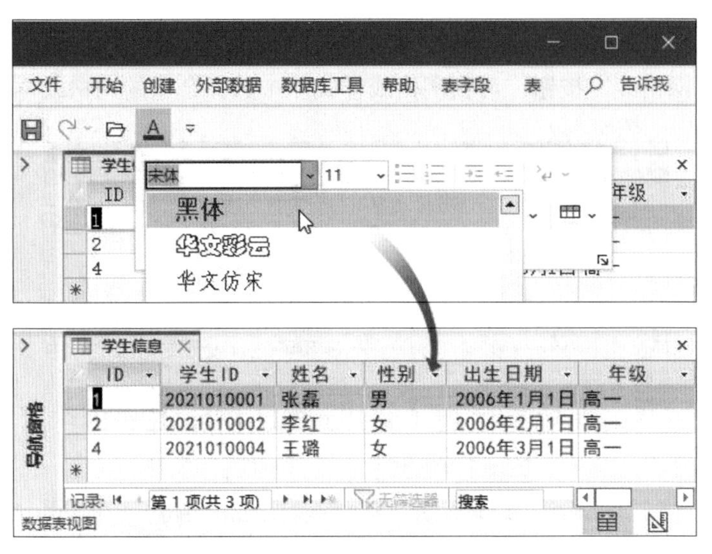

图 2-2-49　使用“文本格式”按钮更改字体

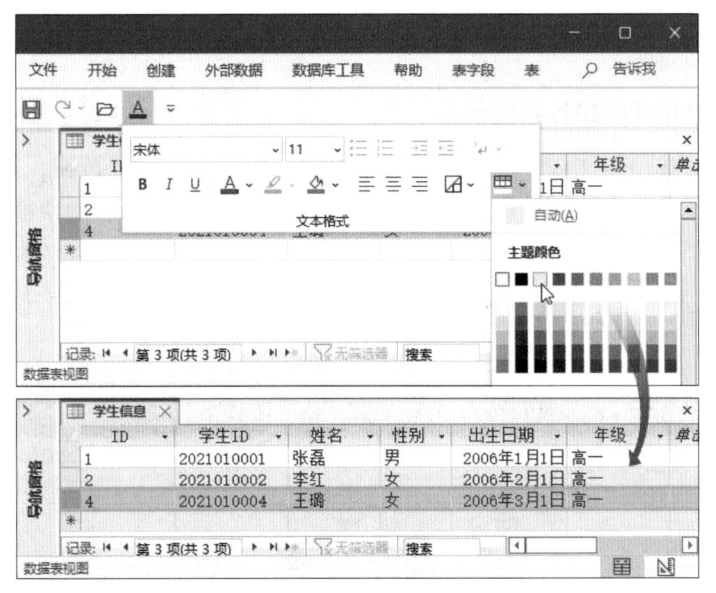

图 2-2-50　更改“可选行颜色”

（5）设置其他外观

单击快速访问工具栏中的“文本格式”按钮，在弹出的文本格式菜单中可以对数据库表进行其他方面的外观设置，如图 2-2-51 所示。

1）在“字号”下拉菜单中，可选择合适的字号。

2）单击“加粗”“倾斜”“下画线”按钮，可选择合适的字形格式。

3）单击“左对齐”“居中”“右对齐”按钮，可选择合适的对齐方式。

4）单击“字体颜色”按钮，可在字体颜色样式库中选择合适的字体颜色。

5）单击“背景颜色”按钮，可在背景颜色样式库中选择合适的背景颜色。

6）单击“网格线”按钮，可在网格线样式库中选择合适的网格线样式。

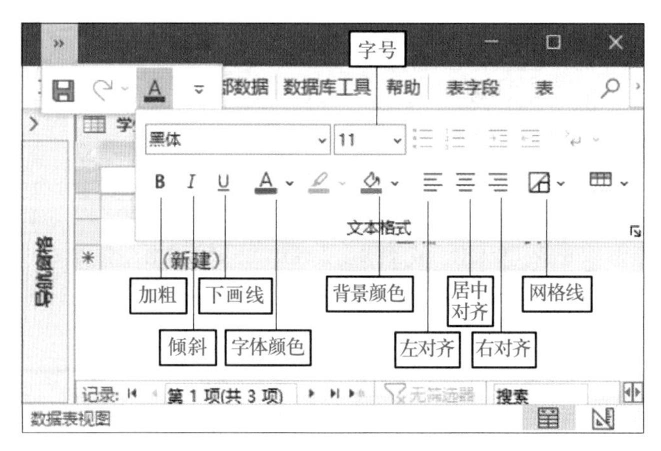

图 2-2-51　文本格式菜单

5. 排序和筛选

（1）按照升序或降序排列记录

在“开始”选项卡“排序和筛选”命令组中，单击“升序”按钮，如图 2-2-52 所示，或在“学生信息”表中右键单击字段名“姓名”，在弹出的右键快捷菜单中，单击选择“升序”命令，如图 2-2-53 所示。“学生信息”表中的全部记录按照字段名“姓名”中的数据进行“升序”显示，此处是按照汉语拼音的先后顺序进行排序的，如图 2-2-54 所示。

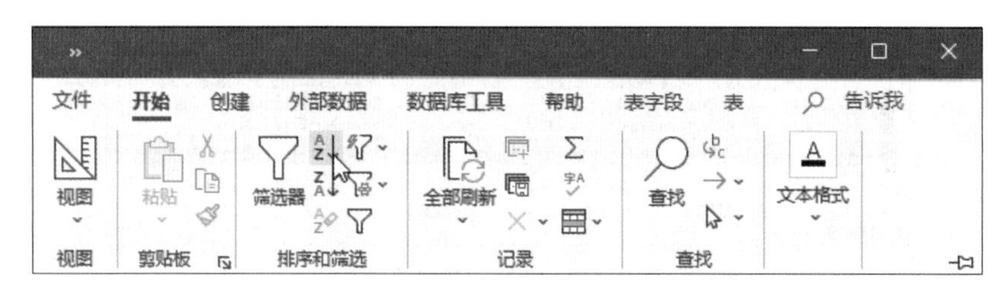

图 2-2-52　单击“升序”按钮

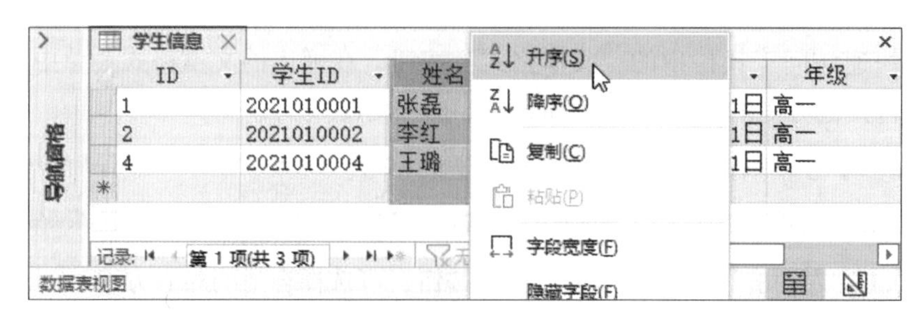

图 2-2-53　单击选择“升序”命令

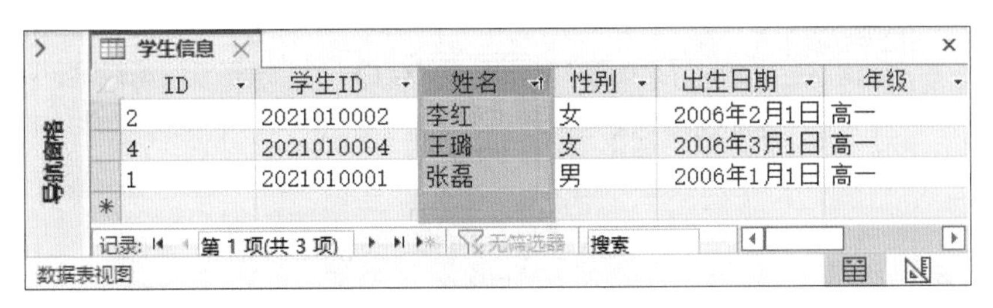

ID	学生ID	姓名	性别	出生日期	年级
2	2021010002	李红	女	2006年2月1日	高一
4	2021010004	王璐	女	2006年3月1日	高一
1	2021010001	张磊	男	2006年1月1日	高一

图 2-2-54　将“姓名”字段“升序”显示

（2）清除所有排序

在“开始”选项卡“排序和筛选”命令组中，单击“取消排序”按钮，如图 2-2-55 所示，可以取消已经添加的排序操作，恢复排序前的顺序显示。

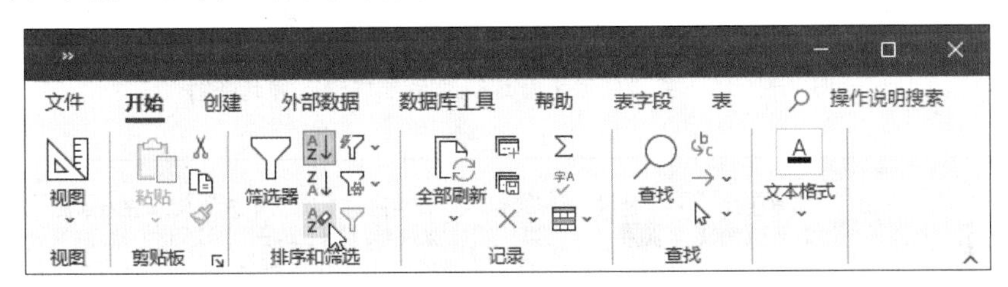

图 2-2-55　单击“取消排序”按钮

（3）通过筛选器筛选记录

1）在“开始”选项卡“排序和筛选”命令组中，单击“筛选器”按钮，如图 2-2-56 所示。

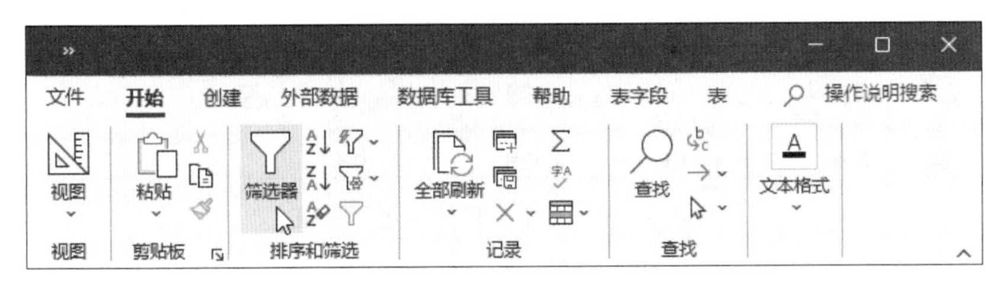

图 2-2-56　单击“筛选器”按钮

2）在弹出的菜单中选择“文本筛选器”中的“包含”命令，在弹出的“自定义筛选”对话框中输入“张”，则可以从表中筛选出“姓名”包含“张”的记录，如图 2-2-57 所示。

3）单击“确定”按钮，则在“学生信息”表中仅剩下一条记录显示，该记录符合筛选器的条件，即“姓名”包含“张”，如图 2-2-58 所示。

（4）取消筛选

在“开始”选项卡“排序和筛选”命令组中，单击“取消筛选”按钮，如图 2-2-59 所示，则可以取消已经添加的筛选，恢复筛选前的记录显示。

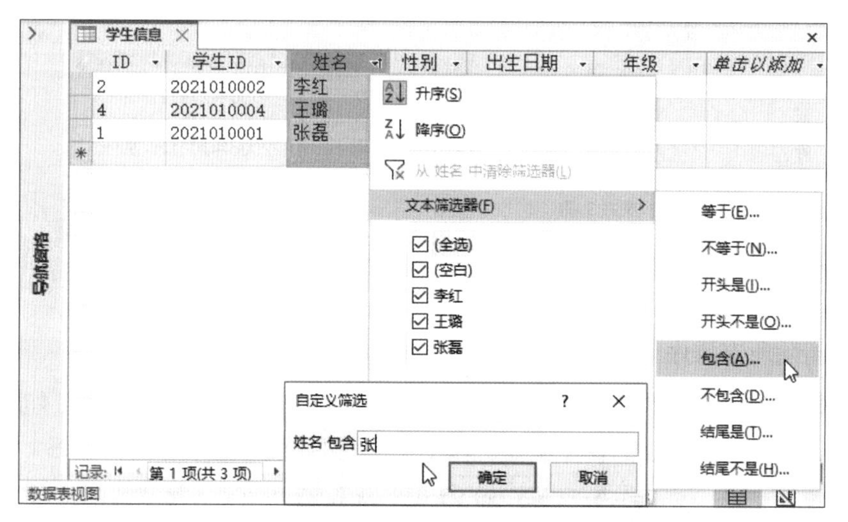

图 2-2-57　在“自定义筛选”对话框中输入筛选条件

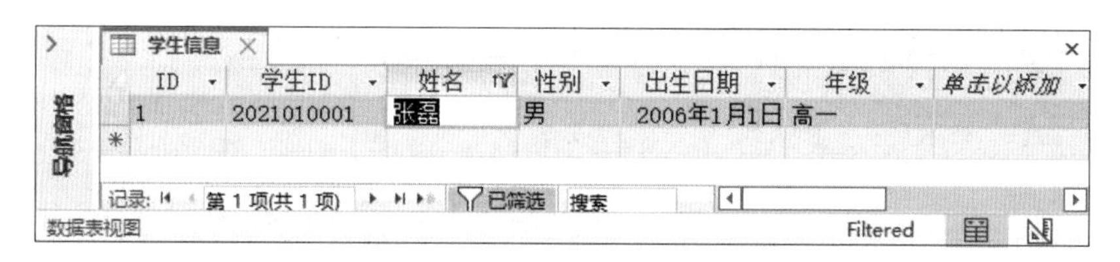

图 2-2-58　在“学生信息”表中仅显示符合筛选的结果

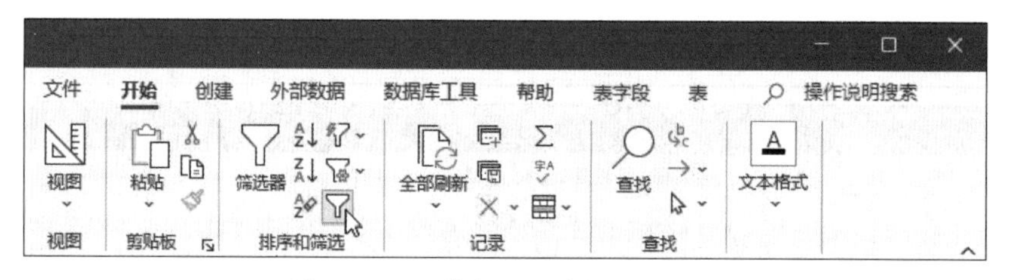

图 2-2-59　单击“取消筛选”按钮

6. 设定主键

（1）将视图切换到“设计视图”，在“学生信息”表中可见，字段“ID”前出现图标🔑，表明该字段为数据库表的主键，用于唯一标识每条记录，如图 2-2-60 所示。

字段名称	数据类型	说明(可选)
ID	自动编号	
学生ID	短文本	
姓名	短文本	
性别	短文本	
出生日期	日期/时间	
年级	短文本	

图 2-2-60　字段“ID”的主键标识

（2）在“表设计”选项卡“工具”命令组中，单击“主键”按钮，如图 2–2–61 所示。

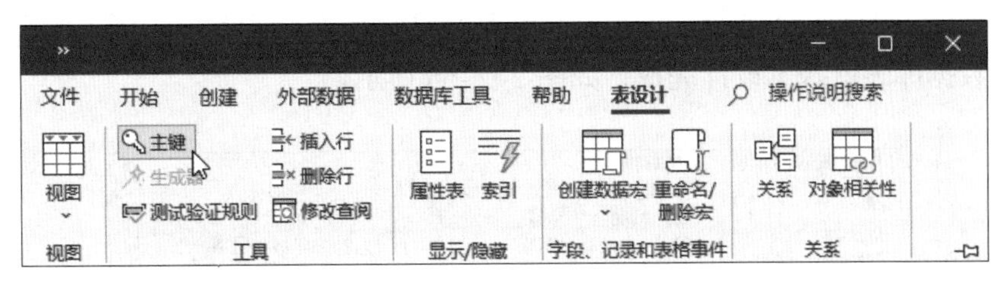

图 2-2-61　单击“主键”按钮

（3）由于字段“ID”已是主键，单击“主键”按钮会取消字段“ID”作为数据库表的主键属性，该字段前原有的图标消失，如图 2–2–62 所示。

学生信息

字段名称	数据类型	说明(可选)
ID	自动编号	
学生ID	短文本	
姓名	短文本	
性别	短文本	
出生日期	日期/时间	
年级	短文本	

字段属性

图 2-2-62　取消字段“ID”主键的属性

（4）由于字段“ID”为系统字段，在“学生信息”表的设计中没有用处，因此将其删除，然后右键单击“学生 ID”行，在弹出的右键快捷菜单中，单击选择“主键”命令，如图 2–2–63 所示。

学生信息

字段名称	数据类型	说明(可选)
学生ID	短文本	
姓名	短文本	
性别	短文本	
出生日期	日期/时间	
年级	短文本	

主键(K)
剪切(T)
复制(C)
粘贴(P)
插入行(I)

字段属性

图 2-2-63　单击选择“主键”命令

（5）字段“学生 ID”被设置为主键，该字段前显示图标，如图 2–2–64 所示。

学生信息

字段名称	数据类型	说明(可选)
学生ID	短文本	
姓名	短文本	
性别	短文本	
出生日期	日期/时间	
年级	短文本	

字段属性

图 2-2-64　字段“学生 ID”被设置为主键

（6）将视图切换到“数据表视图”，可以根据实际情况添加或删除字段以及设置其属性，并且通过手动输入或导入 Excel 工作表来增加记录。这样，一个简单实用的“学生信息”数据库表就基本设计完成，如图 2-2-65 所示。

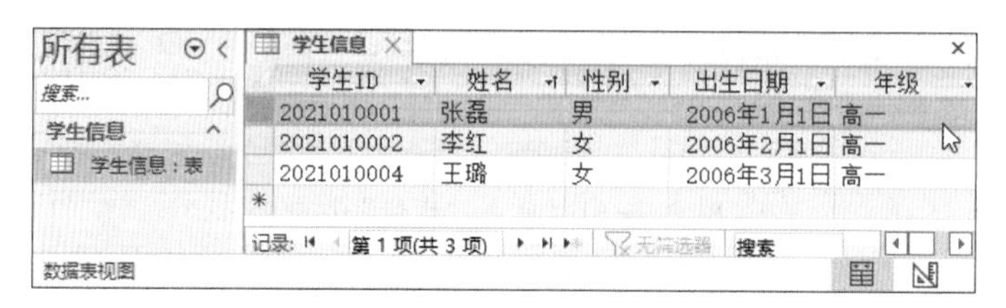

图 2-2-65 “学生信息”数据库表设计完成

项目三
查询的创建及应用

任务1　创建学生信息简单查询

1. 了解查询的基本功能。
2. 理解、区分查询的类型。
3. 理解结构化查询语言。
4. 掌握设计单表查询的方法。

使用 Access 2021 设计的“学生信息”表创建完成，并且也录入了相关的数据，如果想在这些数据中查找特定的信息，就要用到查询功能。查询是对数据结果和数据操作的请求，利用查询可以实现以下功能。

1. 从表中检索数据、执行计算、合并不同表中的数据。

2. 从表中添加、更改或删除数据。

3. 为窗体或报表提供数据。

本任务的内容是在“学生信息”表中实现学生信息的简单查询。通过实际体验解决如下问题。

1. 常用的查询分为哪些类型？分别能完成哪些查询功能？

2. 如何在“学生信息”表中通过创建简单的查询查找特定的信息？

3. 理解有关结构化查询语言的基本语法，为设计较为复杂的查询做好准备。

一、查询的类型

数据库表创建后，可以创建查询来检索或操作数据。简单的数据库表（如“学生信息”表）可能仅使用一个简单查询，复杂的数据库可能会使用多个复杂查询。

可以按照是否更改数据库表的数据来区分查询，不更改数据库表数据的查询称为选择查询，更改数据库表数据的查询称为操作查询。

1. 选择查询

按照所涉及数据库表的数目不同，选择查询分为以下两类。

（1）单表查询

单表查询是指只涉及一个数据库表的选择查询。按照功能的不同，单表查询主要分为以下 3 类。

1）简单查询。在数据库表中对若干字段进行查询。

2）交叉表查询。在数据库表中对若干字段进行汇总计算。

3）查找重复项查询。在数据库表中对若干字段进行重复项查找。

（2）多表查询

多表查询是指涉及多个数据库表的选择查询。按照功能的不同，多表查询主要分为以下两类。

1）查找不匹配项查询。在两个数据库表中对若干字段进行不匹配项查找。

2）多表条件查询。在多个数据库表中对若干字段进行条件查询。

2. 操作查询

按照对数据库表数据所做操作的不同，操作查询可以分为以下 4 类。

（1）生成表查询。使查询将数据结果保存到新的表中。

（2）追加查询。使查询将新的记录添加到原有表中。

（3）更新查询。使查询将新的记录更新到原有表中。

（4）删除查询。使查询将与条件匹配的记录从原有表中删除。

二、结构化查询语言

结构化查询语言（structured query language，SQL）包含定义、操纵和查询 3 个部分，是一套发展得非常成熟的数据库操纵语言。

虽然 SQL 在大多数情况下被用来进行条件查询工作，但是它几乎可以做任何有关数据库操作的工作，如通过程序来生成一个表或删除一个表，还可用它来插入、更新、删除表中的一条或多条记录等。

SQL 有两种使用方法：一种是与用户交互的方式联机使用，称为交互型 SQL，如 Access 2021；另一种是作为子语言嵌入其他语言中使用，称为宿主型 SQL，如 Microsoft Visual Basic 等。

三、SQL 的数据定义功能

SQL 的数据定义功能是指定义数据库表结构，包括定义数据库表、修改数据库表和删除数据库表。

1. 定义数据库表

SQL 命令格式：

```
CREATE TABLE　数据库表名 [ 字段名 | 数据类型 ( 字段大小 )PRIMARY KEY, 字段名 2 数据类型 ( 字段大小 ),…];
```

命令功能：用于创建一个新的数据库表。

参数说明：数据库表结构的描述放在括号内，字段与数据类型之间也要有空格，各个字段之间用逗号分开，使用系统默认的字段宽度可以省略字段大小，可以用“PRIMARY KEY”定义该字段为数据库表的主键。

注意事项：不允许创建的数据库表名与原有的数据库表名重名。

【例 1】创建一个“学生信息副本”数据库表，字段包括“学生 ID”“姓名”“性别”“出生日期”“民族”“年级”，其中“学生 ID”为主键。

对应的 SQL 语句如下。

```
CREATE TABLE　学生信息副本 ( 学生 ID TEXT(10) PRIMARY KEY, 姓名 TEXT(10), 性别 TEXT(2), 出生日期 DATETIME, 民族 TEXT(10), 年级 TEXT(10));
```

2. 修改数据库表

SQL 命令格式：

```
ALTER TABLE  数据库表名  ADD COLUMN  字段名  数据类型 ( 字段大小 );
ALTER TABLE  数据库表名  ALTER COLUMN  字段名  数据类型 ( 字段大小 );
```

命令功能：对已有的数据库表添加新的字段或修改已有字段。

参数说明：ADD COLUMN 用于添加一个新的字段，ALTER COLUMN 用于修改已有字段的数据类型和字段大小。

注意事项：不允许添加的新字段与原有的字段重名，要修改的字段必须在数据库表中存在。

【例 2】在“学生信息副本”表中新增加一个字段“籍贯”。

对应的 SQL 语句如下。

```
ALTER TABLE  学生信息副本  ADD COLUMN  籍贯 TEXT (20);
```

【例 3】在“学生信息副本”表中将原有字段“学生 ID”的数据类型改为“INTEGER”。

对应的 SQL 语句如下。

```
ALTER TABLE  学生信息副本  ALTER COLUMN  学生 ID  INTEGER;
```

3. 删除数据库表

SQL 命令格式：

```
DROP TABLE  数据库表名 ;
```

命令功能：把指定的数据库表从数据库中删除。

参数说明：数据库表名必须给出全名。

注意事项：删除数据库表时必须先将该数据库表关闭。

【例 4】删除“学生信息副本”数据库表。

对应的 SQL 语句为如下。

```
DROP TABLE  学生信息副本 ;
```

四、数据操纵

数据定义的 SQL 命令只对表的结构进行描述，并未涉及表中的数据。数据操纵是指对表中的数据进行增加、修改和删除等操作。

1. 添加数据

SQL 命令格式：

```
INSERT INTO　数据库表名 ( 字段名 1, 字段名 2,…)VALUES(" 值 1"," 值 2",…);
```

命令功能：在数据库表尾追加一条指定字段值的记录。

参数说明：若省略字段名，则必须按照数据库表结构定义的顺序来指定字段值。

注意事项：若指定的数据库表没有打开，则 Access 2021 在后台以独占方式打开该表，然后再把新记录追加到数据库表中；若所指定的数据库表是打开的，INSERT 命令就把新记录直接追加到此表中。

【例 5】向“学生信息副本”表中追加一条记录。

对应的 SQL 语句如下。

```
INSERT INTO　学生信息副本 ( 学生 ID, 姓名 , 性别 , 出生日期 , 民族 , 年级 , 籍贯 )
values("202101000l"," 张磊 "," 男 ","2006-01-0l"," 汉族 "," 高一 "," 北京海淀 ");
```

2. 修改数据

SQL 命令格式：

```
UPDATE　数据库表名　SET　字段 1=" 值 1", 字段 2=" 值 2",…WHERE 条件 ;
```

命令功能：以新值更新数据库表中的记录。WHERE 子句用于限定条件，对满足条件的记录予以更新，若省略 WHERE 子句则会将所有记录更新为相同的值。

注意事项：该命令只能用于更新单个表中的数据。

【例 6】查找出“学生信息副本”表中“学生 ID”字段数据等于“2021010001”的记录，将该记录中的“年级”字段的数据修改为“高三”。

对应的 SQL 语句如下。

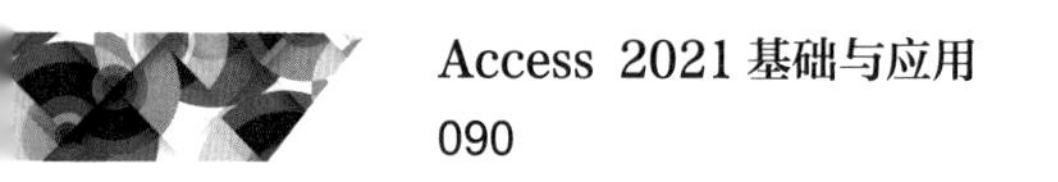


```
UPDATE　学生信息副本　SET 年级 =" 高三 "　WHERE　学生 ID="2021010001";
```

3. 删除数据

SQL 命令格式：

```
DELETE FROM　数据库表名　WHERE 条件 ;
```

命令功能：删除满足条件的记录。

注意事项：删除时必须以记录为单位，不能以字段为单位。

【例 7】将“学生信息副本”表中“学生 ID”等于“2021010001”的记录删除。

对应的 SQL 语句如下。

```
DELETE FROM　学生信息副本　WHERE　学生 ID="2021010001";
```

五、数据查询的类型

SQL 查询语句一般称为 SQL-Select 命令。基本形式是“SELECT…FROM…WHERE 查询模块”，多个查询模块允许嵌套。

使用 SQL 查询语句可以很方便地从一个或多个表中检索数据，查询是高度非过程化的，用户只需说明“做什么”，而不必指出“如何做”。SQL 查询语句的命令格式如下。

```
SELECT　字段名 1, 字段名 2,…FROM　数据库表名 1, 数据库表名 2,…WHERE 条件 ;
```

SQL 查询命令格式中各子句的含义如下。

（1）SELECT 子句指出此查询的目标，一般为逗号分开的字段名。可以用“*”表示查询全部字段。

（2）FROM 子句指出此查询涉及的所有数据库表。

（3）WHERE 子句指出此查询目标必须满足的条件，该子句可以省略。

按照 SQL 查询的结构和功能，可以把数据查询分为以下几种。

1. 简单查询

只包含一个查询模块，且查询只涉及一个数据库表，称为简单查询。简单查询是最基本的查询，同时也是最常用的查询。

【例 8】在“学生信息”表中查询“性别”为“男”的学生的“姓名”。

对应的 SQL 语句如下。

```
SELECT  姓名  FROM  学生信息  WHERE  性别 =" 男 ";
```

【例 9】在“学生信息”表中查询“性别”为“男”的学生全部信息。

对应的 SQL 语句如下。

```
SELECT * FROM  学生信息  WHERE  性别 =" 男 ";
```

简单查询的常用方法如下。

（1）使用 DISTINCT 子句

DISTINCT 子句可以用于去掉 SELECT 子句查询结果中的重复记录。

系统默认 SELECT 子句为 ALL，即输出所有记录。

【例 10】在“学生信息”表中查询所有的“民族”类别。

对应的 SQL 语句如下。

```
SELECT  民族  FROM  学生信息 ;
```

【例 11】在“学生信息”表中查询不包含重复记录的“民族”类别。

对应的 SQL 语句如下。

```
SELECT DISTINCT  民族  FROM  学生信息 ;
```

（2）使用 ORDER BY 子句

ORDER BY 子句可用于对查询结果排序。ORDER BY 子句的 SQL 命令格式为“ORDER BY 排序关键字 [ASC/DESC];”其中，排序关键字一般为字段名，ASC （ascending）表示升序，DESC（descending）表示降序，并允许多重排序。ORDER BY 子句中若未指定顺序，排序关键字默认升序。

【例 12】在“学生成绩”表中查询“科目”为“数学”的学生成绩全部信息，并且按照分数从高到低降序排列。

对应的 SQL 语句如下。

```
SELECT * FROM  学生成绩  WHERE  科目 =" 数学 "  ORDER BY 分数  DESC;
```

（3）使用 BETWEEN 子句

在 WHERE 子句中，条件可用“BETWEEN…AND…”子句表示二者之间。

【例 13】在“学生成绩”表中查询“分数”在“95”和“100”之间的学生成绩全部信息，并且按照分数从高到低降序排列。

对应的 SQL 语句如下。

```
SELECT * FROM  学生成绩  WHERE  分数  BETWEEN 95 AND 100 ORDER BY 分数  DESC;
```

（4）使用 IN 子句

在 WHERE 子句中，条件可以用 IN 子句表示包含在其后面括号指定的集合中。括号内的元素可以直接列出，也可以是一个子查询模块的查询结果（在嵌套查询中介绍）。

【例 14】在“学生成绩”表中查询“分数”在集合（“93”“95”“96”）中的学生成绩全部信息，并且按照分数从高到低降序排列。

对应的 SQL 语句如下。

```
SELECT * FROM  学生成绩  WHERE  分数 IN(94,95,96)  ORDER BY 分数  DESC;
```

【例 15】在“学生信息”表中查询“民族”不在集合（“汉族”）中的学生的全部信息，即查询少数民族学生的全部信息。

对应的 SQL 语句如下。

```
SELEET * FROM  学生信息  WHERE  民族 NOT IN(" 汉族 ");
```

（5）使用 LIKE 子句及通配符

在 WHERE 子句中，可以用 LIKE 子句指出字符串模式匹配条件，其后面是字符串常量，其中常用的两个通配符：问号“?”代表一个字符，星号“*”代表任意多个字符。

【例 16】在“学生信息”表中查询“籍贯”在“北京”的学生的全部信息。

对应的 SQL 语句如下。

```
SELECT * FROM 学生信息 WHERE 籍贯 LIKE "北京*";
```

（6）为查询结果指定临时别名

查询结果的列名一般为存在的字段名，为了方便提示，SQL 允许自定义一个新的列名，列名的命名与字段名的命名规则相同，列名与字段名之间用 AS 隔开。

【例 17】在“学生信息”表中查询学生的信息，包括“学生 ID”“姓名”“出生日期”，并且利用“当前年份”与“出生年份”之差作为“年龄”字段显示。

对应的 SQL 语句如下。

```
SELECT 学生ID,姓名,出生日期,(FORMAT(DATE(),"yyyy"))-FORMAT((出生日期),
"yyyy")AS 年龄 FROM 学生信息;
```

（7）为数据库表指定临时别名

如果查询在同一数据库表中检索多次，或查询涉及多个数据库表，就必须引入别名。自行定义的别名只需在 FROM 子句中给出，并在 SELECT 和 WHERE 子句中用别名字段加以限定。

【例 18】在“学生成绩”表中查询“语文”和“数学”的分数都不低于 94 分的学生的成绩信息，包括字段“学生 ID”“x. 科目”（即语文）、“x. 分数”（即语文的分数）、“y. 科目”（即数学）、“y. 分数”（即数学的分数），并利用此两门科目成绩之和作为“总分”字段进行显示，按照“总分”分数从高到低降序排列。

对应的 SQL 语句如下。

```
SELECT x.学生ID,x.科目,x.分数,y.科目,y.分数,(x.分数+y.分数) AS 总分
FROM 学生成绩 x,学生成绩 y WHERE (x.分数>=94)AND(y.分数>=94)AND
```

```
(x.学生ID=y.学生ID)AND(x.科目="语文")AND(y.科目="数学")  ORDER BY  (x.分数.+y.分数)  DESC;
```

2. 连接查询

只包含一个查询模块，但查询涉及多个数据库表，称为连接查询。因为SQL是高度非过程化的，所以只需在FROM子句中指出各个数据库表的名称，在WHERE子句中指出连接条件即可，连接查询由系统去完成。

【例19】在“学生信息”表和“学生成绩”表中连接查询女同学的学生信息和成绩信息，包括“学生ID”“姓名”“性别”“科目”“分数”，并且按照“学生ID”从低到高升序排列，以及按照分数从高到低降序排列。

对应的SQL语句如下。

```
SELECT  x.学生ID,x.姓名,x.性别,y.科目,y.分数  FROM学生信息x,学生成绩y WHERE
(x.学生ID=y.学生ID)AND(x.性别="女")  ORDER BY x.学生ID ASC,y.分数 DESC;
```

3. 嵌套查询

包含多个查询模块，查询涉及一个或多个数据库表，称为嵌套查询。嵌套查询是在“SELECT…FROM…WHERE”查询模块内部再嵌入另一个查询模块，其中被嵌入到查询中的查询模块称为子查询。由于ORDER BY子句是对最终查询结果按序输出，因此它不能出现在子查询中。

在嵌套查询中，WHERE子句的条件常用到IN子句。由于查询的外层用到内层的查询结果，用户事先并不知道内层结果，这里IN子句就不能用多个OR子句来代替。

【例20】在“学生成绩”表中查询全部成绩信息，条件为“学生ID”等于在“学生信息”数据库表查找到的“高二”“少数民族”“女”同学的“学生ID”，并且按照“学生ID”从低到高升序排列，以及按照分数从高到低降序排列。

对应的SQL语句如下。

```
SELECT * FROM  学生成绩  y WHERE  学生ID  IN  (SELECT学生ID  FROM  学生信息  WHERE  (年级="高二")AND(性别="女")AND(民族Not IN("汉族")))
ORDER BY学生ID  ASC,分数DESC;
```

六、实践操作

1. 数据准备

在使用查询功能之前，应准备相对丰富的测试数据，以便使用。

（1）学生信息

在数据库文件“学生信息.accdb”中创建“学生信息”表，包含以下字段及其数据类型。

1）“学生 ID”字段为文本类型，短文本格式，且为主键。

2）“姓名”“性别”“民族”“籍贯”“年级”等字段为短文本类型。

3）“出生日期”字段为日期 / 时间类型，长日期格式。

“学生信息”表的测试数据如图 3-1-1 所示。

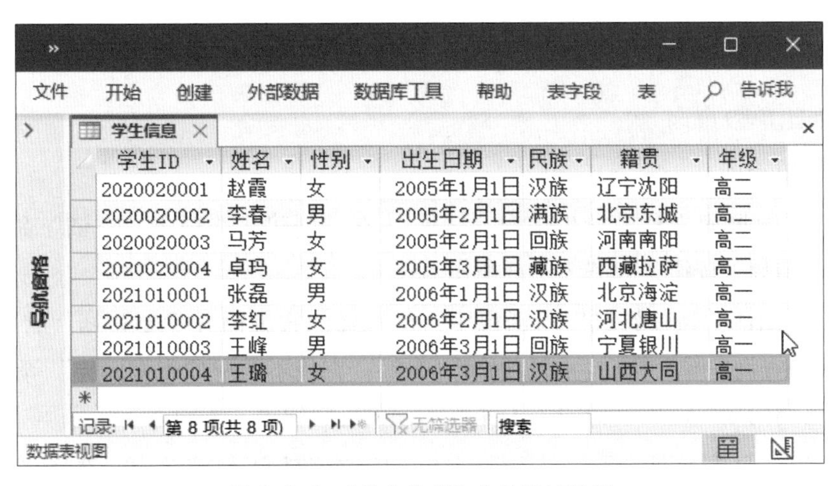

学生ID	姓名	性别	出生日期	民族	籍贯	年级
2020020001	赵霞	女	2005年1月1日	汉族	辽宁沈阳	高二
2020020002	李春	男	2005年2月1日	满族	北京东城	高二
2020020003	马芳	女	2005年2月1日	回族	河南南阳	高二
2020020004	卓玛	女	2005年3月1日	藏族	西藏拉萨	高二
2021010001	张磊	男	2006年1月1日	汉族	北京海淀	高一
2021010002	李红	女	2006年2月1日	汉族	河北唐山	高一
2021010003	王峰	男	2006年3月1日	回族	宁夏银川	高一
2021010004	王璐	女	2006年3月1日	汉族	山西大同	高一

图 3-1-1　“学生信息”表的测试数据

（2）学生成绩

在数据库文件“学生信息.accdb”中创建“学生成绩”表，包含以下字段及其数据类型。

1）“学生 ID”字段为文本类型，短文本格式，且为联合主键。

2）“科目”字段为文本类型，且为联合主键。

3）“考试日期”字段为日期 / 时间类型，长日期格式。

4）“场次”字段为短文本类型。

5）“分数”字段为数字类型，固定格式。

“学生成绩”表的测试数据如图 3-1-2 所示。

学生ID	科目	考试日期	场次	分数
2020020001	数学	2021年12月29日	下午	97.00
2020020001	语文	2021年12月30日	下午	98.00
2020020002	数学	2021年12月29日	下午	94.00
2020020002	语文	2021年12月30日	下午	94.00
2020020003	数学	2021年12月29日	下午	93.00
2020020003	语文	2021年12月30日	下午	92.00
2020020004	数学	2021年12月29日	下午	91.00
2020020004	语文	2021年12月30日	下午	96.00
2021010001	数学	2021年12月29日	上午	94.00
2021010001	语文	2021年12月30日	上午	91.00
2021010002	数学	2021年12月29日	上午	92.00
2021010002	语文	2021年12月30日	上午	93.00
2021010003	数学	2021年12月29日	上午	94.00
2021010003	语文	2021年12月30日	上午	92.00
2021010004	数学	2021年12月29日	上午	95.00
2021010004	语文	2021年12月30日	上午	97.00

记录: 第 1 项(共 16 项)　无筛选器　搜索

数据表视图

图 3-1-2 “学生成绩”表的测试数据

2. 创建单表查询

（1）简单查询

1）打开数据库文件“学生信息.accdb”，在“创建”选项卡“查询”命令组中，单击“查询向导”按钮，如图 3-1-3 所示。

2）在弹出的“新建查询”对话框中，可选择的查询向导类型包括“简单查询向导”“交叉表查询向导”“查找重复项查询向导”“查找不匹配项查询向导”等，这里选择“简单查询向导”选项，如图 3-1-4 所示，单击“确定”按钮。

3）弹出“简单查询向导”对话框，在“表/查询”下拉菜单中，选择“表：学生信息”选项，如图 3-1-5 所示。

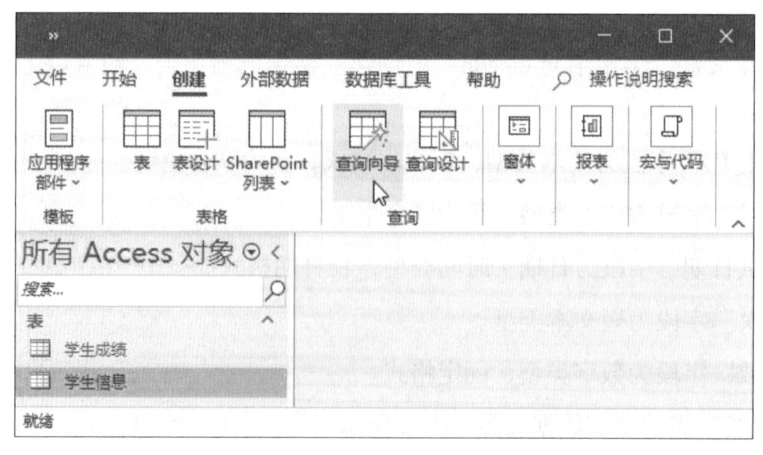

图 3-1-3 单击“查询向导”按钮

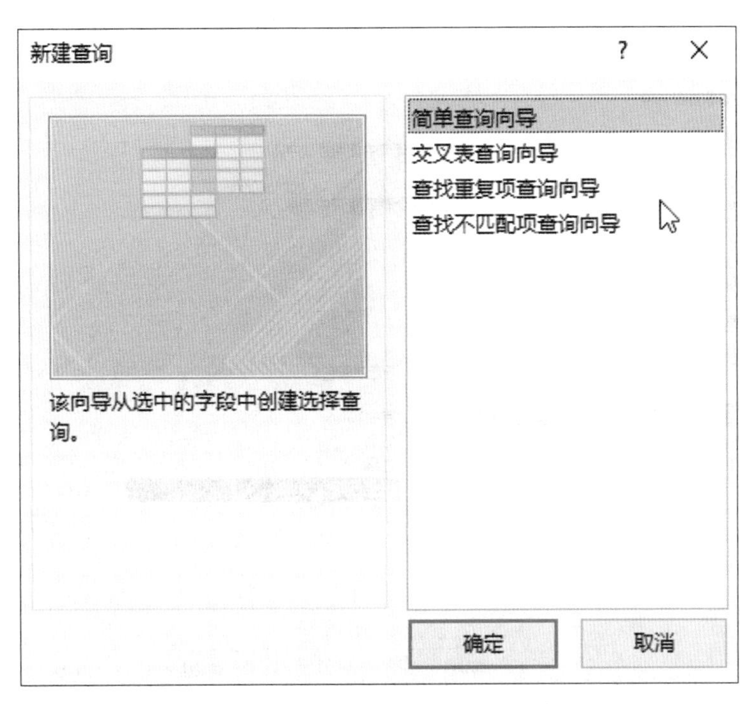

图 3-1-4　选择“简单查询向导”选项

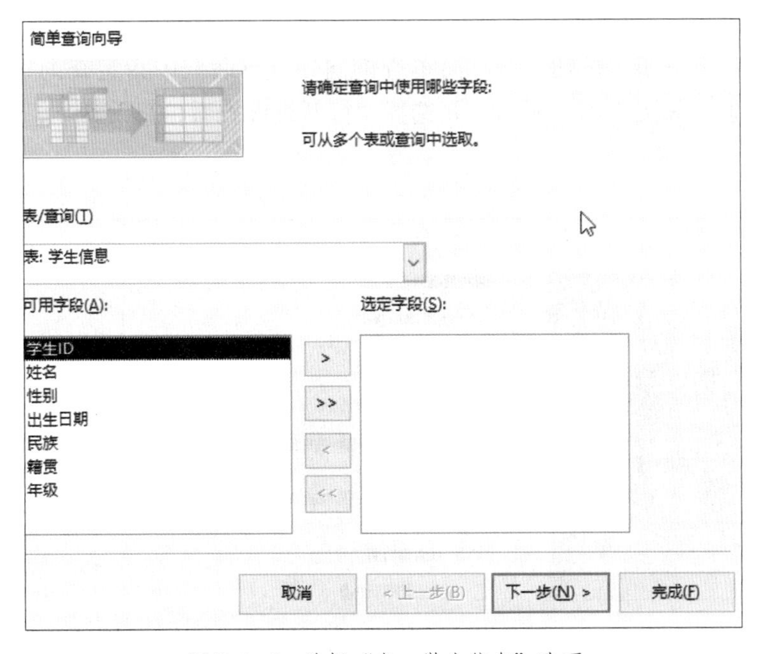

图 3-1-5　选择“表：学生信息”选项

4）在“简单查询向导”对话框中，在“可用字段”列表中依次选择字段“学生 ID”“姓名”“性别”“出生日期”，将其添加到“选定字段”列表中，如图 3-1-6 所示。

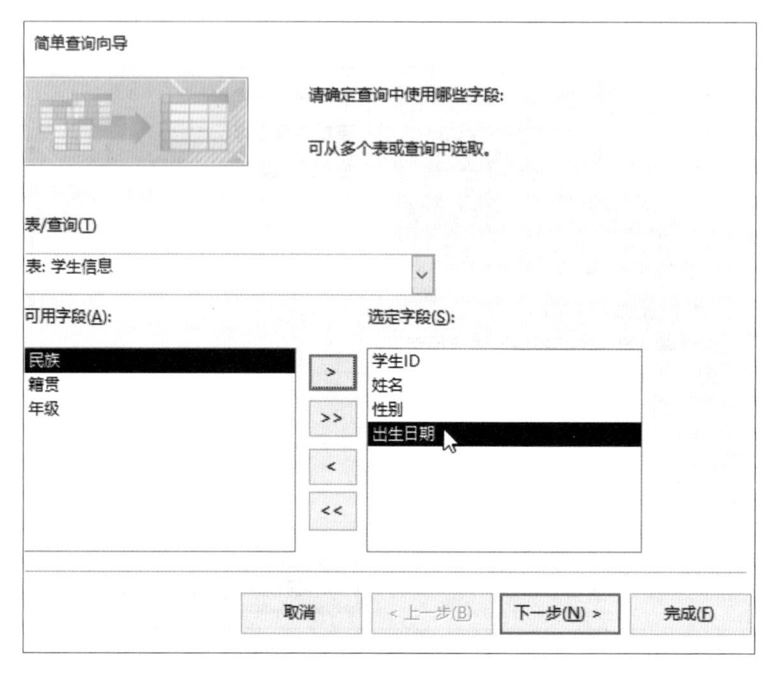

图 3-1-6　选择查询涉及的字段

5）单击“下一步”按钮，在“简单查询向导”对话框中指定查询标题为“学生信息简单查询”，如图 3-1-7 所示，并选择“打开查询查看信息”选项，单击“完成”按钮。

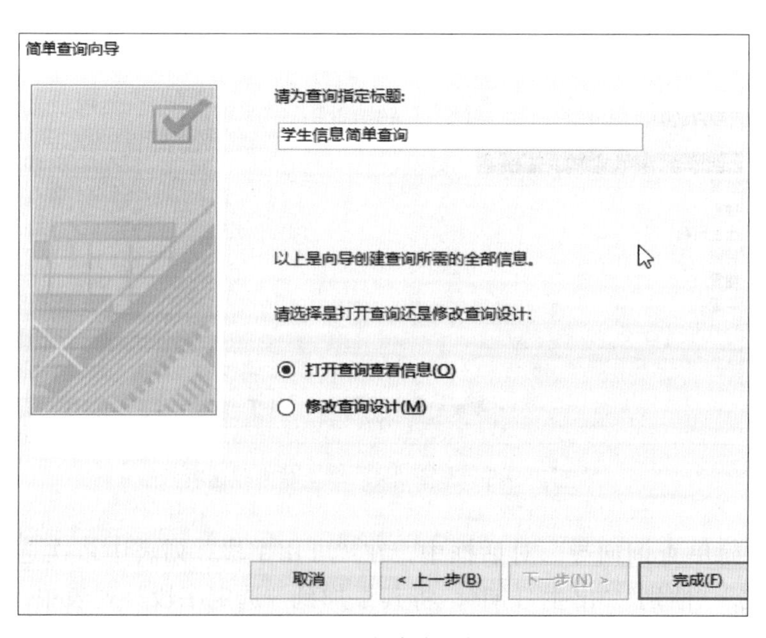

图 3-1-7　指定查询标题

6）“学生信息简单查询”随即在文档区域打开，显示查询的结果数据，如图 3–1–8 所示，同时在导航窗格的“查询”组中增加了“学生信息简单查询”标签。

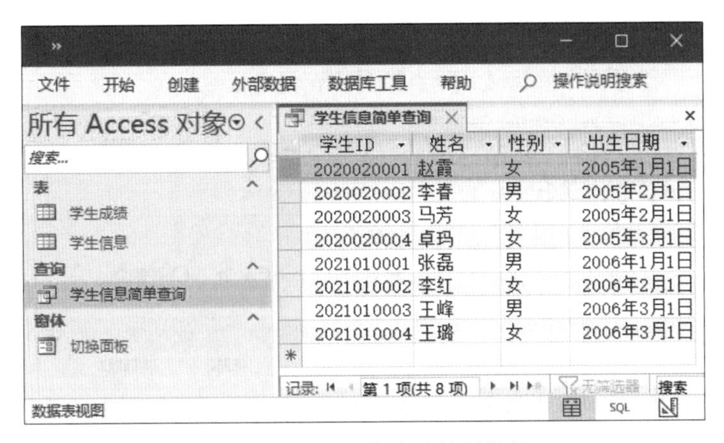

图 3-1-8　显示查询的结果数据

（2）交叉表查询

1）在“创建”选项卡“查询”命令组中，单击“查询向导”按钮，弹出“新建查询”对话框，选择“交叉表查询向导”选项，如图 3–1–9 所示，单击“确定”按钮。

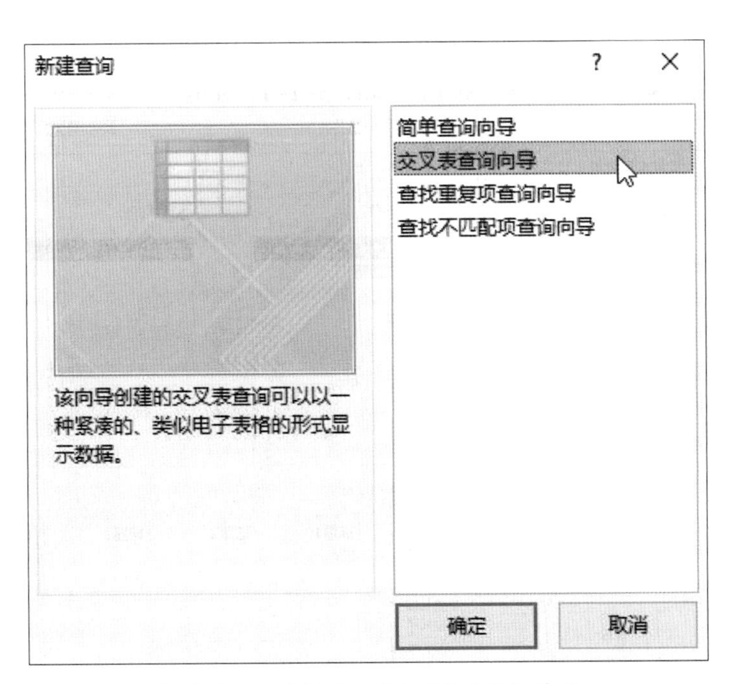

图 3-1-9　选择“交叉表查询向导”选项

2）弹出“交叉表查询向导”对话框，选择“表：学生成绩”选项，如图 3–1–10 所示，单击“下一步”按钮。

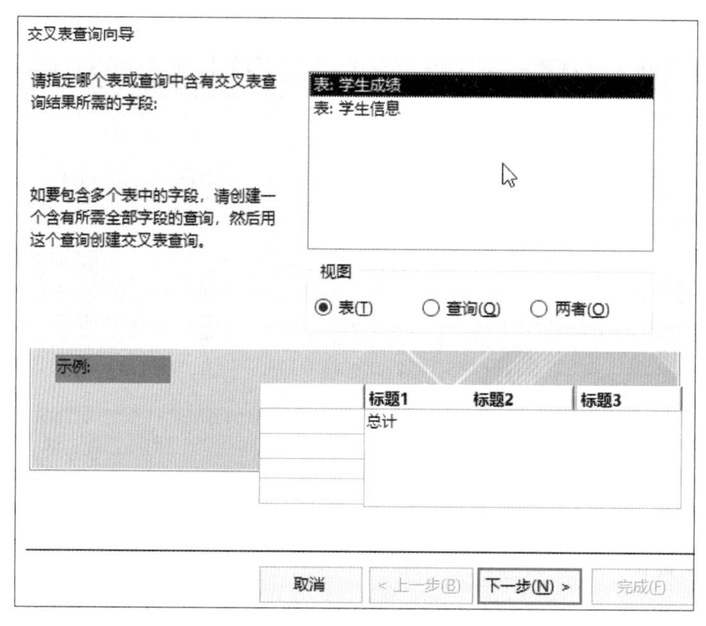

图 3-1-10　选择“表：学生成绩”选项

3）在“交叉表查询向导”对话框的“可用字段”中选定字段“学生 ID”作为交叉表查询的行标题，单击“下一步”按钮，如图 3-1-11 所示。

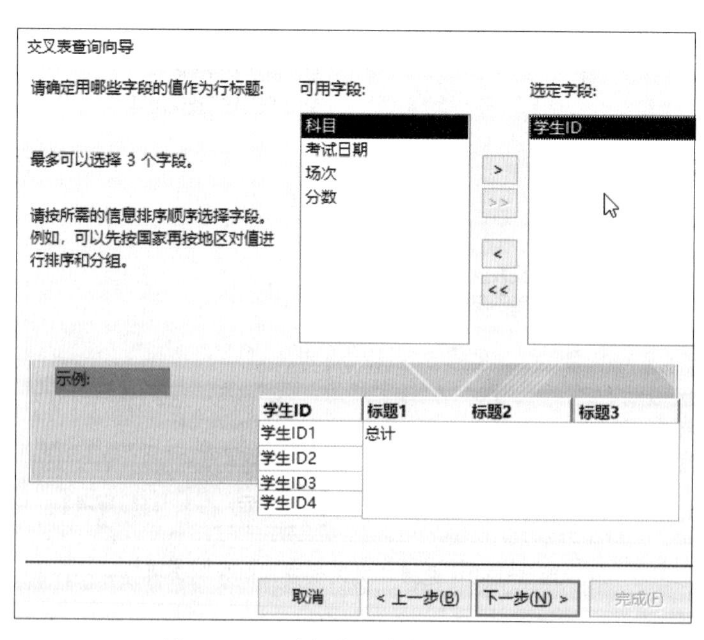

图 3-1-11　选择交叉表查询的行标题

4）在“交叉表查询向导”对话框中选定字段“科目”作为交叉表查询的列标题，单击“下一步”按钮，如图 3–1–12 所示。

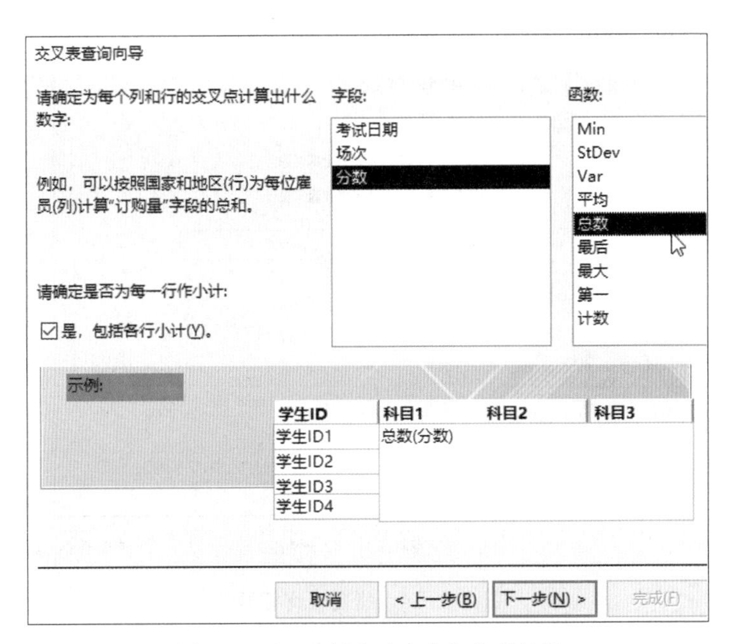

图 3-1-12　选择交叉表查询的列标题

5）在“交叉表查询向导”对话框中选定字段“分数”和函数“总数”作为交叉表查询的交叉点计算公式，单击“下一步”按钮，如图 3–1–13 所示。

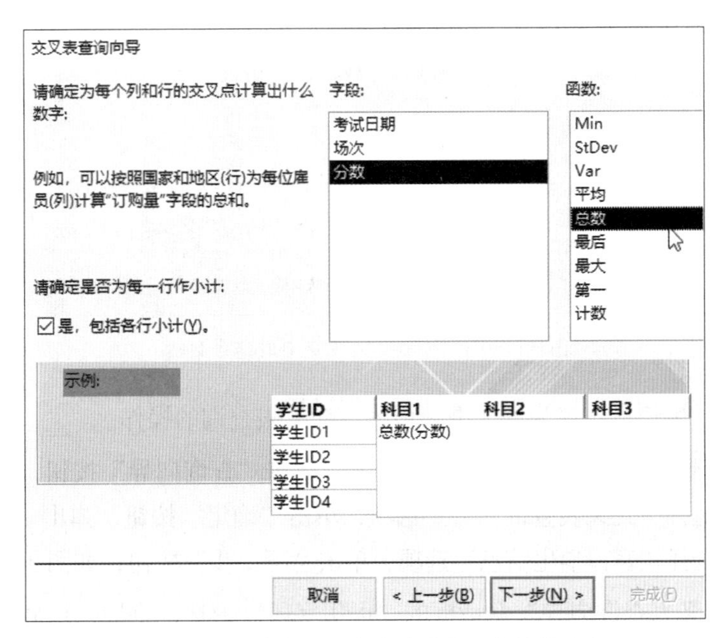

图 3-1-13　选择交叉表查询的交叉点计算公式

6）在“交叉表查询向导”对话框中指定查询标题为“学生成绩 _ 交叉表”，如图 3-1-14 所示，并选择“查看查询”选项，单击“完成”按钮。

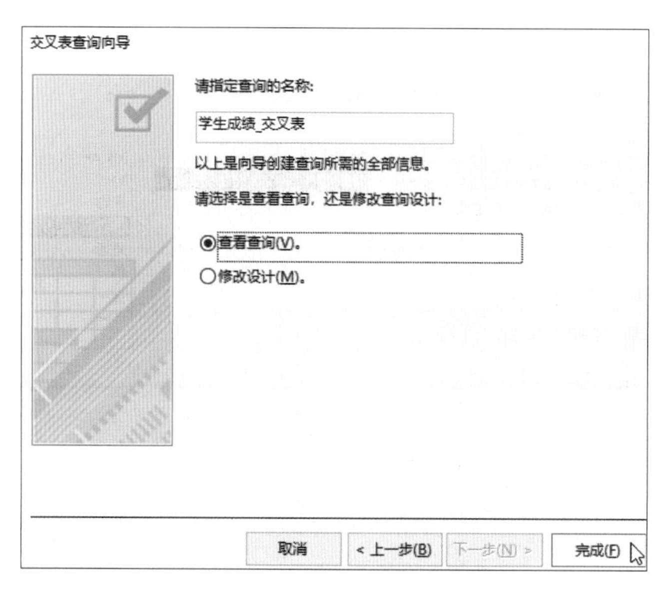

图 3-1-14　指定查询标题

7）“学生成绩 _ 交叉表”对话框随即在文档区域打开，显示交叉表查询的结果数据，如图 3-1-15 所示，即每个学生的单科成绩和总成绩信息。导航窗格的“查询”组中增加了“学生成绩 _ 交叉表”标签，其图标与“学生信息简单查询”有所不同。

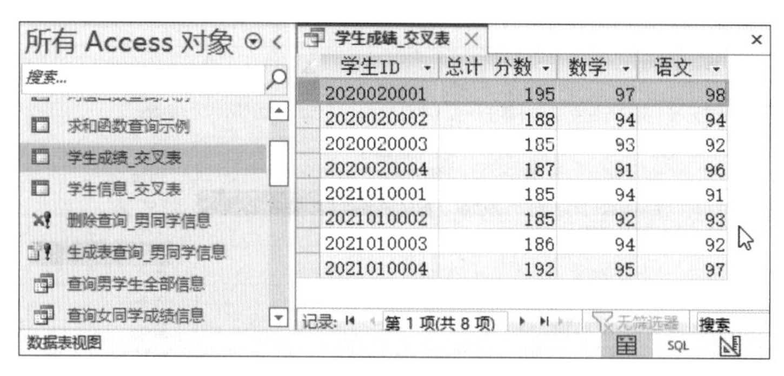

学生ID	总计 分数	数学	语文
2020020001	195	97	98
2020020002	188	94	94
2020020003	185	93	92
2020020004	187	91	96
2021010001	185	94	91
2021010002	185	92	93
2021010003	186	94	92
2021010004	192	95	97

图 3-1-15　显示交叉表查询的结果数据

下面以“学生信息”表为例，进一步练习交叉表查询的操作。

1）在“创建”选项卡“查询”命令组中，单击“查询向导”按钮，弹出“新建查询”对话框，选择“交叉表查询向导”选项，单击“确定”按钮，弹出“交叉表查询向导”对话框，选择“表：学生信息”选项，单击“下一步”按钮，如图 3-1-16 所示。

2）在“交叉表查询向导”对话框的“可用字段”中选定字段“民族”作为交叉表查询的行标题，单击“下一步”按钮，如图 3-1-17 所示。

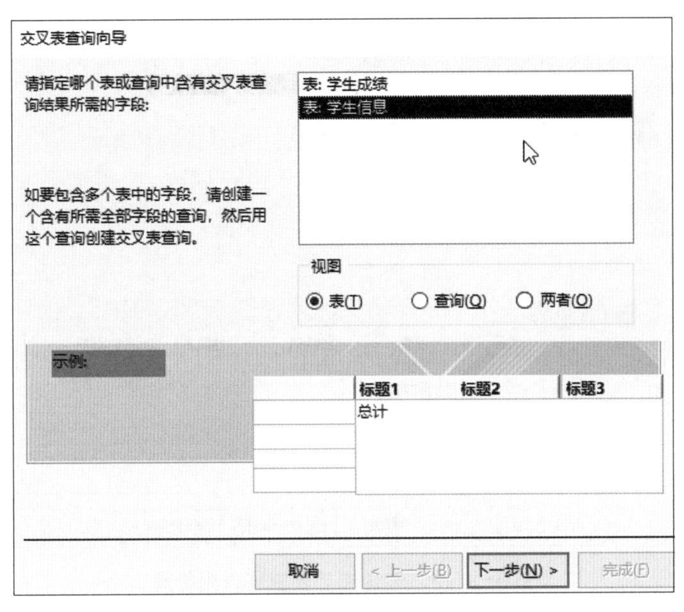

图 3-1-16　选择“表：学生信息”选项

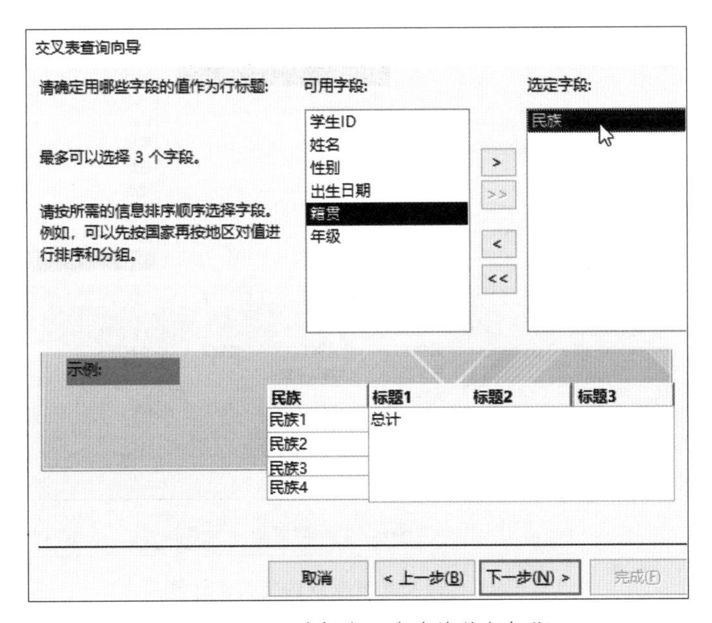

图 3-1-17　选择交叉表查询的行标题

3）在“交叉表查询向导”对话框中选定字段“性别”作为交叉表查询的列标题，单击“下一步”按钮，如图 3-1-18 所示。

4）在“交叉表查询向导”对话框中选定字段“学生 ID”和函数“计数”作为交叉表查询的交叉点计算公式，单击“下一步”按钮，如图 3-1-19 所示。

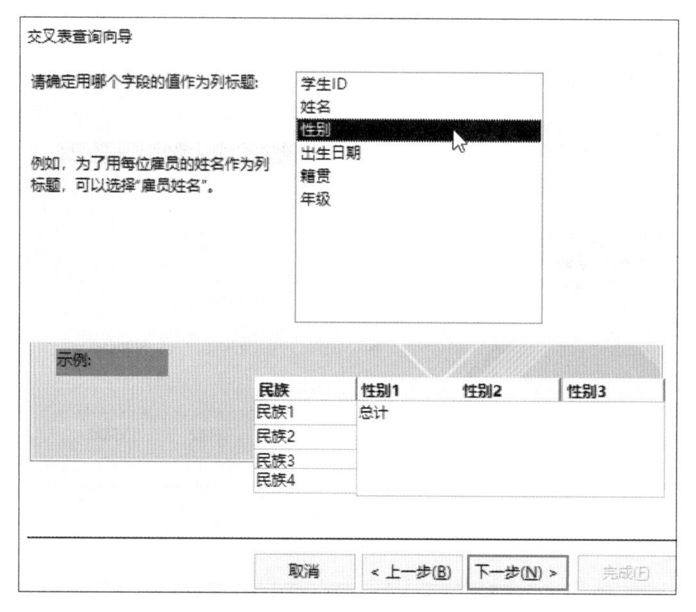

图 3-1-18　选择交叉表查询的列标题

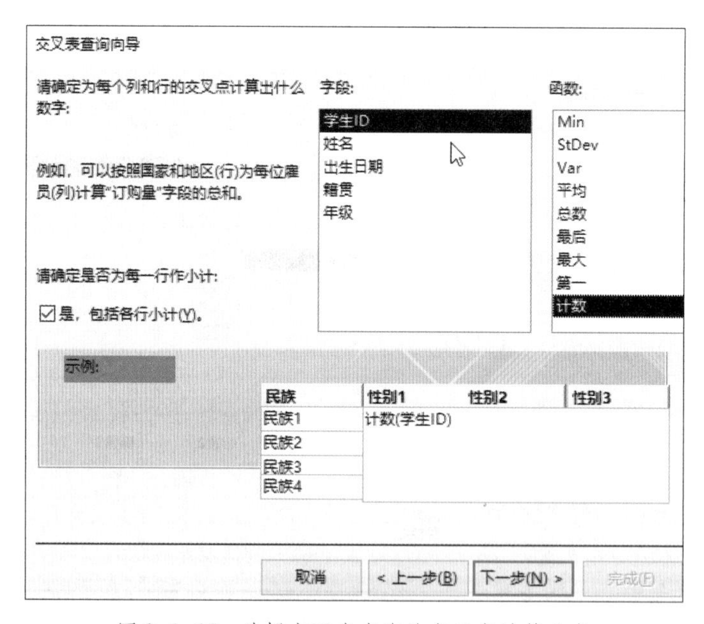

图 3-1-19　选择交叉表查询的交叉点计算公式

5）在“交叉表查询向导”对话框中指定查询标题为“学生信息 _ 交叉表”，如图 3-1-20 所示，并选择“查看查询”选项，单击“完成”按钮。

6）“学生信息 _ 交叉表”随即在文档区域打开，显示交叉表查询的结果数据，如图 3-1-21 所示，即学生的“民族”和“性别”分布情况。导航窗格的“查询”组中增加了“学生信息 _ 交叉表”标签，其图标与“学生成绩 _ 交叉表”相同。

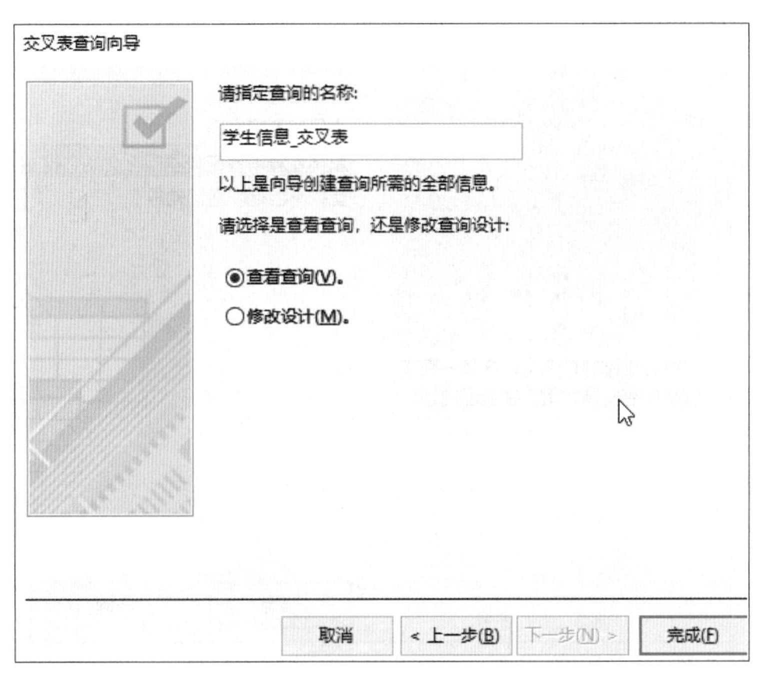

图 3-1-20　指定查询标题

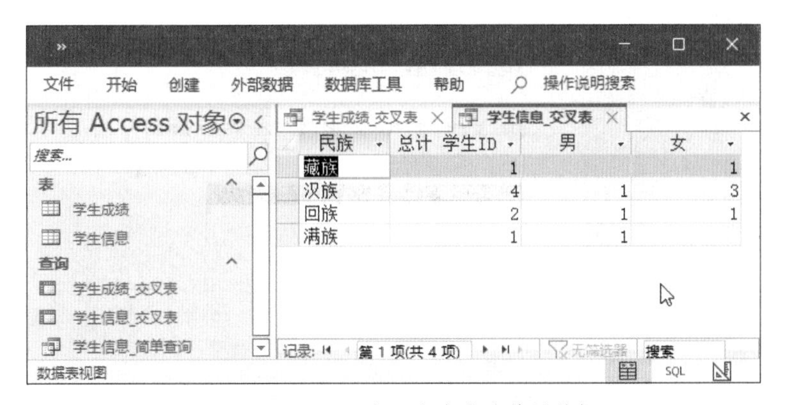

图 3-1-21　显示交叉表查询的结果数据

（3）查找重复项查询

1）在“创建”选项卡“查询”命令组中，单击“查询向导”按钮，弹出“新建查询”对话框，在该对话框中选择“查找重复项查询向导”选项，单击“确定”按钮，如图 3-1-22 所示。

2）弹出“查找重复项查询向导”对话框，选择“表：学生成绩”选项，如图 3-1-23 所示，单击“下一步”按钮。

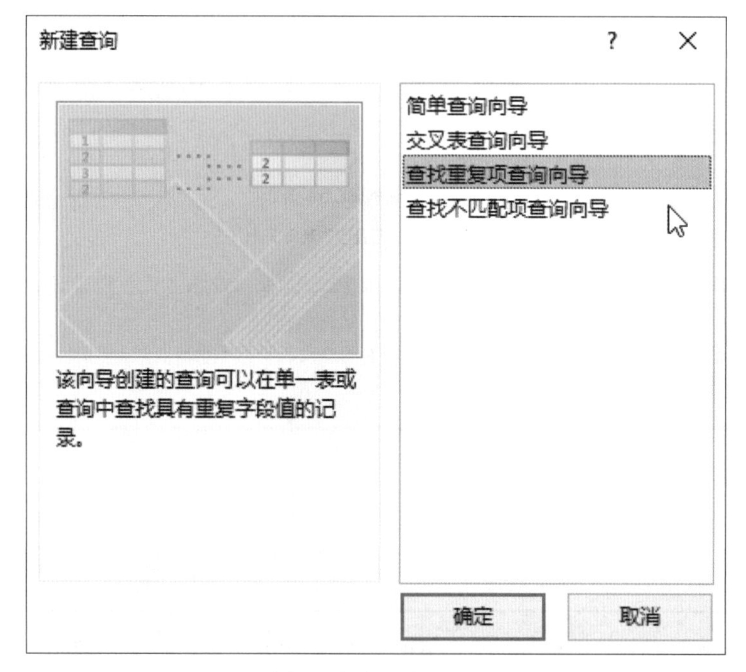

图 3-1-22　选择“查找重复项查询向导”选项

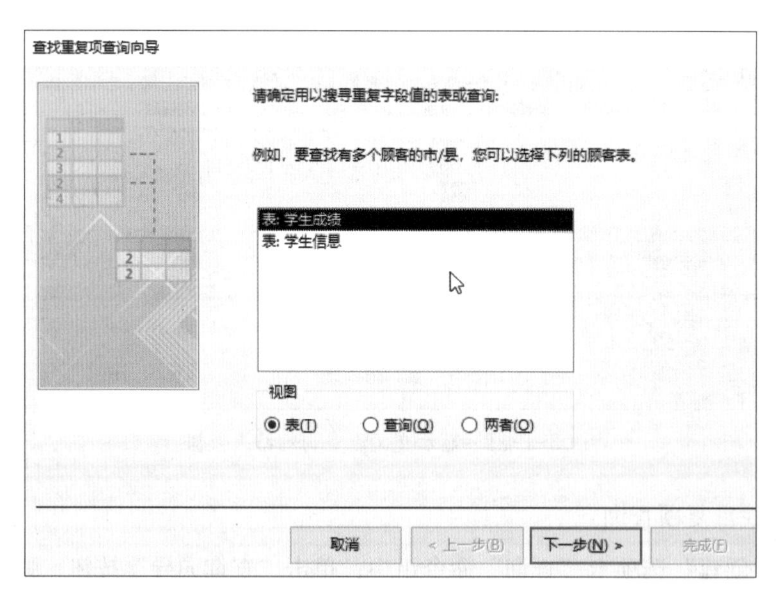

图 3-1-23　选择“表：学生成绩”选项

3）在“查找重复项查询向导”对话框的“可用字段”中选定字段“分数”和“学生 ID”添加到“重复值字段”列表中，作为可能包含重复信息的字段，单击“下一步”按钮，如图 3-1-24 所示。

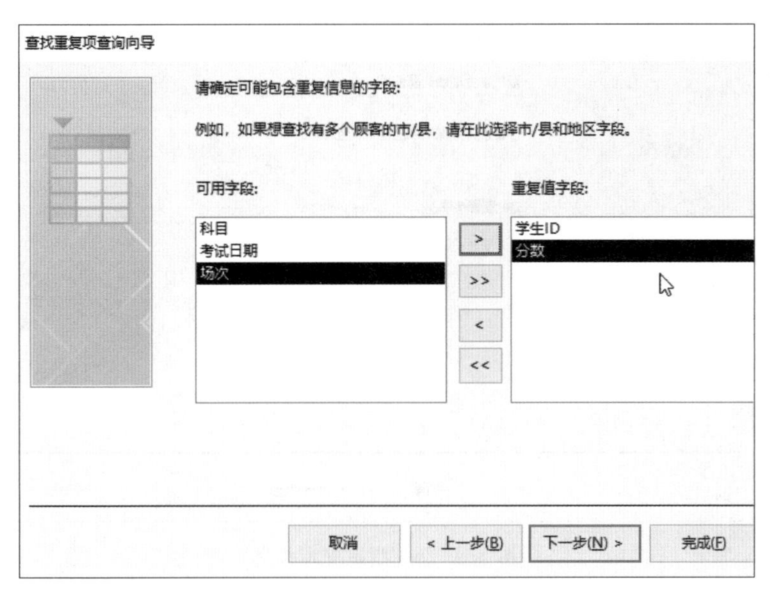

图 3-1-24　添加“重复值字段”

4）在“查找重复项查询向导”对话框的“可用字段”中选定字段“科目”添加到“另外的查询字段”列表中，以显示其他相关信息，单击“下一步”按钮，如图 3-1-25 所示。

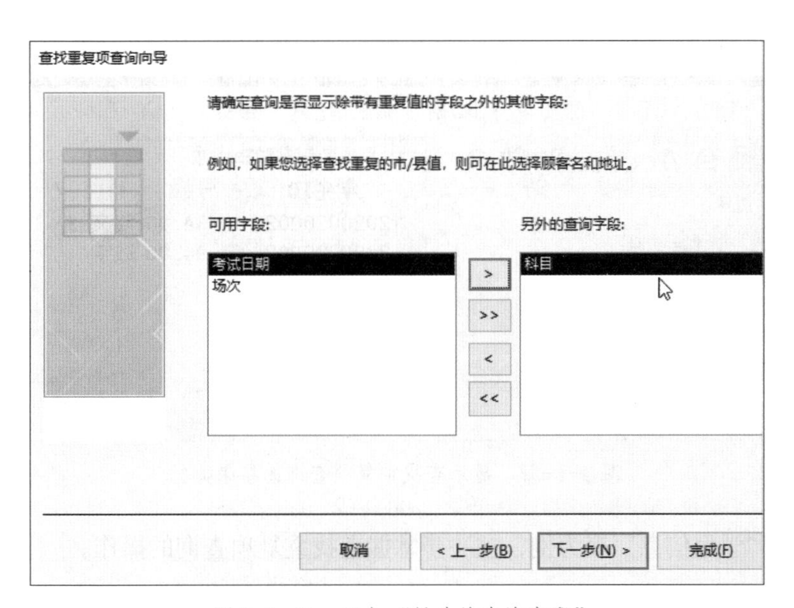

图 3-1-25　添加“另外的查询字段”

5）在“查找重复项查询向导”对话框中为查询指定标题为“查找学生成绩的重复项”，并选择“查看结果”选项，单击“完成”按钮，如图 3-1-26 所示。

图 3-1-26　指定查询标题

6)“查找学生成绩的重复项”随即在文档区域打开，显示查找重复项查询的结果数据，如图 3-1-27 所示，即各科分数相同的学生的成绩信息。导航窗格的“查询”组中增加了“查找学生成绩的重复项”标签，其图标与“学生成绩 _ 交叉表”有所不同，但与“学生信息简单查询”相同。

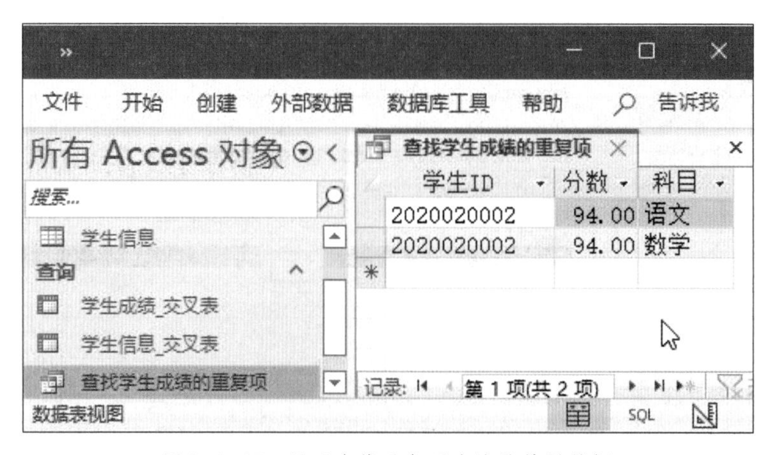

图 3-1-27　显示查找重复项查询的结果数据

下面以“学生信息”表为例，进一步掌握查找重复项查询的操作。

1)在“创建”选项卡“查询”命令组中，单击“查询向导”按钮，弹出“新建查询”对话框，在该对话框中选择“查找重复项查询向导”选项，单击“确定”按钮，弹出“查找重复项查询向导”对话框，选择“表：学生信息”选项，如图 3-1-28 所示，单击“下一步”按钮。

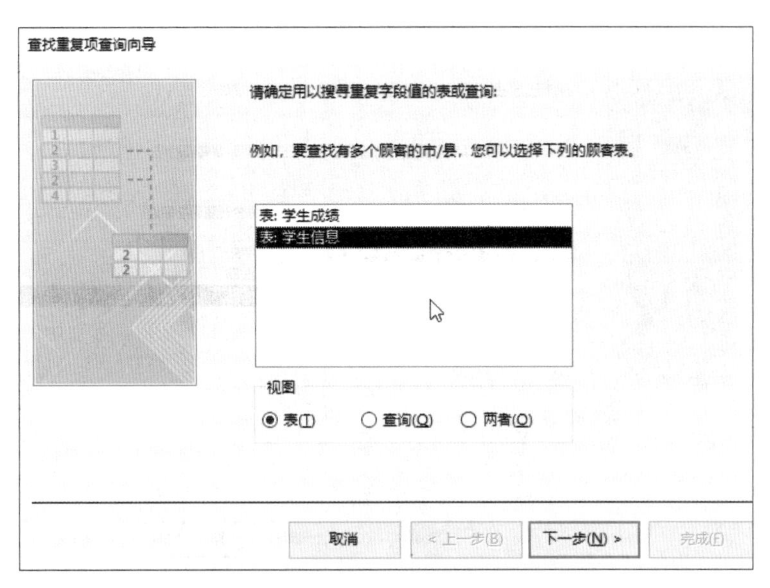

图 3-1-28　选择“表：学生信息”选项

2）在“查找重复项查询向导”对话框的“可用字段”中，选定字段“出生日期”添加到“重复值字段”列表中，作为可能包含重复信息的字段，如图 3-1-29 所示，单击“下一步”按钮。

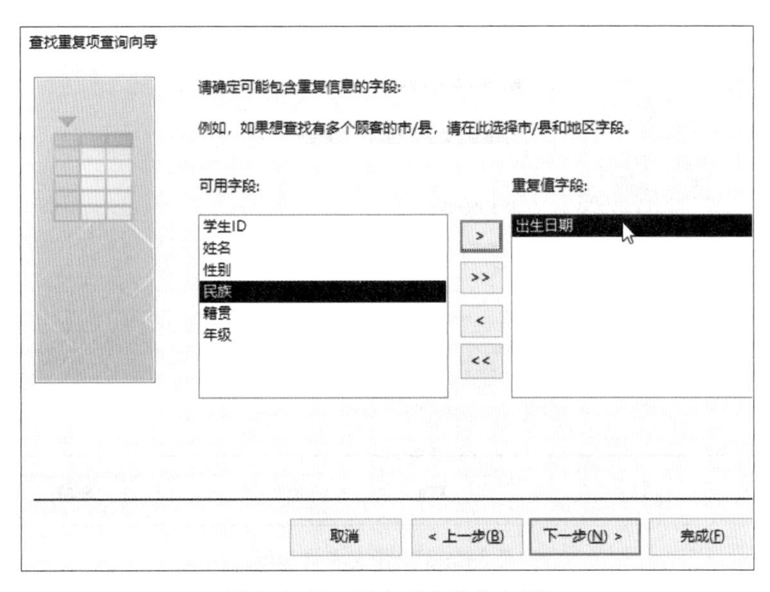

图 3-1-29　添加“重复值字段”

3）在“查找重复项查询向导”对话框的“可用字段”中选定字段“学生 ID”“姓名”“性别”添加到“另外的查询字段”列表中，以显示其他相关信息，如图 3-1-30 所示，单击“下一步”按钮。

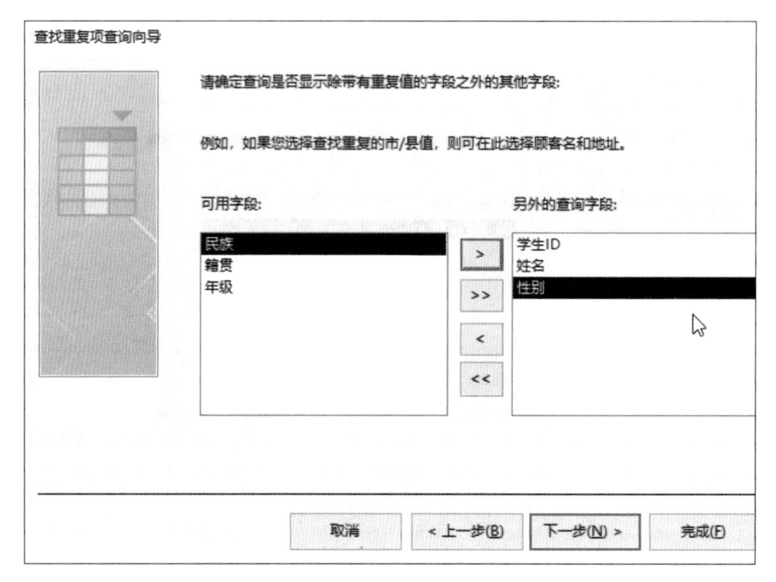

图 3-1-30　添加“另外的查询字段”

4）在“查找重复项查询向导”对话框中，指定查询标题为“查找学生信息的重复项”，如图 3-1-31 所示，并选择“查看结果”选项，单击“完成”按钮。

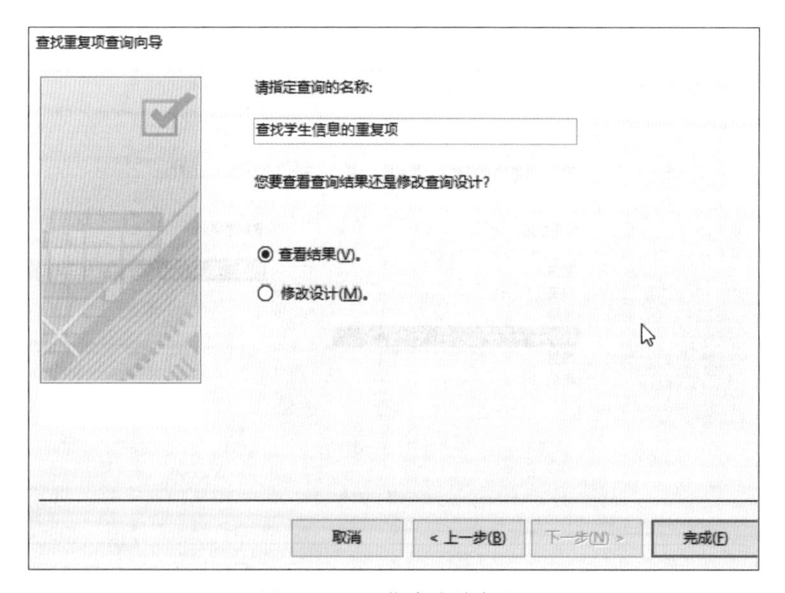

图 3-1-31　指定查询标题

5）“查找学生信息的重复项”随即在文档区域打开，显示查找重复项查询的结果数据，如图 3-1-32 所示，即出生日期相同的学生的信息。导航窗格的“查询”组中增加了“查找学生信息的重复项”标签，其图标与“查找学生成绩的重复项”相同。

图 3-1-32　显示查找重复项查询的结果数据

3. 查询对象的基本操作

对查询的基本操作主要包括以下内容。

（1）打开

打开操作用于显示查询的结果数据。

（2）关闭

关闭操作用于关闭查询对象。

（3）保存

保存操作可将对查询所做的修改保存到数据库中。

（4）删除

删除操作可将查询从数据库中删除。

（5）复制

复制操作用于复制查询对象，以便粘贴到数据库中。

（6）剪切

剪切操作用于复制查询对象，以便粘贴到数据库中，同时删除原有查询。

（7）粘贴

粘贴操作可将复制的查询对象粘贴到数据库中。

（8）重命名

重命名操作用于重新命名查询对象。

（9）在此组中隐藏

在此组中隐藏操作可将查询对象在原有浏览组中隐藏显示。

（10）表属性

表属性操作用于查看或修改查询对象的属性信息。

4. 查询对象的视图

Access 2021 针对数据库查询对象提供了 3 种不同的视图，即“数据表视图”“设计视图”和“SQL 视图”，选择不同的视图可以实现不同的操作和功能。

“数据表视图”是打开查询时的默认视图，在“数据表视图”中，可以显示查询的结果数据；在“设计视图”中，可以对查询进行可视化设计，常用于较为复杂的查询设计；在“SQL 视图”中，可以查看查询的 SQL 语句并进行修改。

在不同视图间的切换的主要方法如下。

（1）通过在文档区域右键单击查询标签，在弹出的右键快捷菜单中，单击选择“设计视图”命令，如图 3-1-33 所示，可将“数据表视图”切换为“设计视图”。

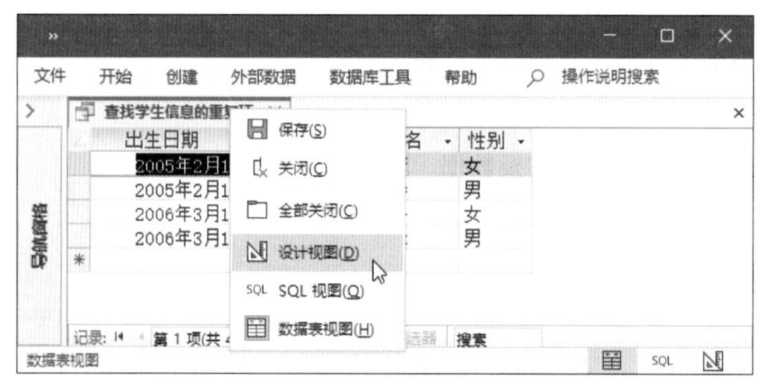

图 3-1-33 单击选择“设计视图”命令

（2）通过在“开始”选项卡“视图”命令组进行选择，如图 3-1-34 所示，单击选择“SQL 视图”命令可将“设计视图”切换为“SQL 视图”。

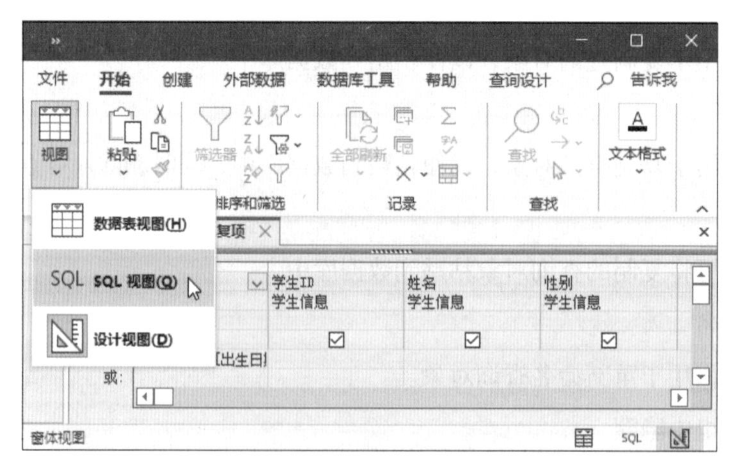

图 3-1-34 “开始”选项卡“视图”命令组

（3）通过在程序状态栏最右侧的“视图”组进行选择，如图 3-1-35 所示，单击“数据表视图”按钮可将“SQL 视图”切换为“数据表视图”。

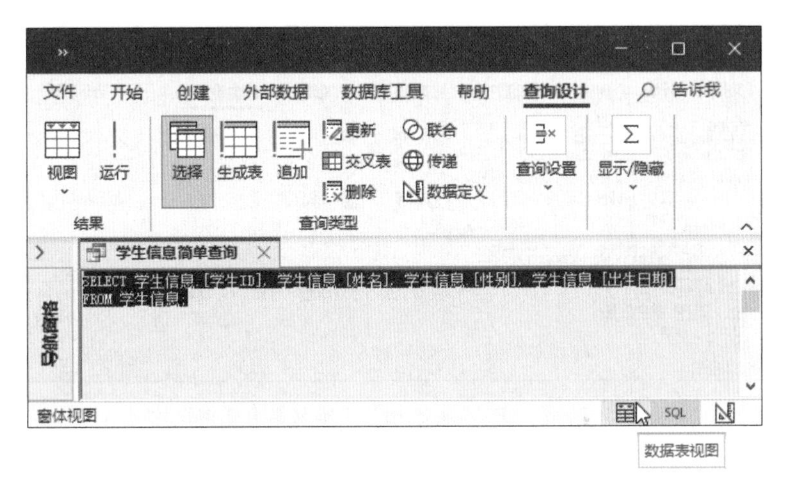

图 3-1-35　状态栏“视图”组

5. 使用 SQL 视图

SQL 视图是学习结构化查询语言的最佳场所，可以在此查看和修改原有查询设计的 SQL 语句，也可以在此创建和测试新的查询设计，还可以在此练习 SQL 语言的使用。

（1）查看和修改查询设计

1）打开数据库文件“学生信息 .accdb”，在导航窗格中右键单击“学生信息简单查询”标签，在弹出的右键快捷菜单中，单击选择“打开”命令。

2）在文档区域右键单击查询标签，在弹出的右键快捷菜单中，单击选择“SQL 视图”命令，“学生信息简单查询”的结果数据显示会切换为其 SQL 语句显示，如图 3-1-36 所示。

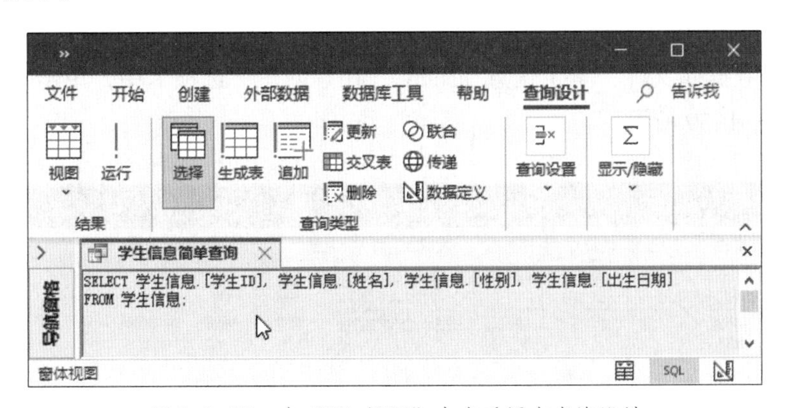

图 3-1-36　在“SQL 视图”中查看原有查询设计

3）将“学生信息简单查询”的 SQL 语句稍作修改，例如，将字段“出生日期”改为“籍贯”，在“查询设计”选项卡“结果”命令组中，单击“运行”按钮，如图 3-1-37 所示。

4）“学生信息简单查询”的 SQL 语句显示切换为其结果数据显示，如图 3-1-38 所示，与图 3-1-8 相比较，“出生日期”所在列的数据变为“籍贯”所在列的数据。

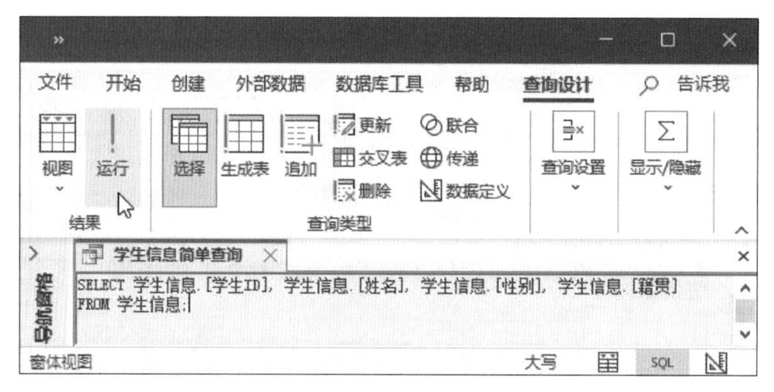

图 3-1-37　在“SQL 视图”中修改原有查询设计

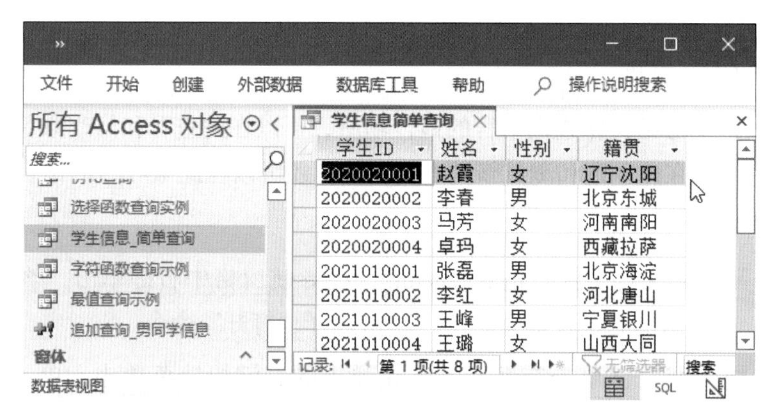

图 3-1-38　运行 SQL 语句显示结果数据

（2）创建和测试查询设计

1）打开数据库文件“学生信息.accdb”，在“创建”选项卡中，单击“查询设计”按钮，如图 3-1-39 所示。

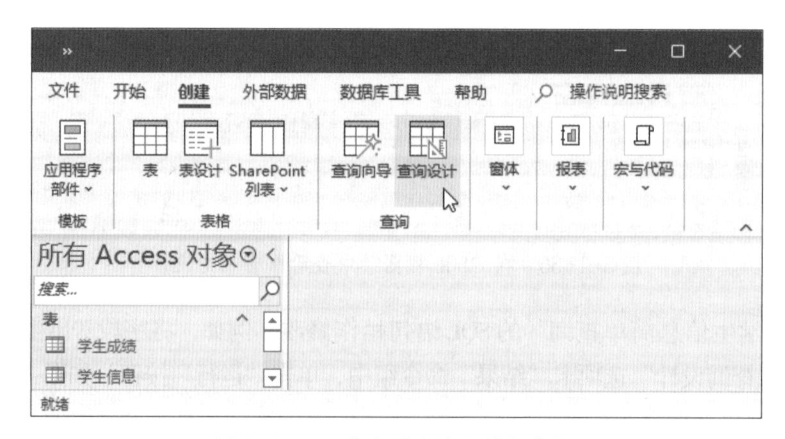

图 3-1-39　单击“查询设计”按钮

2）弹出图 3-1-40 所示的“添加表”对话框，可以通过该对话框选择查询设计将要涉及的表、链接和已有的查询，在“全部”选项卡页面可以查看到数据库中已有的表和查询，使用 SQL 视图创建查询设计时可以不进行选择，单击“关闭”按钮。

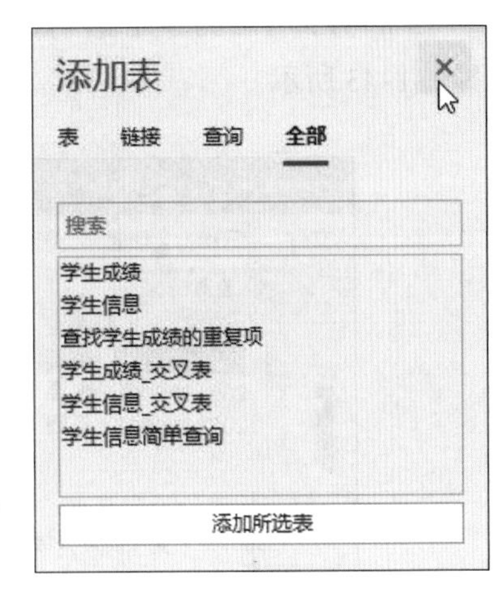

图 3-1-40 “添加表”对话框

3）在文档区域右键单击新建的“查询 1”标签，在弹出的右键快捷菜单中，单击选择“SQL 视图”命令，如图 3-1-41 所示。

4）将“相关知识”环节中“例 9”对应的 SQL 语句输入到“查询 1”的“SQL 视图”命令窗口中，在“查询设计”选项卡“结果”命令组中，单击“运行”按钮，如图 3-1-42 所示。

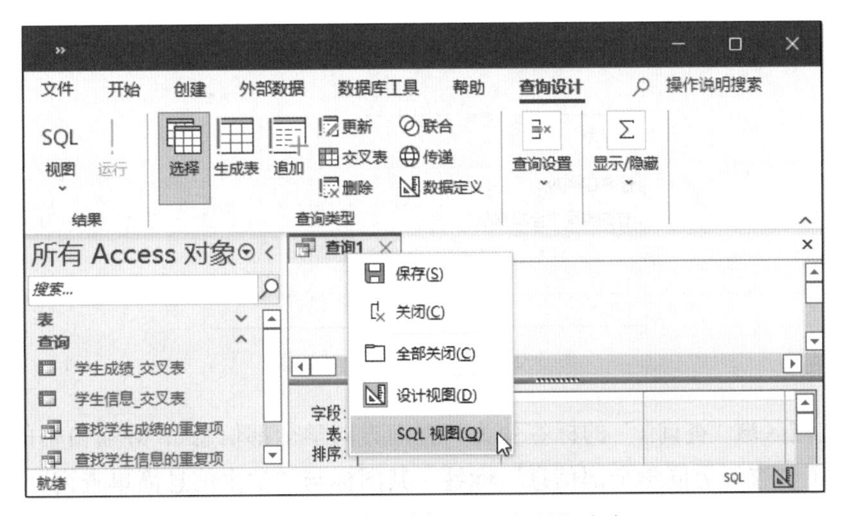

图 3-1-41 单击选择“SQL 视图”命令

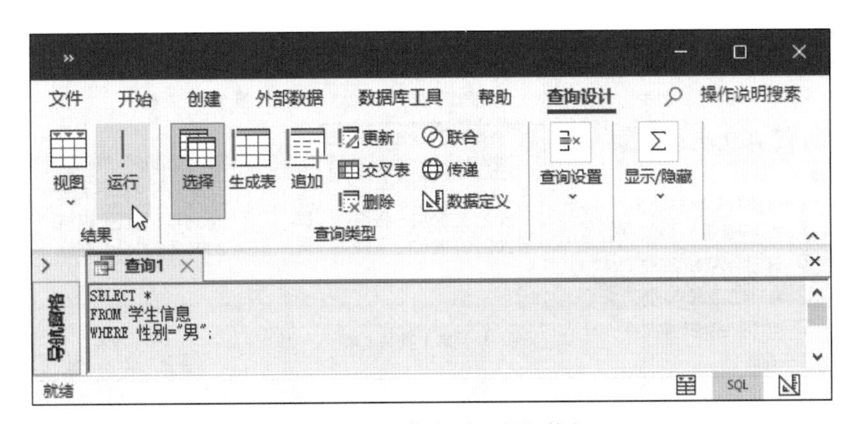

图 3-1-42 单击“运行”按钮

5）“查询 1”的 SQL 语句显示切换为其结果数据显示，即男同学的全部信息，如图 3-1-43 所示。

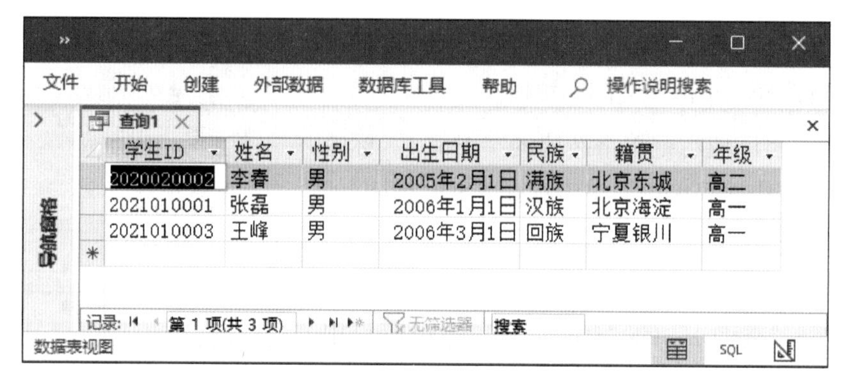

图 3-1-43　运行 SQL 语句显示结果数据

6）单击快速访问工具栏中的“保存”按钮，在弹出的“另存为”对话框中输入查询名称“查询男同学全部信息”，单击“确定”按钮，如图 3-1-44 所示。

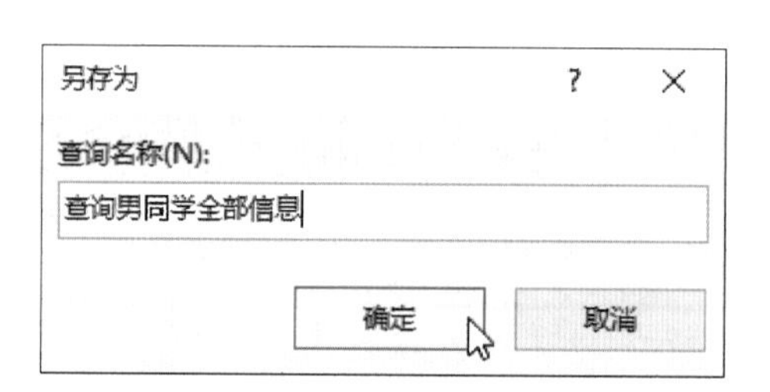

图 3-1-44　“另存为”对话框

7）文档区域“查询 1”的标签变为“查询男同学全部信息”，导航窗格的“查询”组中增加了“查询男同学全部信息”标签，其图标与“学生信息简单查询”相同，如图 3-1-45 所示。

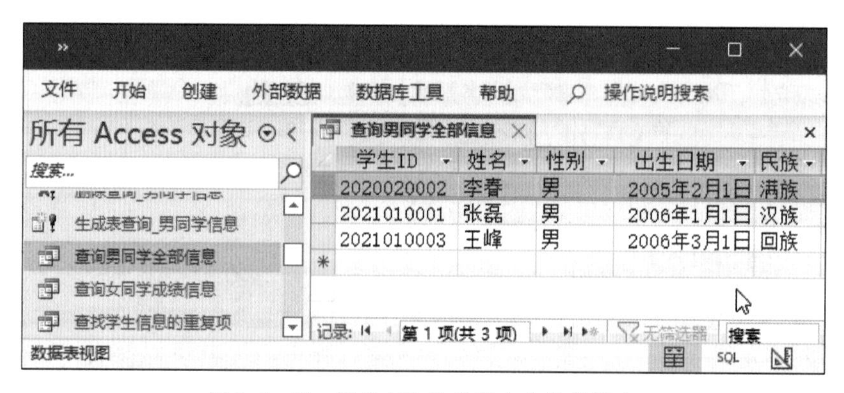

图 3-1-45　新建查询设计保存在数据库中

（3）使用 SQL

将“相关知识”环节中有关“简单查询”的示例 SQL 语句分别输入到新建的查询设计中，运行并查看其结果数据。

1）例 10 和例 11 的 SQL 语句及其结果数据如图 3-1-46 所示，例 10 的结果数据包含全部的民族类别，其中有重复记录，相比较而言，例 11 的结果数据不包含重复记录。

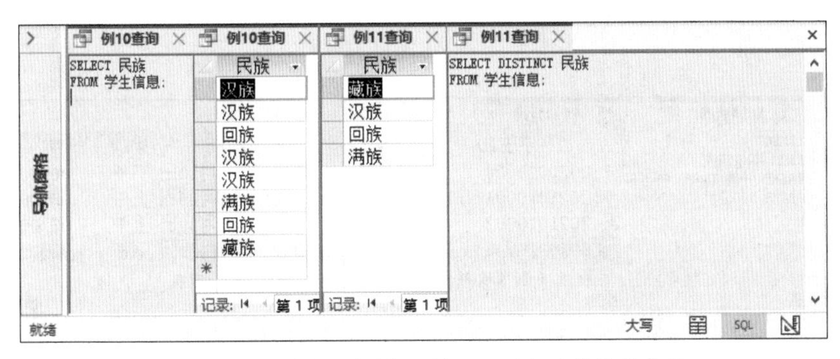

图 3-1-46　例 10 和例 11 的 SQL 语句及其结果数据

2）例 12 的 SQL 语句及其结果数据如图 3-1-47 所示，可见其结果数据是按照分数从高到低降序排列的。

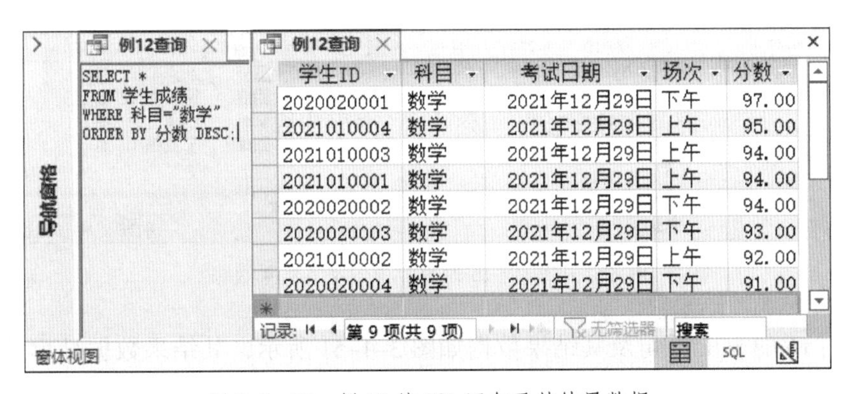

图 3-1-47　例 12 的 SQL 语句及其结果数据

3）例 13 的 SQL 语句及其结果数据如图 3-1-48 所示，其结果数据显示了分数在 95 和 100 之间的学生，并按照分数降序排列。

4）例 14 的 SQL 语句及其结果数据如图 3-1-49 所示，其结果数据显示了分数在集合（93，95，96）中的学生，并按照分数降序排列。

```
SELECT *
FROM 学生成绩
WHERE 分数 BETWEEN 95 AND 100
ORDER BY 分数 DESC;
```

学生ID	科目	考试日期	场次	分数
2020020001	语文	2021年12月30日	下午	98.00
2021010004	语文	2021年12月30日	上午	97.00
2020020001	数学	2021年12月29日	下午	97.00
2020020004	语文	2021年12月30日	下午	96.00
2021010004	数学	2021年12月29日	上午	95.00

图 3-1-48　例 13 的 SQL 语句及其结果数据

```
SELECT *
FROM 学生成绩
WHERE 分数 IN(93,95,96)
ORDER BY 分数 DESC;
```

学生ID	科目	考试日期	场次	分数
2020020004	语文	2021年12月30日	下午	96.00
2021010004	数学	2021年12月29日	上午	95.00
2021010002	语文	2021年12月30日	上午	93.00
2020020003	数学	2021年12月29日	下午	93.00

图 3-1-49　例 14 的 SQL 语句及其结果数据

5）例 15 的 SQL 语句及其结果数据如图 3-1-50 所示，其数据结果显示了民族不是汉族的学生，即少数民族的学生。

```
SELECT *
FROM 学生信息
WHERE 民族
Not IN ("汉族");
```

学生ID	姓名	性别	出生日期	民族	籍贯	年级
2020020002	李春	男	2005年2月1日	满族	北京东城	高二
2020020003	马芳	女	2005年2月1日	回族	河南南阳	高二
2020020004	卓玛	女	2005年3月1日	藏族	西藏拉萨	高二
2021010003	王峰	男	2006年3月1日	回族	宁夏银川	高一

图 3-1-50　例 15 的 SQL 语句及其结果数据

6）例 16 的 SQL 语句及其结果数据如图 3-1-51 所示，其结果数据显示了籍贯是“北京”的学生。

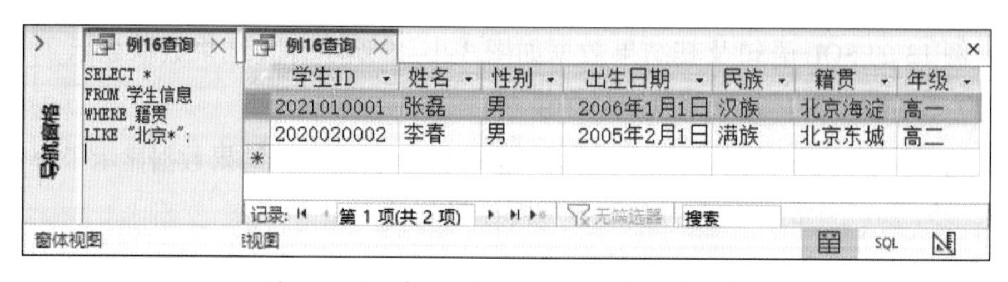

图 3-1-51　例 16 的 SQL 语句及其结果数据

7）例 17 的 SQL 语句及其结果数据如图 3-1-52 所示，其结果数据是将“当前年份”与“出生年份”之差作为“年龄”字段显示。

```
SELECT 学生ID, 姓名, 出生日期,
 (FORMAT(DATE(),"yyyy"))
-FORMAT((出生日期),"yyyy")
AS 年龄
FROM 学生信息;
```

学生ID	姓名	出生日期	年龄
2020020001	赵霞	2005年1月1日	17
2020020002	李春	2005年2月1日	17
2020020003	马芳	2005年2月1日	17
2020020004	卓玛	2005年3月1日	17
2021010001	张磊	2006年1月1日	16
2021010002	李红	2006年2月1日	16
2021010003	王峰	2006年3月1日	16
2021010004	王璐	2006年3月1日	16

图 3-1-52　例 17 的 SQL 语句及其结果数据

8）例 18 的 SQL 语句及其结果数据如图 3-1-53 所示，该 SQL 语句的功能是通过别名“x”和“y”在数据库表“学生信息”中检索多次以匹配查询条件。

```
WHERE (x.分数>=94)AND
(y.分数>=94)AND
(x.学生ID=Y.学生ID)AND
(x.科目="语文")
and (y.科目="数学")
ORDER BY (x.分数+y.分数) DESC;
```

学生ID	X.科目	X.分数	Y.科目	Y.分数	总分
2020020001	语文	98.00	数学	97.00	195
2021010004	语文	97.00	数学	95.00	192
2020020002	语文	94.00	数学	94.00	188

图 3-1-53　例 18 的 SQL 语句及其结果数据

任务 2　创建学生信息复杂查询

1. 理解条件表达式。
2. 掌握运用操作查询的方法。
3. 掌握设计多表查询的方法。
4. 掌握查询“设计视图”的使用方法。

在学习了利用“查询向导”和“SQL 视图”创建简单查询后，会发现以下问题。

1.“查询向导”的操作虽然较为方便，如在创建“交叉表查询”时，只需单击几下鼠标即可，但是显得有些“机械”和“死板”，有很多查询条件无法直接在此添加。

2.“SQL 视图”的功能虽然强大很多，可以根据需要灵活地通过 SQL 语句完成查询的设计，但是看似简单的结构化查询语言学起来可不是那么简单，尤其是“为数据库表指定临时别名”等 SQL 语句的语法常较难掌握。

3. 单表查询虽然很实用，但是有些问题还是无法解决，如想知道考试成绩排在第一的学生的个人信息，可是成绩在“学生成绩”表中，个人信息在“学生信息”表中，单表查询无法同时查看这两个数据库表的信息。

为了解决上述问题，Access 2021 为查询设计提供了“设计视图”，既能像“查询向导”方便地进行查询的设计工作，又能像“SQL 视图”灵活地设置各种查询条件，不必再为掌握不好结构化查询语言发愁，而且还能解决同时查看多个数据库表信息的问题。这就是本任务将要学习的重点内容，即利用“设计视图”设计相对复杂的查询，完成学生信息复杂查询的设计。

一、对象、集合和属性

1. 对象

Access 数据库中的所有表、查询、窗体、报表和字段，都被称为对象。每个对象都具有一个名称，例如，数据库表“学生信息”和查询“学生成绩 _ 交叉表”。

2. 集合

由特定类型对象的所有成员组成的整体称为集合。例如，数据库中所有的数据库表就是一个集合，任意一个表又是其包含字段对象的集合。

3. 属性

对象具有属性，用于描述对象特征，并提供更改对象特征的方法。例如，某个查询对象具有 Default View 属性，该属性用于描述查询在首次运行时如何显示，又允许其运行时改变显示方式。

二、表达式

在 Access 2021 中，表达式相当于 Excel 2021 中的公式。表达式由许多元素组成，将这些元素单独或组合起来使用可以产生结果。这些元素包括如下内容。

1. 标识符

标识符一般为字段的名称。

2. 运算符

运算符包括 +（加号）或 -（减号）等运算符号。

3. 函数

函数包括求和（Sum）或平均值（Avg）等函数表达式。

4. 常量

常量是指不会更改的值，如文本字符串或固定的数值等。

使用表达式可以执行计算，也可以检索字段的值，为查询提供条件。

三、标识符

在表达式中使用对象、集合或对象属性时，可以通过使用标识符来引用该元素。

标识符包括所标识元素的名称，还包括该元素所属的集合的名称。例如，某字段的标识符包括该字段的名称“姓名”和该字段所属的表的名称“学生信息”，即“[学生信息]![姓名]”。

当元素的名称在所创建的表达式上下文中是唯一时，元素名称本身可用作标识符，标识符的其余部分隐含在上下文中。例如，如果设计的查询只涉及一个表“学生信息”，那么字段名称将单独用作标识符，因为表中的字段名称在该表中必须是唯一的，表名可隐含在查询中用于引用字段的任何标识符内，即“[学生信息]![姓名]”等同于“[姓名]”。

可在标识符中使用的运算符有感叹号运算符“!”、点运算符“.”和方括号运算符“[]”三个。

使用这些运算符的方法是用方括号运算符将标识符的每个部分括起来，然后使用感叹号运算符或点运算符将它们连接起来。例如，可以将“学生信息”表中的“姓名”的字段表示为“[学生信息]![姓名]”或“学生信息.[姓名]”，感叹号运算符和点运算符告诉 Access 2021 其后面的内容是属于前面带有运算符的集合的对象。在 Access 2021 中常使用“学生信息.[姓名]”这样的形式，而在单表查询中可使用“[姓名]”代替“学生信息.[姓名]”，以求简便。

四、函数

函数是可以在表达式中使用的过程。有些函数（如 Date）不要求按顺序输入任何内容即可运行，但大多数函数都要求输入内容，这些输入的内容被称为参数。

例如，函数 Format 的语法为 Format（expression,format），其中，参数 expression 是要格式化的字段或表达式，参数 format 是指定格式化样式的字符串。在项目三任务 1 的例 17 中，函数 Format(Date( )，"yyyy") 使用两个参数：参数 expression 为有效的表达式，示例中使用函数 Date( ) 自动产生了当前日期，如“2021 年 12 月 25 日”；参数 format 为有效的字符串，示例中使用字符串“yyyy”用来截取当前日期表达式中的前四位字符，如“2021”。

表达式中常用的函数包括系统函数和 SQL 聚合函数。

1. 系统函数

使用系统函数可以在查询设计中得到各种计算数据。

（1）函数 Date

函数 Date 用于在表达式中自动产生当前日期，它通常与函数 Format 联合使用，也会与包含“日期 / 时间”数据的字段标识符联合使用。

（2）函数 DateDiff

函数 DateDiff 用于确定两个日期之间的差值，通常是从字段标识符获取的日期和使用函数 Date 获取的日期之间的差值。

（3）函数 Format

函数 Format 用于为标识符应用预先设定的格式，还可以用于为另一函数的结果应用预先设定的格式。

（4）函数 IIf

函数 IIf 用于判断计算表达式的结果（True 或 False），然后在表达式计算结果为 True 时返回一个指定值，在表达式计算结果为 False 时返回另一个指定值。

（5）函数 InStr

函数 InStr 用于在一个字符串中搜索某字符或字符串的位置，其中所搜索的字符串通常是从字段标识符中获取的。

（6）函数 Left

函数 Left 用于在一个字符串中从最左边的字符开始提取字符。

（7）函数 Mid

函数 Mid 用于在一个字符串中从中间的特定位置开始提取字符。

（8）函数 Right

函数 Right 用于在一个字符串中从最右边的字符开始提取字符。

2. SQL 聚合函数

使用 SQL 聚合函数可以在查询设计中得到各种统计数据。

（1）函数 Avg

函数 Avg 用于计算查询的指定字段中包含的一组值的算术平均值。

（2）函数 Count

函数 Count 用于计算查询返回记录的数量。

（3）函数 First

函数 First 用于返回查询结果集的第一个记录中的指定字段的值。

（4）函数 Last

函数 Last 用于返回查询结果集的最后一个记录中的指定字段的值。

（5）函数 Min

函数 Min 用于返回在查询的指定字段内所包含的一组值中的最小值。

（6）函数 Max

函数 Max 用于返回在查询的指定字段内所包含的一组值中的最大值。

（7）函数 Sum

函数 Sum 用于返回在查询的指定字段中所包含的一组值的总和。

五、运算符

运算符是指出表达式其他元素之间的特定算术或逻辑关系的单词或符号。常用的运算符包括算术运算符，如“+”“–”；比较运算符，如“=”“>”“<”；逻辑运算符，如“Not”“And”；连接运算符，如“&”；特殊运算符，如“Like”。

1. 算术运算符

使用算术运算符可以进行加、减、乘、除、乘方、求余等基本算术操作。

（1）加法运算符“+”

加法运算符用于加法运算，例如“[语文分数] + [数学分数]”。

（2）减法运算符“–”

减法运算符用于减法运算或取一个数的相反数，例如“[总分] – [语文分数]”。

（3）乘法运算符“*”

乘法运算符用于乘法运算，例如“[平均分数]*[学生个数]”。

（4）除法运算符“/”

除法运算符用于除法运算，例如“[总分] / [学生个数]”。

（5）乘方运算符“^”

乘方运算符用于乘方运算。

（6）求余运算符“Mod”

求余运算符用于求余运算。

2. 比较运算符

使用比较运算符可比较两个值的大小并返回结果“真”（True）或“假”（False）。

（1）小于运算符“<”

小于运算符用于确定第一个值是否小于第二个值。

（2）小于等于运算符“<=”

小于等于运算符用于确定第一个值是否小于或等于第二个值。

（3）大于运算符“>”

大于运算符用于确定第一个值是否大于第二个值。

（4）大于等于运算符“>=”

大于等于运算符用于确定第一个值是否大于或等于第二个值。

（5）等于运算符“=”

等于运算符用于确定第一个值是否等于第二个值。

（6）不等于运算符“<>”

不等于运算符用于确定第一个值是否不等于第二个值。

3. 逻辑运算符

使用逻辑运算符可以对两个值进行指定的逻辑运算并返回结果“真”（True）或“假”（False）。逻辑运算符有时也被称为布尔运算符。

（1）逻辑与运算符“And”

当 [条件 1] 和 [条件 2] 都为 True 时，“[条件 1]And[条件 2]”的结果为 True。

（2）逻辑或运算符“Or”

当 [条件 1] 或 [条件 2] 为 True 时，“[条件 1]Or[条件 2]”的结果为 True。

（3）逻辑等价运算符“Eqv”

当 [条件 1] 和 [条件 2] 都为 True 或都为 False 时，“[条件 1]Eqv[条件 2]”的结果为 True。

（4）逻辑非运算符“Not”

当 [条件 1] 不为 True 时，“Not[条件 1]”的结果为 True。

（5）逻辑异或运算符“Xor”

当 [条件 1] 为 True 或 [条件 2] 为 True 且两者不同时为 True 时，“[条件 1]Xor[条件 2]”的结果为 True。

4. 连接运算符“&”

使用连接运算符可以把两个字符串合并为一个字符串。例如，“ab & cd”的结果为“abcd”。

5. 特殊运算符

使用特殊运算符可以完成一些特殊的功能。

（1）字符串匹配运算符“Like”

字符串匹配运算符与通配符运算符“?”和“*”一起使用，可用于匹配字符串值。

（2）“Between”运算符

“Between”运算符用于确定某个数值或日期值是否在某个范围内。

（3）“In”运算符

“In”运算符用于确定某个字符串值是否包含在一组字符串值的范围内。

六、常量

常量是不会改变的已知值，可在表达式中使用。Access 2021 中有 4 个常用的常量：“True”表示在逻辑上为真的内容，“False”表示在逻辑上为假的内容，“Null”表示缺少已知值，“""”（空字符串）表示已知为空的值。

七、连接表和查询

在一个查询中包括多个表时，可以使用连接功能来获取所需的结果。连接功能可以根据要查看的表与查询中的其他表的关系，帮助查询只返回各表中要查看的记录。

关系数据库本质上是由彼此之间存在逻辑关系的表构成的，使用关系并根据各表所共有的字段来连接表。在查询中，关系是由连接表示的。

连接的行为与查询条件类似，它们也建立规则并保证只有与该规则匹配的数据才能包括在查询操作中。与查询条件不同的是连接功能还指定满足连接条件的每两行将在记录集中合并为一行。

常用的两种基本连接类型是内部连接和外部连接。

1. 内部连接

内部连接是根据联接字段中的数据告诉查询：其中一个连接表中的行与另一个表

中的行相对应。当运行带有内部连接的查询时，查询操作中将只包括这两个连接表中存在公共值的行。

在大多数情况下，不需要执行任何操作即可使用内部连接。如果以前在“关系”窗口中创建了表之间的关系，当在查询设计视图中添加相关表时，Access 2021 将自动创建内部连接。

即使尚未创建关系，如果向查询添加两个表，每个表有一个具有相同或兼容数据类型的字段，且其中一个连接字段是主键，Access 2021 也将自动创建内部连接。

2. 外部连接

外部连接告诉查询：即使连接双方的某些行的连接字段值相同，查询也应包括其中一个表中的所有行，并包括另一个表中双方具有相同连接字段值的那些行。

外部联接分为左外部连接和右外部连接。

（1）在左外部连接即“LEFT JOIN”中，会对 SQL 语句的 FROM 子句中的第一个表查询所有行；对于另一个表，则只查询两个表的连接字段值彼此相同的行。

（2）在右外部连接即“RIGHT JOIN”中，会对 SQL 语句的 FROM 子句中的第二个表查询所有行；对于另一个表，则只查询两个表的联接字段值彼此相同的行。

外部连接一方中的某些行可能与另一个表中的行并非完全对应，此时从另一个表得到的查询结果中返回的某些字段将为空。

八、表之间的关系

在数据库中为每个主题创建表后，必须提供在需要时能将这些信息重新组合到一起的方法。具体方法是在相关的表中放置公共字段，并定义表之间的关系，然后就可以创建查询、窗体和报表，以同时显示这些表中的信息。

1. 表关系的类型

表关系的类型有以下 3 种。

（1）一对多关系

例如，对于“学生信息”表和“学生成绩”表，每个学生可以参加多门科目的考试，因此“学生信息”表和“学生成绩”表之间就是一对多关系。

要在数据库设计中表示一对多关系，可将关系“一”方的主键作为额外字段添加到关系“多”方的表中。例如，可将“学生信息”表中的主键字段“学生 ID”添加到“学生成绩”表中，与“科目”成为“学生成绩”表的联合主键，这样 Access 2021 就可以使用“学生 ID”将“学生信息”表和“学生成绩”表的信息关联起来。

（2）多对多关系

假设还存在一个“兴趣小组”表，以存储各个兴趣小组的相关信息，对于“学生信息”表和“兴趣小组”表，一个兴趣小组可以包含多个学生，一个学生可能同时又是多个兴趣小组的成员。对于“学生信息”表中的每条记录，都可能与“兴趣小组”表中的多条记录相对应，而对于“兴趣小组”表中的每条记录，都可以与“学生信息”表中的多条记录相对应，这种关系被称为多对多关系。

要表示多对多关系，必须创建第三个表，该表通常称为连接表，它将多对多关系划分为两个一对多关系。将这两个表的主键都插入到第三个表中。例如，“学生信息”表和“兴趣小组”表有一种多对多的关系，这种关系是可以通过与“兴趣小组成员名录”表建立两个一对多关系来定义的。

（3）一对一关系

在一对一关系中，第一个表中的每条记录在第二个表中只有一个匹配记录，而第二个表中的每条记录在第一个表中也只有一个匹配记录。这种关系并不常见，因为多数以此方式相关的信息都存储在一个表中。可以使用一对一关系将一个表分成多个字段，或出于安全原因隔离表中的部分数据，或存储只应用于主表的子集的信息。标识一对一关系时，这两个表必须共享一个公共字段。

2. 表关系的作用

表关系的作用主要表现在以下两个方面。

（1）表关系可为查询设计提供信息

要使用多个表中的记录，通常必须创建连接这些表的查询。

查询的工作方式是将第一个表的主键字段中的值与第二个表的联合主键字段进行匹配。例如，要查询每个学生所有科目成绩信息，需要设计一个查询，该查询基于“学生 ID”字段将“学生信息”表与“学生成绩”表连接起来。

（2）表关系可为窗体和报表设计提供信息

在设计窗体和报表时，Access 2021 会使用从已定义的表关系中收集的信息，并用适当的默认值预先填充属性设置。

九、实践操作

1. 运用操作查询

（1）“生成表”查询

1）打开数据库文件“学生信息 .accdb”，在“创建”选项卡中单击“查询设计”按钮，关闭右边对话框“添加表”，因为创建操作查询时一般不选择查询设计将要涉及的表。将视图切换到“SQL 视图”，由于默认新建的查询为选择查询，在“查询设计”选项卡上可以看到“查询类型”命令组中的“选择”按钮被选中，如图 3-2-1 所示。

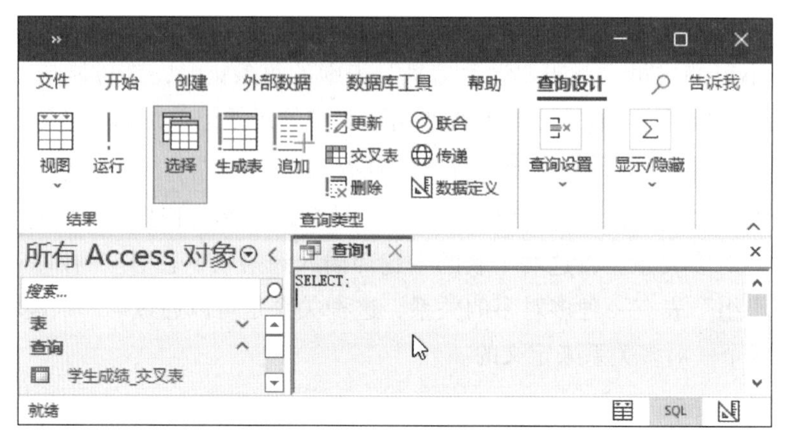

图 3-2-1　新建的“查询 1”默认为选择查询

2）在“查询设计”选项卡“查询类型”命令组中，单击“生成表”按钮，如图 3-2-2 所示。

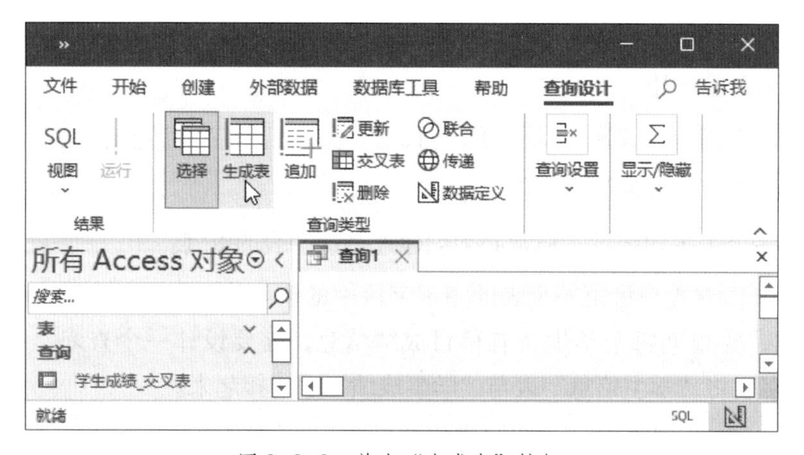

图 3-2-2　单击“生成表”按钮

3）弹出图 3-2-3 所示的“生成表”对话框，在“表名称”文本框中输入通过该“生成表”查询将要创建的新数据库表的名称，例如“男同学信息”，然后选择目的数据库为“当前数据库”，如果选择“另一数据库”，那么需要选择或输入目的数据库的存放路径和文件名称，单击“确定”按钮。

4）在“查询设计”选项卡上可以看到“查询类型”命令组中的“生成表”按钮被选中，并且在 SQL 视图命令窗口中的 SQL 语句也发生了变化，由默认的“SELECT;”变为“SELECT INTO　男同学信息 ;”，如图 3-2-4 所示。

5）在“查询 1”的 SQL 视图命令窗口中输入 SQL 语句，如图 3-2-5 所示，在“查询设计”选项卡“结果”命令组中，单击“运行”按钮。

6）弹出图 3-2-6 所示的提示对话框，单击“是”按钮。

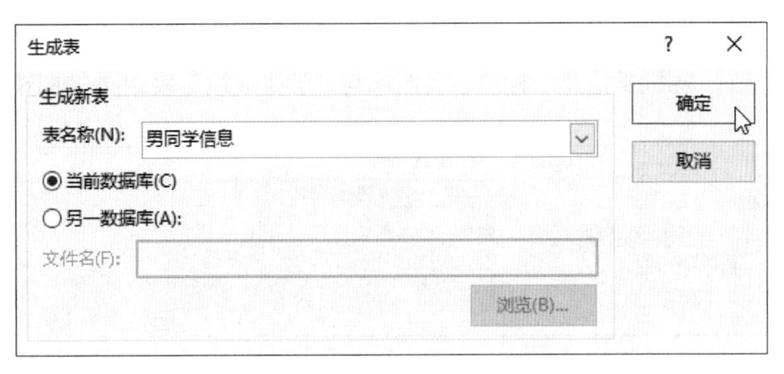

图 3-2-3 “生成表”对话框

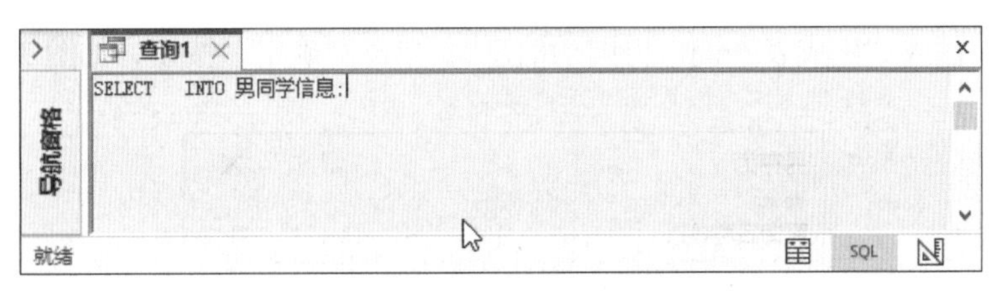

图 3-2-4 更改为“生成表”查询的 SQL 语句

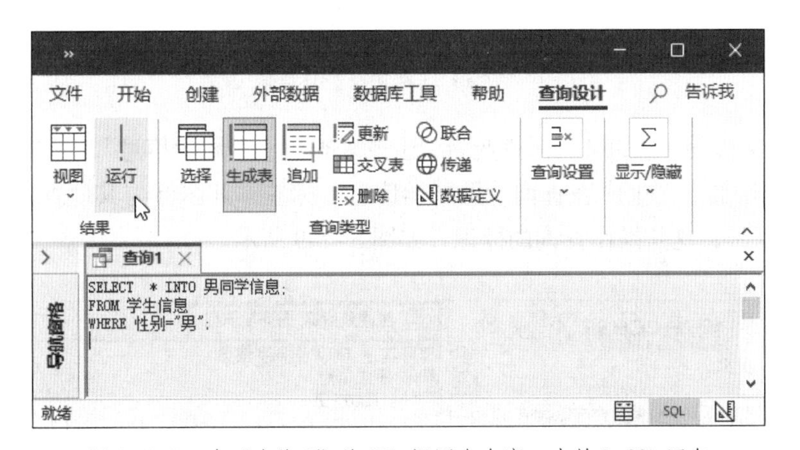

图 3-2-5 在“查询 1”的 SQL 视图命令窗口中输入 SQL 语句

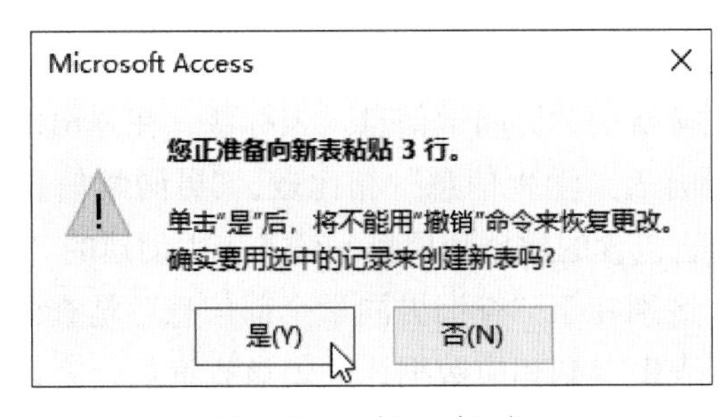

图 3-2-6 提示对话框

7）新的数据库表“男同学信息”已创建并添加到了数据库中，在导航窗格中的“表”组中增加了“男同学信息”标签，其图标与“学生成绩”表相同，如图 3–2–7 所示。

图 3-2-7　新的数据库表“男同学信息”已创建并添加到了数据库中

8）单击快速访问工具栏中的“保存”按钮，弹出的“另存为”对话框，在“查询名称”文本框中输入“生成表查询 _ 男同学信息”，单击“确定”按钮，如图 3–2–8 所示。

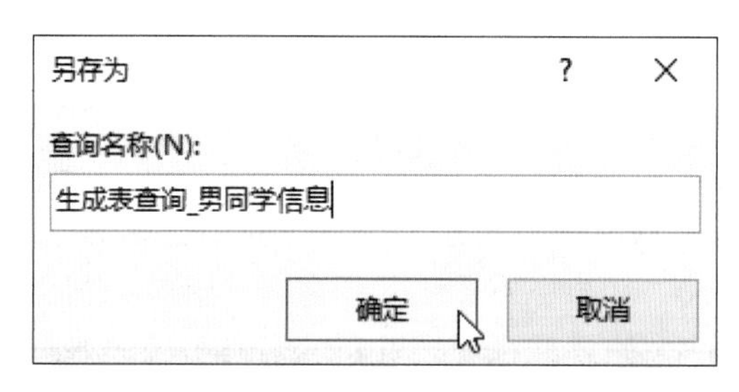

图 3-2-8　“另存为”对话框

9）文档区域的“查询 1”标签变为“生成表查询 _ 男同学信息”，在导航窗格中的“查询”组中增加了“生成表查询 _ 男同学信息”标签，其图标与其他查询都不相同，后面带有感叹号，这是操作查询的标识，如图 3–2–9 所示。

图 3-2-9　新建查询设计保存在数据库中

10）右键单击导航窗格中“男同学信息”表标签，在弹出的右键快捷菜单中，单击“打开”按钮，与原有表“学生信息”相比较，“男同学信息”表实际是“学生信息”表的一个子集合，它包含的数据和项目三任务 1 中创建的“查询男同学全部信息”得到的数据是一致的。区别在于“查询男同学全部信息”是查询对象，通过运行该查询才能从“学生信息”表中得到相应数据，关闭该查询后，查询临时得到的数据便不复存在，需要再次运行才能得到，而通过运行“生成表查询 _ 男同学信息”不仅得到了相应的数据，而且生成一个新的数据库表“男同学信息”来永久保存这些数据，以便将来随时使用，如图 3–2–10 所示。

图 3–2–10　打开“男同学信息”表

（2）“追加”查询

1）通过“创建”选项卡中的“查询设计”按钮新建一个查询，切换到“SQL 视图”，在“查询设计”选项卡“查询类型”命令组中，单击“追加”按钮，如图 3–2–11 所示。

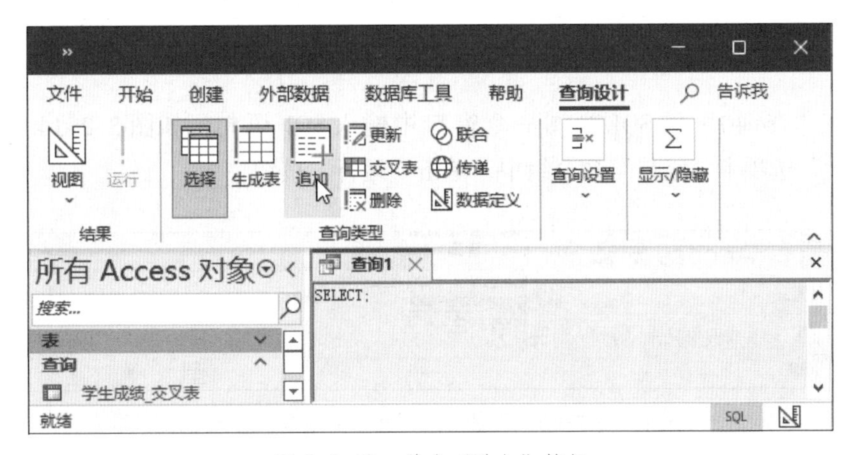

图 3–2–11　单击“追加”按钮

2）弹出图 3–2–12 所示的“追加”对话框，在“表名称”的下拉菜单中选择要追加数据的目的数据库表的名称，如“男同学信息”，然后选择目的数据库为“当前数据库”，单击“确定”按钮。

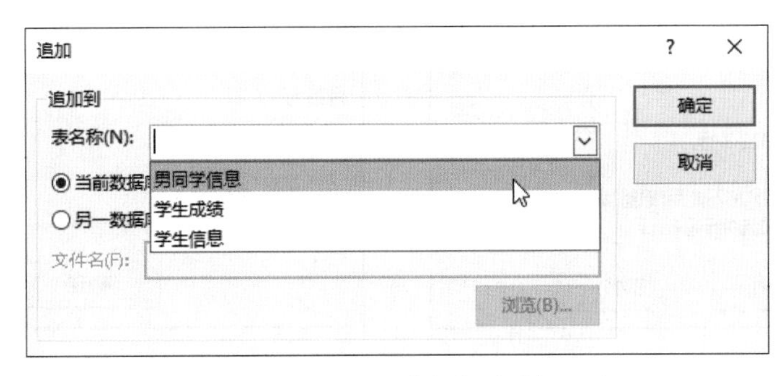

图 3–2–12　“追加”对话框

3）在“查询类型”命令组中的“追加”按钮被选中，并且在 SQL 视图命令窗口中的 SQL 语句也发生了变化，由默认的“SELECT;”变为“INSERT INTO 男同学信息；SELECT;”，如图 3-2-13 所示。

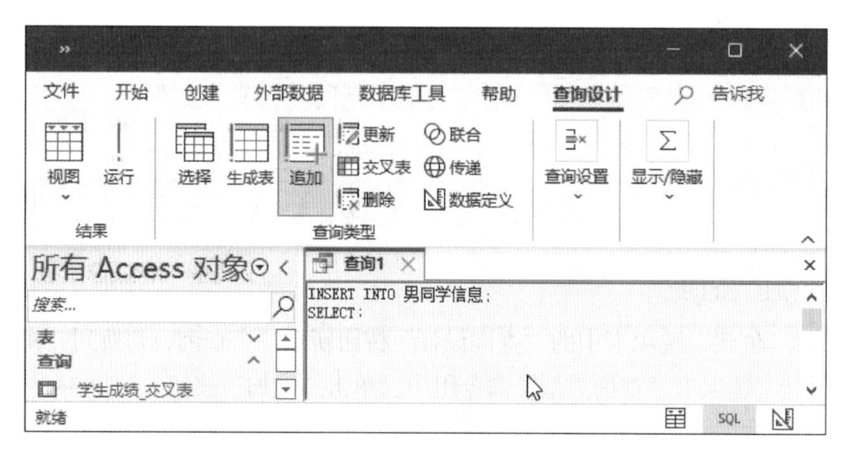

图 3-2-13　变为“追加”查询的 SQL 语句

4）在“查询 1”的 SQL 视图命令窗口中输入 SQL 语句，如图 3-2-14 所示，在“查询设计”选项卡“结果”命令组中，单击“运行”按钮。

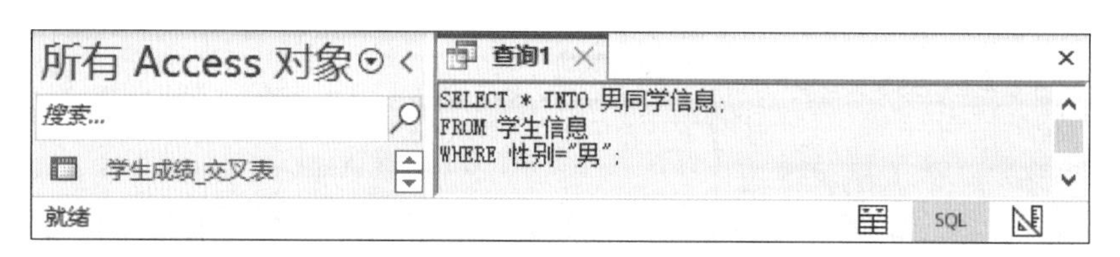

图 3-2-14　在“查询 1”的 SQL 视图命令窗口中输入 SQL 语句

5）弹出图 3-2-15 所示的提示对话框，单击“是”按钮。

6）单击快速访问工具栏中的“保存”按钮，弹出图 3-2-16 所示的“另存为”对话框，在“查询名称”文本框中输入“追加查询 _ 男同学信息”，单击“确定”按钮。

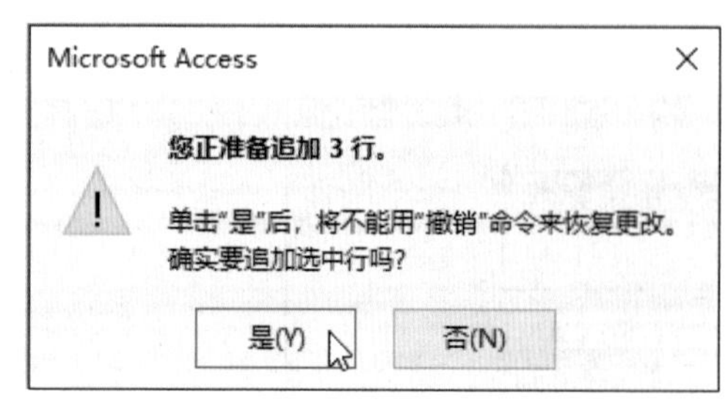

图 3-2-15　提示对话框

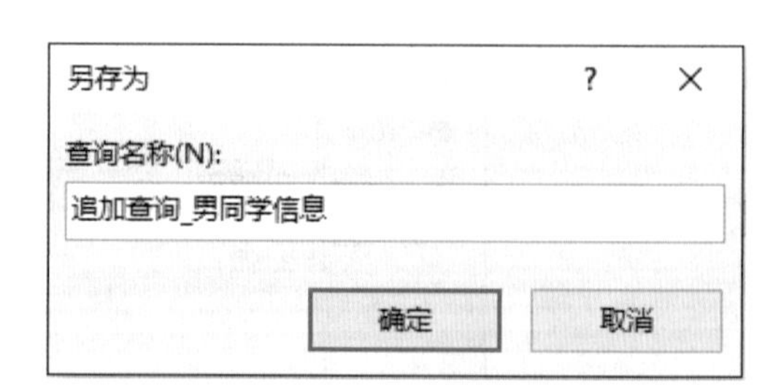

图 3-2-16　“另存为”对话框

7）文档区域的“查询 1”标签变为“追加查询 _ 男同学信息”，导航窗格的“查询”组中增加了“追加查询 _ 男同学信息”标签，其图标与其他查询都不相同，但与“生成表查询 _ 男同学信息”标签类似，后面也带有感叹号，这是操作查询的标识，如图 3-2-17 所示。

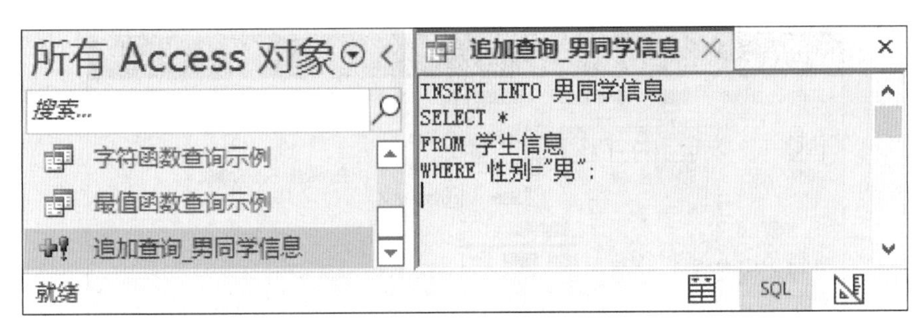

图 3-2-17　新建查询设计保存在数据库中

8）右键单击导航窗格中“男同学信息”表标签，在弹出的右键快捷菜单中，单击“打开”按钮，与原有表“男同学信息”（见图 3-2-10）相比较，运行“追加查询 _ 男同学信息”后的“男同学信息”较之前追加了三条一样的数据，由于在运行“生成表查询 _ 男同学信息”生成“男同学信息”表时没有指定该表的主键，所以可以追加重复的数据，否则会提示追加数据失败，如图 3-2-18 示。

“追加”查询可以多次运行，每次运行时，该查询都会从数据源表中检索相应的信息（如从“学生信息”表中检索“性别”等于“男”的学生的全部信息），然后将选中的数据追加到目的数据库表中（如“男同学信息”表），如果此时数据源表中相关数据较之前已发生变化，那么追加的数据也为变化后的新数据。“生成表”查询一般不能多次运行，Access 2021 为了保证查询的正常运行，再次运行“生成表”查询时会弹出提示“执行该次操作会先删除目的数据库表”，单击“是”按钮后会生成新的目的数据库表以插入相应的数据。

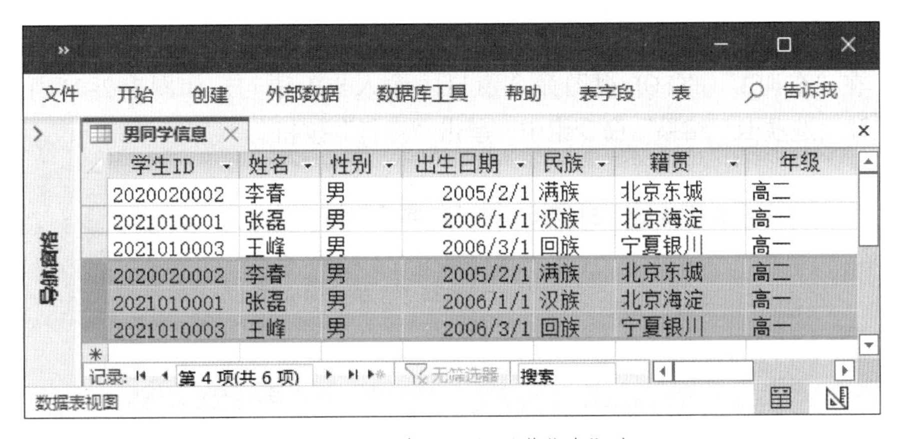

学生ID	姓名	性别	出生日期	民族	籍贯	年级
2020020002	李春	男	2005/2/1	满族	北京东城	高二
2021010001	张磊	男	2006/1/1	汉族	北京海淀	高一
2021010003	王峰	男	2006/3/1	回族	宁夏银川	高一
2020020002	李春	男	2005/2/1	满族	北京东城	高二
2021010001	张磊	男	2006/1/1	汉族	北京海淀	高一
2021010003	王峰	男	2006/3/1	回族	宁夏银川	高一

图 3-2-18　打开“男同学信息”表

（3）“更新”查询

1）通过“创建”选项卡中的“查询设计”新建一个查询，将视图切换到“SQL 视图”，在“查询设计”选项卡“查询类型”命令组中，单击“更新”按钮，如图 3-2-19 所示。

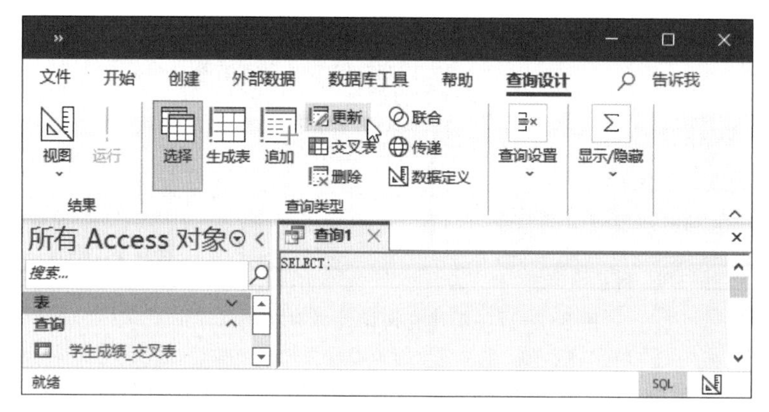

图 3-2-19　单击“更新”按钮

2）在“查询设计”选项卡中可以看到“查询类型”命令组中的“更新”按钮被选中，并且在 SQL 视图命令窗口中的 SQL 语句也发生了变化，由默认的“SELECT;”变为“UPDATE SET;”，如图 3-2-20 所示。

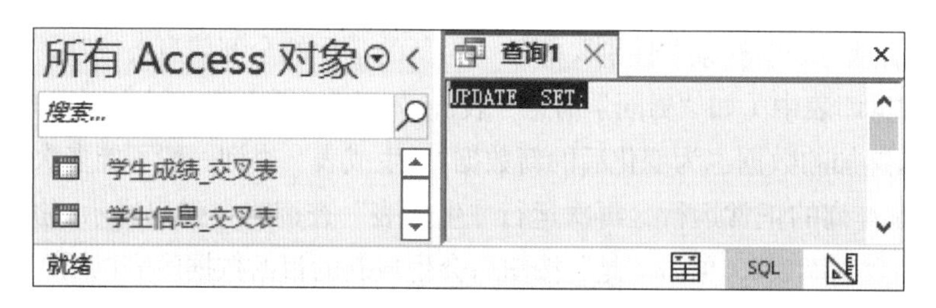

图 3-2-20　变为“更新”查询的 SQL 语句

3）在“查询 1”的 SQL 视图命令窗口中输入 SQL 语句，如图 3-2-21 所示，在“查询设计”选项卡“结果”命令组中，单击“运行”按钮。

图 3-2-21　在“查询 1”的 SQL 视图命令窗口中输入 SQL 语句

4）弹出图 3-2-22 所示的提示对话框，单击“是”按钮。

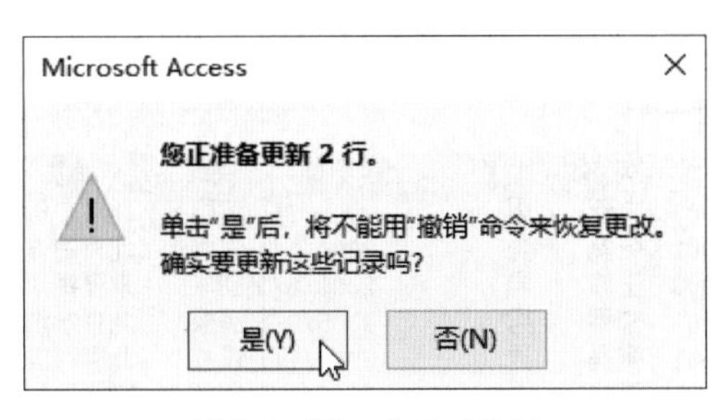

图 3-2-22　提示对话框

5）单击快速访问工具栏中的“保存”按钮，弹出的“另存为”对话框，在“查询名称”文本框中输入“更新查询 _ 男同学信息”，单击“确定”按钮，如图 3-2-23 所示。

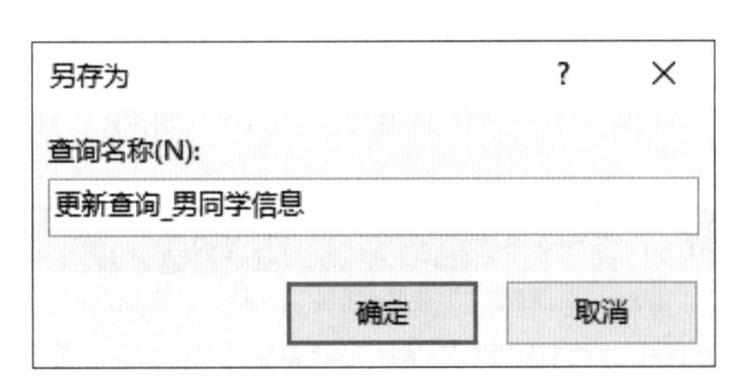

图 3-2-23　“另存为”对话框

6）文档区域的“查询 1”标签变为“更新查询 _ 男同学信息”，导航窗格的“查询”组中增加了“更新查询 _ 男同学信息”标签，其图标与其他查询都不相同，但与“追加查询男同学信息”标签类似，也带有感叹号，这是操作查询的标识，如图 3-2-24 所示。

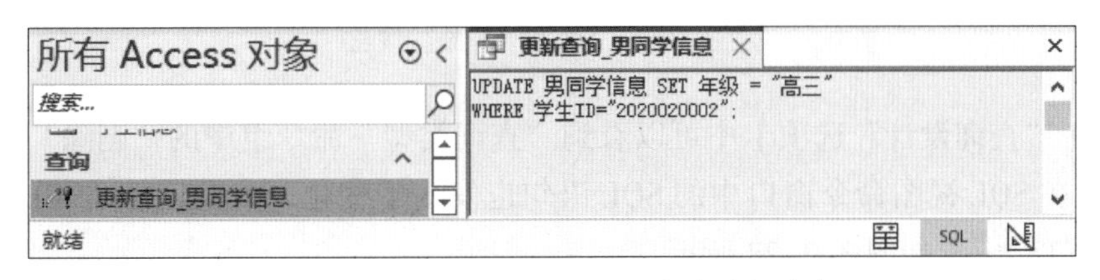

图 3-2-24　新建查询设计保存在数据库中

7）右键单击导航窗格中的“男同学信息”表标签，在弹出的右键快捷菜单中，单击“打开”按钮，与原有表“男同学信息”（见图 3-2-10）相比较，运行“更新查询 _ 男同学信息”后的“男同学信息”较之前更新了两条数据，即“学生 ID”等于“202002002”的两名学生的“年级”由原来的“高一”更新为“高三”。“更新”查询可以多次运行，每次运行时，该查询都会将条件表达式中的数据更新到目的数据库表中（如“男同学信息”表），而不管目的数据库表中相关数据是否已与所要更新的数据一致，更新操作都会被执行，如图 3-2-25 所示。

男同学信息

学生ID	姓名	性别	出生日期	民族	籍贯	年级
2020020002	李春	男	2005/2/1	满族	北京东城	高三
2021010001	张磊	男	2006/1/1	汉族	北京海淀	高一
2021010003	王峰	男	2006/3/1	回族	宁夏银川	高一
2020020002	李春	男	2005/2/1	满族	北京东城	高三
2021010001	张磊	男	2006/1/1	汉族	北京海淀	高一
2021010003	王峰	男	2006/3/1	回族	宁夏银川	高一

记录: 第 1 项(共 6 项) 无筛选器 搜索

数据表视图

图 3-2-25　打开“男同学信息”表

（4）“删除”查询

1）通过“创建”选项卡“查询设计”新建一个查询，将视图切换到“SQL 视图”，在“查询设计”选项卡“查询类型”命令组中，单击“删除”按钮，如图 3-2-26 所示。

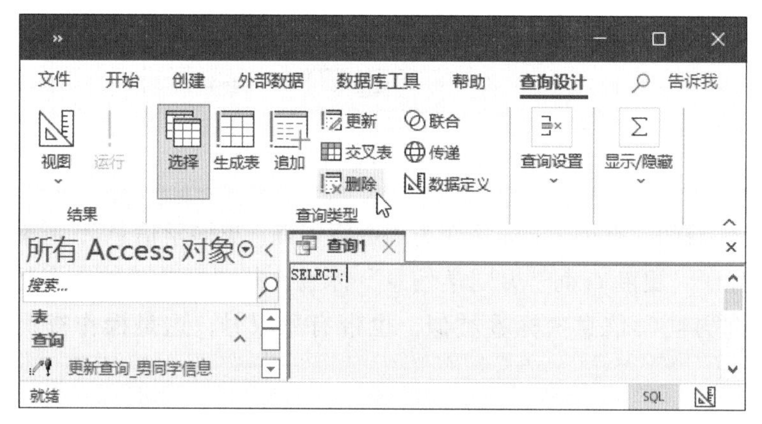

图 3-2-26　单击“删除”按钮

2）在“查询设计”选项卡中可以看到“查询类型”命令组中的“删除”按钮被选中，并且在 SQL 视图命令窗口中的 SQL 语句也发生了变化，由默认的“SELECT;”变为“DELETE *;”，如图 3-2-27 所示。

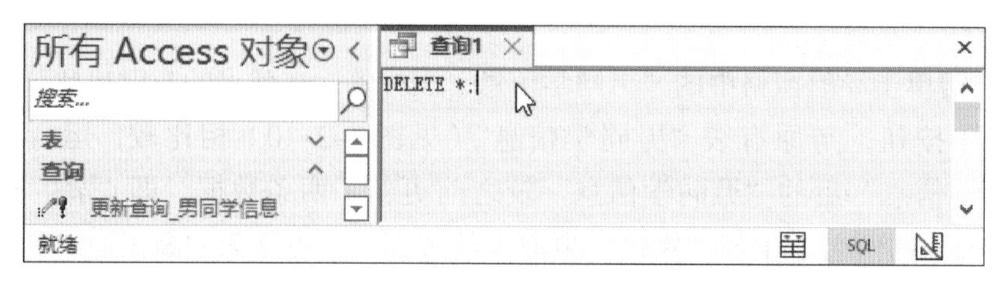

图 3-2-27　变为“删除”查询的 SQL 语句

3）在“查询 1”的“SQL 视图”命令窗口中输入 SQL 语句，如图 3–2–28 所示，在“查询设计”选项卡“结果”命令组中，单击“运行”按钮。

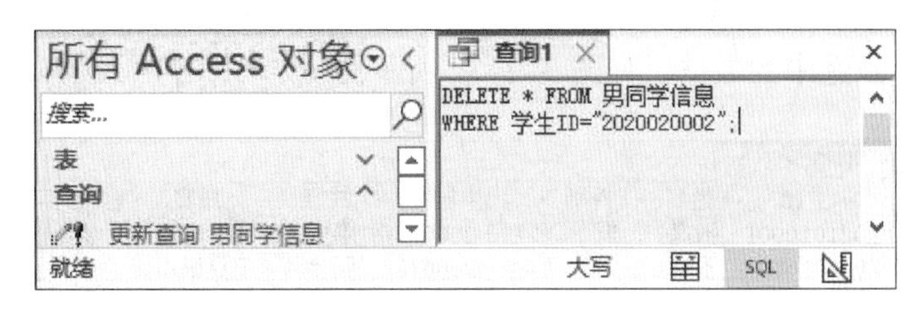

图 3–2–28　在“查询 1”的 SQL 视图命令窗口输入 SQL 语句

4）弹出图 3–2–29 所示的提示对话框，单击“是”按钮。

5）单击快速访问工具栏中的“保存”按钮，弹出的“另存为”对话框，在“查询名称”文本框中输入“删除查询_男同学信息”，单击“确定”按钮，如图 3–2–30 所示。

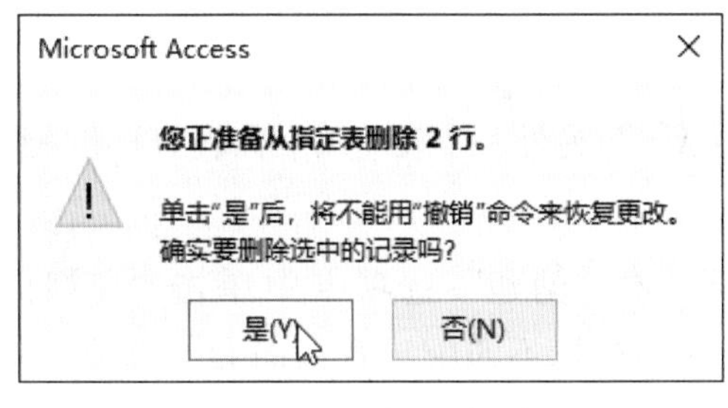

图 3–2–29　提示对话框

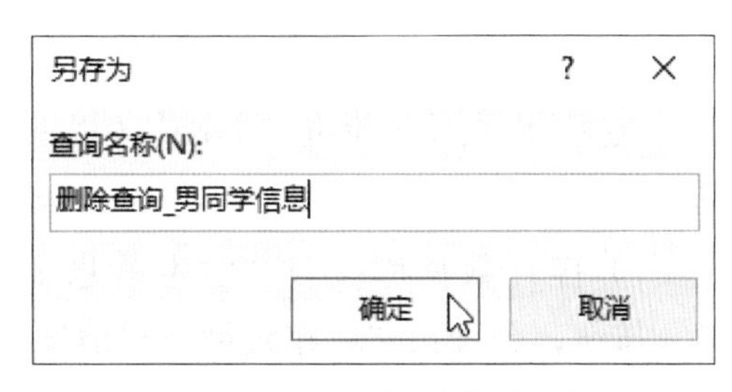

图 3–2–30　“另存为”对话框

6）文档区域的“查询 1”标签变为“删除查询_男同学信息”，导航窗格的“查询”组中增加了“删除查询_男同学信息”标签，其图标与其他查询都不相同，但与“更新查询_男同学信息”标签类似，也带有感叹号，这是操作查询的标识，如图 3–2–31 所示。

图 3–2–31　新建查询设计保存在数据库中

7）右键单击导航窗格中的“男同学信息”表标签，在弹出的右键快捷菜单中，单击“打开”按钮，与原有表“男同学信息”（见图 3–2–10）相比较，运行“删除查询_男同学信息”后的“男同学信息”较之前减少了两条数据，符合条件“学生 ID”等于

“2020020002”的两条数据从“男同学信息”表中被删除。“删除”查询可以多次运行，每次运行时，无论目的数据库表中相关数据是否已被删除，该查询都会将符合条件表达式的数据从目的数据库表中（如“男同学信息”表）删除；如果已被删除，则会弹出提示删除了 0 条选中的数据，如图 3-2-32 所示。

男同学信息

学生ID	姓名	性别	出生日期	民族	籍贯	年级
2021010001	张磊	男	2006/1/1	汉族	北京海淀	高一
2021010003	王峰	男	2006/3/1	回族	宁夏银川	高一
2021010001	张磊	男	2006/1/1	汉族	北京海淀	高一
2021010003	王峰	男	2006/3/1	回族	宁夏银川	高一

记录: 第 1 项(共 4 项) 无筛选器 搜索

导航窗格 数据表视图

图 3-2-32 打开“男同学信息”表

2. 设计多表查询

下面利用多表查询的方法，查找学生成绩表中女学生的成绩信息。

（1）查找不匹配项查询

查找不匹配项是指将一个表中（以下称表 A）与另外一个表（以下称表 B）不一致的记录查找并显示出来。

1）打开数据库文件“学生信息.accdb”，在“创建”选项卡中单击“查询向导”按钮，会弹出“新建查询”对话框，选择“查找不匹配项查询向导”选项，如图 3-2-33 所示，单击“确定”按钮。

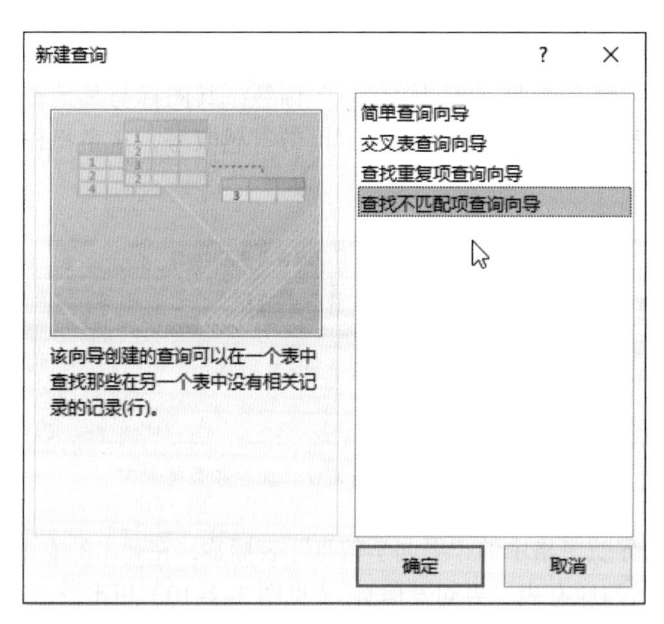

图 3-2-33 选择“查找不匹配项查询向导”选项

2）弹出“查找不匹配项查询向导”对话框，选择“表：学生信息”作为表A，即被筛选的表，单击“下一步”按钮，如图3-2-34所示。

图3-2-34　选择在查询结果中包含记录的数据库表

3）在“查找不匹配项查询向导”对话框中选择“表：男同学信息”作为表B，即将“男同学信息”表作为筛选条件的表，单击“下一步”按钮，如图3-2-35所示。

图3-2-35　选择在查询结果中不包含记录的数据库表

4）在“查找不匹配项查询向导”对话框中，“学生信息”表和“男同学信息”表的可用字段中都选择“学生 ID”，故可作为“查找不匹配项查询”中用来匹配相关记录的关联字段。选择“学生信息”中的字段“学生 ID”和“男同学信息”中的字段“学生 ID”，单击“<=>”按钮，如果对话框底部的“匹配字段”文本框中显示“学生 ID<=> 学生 ID”，那么表示字段匹配成功，单击“下一步”按钮，如图 3-2-36 所示。如果选择了不能匹配的字段，如“学生 ID”和“姓名”，那么会弹出“字段无法匹配，请选择其他字段”的提示信息，需要在选择了可以匹配的字段后，才能进行下一步操作。

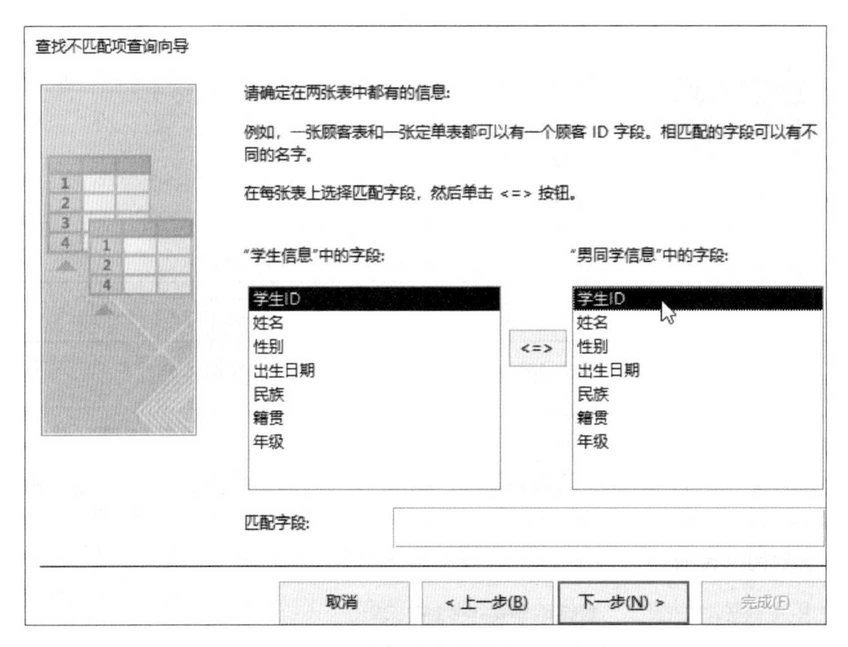

图 3-2-36 选择查询所需的匹配字段

5）在“查找不匹配项查询向导”对话框中，可用字段中选择“学生 ID”“姓名”“性别”和“民族”作为查询结果中将要显示的字段，如图 3-2-37 所示。

6）单击“下一步”按钮，在“查找不匹配项查询向导”对话框中指定查询标题为“查找学生信息与男同学信息不匹配项”，并选择“查看结果”选项，单击“完成”按钮，如图 3-2-38 所示。

7）“查找学生信息与男同学信息不匹配项”随即在文档区域打开，显示查找不匹配项查询的结果数据，即在“学生信息”表中有而在“男同学信息”表中没有的记录，如图 3-2-39 所示。通过“学生信息”表与“男同学信息”表相比较，可见查找不匹配项查询的结果为 6 条数据，因为这两个表中有两条数据相互匹配，即“男同学信息”表中的那两条数据（此处需注意，因为“男同学信息”表中没有设置主键，虽然显示包含 4 条数据，实际上只有两条独立的数据，另外两条为重复数据）。在导航窗格中的“查询”组中增加了“查找学生信息与男同学信息不匹配项”标签，其图标与“查找学生信息的重复项”相同。

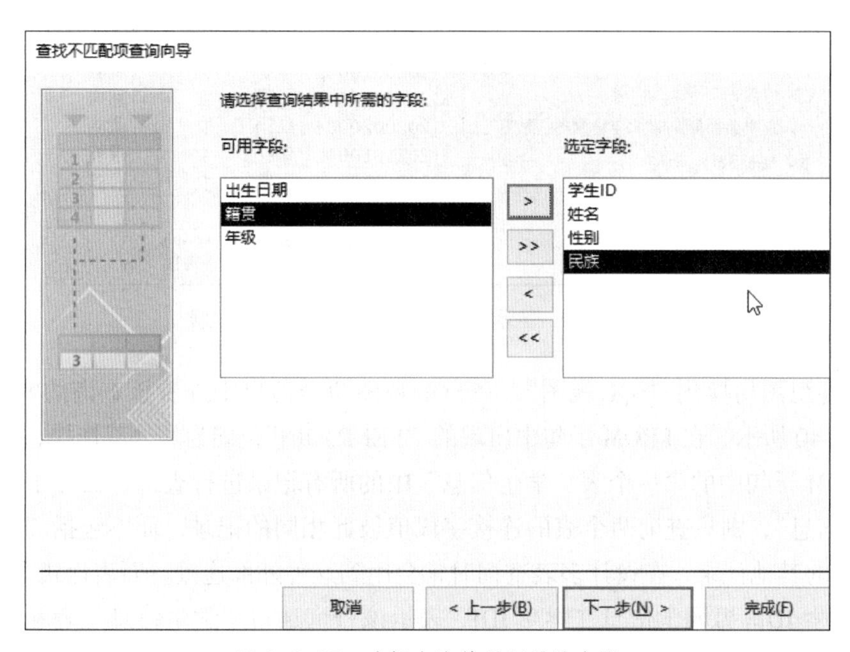

图 3-2-37　选择查询结果所需的字段

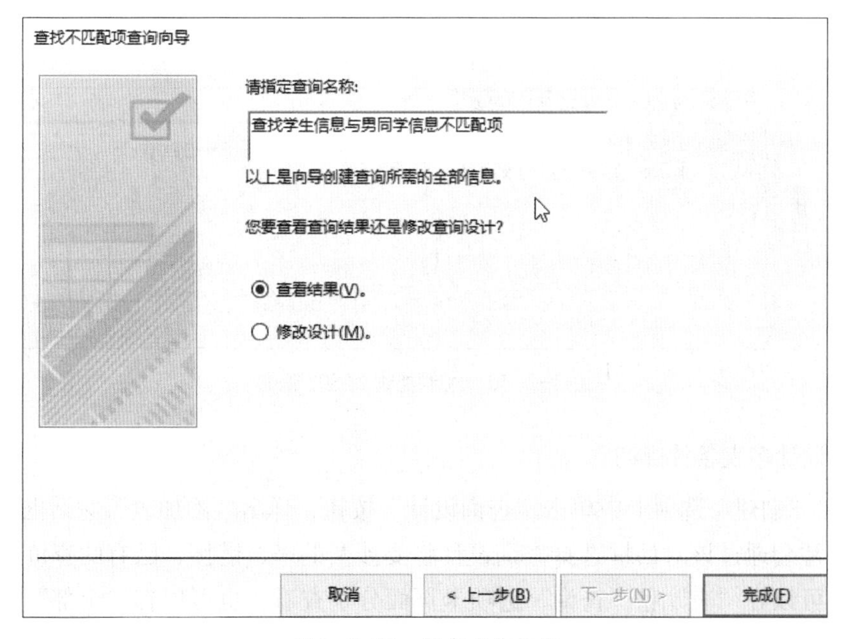

图 3-2-38　指定查询标题

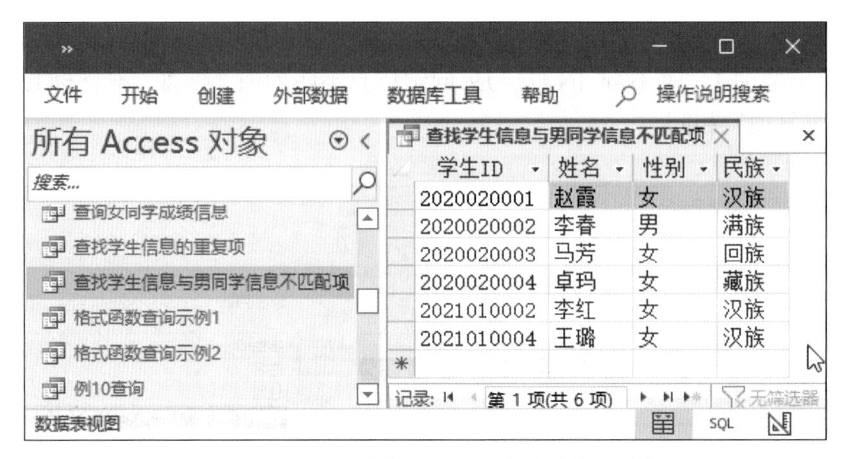

图 3-2-39　显示查找不匹配项查询的结果数据

8）将视图切换到“SQL 视图”，在 SQL 视图命令窗口中查看该查询的 SQL 语句，如图 3-2-40 所示。在 FROM 子句中出现的“LEFT JOIN”，即为左外部连接，故对 SQL 语句 FROM 子句中的第一个表“学生信息”中的所有记录进行查询，而对于另一个表“男同学信息”，则只查询两个表的连接字段值彼此相同的记录，而不包括“男同学信息”表中的其他记录，在设计多表查询时常会用到这种外部连接。而表达式“ON 学生信息.[学生 ID]= 男同学信息.[学生 ID]”表示该查询通过“学生信息”表和“男同学信息”表的“学生 ID”字段进行连接字段值匹配，其中的“=”是比较运算符，用来比较符号两端的内容是否相等；“学生信息.[学生 ID]”则为标识符，用来标识不同集合的不同对象。注意 WHERE 子句中常量“Null”的用法。

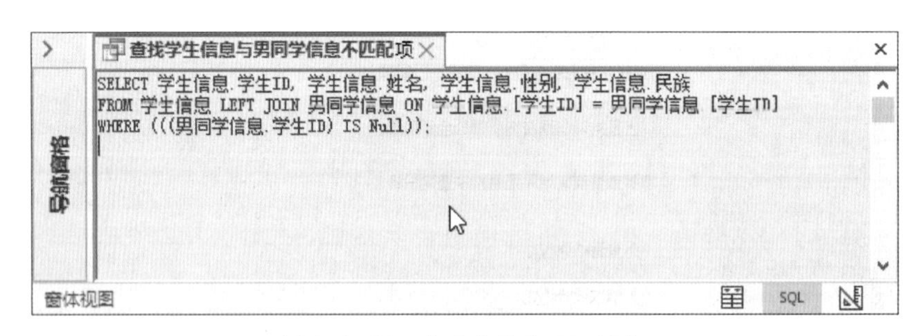

图 3-2-40　查看查询的 SQL 语句

（2）设计多表条件查询

1）在“创建”选项卡中单击“查询设计”按钮，弹出“添加表”对话框，设计多表查询时常会通过该对话框选择查询设计将要涉及的表、链接、已有的查询或查看全部对象，可以在“表”和“查询”选项卡页面分别查看，也可以在“全部”选项卡页面同时查看。在“表”页面选择“学生成绩”表和“学生信息”表，单击“添加所选表”按钮，如图 3-2-41 所示，单击添加表的“关闭”按钮即可结束选择。

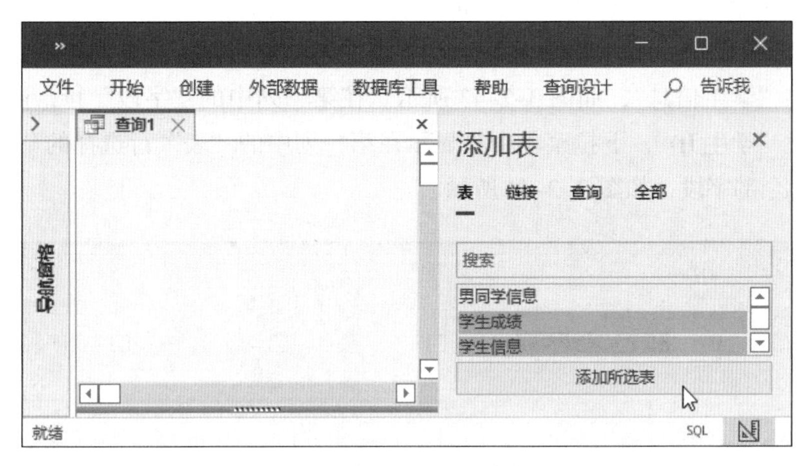

图 3-2-41　单击“添加所选表”按钮

2）进入“查询设计”的默认视图“设计视图”，如图 3-2-42 所示为典型的查询设计视图，其包括上中下 3 个区域，在窗口上部的区域是已熟知的“查询设计”选项卡，包含查询设计常用的命令组合；窗口中部的区域用来查看和设定表关系，称为表关系区域；窗口下部的区域用来设计查询所涉及的各种条件，称为条件设计区域，在该区域可通过“可视化”操作完成复杂条件表达式的设计。

图 3-2-42　典型的查询设计视图

3）在条件设计区域单击第一列中的“表”行，可弹出下拉菜单，通过下拉菜单选择“学生信息”表，下拉菜单中只显示在“添加表”对话框选择的两个数据库表“学生成绩”和“学生信息”，如图 3-2-43 所示。在第一列中的“字段”行，通过下拉菜单选择字段“学生 ID”，下拉菜单中只显示在第一列中的“表”行选择的“学生信息”表所包含的全部字段，如图 3-2-44 所示。

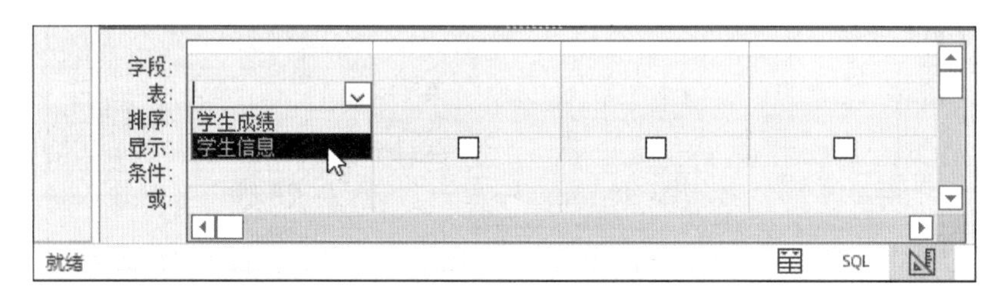

图 3-2-43　在“表”行选择数据库表

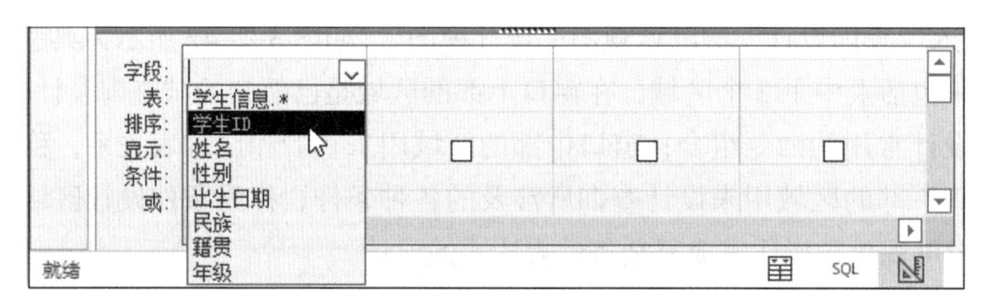

图 3-2-44　在“字段”行选择查询的字段

4）依次在条件设计区域第二列到第六列中的“表”行，通过下拉菜单选择“学生信息”表、“学生信息”表、“学生成绩”表、“学生成绩”表和“学生成绩”表，然后依次在第二列到第六列中的“字段”行，通过下拉菜单选择字段“姓名”“性别”“科目”“分数”和“学生 ID”。新添加的查询字段在“显示”行都会默认选中，表示在查询结果中显示该字段所包含的数据，对于“学生成绩”表中字段“学生 ID”则不选中“显示”，因为该字段将用来设定查询条件，无须显示，如图 3-2-45 所示。

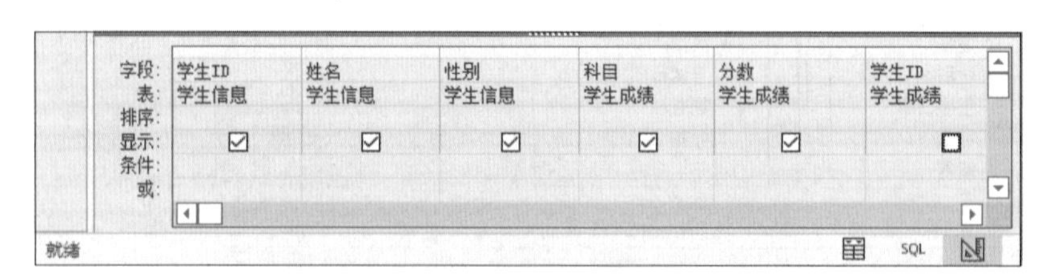

图 3-2-45　选择多个查询的数据库表及字段

5）在条件设计区域第三列的“条件”行，输入“" 女 "”，表示查询的条件为性别等于“女”，其条件表达式为“学生信息 . 性别 "= 女 "”。在第六列的“条件”行，输入“[学生信息].[学生 ID]”，表示查询的条件为“学生成绩”表中的“学生 ID”等于

“学生信息”表中的“学生 ID”，其条件表达式为“学生成绩 . 学生 ID=[学生信息].[学生 ID]”。在第一列的“排序”行中通过下拉菜单选择“升序”，表示查询结果将按照“学生 ID”从低到高升序排列。在第五列的“排序”行中通过下拉菜单选择“降序”，表示查询结果将按照“分数”从高到低降序排列，查询条件设定完毕，如图 3–2–46 所示。

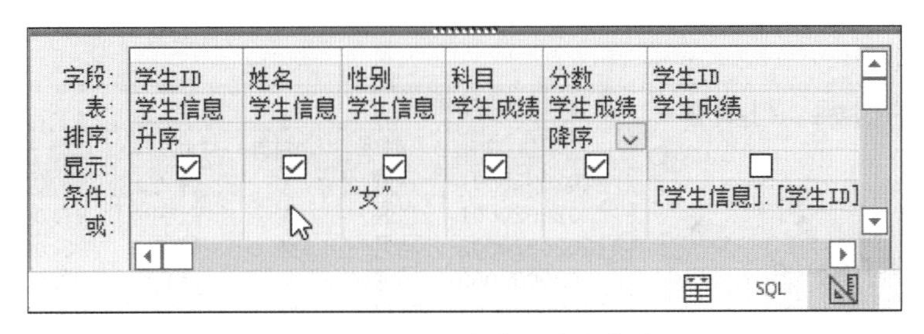

图 3–2–46　设定多个查询条件

6）单击快速访问工具栏中的“保存”按钮，弹出的“另存为”对话框，在“查询名称”文本框中输入“查询女同学成绩信息”，单击“确定”按钮，如图 3–2–47 所示。

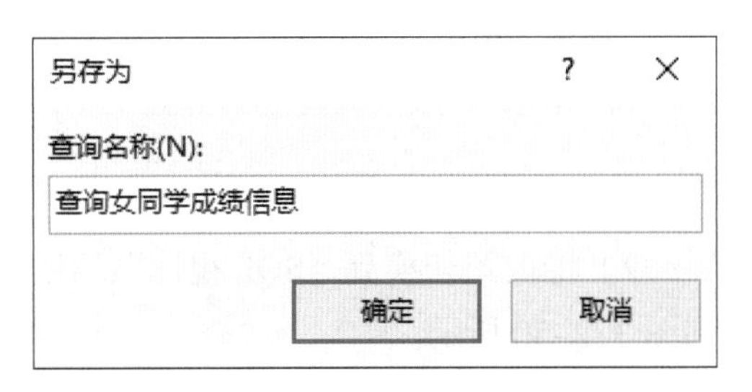

图 3–2–47　“另存为”对话框

7）文档区域的“查询 1”标签变为“查询女同学成绩信息”，导航窗格的“查询”组中增加了“查询女同学成绩信息”标签，其图标与“查询男同学全部信息”相同，因为两者都是选择查询，如图 3–2–48 所示。

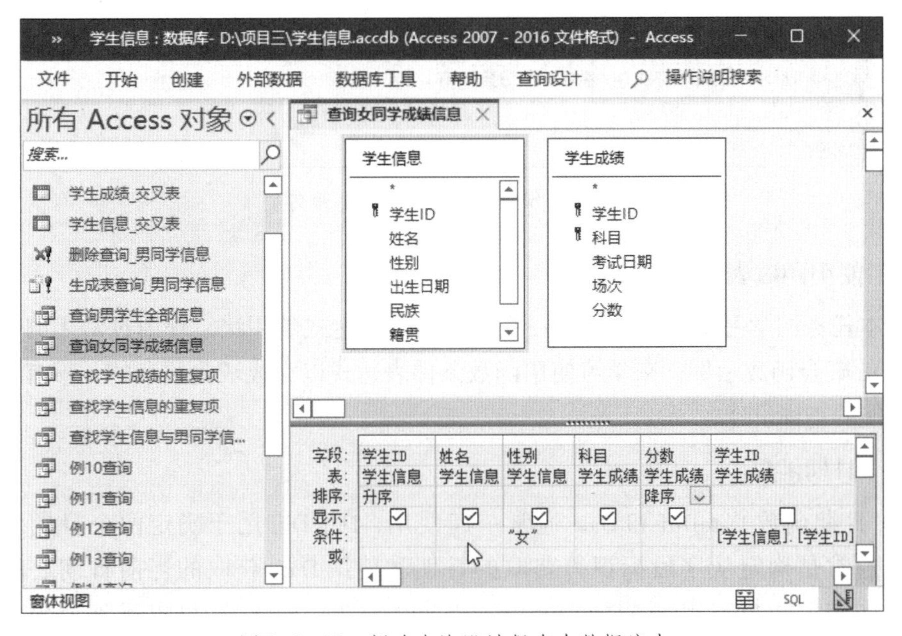

图 3–2–48　新建查询设计保存在数据库中

8）在“查询设计”选项卡“结果”命令组中，单击“运行”按钮，“查询女同学成绩信息”的“设计视图”切换为“数据表视图”，即在“学生信息”表和“学生成绩”表中连接查询女学生的学生信息和成绩信息，包括“学生 ID”“姓名”“性别”“科目”“分数”，并且按照“学生 ID”从低到高升序排列，以及按照分数从高到低降序排列，如图 3-2-49 所示。

所有 Access 对象
学生信息
查询
均值函数查询示例
求和函数查询示例
查询女同学成绩信息
格式函数查询示例1
格式函数查询示例2
选择函数查询实例
字符函数查询示例

查询女同学成绩信息

学生ID	姓名	性别	科目	分数
2020020001	赵霞	女	语文	98.00
2020020001	赵霞	女	数学	97.00
2020020003	马芳	女	数学	93.00
2020020003	马芳	女	语文	92.00
2020020004	卓玛	女	语文	96.00
2020020004	卓玛	女	数学	91.00
2021010002	李红	女	语文	93.00
2021010002	李红	女	数学	92.00
2021010004	王璐	女	语文	97.00
2021010004	王璐	女	数学	95.00

记录：第 1 项(共 10 项)　无筛选器　搜索
数据表视图

图 3-2-49　显示查询的结果数据

9）将视图切换到“SQL 视图”，在 SQL 视图命令窗口中查看该查询的 SQL 语句，如图 3-2-50 所示。

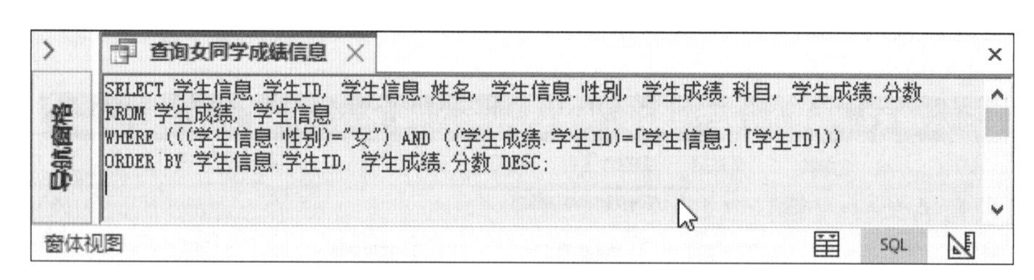

图 3-2-50　查看查询的 SQL 语句

3. 使用函数表达式

在本任务的学习中，已经涉及一些查询条件表达式的用法，现通过常用的系统函数和 SQL 聚合函数示例，来学习使用函数条件表达式以完成较为复杂的、带有计算和统计功能的查询设计。

（1）日期函数

1）日期函数 DateDiff 和 Date 通常一起使用，DateDiff 用于确定两个日期之间的差值，通常是确定从字段标识符获取的日期和使用 Date 获取的当前日期之间的差值。例如使用函数表达式“DateDiff("yyyy", 出生日期 ,Date( ))”可以得到学生的年龄信息，而不必在数据库表中设置字段“年龄”来记录信息，因为随着时间的推移，年龄信息是变化的，不宜在“学生信息”表中常驻记录，如图 3-2-51 所示。表达式中，DateDiff 函数的第一个参数 "yyyy" 表示输出的结果以年为单位，第二个参数由“出生日期”标识符代表“学生信息”表中的相应字段，第三个参数是由 Date 函数提供的当前日期。

```
SELECT 学生ID, 姓名, 性别, 出生日期, 民族, 籍贯, DateDiff("yyyy",出生日期,Date())&"岁" AS 年龄
FROM 学生信息;
```

学生ID	姓名	性别	出生日期	民族	籍贯	年龄
2020020001	赵霞	女	2005年1月1日	汉族	辽宁沈阳	17岁
2020020002	李春	男	2005年2月1日	满族	北京东城	17岁
2020020003	马芳	女	2005年2月1日	回族	河南南阳	17岁
2020020004	卓玛	女	2005年3月1日	藏族	西藏拉萨	17岁
2021010001	张磊	男	2006年1月1日	汉族	北京海淀	16岁
2021010002	李红	女	2006年2月1日	汉族	河北唐山	16岁
2021010003	王峰	男	2006年3月1日	回族	宁夏银川	16岁
2021010004	王璐	女	2006年3月1日	汉族	山西大同	16岁

记录: 第 1 项(共 8 项)　无筛选器　搜索
数据表视图

图 3-2-51　使用日期函数查询学生年龄

2）使用函数表达式 " 距离亚洲杯开幕式还有 "&DateDiff("d",Date( )," 2023-2-6-16") & " 天 " 可以得到“亚洲杯倒计时”信息，如图 3-2-52 所示。表达式中，DateDiff 函数的第一个参数 "d" 表示输出的结果以天为单位，第二个参数是由 Date 函数提供的当前日期，第三个参数是常量值 "2023-6-16" 以表示亚洲杯开幕日期。表达式中，连接运算符 & 将三段不同的字符串连接起来成为一个字符串。这样的函数表达式也常用于窗体和报表的设计中。

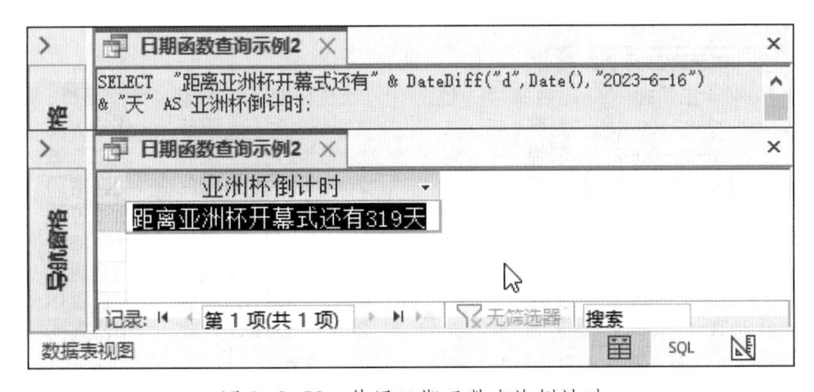

图 3-2-52　使用日期函数查询倒计时

（2）格式函数

1）格式函数 Format 主要用于为标识符应用预先设定的格式。例如，使用函数表达式 Format(DATE( ),"yyyy")-Format(出生日期 ,"yyyy") 也可以得到学生的年龄信息，如图 3-2-53 所示。表达式中，前一个 Format 函数的第一个参数是由 Date 函数提供的当前日期，后者的第一个参数是由“出生日期”标识符代表“学生信息”表中的相应字段；两个 Format 函数的第二个参数都为 "yyyy"，表示将结果以年为单位输出。

格式函数查询示例1

```
SELECT 学生ID, 姓名, 性别, 出生日期, 民族, 籍贯,
Format(Date(),"yyyy")-Format(出生日期,"yyyy")&"岁" AS 年龄
FROM 学生信息 WHERE 性别="男";
```

格式函数查询示例1

学生ID	姓名	性别	出生日期	民族	籍贯	年龄
2020020002	李春	男	2005年2月1日	满族	北京东城	17岁
2021010001	张磊	男	2006年1月1日	汉族	北京海淀	16岁
2021010003	王峰	男	2006年3月1日	回族	宁夏银川	16岁

记录: 第 1 项(共 3 项)　无筛选器　搜索

数据表视图　SQL

图 3-2-53　使用格式函数查询学生年龄

2）使用函数表达式 Format(学生 ID,"0000-00-0000") 可以得到新的学生 ID 信息，如图 3-2-54 所示。表达式中，Format 函数的第一个参数是由“学生 ID”标识符代表“学生信息”表中的相应字段，第二个参数 "0000-00-0000" 表示将结果以此格式输出。

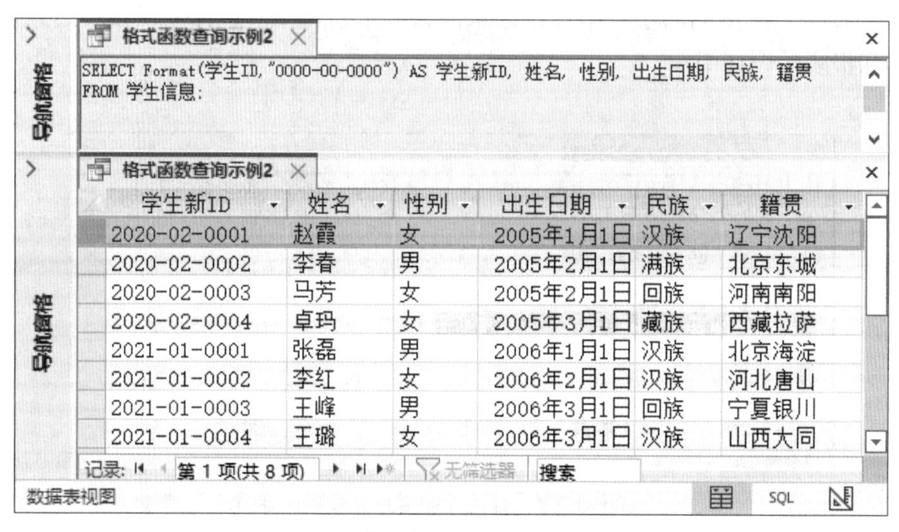

格式函数查询示例2

```
SELECT Format(学生ID,"0000-00-0000") AS 学生新ID, 姓名, 性别, 出生日期, 民族, 籍贯
FROM 学生信息;
```

格式函数查询示例2

学生新ID	姓名	性别	出生日期	民族	籍贯
2020-02-0001	赵霞	女	2005年1月1日	汉族	辽宁沈阳
2020-02-0002	李春	男	2005年2月1日	满族	北京东城
2020-02-0003	马芳	女	2005年2月1日	回族	河南南阳
2020-02-0004	卓玛	女	2005年3月1日	藏族	西藏拉萨
2021-01-0001	张磊	男	2006年1月1日	汉族	北京海淀
2021-01-0002	李红	女	2006年2月1日	汉族	河北唐山
2021-01-0003	王峰	男	2006年3月1日	回族	宁夏银川
2021-01-0004	王璐	女	2006年3月1日	汉族	山西大同

记录: 第 1 项(共 8 项)　无筛选器　搜索

数据表视图　SQL

图 3-2-54　使用格式函数查询新的学生 ID

（3）选择函数

选择函数 IIF 用于计算表达式的结果（True 或 False），在计算结果为 True 时返回一个指定值，在计算结果为 False 时返回另一个指定值。例如，使用函数表达式 IIF(民族 =" 汉族 "," 否 "," 是 ") 可以得出学生是否为少数民族，如图 3-2-55 所示。表达式中，IIF 函数的第一个参数是由表达式民族 =" 汉族 " 作为选择开关，如果表达式通过比较运算符 = 计算得到的结果为真（True），那么选择第二个参数 " 否 " 作为函数表达式的结果输出，否则选择第三个参数 " 是 " 作为函数表达式的结果输出，表示学生为少数民族。

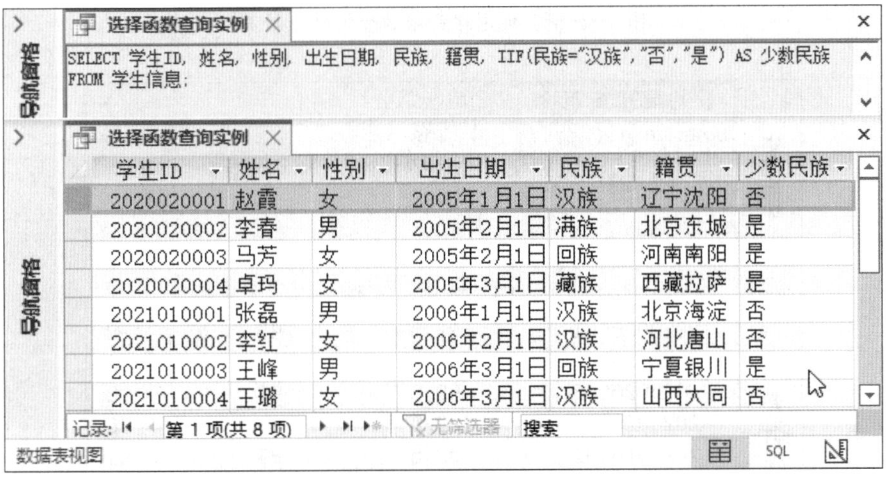

选择函数查询实例

```
SELECT 学生ID, 姓名, 性别, 出生日期, 民族, 籍贯, IIF(民族="汉族","否","是") AS 少数民族
FROM 学生信息;
```

选择函数查询实例

学生ID	姓名	性别	出生日期	民族	籍贯	少数民族
2020020001	赵霞	女	2005年1月1日	汉族	辽宁沈阳	否
2020020002	李春	男	2005年2月1日	满族	北京东城	是
2020020003	马芳	女	2005年2月1日	回族	河南南阳	是
2020020004	卓玛	女	2005年3月1日	藏族	西藏拉萨	是
2021010001	张磊	男	2006年1月1日	汉族	北京海淀	否
2021010002	李红	女	2006年2月1日	汉族	河北唐山	否
2021010003	王峰	男	2006年3月1日	回族	宁夏银川	是
2021010004	王璐	女	2006年3月1日	汉族	山西大同	否

记录：第 1 项(共 8 项)　无筛选器　搜索

数据表视图

图 3-2-55　使用选择函数查询学生是否为少数民族

（4）字符函数

字符函数 Left 用于在一个字符串中从最左边的字符开始提取若干字符，字符函数 Right 则是从最右边的字符开始提取若干字符。在前面的示例中，使用函数表达式 Left(籍贯 ,2) 可以提取籍贯的一级行政区划信息，如北京、河北等，使用函数表达式 Right(籍贯 ,2) 可以提取籍贯的二级行政区划信息，如唐山、沈阳等，如图 3-2-56 所示。表达式中，Left 函数和 Right 函数的第一个参数是由籍贯标识符代表"学生信息"表中的相应字段，第二个参数则表示所提取字符的个数，两者分别从籍贯信息的最左边和最右边开始提取两个字符便可得到所需的信息。

（5）均值函数

均值函数 Avg 用于计算查询的指定字段中包含的一组值的算术平均值。例如，使用函数表达式 Avg(分数) 可以计算得到学生的平均分数信息，如图 3-2-57 所示。表达式中，Avg 函数的参数是由分数标识符代表"学生成绩"表中的相应字段。

```
SELECT 学生ID, 姓名, 性别, 民族, Left(籍贯,2) AS 籍贯之省区市,
Right(籍贯,2) AS 籍贯之县市区
FROM 学生信息;
```

学生ID	姓名	性别	民族	籍贯之省区	籍贯之县市
2021010004	王璐	女	汉族	山西	大同
2021010003	王峰	男	回族	宁夏	银川
2021010002	李红	女	汉族	河北	唐山
2021010001	张磊	男	汉族	北京	海淀
2020020004	卓玛	女	藏族	西藏	拉萨
2020020003	马芳	女	回族	河南	南阳
2020020002	李春	男	满族	北京	东城
2020020001	赵霞	女	汉族	辽宁	沈阳

图 3-2-56　使用字符函数查询学生籍贯

```
TRANSFORM AVG(分数) AS 分数之平均
SELECT 学生ID, AVG(分数) AS 平均分数
FROM 学生成绩
GROUP BY 学生ID
PIVOT 科目;
```

学生ID	平均分数	数学	语文
2020020001	97.5	97	98
2020020002	94	94	94
2020020003	92.5	93	92
2020020004	93.5	91	96
2021010001	92.5	94	91
2021010002	92.5	92	93
2021010003	93	94	92
2021010004	96	95	97

图 3-2-57　使用均值函数查询平均分数

（6）计数函数

计数函数 Count 用于计算查询返回的记录数。例如，使用函数表达式 Count(学生 ID) 计算女学生个数，如图 3-2-58 所示。表达式中，Count 函数的参数是由学生 ID 标识符代表“学生信息”表中的相应字段。

（7）最值函数

最值函数 Min 用于返回在查询的指定字段内所包含的一组值中的最小值，最值函数 Max 则是用于返回一组值中的最大值。例如，使用函数表达式 Format(Min(出生日期),"yyyy 年 mm 月 dd 日 ") 可以得到最早的出生日期，使用函数表达式“Format(Max(出生日期),"yyyy 年 mm 月 dd 日 ") 可以得到最晚的出生日期，都按照指定格式显示，如图 3-2-59 所示。表达式中，Min 函数和 Max 函数的第一个参数是由出生日期标识符代表“学生信息”表中的相应字段，第二个参数 "yyyy 年 mm 月 dd 日 " 代表出生日期的输出格式。

（8）求和函数

求和函数 Sum 用于返回在查询的指定字段中所包含的一组值的总和。例如，使用函数表达式 Sum(分数) 可以计算得到学生的总分信息，如图 3-2-60 所示。表达式中，Sum 函数的参数是由分数标识符代表“学生成绩”表中的相应字段。

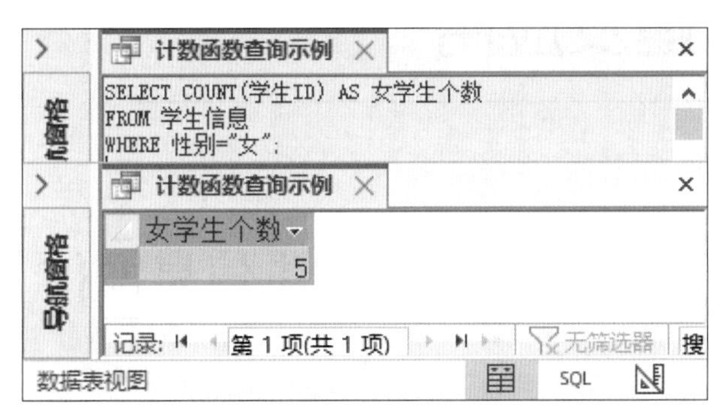

图 3-2-58　使用计数函数查询女学生个数

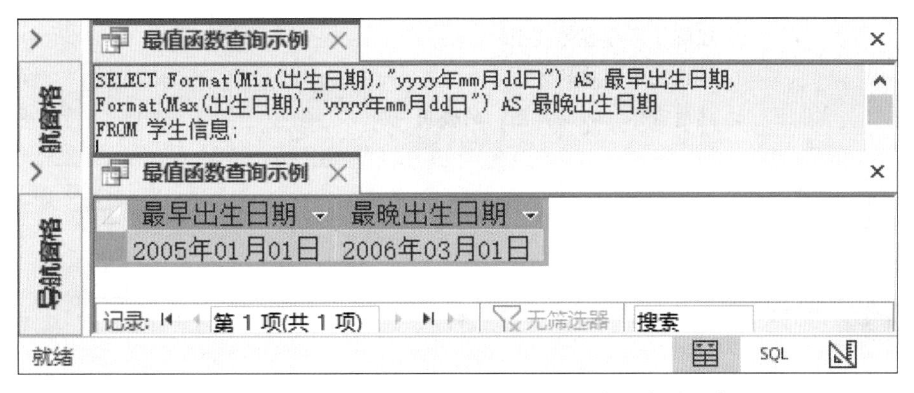

图 3-2-59　使用最值函数查询最早、最晚的出生日期

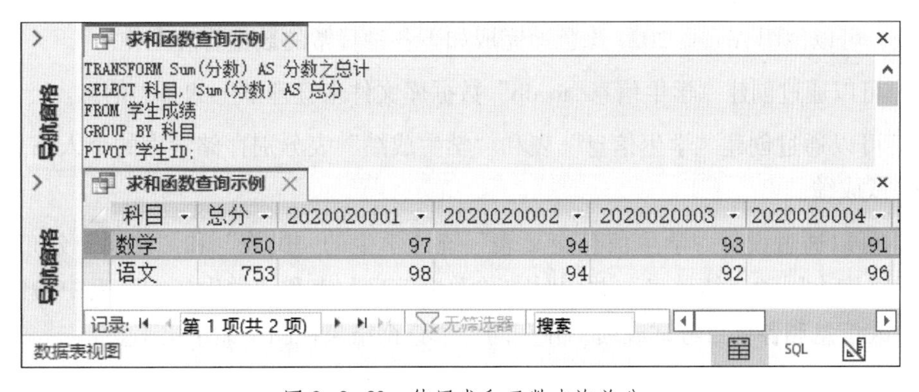

图 3-2-60　使用求和函数查询总分

项目四
窗体的创建及应用

任务 1　创建学生信息窗体

1. 了解窗体的基本功能。
2. 理解、区分窗体类型。
3. 掌握窗体创建的方法。
4. 熟悉窗体“布局视图”的使用。

通过前面的学习，已经可以使用 Access 2021 创建数据库表来存储和组织各类有用的数据信息，能够设计常用的条件查询从大量数据中检索和统计出符合特定需求的数据集合，可以使用 Access 2021 出色地完成如下各种日常的数据管理工作。

1. 可以通过创建“学生信息 .accdb”数据库文件来管理学生的各类信息。

2. 可以通过创建“学生信息”表和“学生成绩”表分别存储学生的个人信息和各科目考试成绩。

3. 可以通过设计“学生信息交叉表”统计学生的“民族”和“性别”分布情况，设计“查询女同学成绩信息”并同时在“学生信息”表和“学生成绩”表中检索女同学的个人信息和各科目考试成绩，并在同一个查询结果视图中显示出来。

本任务将在此基础上，通过创建学生信息窗体的学习任务，学习窗体的概念及其使用，解决以下问题。

1. 常用的窗体分为哪些类型？分别能完成哪些应用？
2. 如何创建简单的窗体以展示和管理特定的信息？
3. 如何摆设窗体的界面元素才能更方便和美观地展示和管理信息？

一、窗体的功能

数据库表和查询创建后，可以创建窗体用于输入、编辑或显示表或查询中的数据。简单的数据库（如学生信息）可能仅使用一个窗体，复杂的数据库会使用多个复杂窗体以及子窗体。

窗体通常包含链接到表中基础字段的控件，当打开窗体时，Access 2021 会从其中一个或多个表中检索数据，然后用创建窗体时所选择的布局显示数据。

可以使用窗体控制对数据的访问，如显示哪些字段或数据行。例如，某些用户可能只需要查看包含许多字段的表中的几个字段，为这些用户提供仅包含那些字段的窗体，可以更便于他们使用数据库。

可以将窗体视作窗口，通过它查看和访问数据库。有效的窗体省略了搜索的步骤，更便于使用数据库。美观的窗体可以增加使用数据库的乐趣和效率，还可以有效避免输入错误的数据。

二、窗体的类型

依据窗体元素和数据的布局显示不同，可以将窗体分为以下 6 类。

1. 基本窗体

采用“纵栏表”布局的窗体，称为基本窗体。基本窗体是最常用的一类窗体，数据按照规则的形式排列，一次只显示一个记录，可以通过窗口底部的导航栏逐个查看数据源中的记录。在“布局视图”中，可以根据数据调整文本框的大小，也可以根据数据之间的关系调整文本框的位置。

2. 数据表窗体

采用“数据表”布局的窗体称为数据表窗体。数据表窗体类似于数据库表，数据按照行和列的形式排列，一次可以查看多个记录，但是数据表窗体不能在“布局视图”中对窗体进行设计方面的更改。

3. 多项目窗体

采用“表格”布局的窗体称为多项目窗体。多项目窗体类似于数据表窗体，数据也排列成行和列的形式，一次可以查看多个记录，但是多项目窗体提供了比数据表窗体更多的自定义选项，在“布局视图”中，可以在窗体显示数据的同时对窗体进行设计方面的更改。例如，可以根据数据调整文本框的大小，设置窗体页眉和窗体页脚。

4. 对齐窗体

采用“两端对齐”布局的窗体称为对齐窗体。对齐窗体类似于基本窗体，数据按照规则的形式排列，一次只显示一个记录，可以通过窗口底部的导航栏逐个查看数据源中的记录。在“布局视图”中，各个窗体元素排列得相对紧凑，每行元素的首尾都和窗体的边界对齐。

5. 分割窗体

采用“分割”布局的窗体称为分割窗体。分割窗体可以同时提供数据的两种视图：“窗体视图”和“数据表视图”。这两种视图连接到同一数据源，并且总是保持相互同步。如果在窗体的一个部分中选择了一个字段，则会在窗体的另一部分中选择相同的字段，并可以在任一部分中添加、编辑或删除数据。

使用分割窗体可以在一个窗体中同时利用两种窗体类型的优势。例如，可以使用窗体的数据表部分快速定位记录，然后使用窗体部分查看或编辑记录。窗体部分以醒目而实用的方式呈现出数据表部分。

6. 空白窗体

刚创建的还未采用任何布局的窗体称为空白窗体。空白窗体常在设计较为复杂的窗体时使用，因此不局限于以上的布局形式。空白窗体还可以作为设计其他窗体之前的数据测试场所，测试成功后，再套用以上的布局形式便捷地设计窗体。

三、实践操作

1. 窗体对象的视图

Access 2021 对于数据库窗体对象的使用提供了 3 种不同的视图，即“窗体视图”“布局视图”和“设计视图”，选择不同的视图可以实现不同的操作和功能。

在“窗体视图”中，可以显示窗体的结果数据；在“布局视图”中，可以调整窗体元素的布局；而在“设计视图”中，主要是对窗体元素进行可视化设计，常用于较为复杂的窗体设计。

在不同视图之间切换的主要方法如下。

（1）在文档区域右键单击窗体标签，在弹出的右键快捷菜单中进行选择，将“窗体视图”切换为“布局视图”，如图 4-1-1 所示。

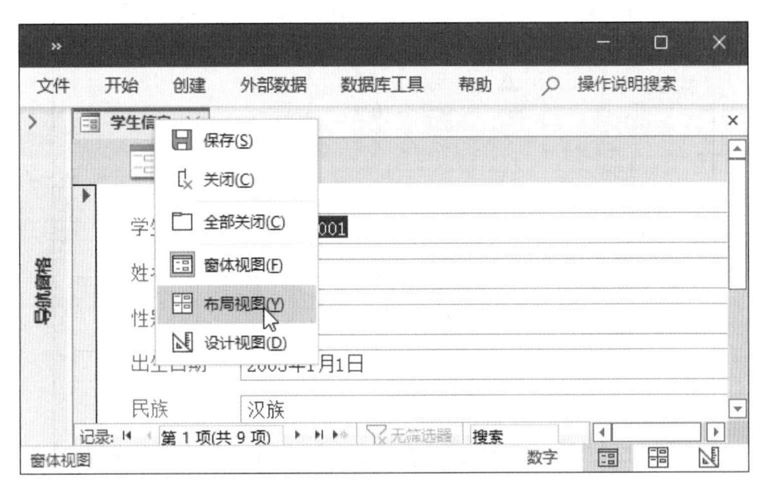

图 4-1-1　利用窗体标签右键快捷菜单切换视图

（2）在“开始”选项卡“视图”命令组进行选择，将“布局视图”切换为“设计视图”，如图 4–1–2 所示。

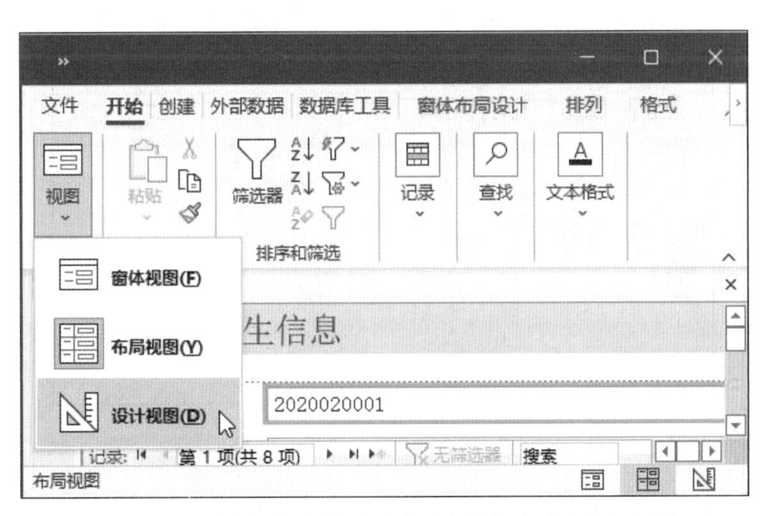

图 4-1-2　利用“开始”选项卡“视图”命令组切换视图

（3）在程序状态栏最右侧的“视图”组进行选择，将“设计视图”切换为“窗体视图”，如图 4–1–3 所示。

2. 创建窗体

（1）基本窗体

1）打开数据库“学生信息 .accdb”，在导航窗格选择“学生信息”数据库表，然后在“创建”选项卡“窗体”命令组中，单击“窗体”按钮，如图 4–1–4 所示。

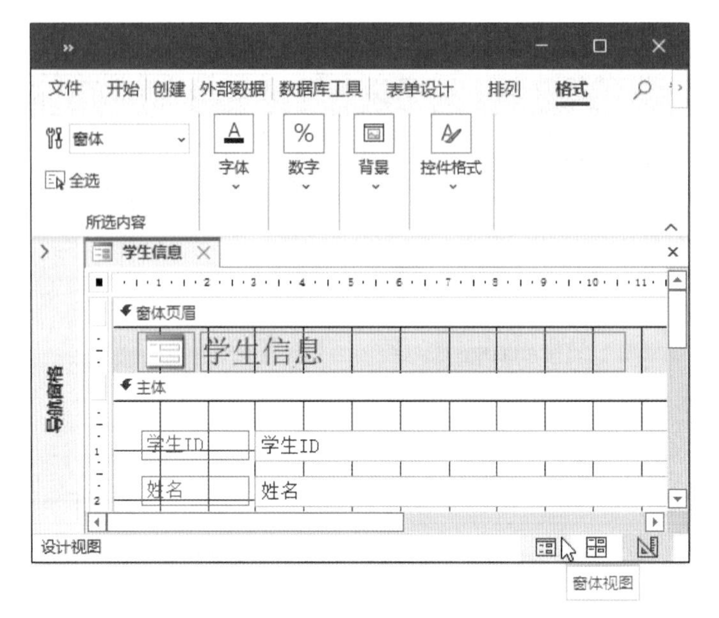

图 4-1-3　利用状态栏“视图”命令组切换视图

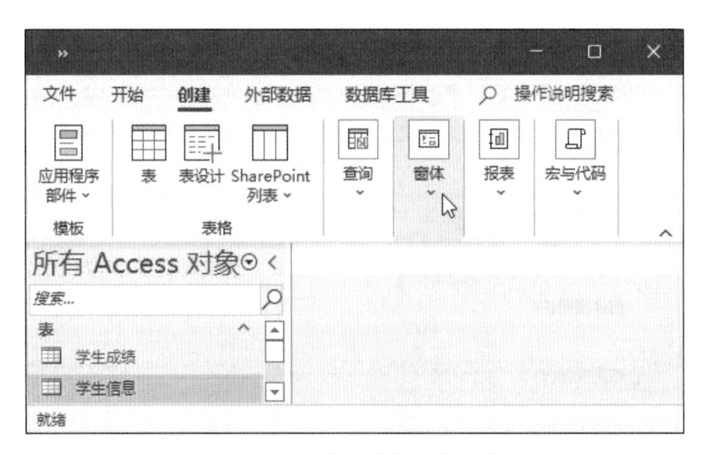

图 4-1-4　单击“窗体”按钮

2）基本窗体“学生信息”随即在文档区域打开，默认视图为“布局视图”，如图 4-1-5 所示，“创建”选项卡也切换到“窗体布局设计”选项卡。由于在创建窗体前，选择“学生信息”数据库表，Access 2021 便自动将“学生信息”表中的有关信息加载到当前的窗体设计中，例如，文档的标签和窗体的标题都默认设置为“学生信息”，窗体的主体自动套用了“纵栏表”布局形式，整齐地排列了 7 组标签和对应的文本框，标签的内容为“学生信息”表中的字段名称，文本框的内容为“学生信息”表中的对应字段在第一条记录中的数据。

3）单击快速访问工具栏中的“保存”按钮，在弹出的“另存为”对话框中输入窗体名称“学生信息窗体”，单击“确定”按钮，如图 4-1-6 所示。

图 4-1-5　在文档区域打开基本窗体“学生信息”

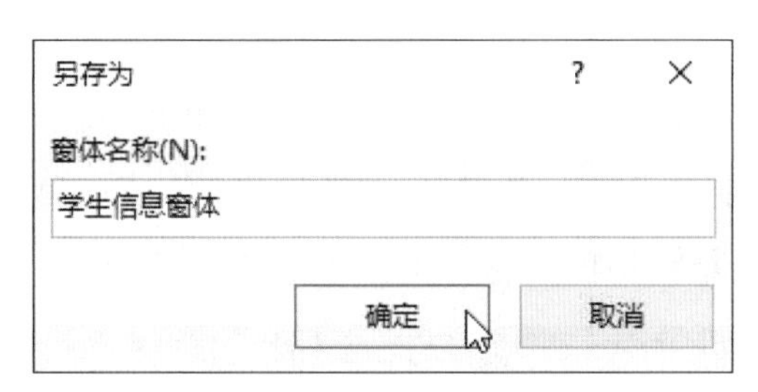

图 4-1-6　“另存为”对话框

4）文档区域的“学生信息”标签变为“学生信息窗体”，导航窗格的“窗体”组中增加了“学生信息窗体”标签，其图标与表对象和查询对象都不相同，如图 4–1–7 所示。

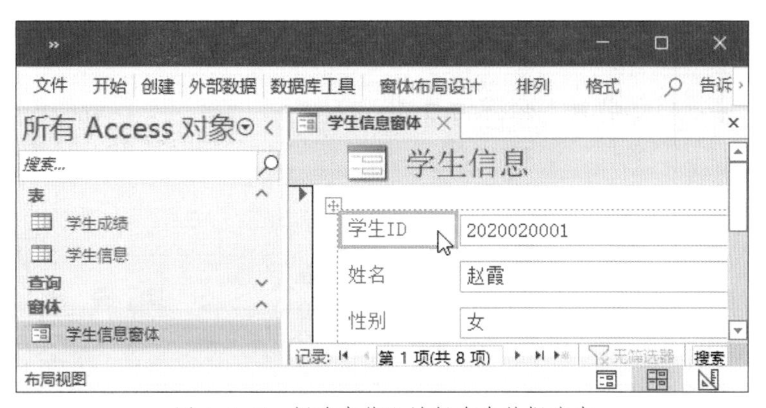

图 4-1-7　新建窗体设计保存在数据库中

5）将视图切换到“窗体视图”，查看窗体的数据显示，如图 4–1–8 所示。通过底部的导航栏可以选择要查看的记录，例如，单击按钮 ⏮ 可查看第一条记录，单击按钮

⏭ 可查看最后一条记录，单击按钮 ◀ 可查看上一条记录，单击按钮 ▶ 可查看下一条记录。

图 4-1-8　查看窗体的数据显示

6）单击按钮 ▶ 选择查看下一条记录，“学生信息”表中第二条记录的信息在窗体中加载并显示，如图 4-1-9 所示。

图 4-1-9　在窗体中查看下一条记录

（2）创建数据表窗体

1）在导航窗格选择“学生信息”数据库表，然后在“创建”选项卡“窗体”命令组中，单击“其他窗体”按钮，在弹出的下拉菜单中，单击选择“数据表”命令，如图 4-1-10 所示。

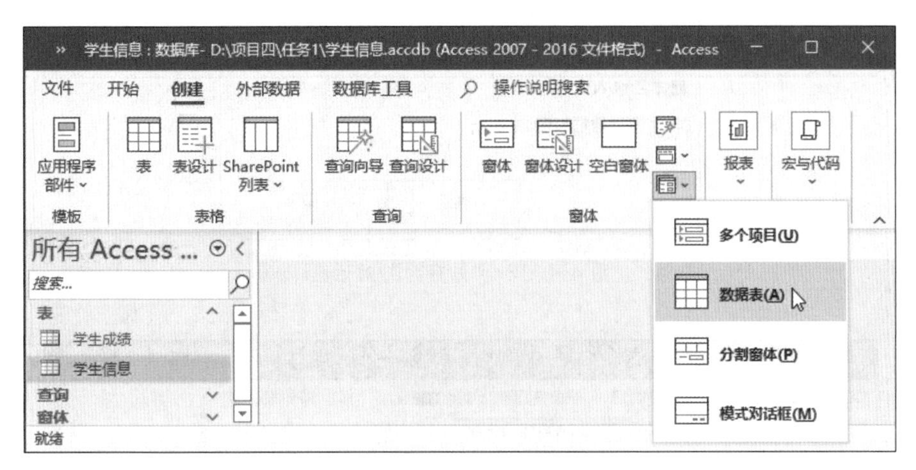

图 4-1-10　单击选择“数据表”命令

2）数据表窗体“学生信息”随即在文档区域打开，窗体的外观布局看上去与“学生信息”表极为相似，而且其默认视图为“数据表视图”，是表对象特有的视图，而非窗体对象的视图，如图 4-1-11 所示。由于在创建窗体前，选择了“学生信息”数据库表，Access 2021 便自动将“学生信息”表中的有关信息加载到当前的窗体设计中。

文件　开始　创建　外部数据　数据库工具　窗体数据表　操作说明搜索

学生信息

学生ID	姓名	性别	出生日期	民族	籍贯	年级
2020020001	赵霞	女	2005年1月1日	汉族	辽宁沈阳	高二
2020020002	李春	男	2005年2月1日	满族	北京东城	高二
2020020003	马芳	女	2005年2月1日	回族	河南南阳	高二
2020020004	卓玛	女	2005年3月1日	藏族	西藏拉萨	高二
2021010001	张磊	男	2006年1月1日	汉族	北京海淀	高一
2021010002	李红	女	2006年2月1日	汉族	河北唐山	高一
2021010003	王峰	男	2006年3月1日	回族	宁夏银川	高一
2021010004	王璐	女	2006年3月1日	汉族	山西大同	高一

导航窗格　记录: 第 1 项(共 8 项)　无筛选器　搜索
数据表视图

图 4-1-11　在文档区域打开数据表窗体“学生信息”

3）单击快速访问工具栏中的“保存”按钮，在弹出的“另存为”对话框中输入窗体名称“学生信息数据表窗体”，单击“确定”按钮，如图 4-1-12 所示。

4）选项卡文档区域的“学生信息”标签变为“学生信息数据表窗体”，导航窗格的“窗体”组中出现了“学生信息数据表窗体”标签，其图标与“学生信息窗体”相同，如图 4-1-13 所示。

另存为 ? ×
窗体名称(N):
学生信息数据表窗体
确定 取消

图 4-1-12 “另存为”对话框

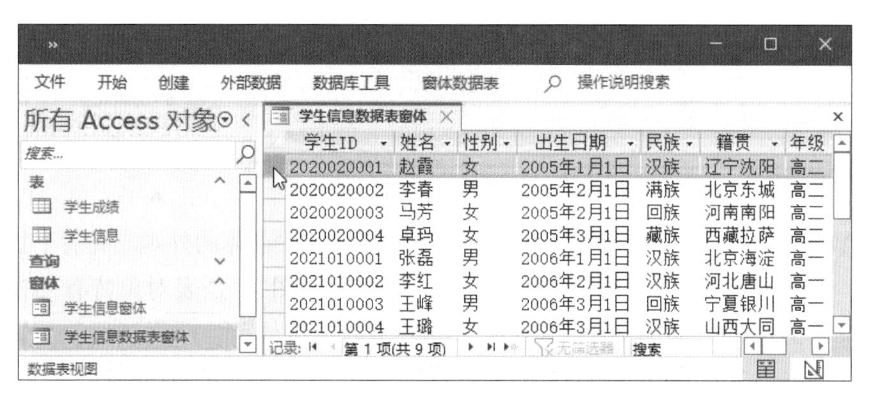

图 4-1-13 学生信息数据表窗体

5）查看窗体的数据显示，将第一条记录的年级信息由“高二”修改为“高三”，如图 4-1-14 所示。

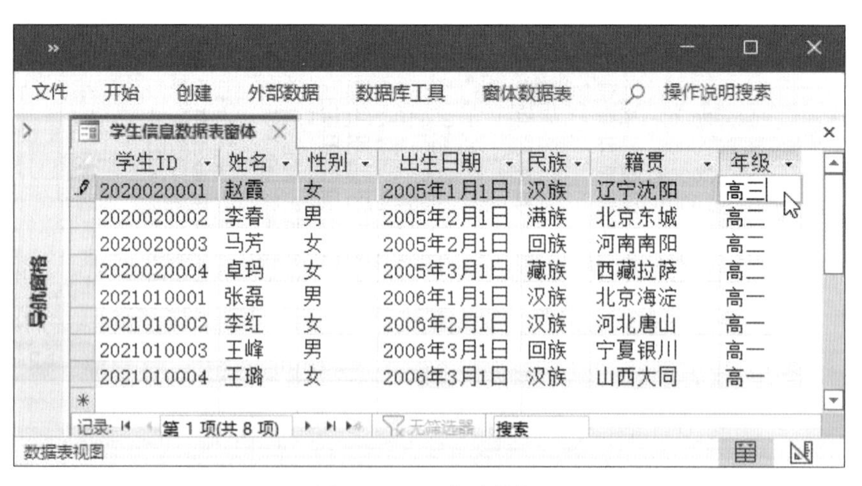

图 4-1-14 修改数据

6）在导航窗格中选中并打开“学生信息”表，表中第一条记录的年级信息也同样变为了“高三”，说明在窗体中可以对数据进行修改，修改的结果会及时保存到相应的数据库表中，如图 4-1-15 所示。

图 4-1-15　窗体中修改的数据已保存到数据库表中

（3）创建多项目窗体

1）在导航窗格选择“学生信息”数据库表，然后在“创建”选项卡“窗体”命令组中，单击选择“其他窗体”中的“多个项目”命令，如图 4-1-16 所示。

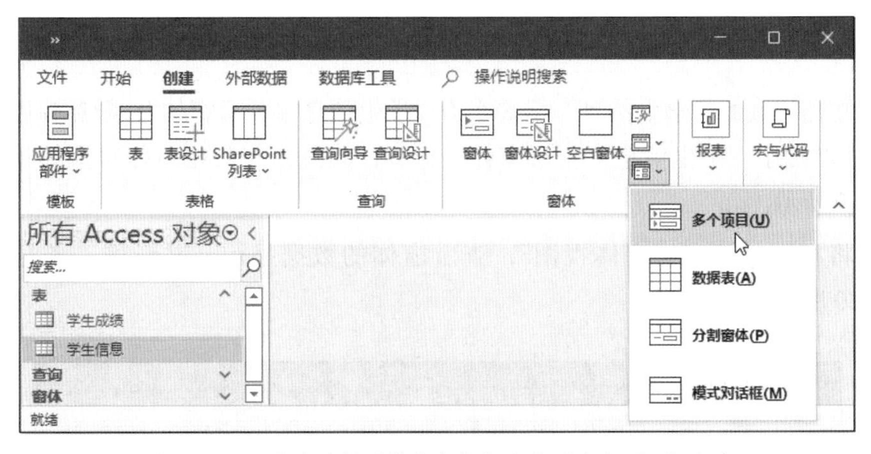

图 4-1-16　单击选择“其他窗体”中的“多个项目”命令

2）多项目窗体“学生信息”随即在文档区域打开，窗体的外观布局看上去与“学生信息数据表窗体”较为相似，以列表的形式显示数据，其默认视图为“布局视图”，如图 4-1-17 所示。由于在创建窗体前，选择了“学生信息”数据库表，Access 2021 便自动将“学生信息”表中的有关信息加载到当前的窗体设计中。

3）单击快速访问工具栏中的“保存”按钮，在弹出的“另存为”对话框中输入窗体名称“学生信息多项目窗体”，单击“确定”按钮，如图 4-1-18 所示。

图 4-1-17　在文档区域打开多项目窗体“学生信息”

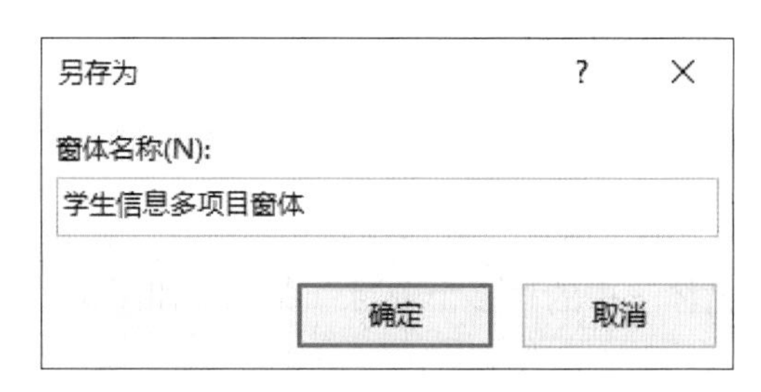

图 4-1-18　“另存为”对话框

4）文档区域的“学生信息”标签变为“学生信息多项目窗体”，导航窗格的“窗体”组中增加了“学生信息多项目窗体”标签，其图标与其他窗体对象都相同，如图 4-1-19 所示。

5）将视图切换到“窗体视图”，查看窗体的数据显示，并新增一条记录，如图 4-1-20 所示。

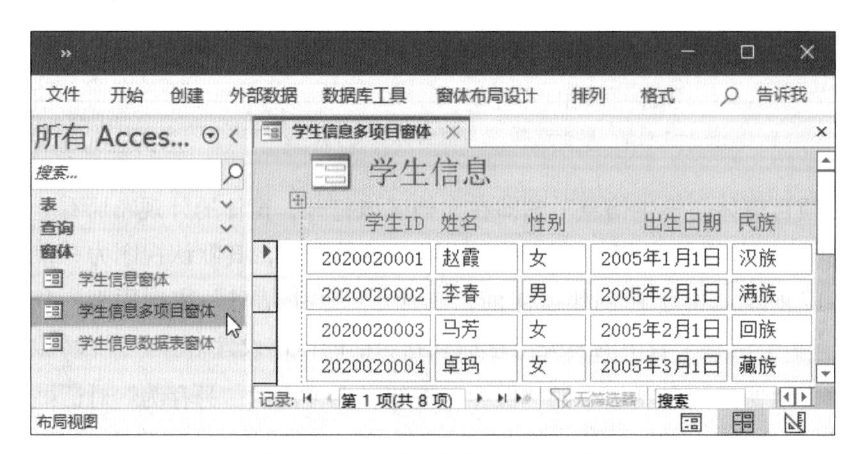

图 4-1-19　学生信息多项目窗体

图 4-1-20　新增一条记录

6）在导航窗格中选中并打开“学生信息”表，表中出现了新增的那条记录，说明在窗体中可以增加新记录，增加的结果会及时保存到相应的数据库表中，如图 4-1-21 所示。

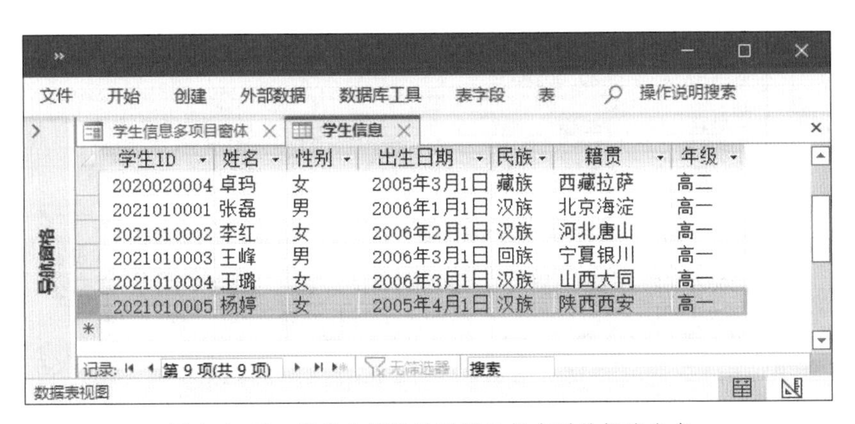

图 4-1-21　窗体中新增的数据已保存到数据库表中

（4）创建分割窗体

1）在导航窗格选择查询对象“查询男同学全部信息”，然后在“创建”选项卡“窗体”命令组中，单击选择“其他窗体”中的“分割窗体”命令，如图 4-1-22 所示。

2）分割窗体“查询男同学全部信息”随即在文档区域打开，窗体分割为上下两部分，上部实际是基本窗体，下部是数据表窗体，如图 4-1-23 所示。由于在创建窗体前，选择了“查询男同学全部信息”，Access 2021 便自动将“查询男同学全部信息”中的有关信息加载到当前的窗体设计中。

3）单击快速访问工具栏中的“保存”按钮，在弹出的“另存为”对话框中输入窗体名称“查询男同学全部信息分割窗体”，单击“确定”按钮，如图 4-1-24 所示。

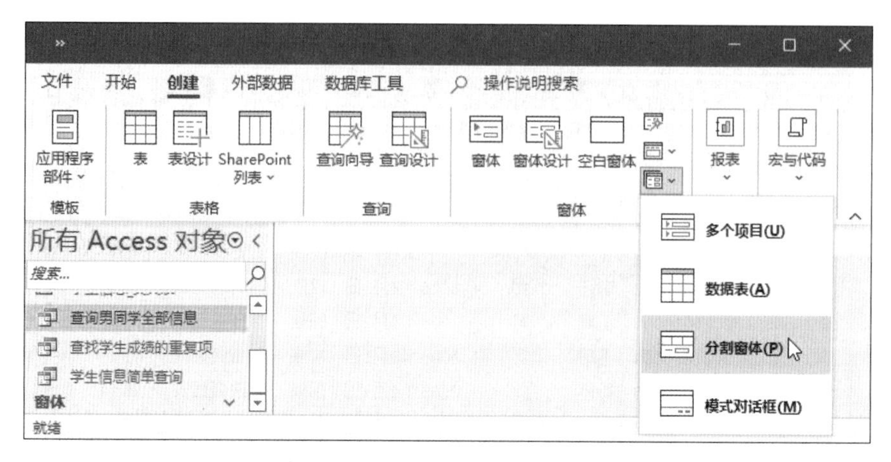

图 4-1-22 单击选择“其他窗体”中的“分割窗体”命令

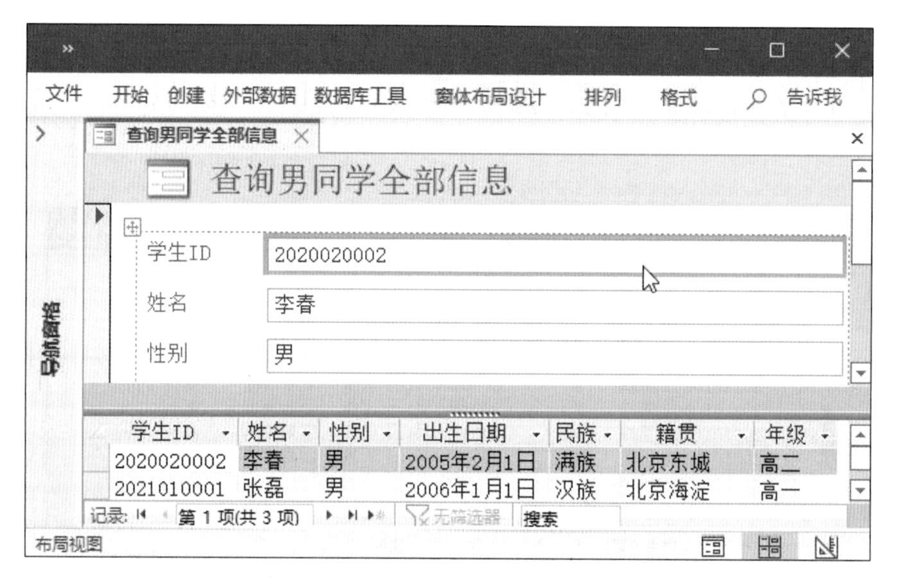

图 4-1-23 在文档区域打开分割窗体“查询男同学全部信息”

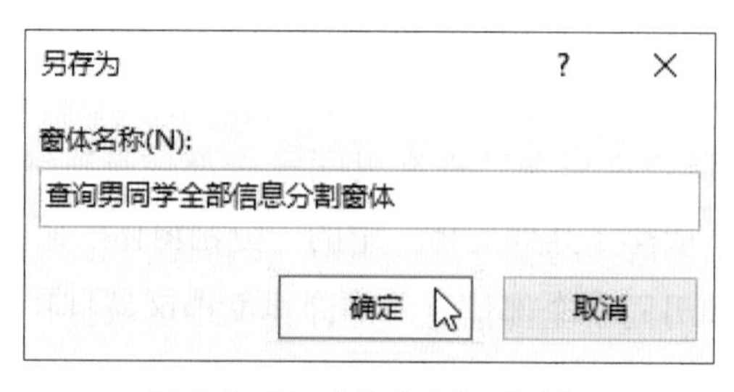

图 4-1-24 “另存为”对话框

4）文档区域的“查询男同学全部信息”标签变为“查询男同学全部信息分割窗体”，导航窗格的“窗体”组中出现了“查询男同学全部信息分割窗体”标签，其图标与其他窗体对象都相同，如图 4-1-25 所示。

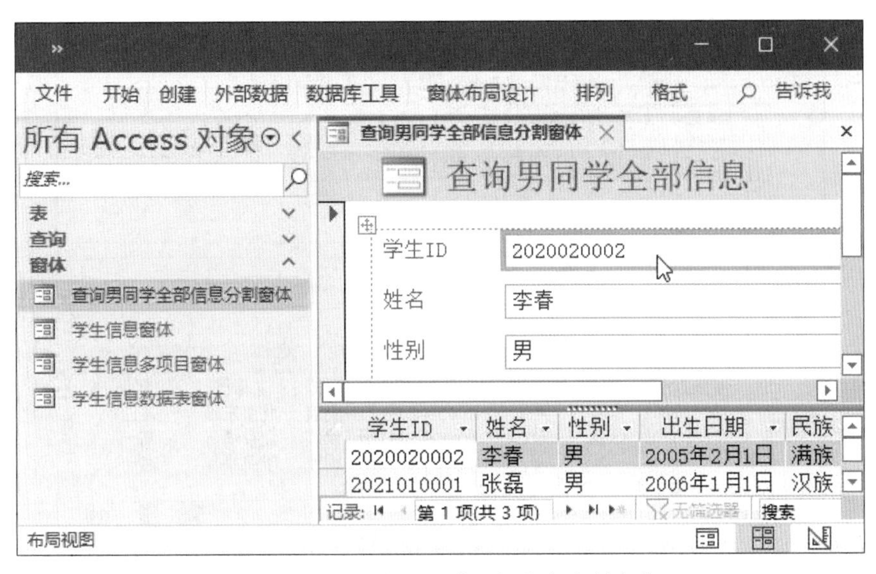

图 4-1-25　查询男同学全部信息分割窗体

5）将视图切换到“窗体视图”，查看窗体的数据显示，如图 4-1-26 所示。

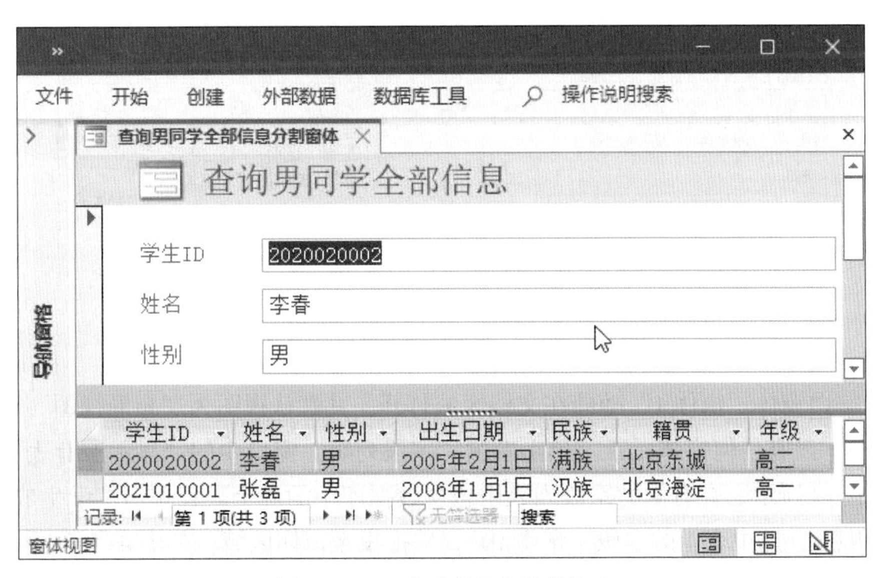

图 4-1-26　查看窗体的数据显示

6）在下部的数据表窗体中单击选中第三条记录，上部的基本窗体中同步加载该记录并显示，如图 4-1-27 所示。

（5）空白窗体

1）在“创建”选项卡“窗体”命令组中，单击选择“空白窗体”命令，如图 4-1-28 所示。

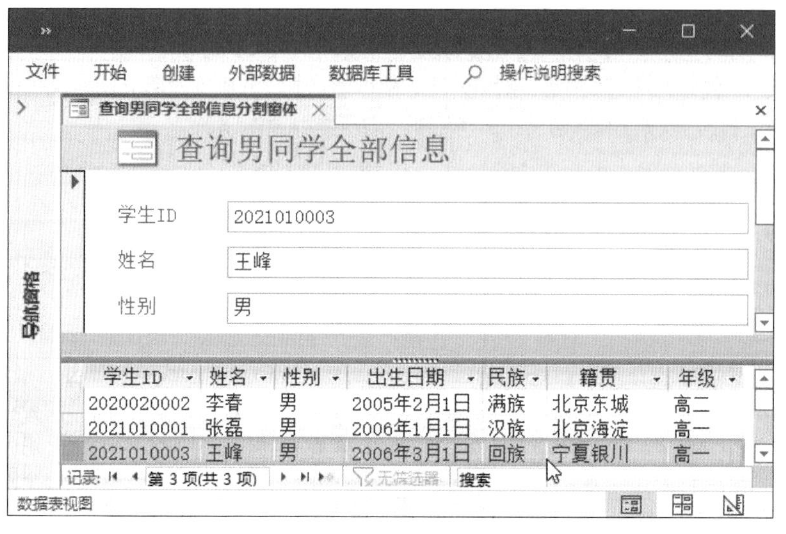

图 4-1-27　在数据表窗体中选择记录并查看

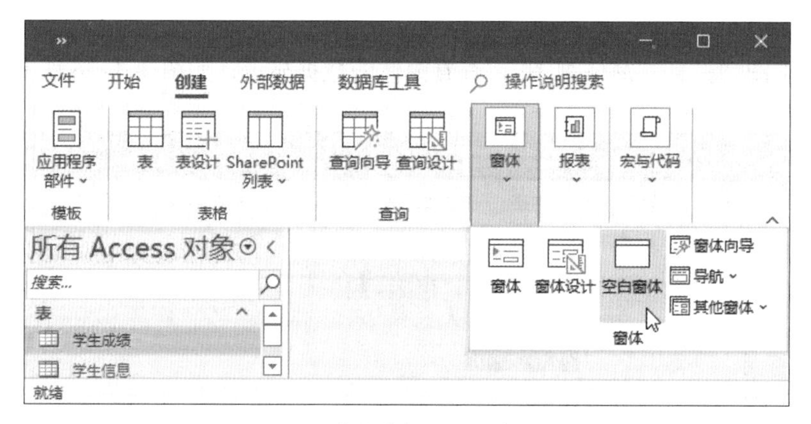

图 4-1-28　单击选择“空白窗体”命令

2）空白窗体“窗体 1”随即在文档区域打开，其默认视图为“布局视图”，窗体中一片空白，没有任何窗体元素。单击右侧“字段列表”窗口中的“显示所有表”命令，如图 4-1-29 所示，在右侧的字段列表中包含数据库中的两个表，单击“学生成绩”前面的按钮 ⊞，选中表中的字段“学生 ID”，并拖曳至窗体区域，如图 4-1-30 所示。

3）一组标签和文本框以“堆叠”方式显示在空白窗体区域，标签的内容为拖曳的字段名称，文本框的内容为“学生成绩”表中的对应字段在第一条记录中的数据。单击文本框下面的“快捷提示”按钮，在弹出的菜单中，单击选择“以表格式布局显示”命令，如图 4-1-31 所示。

4）以堆叠方式显示的标签和文本框变为以表格式布局显示。单击“文本框”下面的“快捷提示”按钮，在弹出的菜单中，单击选择“以堆叠方式显示”命令，如图 4-1-32 所示。

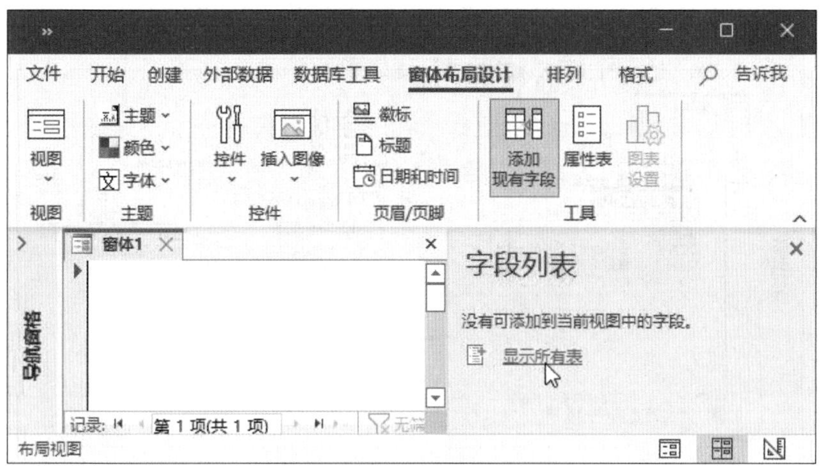

图 4-1-29　“字段列表”窗口

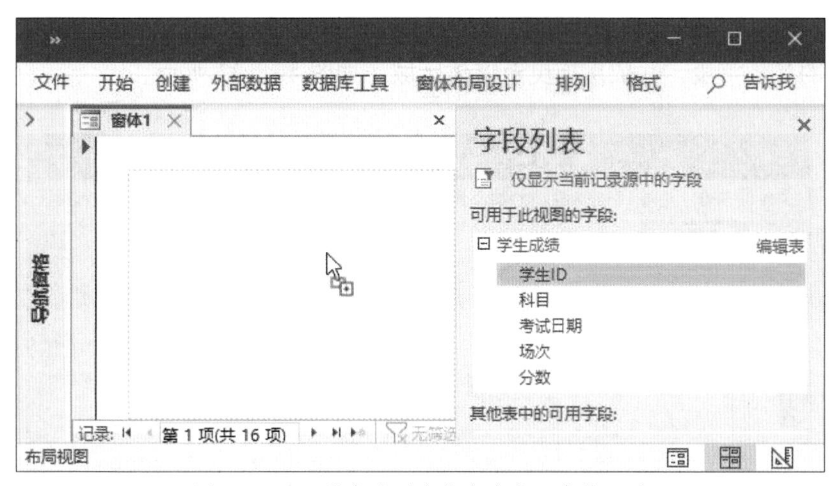

图 4-1-30　从字段列表拖曳字段至窗体区域

图 4-1-31　单击选择“以表格式布局显示”命令

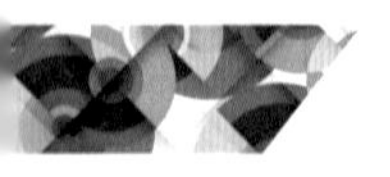

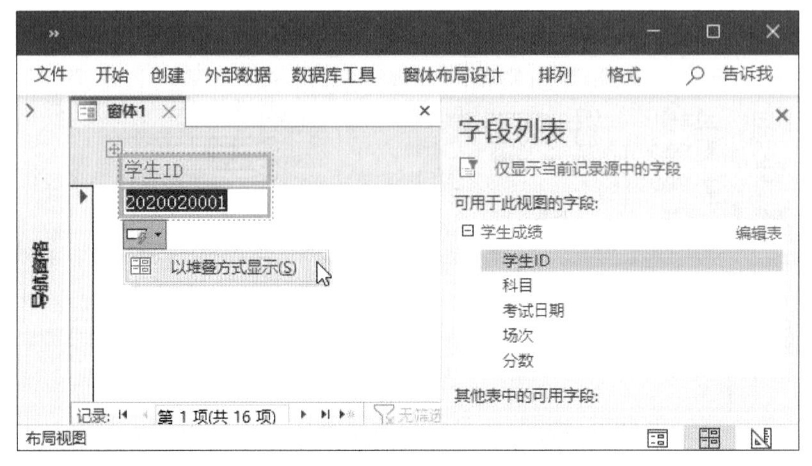

图 4-1-32　单击选择“以堆叠方式显示”命令

5）以表格式布局显示的标签和文本框又变回以堆叠方式显示。单击选中“学生成绩”表中的其他字段，并依次拖曳至窗体区域，如图 4-1-33 所示。

图 4-1-33　从字段列表依次拖曳字段至窗体区域

6）单击快速访问工具栏中的“保存”按钮，在弹出的“另存为”对话框中输入窗体名称“学生成绩窗体”，单击“确定”按钮，如图 4-1-34 所示。

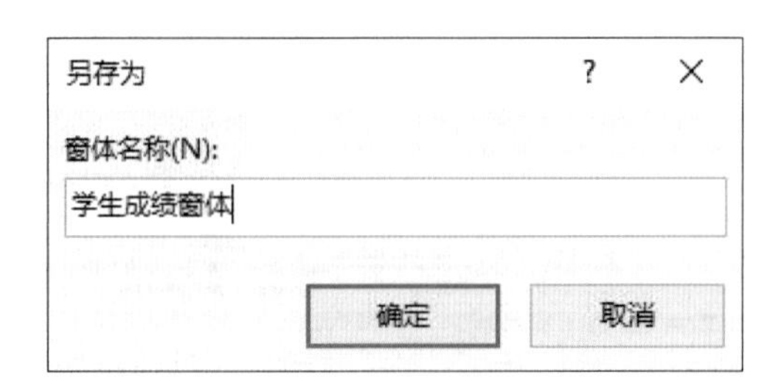

图 4-1-34　“另存为”对话框

7）文档区域的“窗体 1”标签变为“学生成绩窗体”，导航窗格的“窗体”组中增加了“学生成绩窗体”标签，如图 4–1–35 所示。

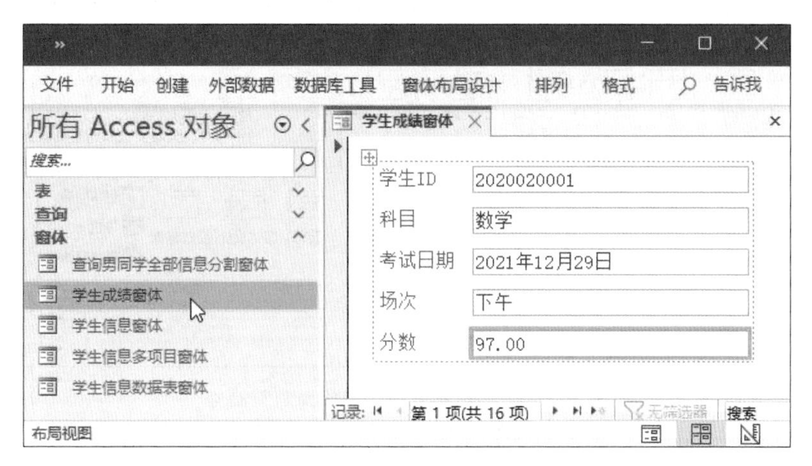

图 4–1–35　学生成绩窗体

8）将视图切换到“窗体视图”，查看窗体的数据显示，如图 4–1–36 所示。

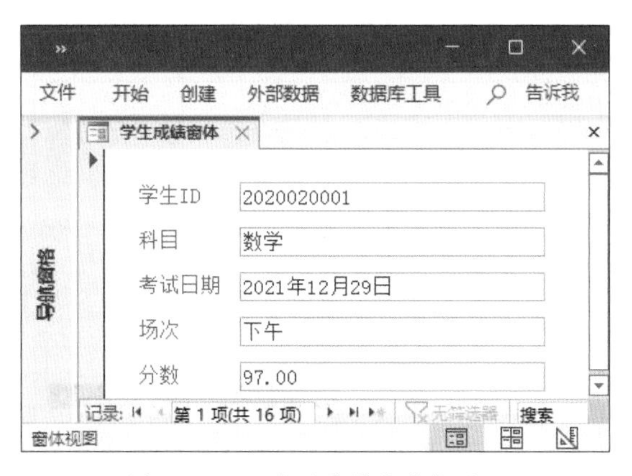

图 4–1–36　查看窗体的数据显示

（6）创建窗体向导

1）在导航窗格选择“学生信息”数据库表，然后在“创建”选项卡“窗体”命令组中，单击选择“窗体向导”命令，如图 4–1–37 所示。

2）弹出“窗体向导”对话框，可以在该对话框的“表 / 查询”下拉菜单中选择窗体的数据源，其中包括数据库表和选择查询（不包括操作查询）。数据源选择完毕后，可以在“可用字段”列表中选择将要在窗体上显示的字段。由于在创建窗体前，选择了“学生信息”表，Access 2021 便自动将“学生信息”表作为“表 / 查询”下拉菜单的默认选项，将该表包含的全部字段从“可用字段”列表中添加到“选定字段”列表中，单击“下一步”按钮，如图 4–1–38 所示。

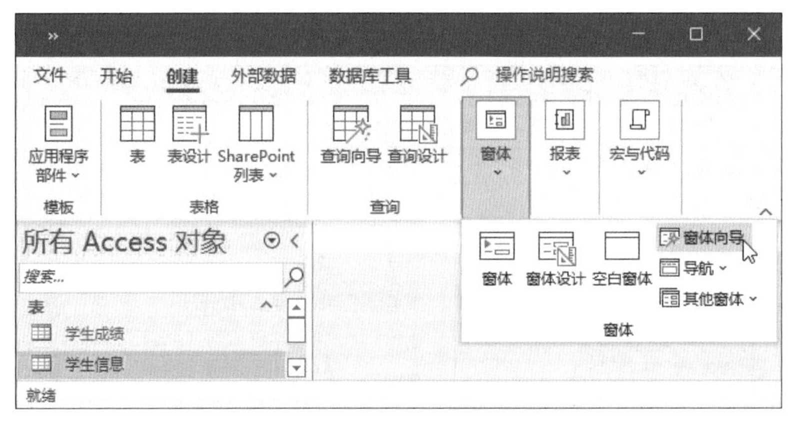

图 4-1-37 单击选择“窗体向导”命令

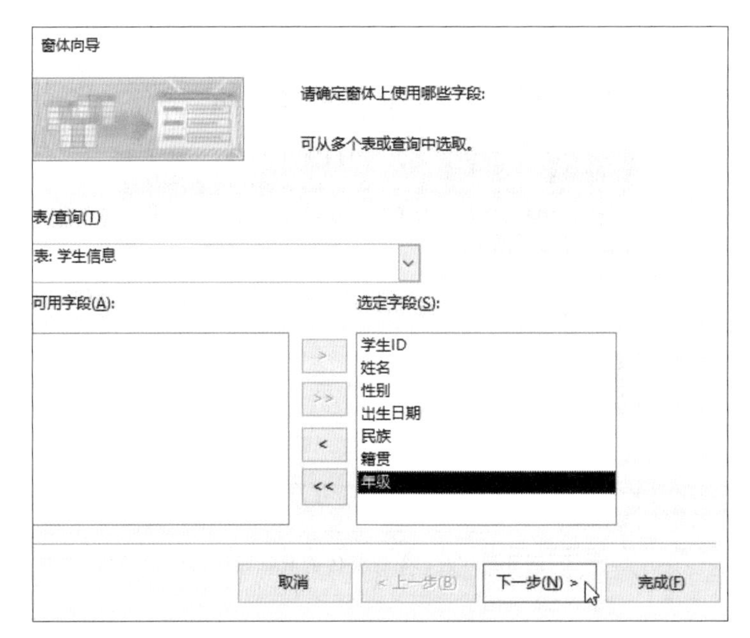

图 4-1-38 选择窗体的数据源和字段

3）在“窗体向导”对话框中选择窗体使用的布局，选项包括“纵栏表”“表格”“数据表”和“两端对齐”，此处选择“纵栏表”，单击“下一步”按钮，如图 4-1-39 所示。

4）在“窗体向导”对话框中指定窗体标题为“学生信息纵栏表窗体”，并选择“打开窗体查看或输入信息”选项，单击“完成”按钮，如图 4-1-40 所示。

5）“学生信息纵栏表窗体”随即在文档区域打开，查看窗体的数据显示，其默认视图为“窗体视图”。导航窗格的“窗体”组中增加了“学生信息纵栏表窗体”标签，如图 4-1-41 所示。实际上，使用“纵栏表”布局的窗体即为基本窗体。另外，也可在“布局视图”中调整文本框的大小，使各字段数据文本框的大小一致。

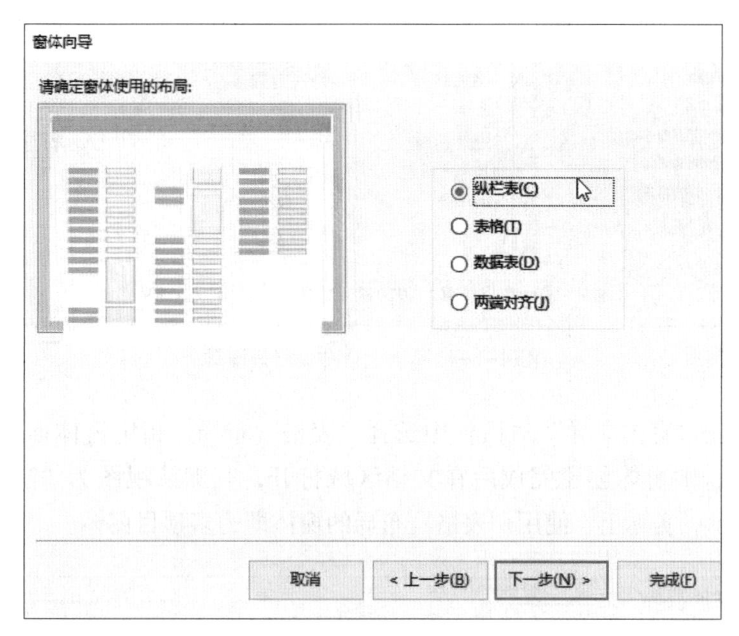

图 4-1-39　选择窗体使用的布局

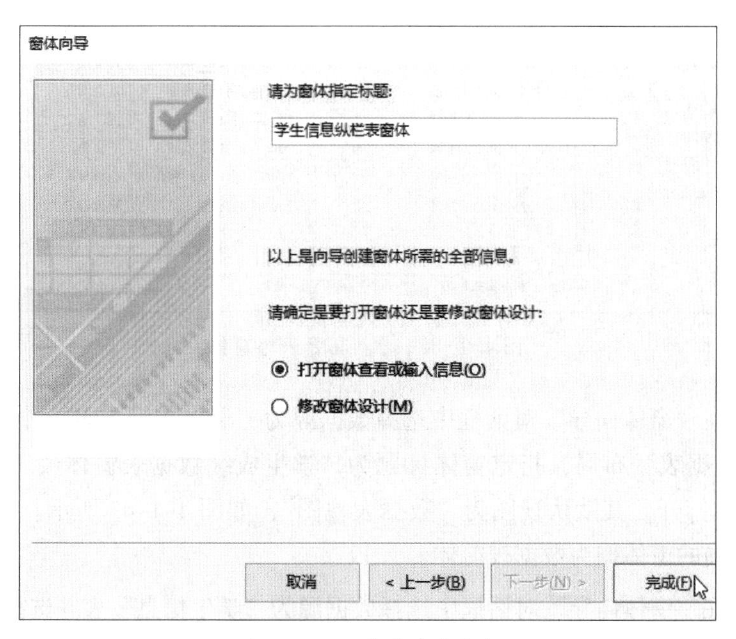

图 4-1-40　指定窗体标题

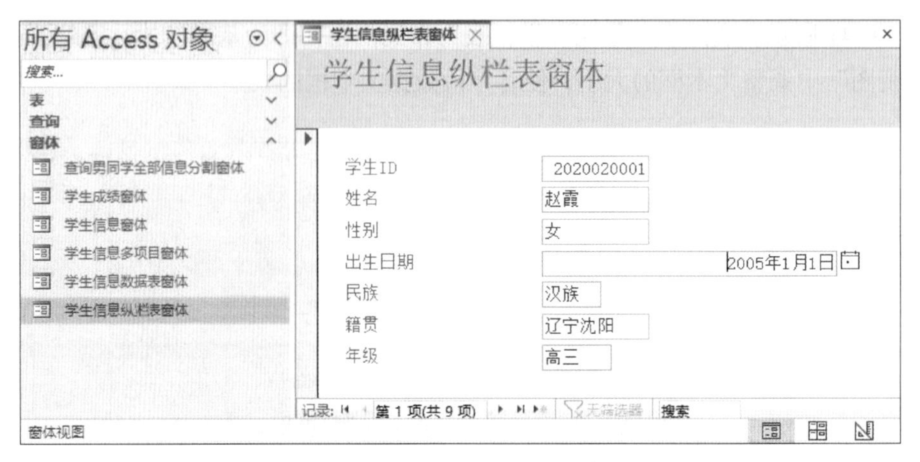

图 4-1-41　学生信息纵栏表窗体

6）如果在“窗体向导”对话框中选择“表格”布局，指定窗体标题为“学生信息表格窗体”，则窗体创建完成后在文档区域打开，其默认视图为“窗体视图”，如图 4-1-42 所示。实际上，使用“表格”布局的窗体即为多项目窗体。

图 4-1-42　学生信息表格窗体

7）如果在“窗体向导”对话框中选择数据源为“学生成绩”表，并选择其全部字段，选择“数据表”布局，指定窗体标题为“学生成绩数据表窗体”，窗体创建完成后在文档区域打开，其默认视图为“数据表视图”，如图 4-1-43 所示。实际上，使用“数据表”布局的窗体即为数据表窗体。

8）如果在“窗体向导”对话框中选择数据源为“学生信息”表并选择其全部字段，选择“两端对齐”布局，指定窗体标题为“学生信息两端对齐窗体”，窗体创建完成后在文档区域打开，其默认视图为“窗体视图”，如图 4-1-44 所示。使用“两端对齐”布局的窗体即为对齐窗体，其窗体元素与窗体边界对齐。如果要选择使用“样式”，先切换

学生ID	科目	考试日期	场次	分数
2020020001	数学	2021年12月29日	下午	97.00
2020020001	语文	2021年12月30日	下午	98.00
2020020002	数学	2021年12月29日	下午	94.00
2020020002	语文	2021年12月30日	下午	94.00
2020020003	数学	2021年12月29日	下午	93.00
2020020003	语文	2021年12月30日	下午	92.00
2020020004	数学	2021年12月29日	下午	91.00
2020020004	语文	2021年12月30日	下午	96.00
2021010001	数学	2021年12月29日	上午	94.00
2021010001	语文	2021年12月30日	上午	91.00
2021010002	数学	2021年12月29日	上午	92.00
2021010002	语文	2021年12月30日	上午	93.00

图 4-1-43　学生成绩数据表窗体

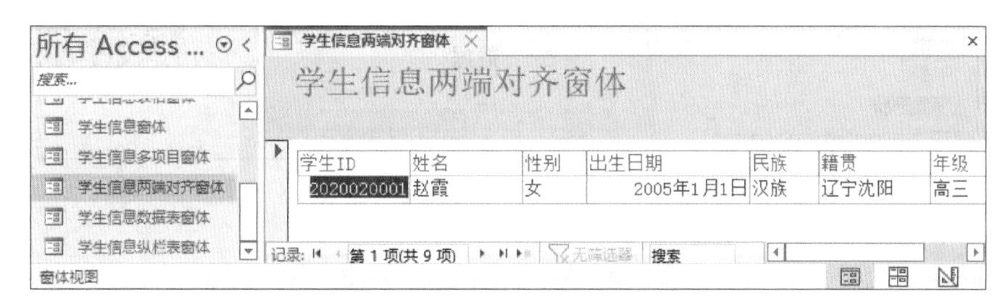

图 4-1-44　学生信息两端对齐窗体

到“布局视图”，单击快速访问工具栏中的“自动套用格式”按钮，再单击选择“自动套用格式向导”命令，如图 4-1-45 所示，在弹出的“自动套用格式”对话框中，选择“办公室”格式，如图 4-1-46 所示，单击“确定”按钮，“办公室”格式的对齐窗体如图 4-1-47 所示。

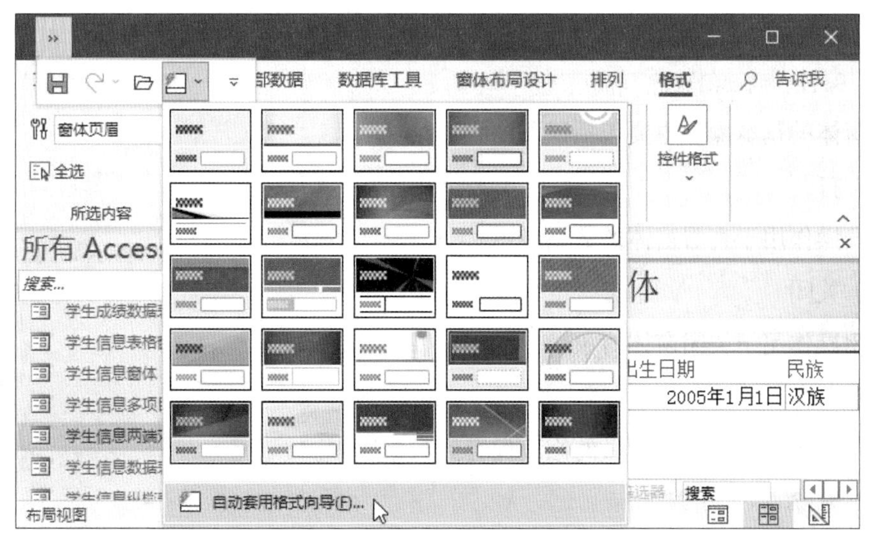

图 4-1-45　单击选择“自动套用格式向导”命令

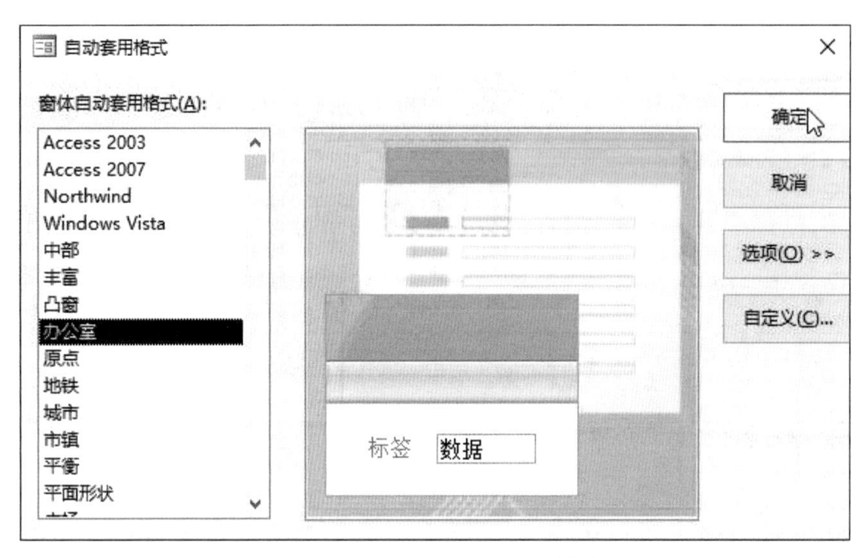

图 4-1-46　选择“办公室”格式

图 4-1-47　“办公室”格式的对齐窗体

3. 窗体基本操作

对窗体的基本操作主要包括以下内容。

（1）打开

打开操作用于查看窗体的数据显示。

（2）关闭

关闭操作用于关闭窗体对象。

（3）保存

保存操作可将对窗体所做的修改保存到数据库中。

（4）删除

删除操作可将窗体从数据库中删除。

（5）复制

复制操作用于复制窗体对象，以便粘贴到数据库中。

（6）剪切

剪切操作用于复制窗体对象，以便粘贴到数据库中，同时删除原有窗体。

（7）粘贴

粘贴操作可将复制的窗体对象粘贴到数据库中。

（8）重命名

重命名操作用于重新命名窗体对象。

（9）在此组中隐藏

在此组中隐藏操作可将窗体对象在原有浏览组中隐藏显示。

（10）窗体属性

窗体属性操作用于查看或修改窗体对象的属性信息。

4．设置窗体外观

（1）设置文本框宽度

打开“学生信息窗体”，将视图切换到“布局视图”，选中“学生 ID”文本框，用鼠标直接拖曳该文本框的右侧边界，即可调整文本框的宽度，如图 4-1-48 所示。对于使用其他布局形式的窗体，设置文本框的宽度都可以采用此操作。

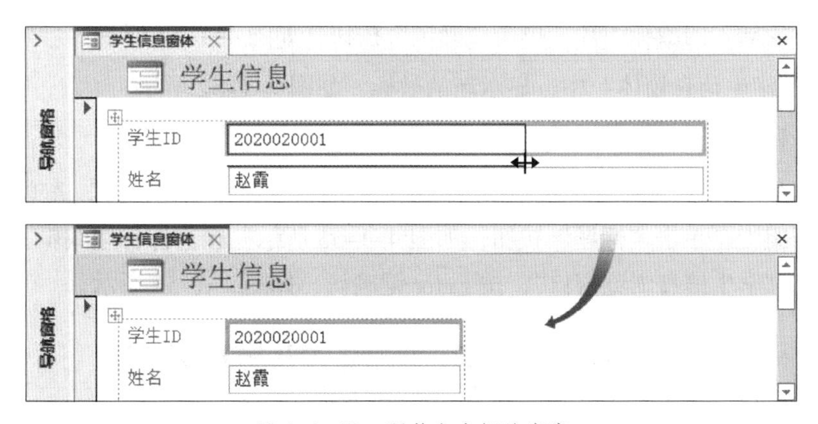

图 4-1-48 调整文本框的宽度

（2）设置文本框高度

在“学生信息窗体”中选中“学生 ID”文本框，用鼠标直接拖曳该文本框的下侧边界，即可调整文本框的高度，如图 4-1-49 所示。对于使用其他布局形式的窗体，设置文本框的高度都可以采用此操作。

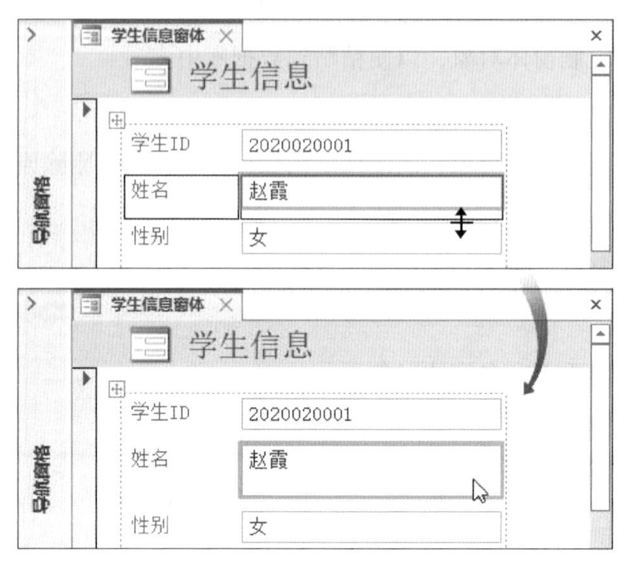

图 4-1-49　调整文本框的高度

（3）设置字体

对窗体的字体设置可参照项目二任务 2 中“设置表外观”的内容进行学习。

（4）设置徽标

1）在“学生信息窗体”中选中窗体徽标，然后在“窗体布局设计”选项卡“页眉 / 页脚”命令组中，单击“徽标”按钮，如图 4-1-50 所示。在弹出的“插入图片”对话框中选择将要插入的徽标图片，单击“确定”按钮，如图 4-1-51 所示。

2）在“学生信息窗体”中，显示新的徽标，如图 4-1-52 所示。

（5）设置标题

1）在“学生信息窗体”中选中窗体标题，然后在“窗体布局设计”选项卡“页眉 / 页脚”命令组中，单击“标题”按钮，如图 4-1-53 所示。在窗体标题编辑文本框中输入新的标题“学生信息浏览窗口”，按 Enter 键确认，如图 4-1-54 所示。

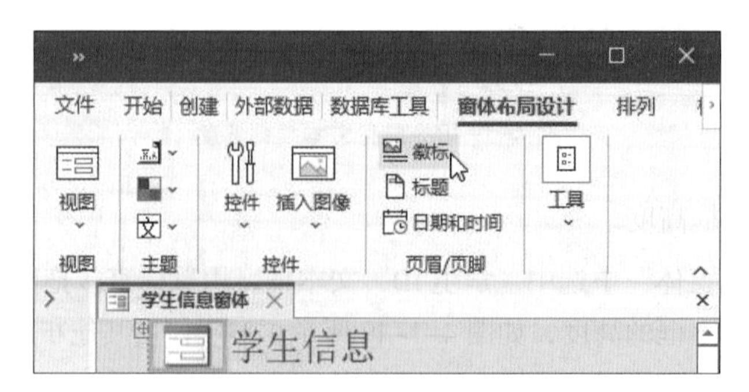

图 4-1-50　单击“徽标”按钮

图 4-1-51 “插入图片”对话框

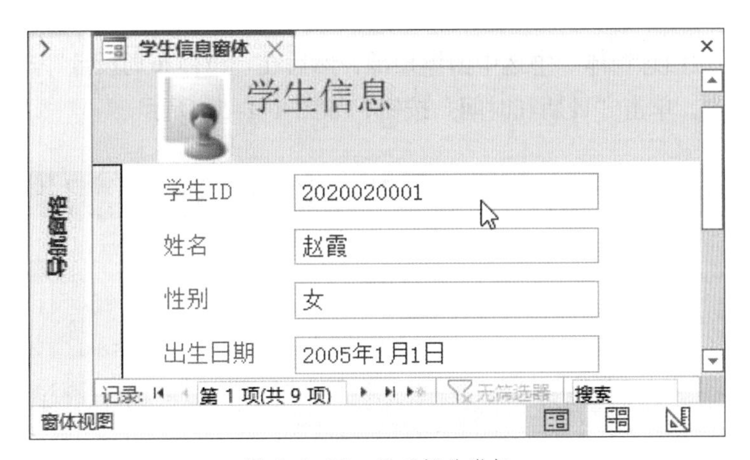

图 4-1-52 显示新的徽标

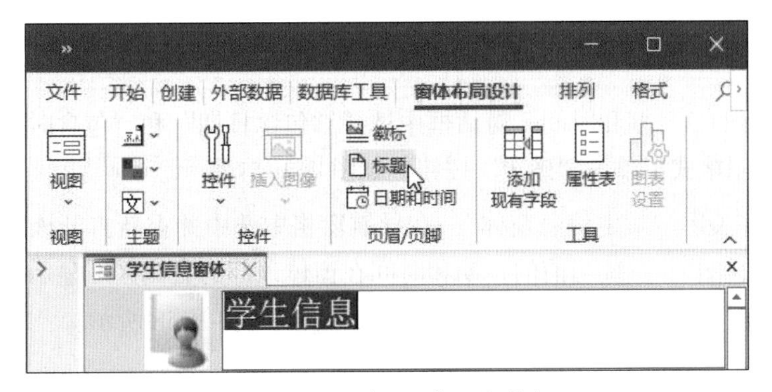

图 4-1-53 单击“标题”按钮

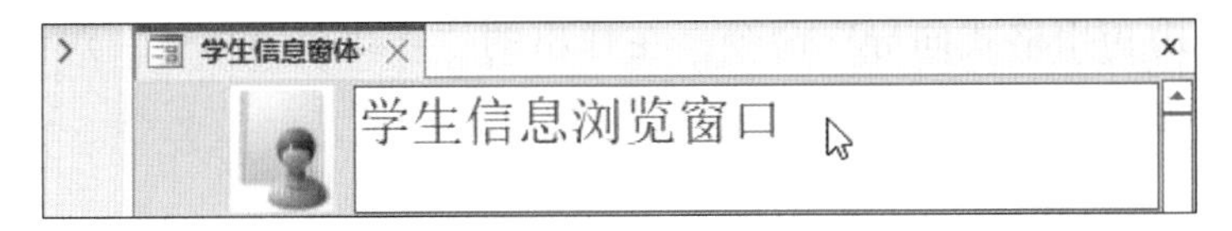

图 4-1-54 输入新的窗体标题

2）在“学生信息窗体”中，显示新的窗体标题，如图 4–1–55 所示。

图 4-1-55　显示新的窗体标题

（6）设置日期和时间

1）在“学生信息窗体”中选中窗体顶部，然后在“窗体布局设计”选项卡“页眉 / 页脚”命令组中，单击“日期和时间”按钮，如图 4–1–56 所示。

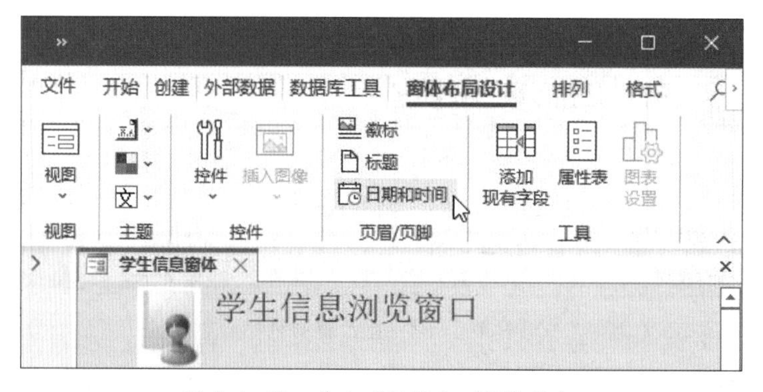

图 4-1-56　单击“日期和时间”按钮

2）在弹出的“日期和时间”对话框中选择“包含日期”和“包含时间”选项，并选择默认的显示格式，单击“确定”按钮，如图 4–1–57 所示。

3）保存并关闭“学生信息窗体”，在导航窗格中选中并重新打开该窗体，其默认视图为“窗体视图”，系统当前的日期和时间在窗体顶部的右侧区域显示出来，以后每次打开该窗体时都会加载系统实时的日期和时间，如图 4–1–58 所示。

（7）自动套用格式

1）将视图切换到“布局视图”，单击快速工具栏中的“自动套用格式”按钮，再单击选择“自动套用格式向导”命令，在弹出的“自动套用格式”对话框中，选择“市镇”格式，如图 4–1–59 所示。

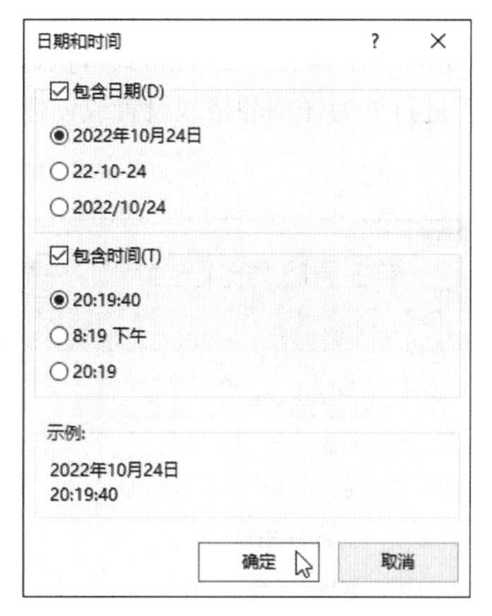

图 4-1-57 “日期和时间”对话框

图 4-1-58　窗体加载系统日期和时间

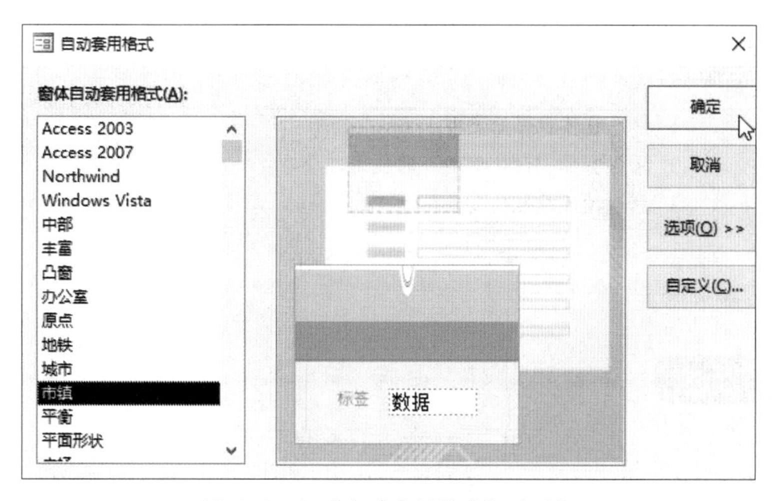

图 4-1-59 “自动套用格式”对话框

2）将视图切换到“窗体视图”，可见原有的默认格式自动套用为“市镇”格式显示，如图 4-1-60 所示。Access 2021 提供了 25 种格式可供选择，也可以单击格式库底部的“自动套用格式向导”进行更为详细的格式设置或创建并保存自定义的格式以套用在窗体中。

图 4-1-60　自动套用“市镇”格式显示

任务 2　设计学生信息窗体

1. 熟悉窗体控件的类型。
2. 掌握窗体“设计视图”的使用。
3. 熟悉控件属性的设置。

使用美观的窗体可以直观地展示和管理特定的信息，但是与在其他应用程序中遇到的窗体还是有很多差别。

1. Access 窗体和进入 Windows 操作系统时的登录窗体相比，没有类似可以方便地选择“用户名”的组合框或下拉菜单，也没有类似可以通过单击来执行“登录”或“重新启动”操作的按钮。

2. Access 窗体和设置 Windows 桌面显示属性时的窗体相比，没有类似可以方便地选择“桌面背景”的列表框，也没有可以同步显示桌面背景图片的预览区域。

实际上，Access 2021 为窗体设计提供了“设计视图”，不仅能够在窗体中添加组合框、下拉菜单、按钮、列表框，还能添加超链接和附件等控件。

本任务的内容是完成学生信息窗体的设计，学习上述控件的使用方法。

一、窗体控件

在窗体对象中承载各类信息或可以选择执行操作的元素称为窗体控件。

1. 基本控件

最常用的基本控件有以下 5 种。

（1）文本框

文本框控件可用来显示、输入和修改数据库表中的记录。

（2）标签

标签控件可用来显示不可更改的信息，例如字段的名称。

（3）标题

标题控件可用来显示窗体的主题。

（4）徽标

徽标控件可使用图片表征窗体的主题。

（5）日期和时间

日期和时间控件可以加载显示系统当前的日期和时间。

2. 常用控件

在设计相对复杂的窗体时经常用到以下 5 种常用控件。

（1）组合框

组合框控件可以通过下拉菜单选择一个选项来触发一个事件，例如，在绑定了“学生信息”表的字段“学生 ID”的组合框中选择不同的“学生 ID”可以查看对应的学生个人信息。

（2）列表框

列表框控件可以通过列表中选择一个选项来触发一个事件，功能和组合框相似。

（3）图表

图表控件可以以图表的形式显示数据库中的特定统计信息。

（4）图像

图像控件可以使用图像来显示某类信息，例如显示同学的照片。

（5）按钮

按钮控件可以通过单击操作来触发一个事件，例如关闭窗体。

3. 特殊控件

在设计具有某些特殊功能的窗体时可能还会用到以下 6 种特殊控件。

（1）复选框

复选框控件用于表示相关联的选项是否处于被选中的状态。

（2）单选框

单选框控件用于表示在一组互斥的选项中是否处于被选中的状态。

（3）选项组

选项组控件将相互关联的选项（包括复选框或单选框）放在一组中使用。

（4）矩形

矩形控件将相互关联的窗体控件放在矩形框图中，以区别于其他窗体控件。

（5）选项卡

选项卡控件用来在多个选择页面存放显示不同种类的信息，常与矩形控件一起使用。

（6）子窗体

子窗体控件可以通过直接加载已有的窗体或创建新的窗体作为母窗体的一部分，共同显示数据库中的信息。

二、控件属性

与设计数据库表时要通过设置字段的属性信息一样，在窗体设计时也可以通过设置控件的属性信息，以完成特定的功能。按照功能不同，控件属性主要分为 5 种，见表 4-2-1。

表 4-2-1　控件属性的分类

类型	说明
格式	对影响外观显示的属性进行更精确的设置，如高度、宽度、字体、字号和对齐方式等
数据	对影响所显示的数据内容属性进行默认值和有效性规则等设置，如控件来源、文本格式、默认值和有效性规则等
事件	选择当对控件进行操作时将要触发的事件，如单击、双击、获取焦点、更改和鼠标按下等
其他	对影响控件使用的其他类别属性进行设置，如名称、控件提示文本、Tab 键索引和输入法模式等
全部	对影响控件使用的以上全部属性进行设置

三、实践操作

1. 查看窗体设计

（1）查看基本窗体的设计

1）打开数据库文件“学生信息 .accdb”，右键单击导航窗格中“学生信息窗体”标签，单击“打开”按钮，默认视图为“窗体视图”，打开“学生信息窗体”，如图 4-2-1 所示。

图 4-2-1　打开“学生信息窗体”

2）在文档区域右键单击窗体标签，单击“设计视图”按钮，窗体的视图会切换为“学生信息窗体”的设计界面，“开始”选项卡也切换到“表单设计”选项卡，基本窗体的

“设计视图”如图 4-2-2 所示。在文档区域，窗体被分为“窗体页眉”“主体”和“窗体页脚”三个区域，其中“窗体页眉”区域主要放置“标题”“徽标”和“日期和时间”等窗体的辅助数据显示控件，而“主体”区域主要放置“标签”“文本框”“图像”和“子窗体”等窗体的主体数据显示控件，“窗体页脚”区域主要放置“页码”等窗体的辅助数据显示控件。一般不在“窗体页脚”区域进行设计工作，而主要在“窗体页眉”区域和“主体”区域进行设计工作。

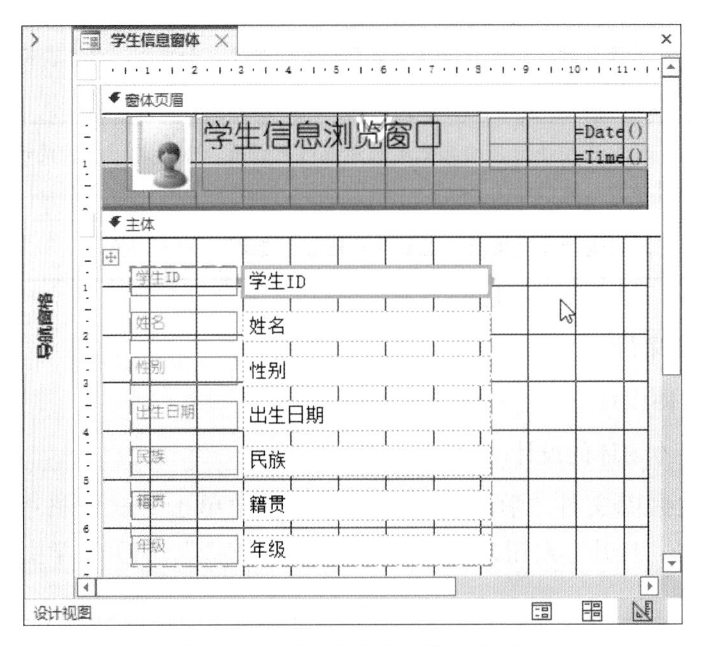

图 4-2-2　基本窗体的“设计视图”

3）通过“窗体布局设计”选项卡“控件”命令组进行窗体设计时，可以使用此命令组添加各类控件，使得窗体界面更加友好丰富，如图 4-2-3 所示。

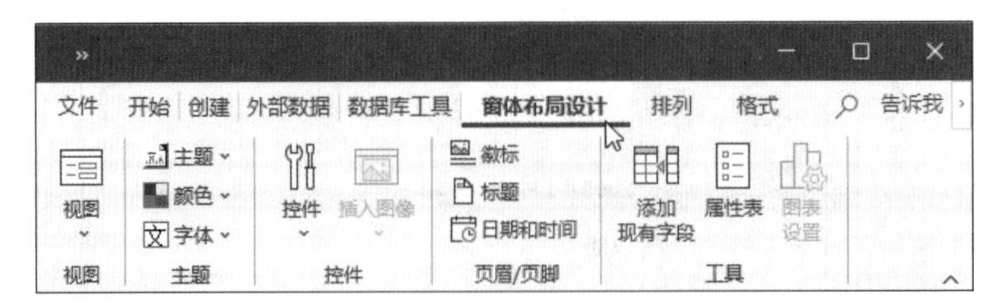

图 4-2-3　“窗体布局设计”选项卡

4）通过“排列”选项卡及“格式”选项卡的命令组进行窗体设计时，可以使用这两个命令组设置控件布局，使得窗体界面更加有序美观，“排列”选项卡和“格式”选项卡分别如图 4-2-4、图 4-2-5 所示。

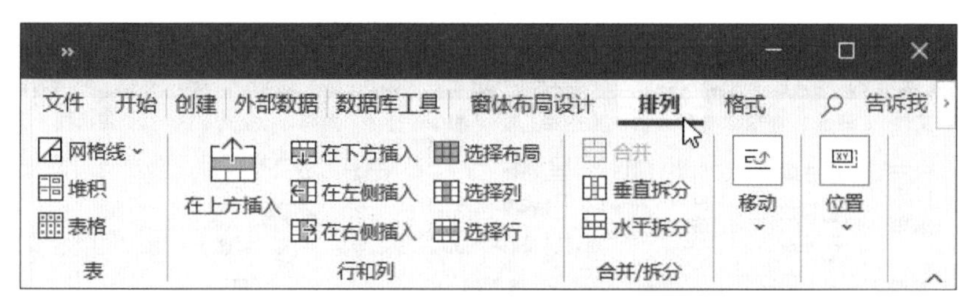

图 4-2-4　“排列”选项卡

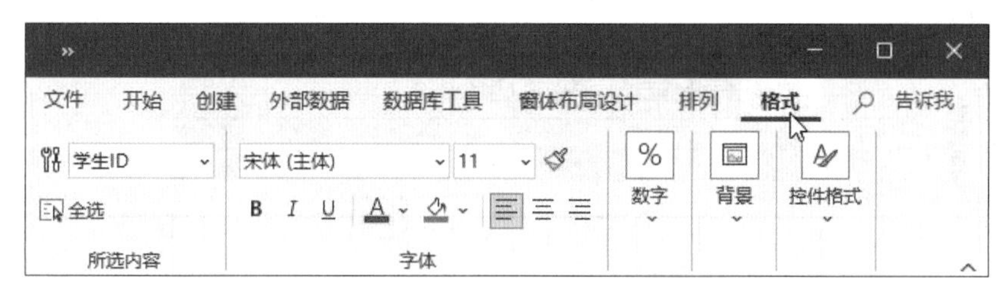

图 4-2-5　“格式”选项卡

（2）查看多项目窗体的设计

打开“学生信息多项目窗体”，将视图切换到“设计视图”，多项目窗体的“设计视图”如图 4-2-6 所示。与“学生信息窗体”进行比较，主要的区别在于两者标签和文本框的布局方式和位置不同，“学生信息多项目窗体”中的各文本框和标签采用了表格布局方式，标签位于文本框的上部，且处于“窗体页眉”区域；而“学生信息窗体”中的各文本框和标签采用了堆叠布局方式，标签位于文本框的左侧，同处于“主体”区域。

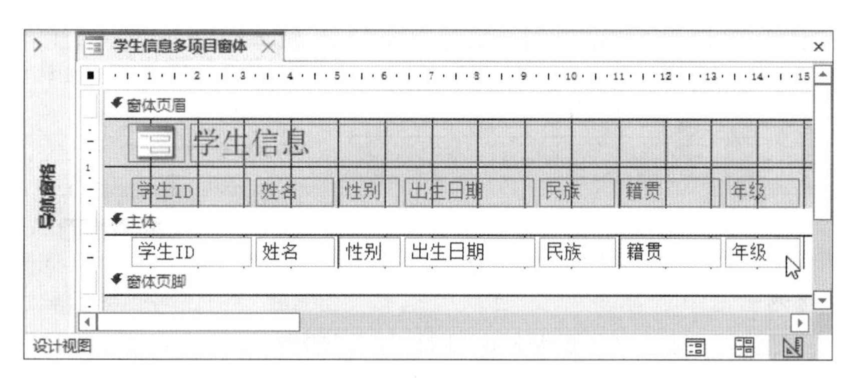

图 4-2-6　多项目窗体的“设计视图”

2. 修改窗体设计

（1）修改徽标的设计

1）打开“学生信息窗体”，将视图切换到“设计视图”，选中窗体徽标，然后在“表单设计”选项卡“工具”命令组中，单击“属性表”按钮，如图 4-2-7 所示。

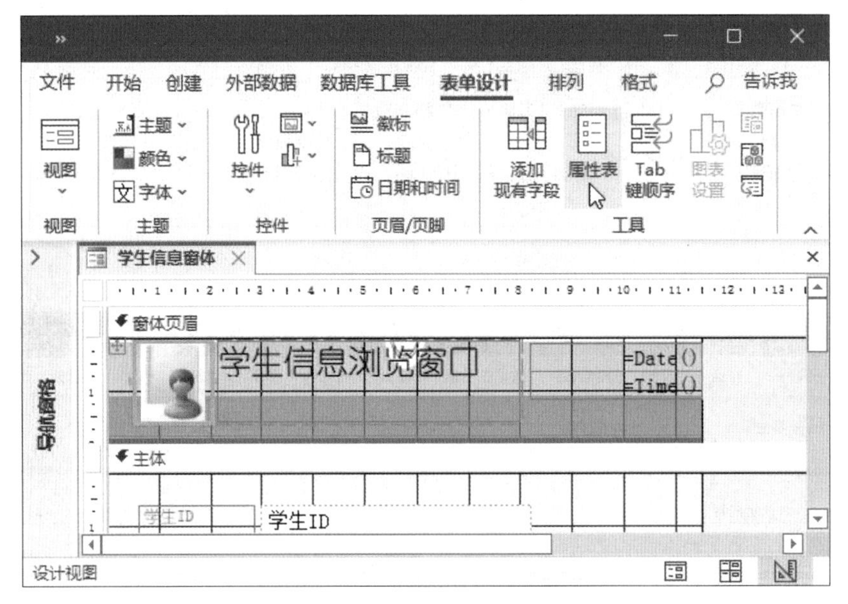

图 4-2-7　单击“属性表”按钮

2）“属性表”窗口在窗体的右侧打开，从“属性表”窗口的顶部可以看到，实际上“徽标”的类型为“图像”，在此处的名称为“Auto_Logo0”，在“格式”属性选项卡页面可以看到多种有关外观显示的属性信息，例如“可见”“图片类型”“图片”“图片平铺”等，在“可见”属性下拉菜单中将默认的“是”改为“否”，如图 4-2-8 所示。

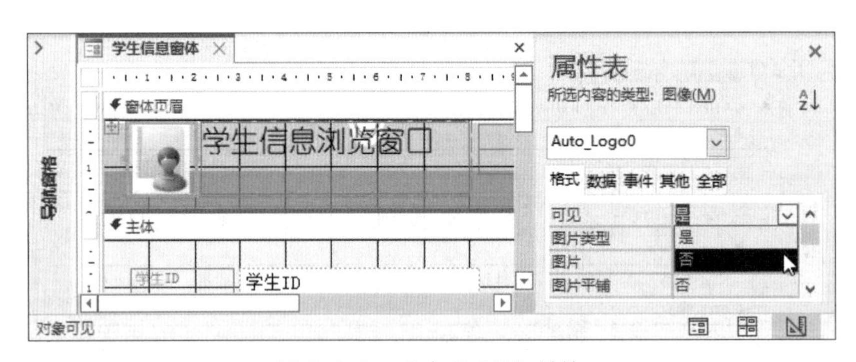

图 4-2-8　更改“可见”属性

3）将视图切换到“窗体视图”，原有的徽标不再显示，如图 4-2-9 所示。

图 4-2-9　原有的徽标不再显示

4）将视图切换为“设计视图”，在“可见”属性下拉菜单中将“否”改为“是”，在“特殊效果”属性下拉菜单中将默认的“平面”改为“蚀刻”，如图 4–2–10 所示。

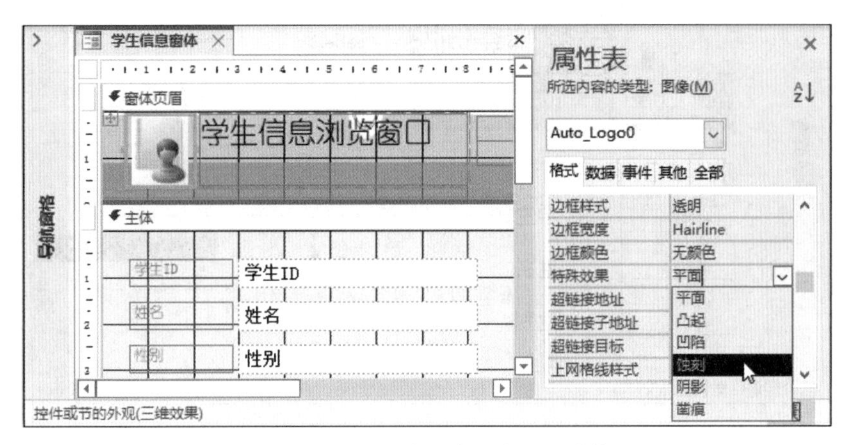

图 4–2–10　更改“特殊效果”属性

5）将视图切换到“窗体视图”，徽标再次显示，且表现为“蚀刻”效果，如图 4–2–11 所示。

图 4–2–11　“蚀刻”效果的徽标

（2）修改标签的设计

1）打开“学生信息窗体”，将视图切换到“设计视图”，选中“姓名”标签，打开“属性表”窗口，在“其他”选项卡页面的“垂直”属性下拉菜单中将默认的“否”改为“是”，如图 4–2–12 所示。

2）将视图切换到“窗体视图”，“姓名”标签由“水平显示”修改为“垂直显示”，如图 4–2–13 所示。

（3）修改文本框的设计

1）打开“学生信息窗体”，将视图切换到“设计视图”，选中“出生日期”文本框，打开“属性表”窗口，如图 4–2–14 所示，在“数据”选项卡页面的“控件来源”属性中将默认的“出生日期”改为“=Date( )”，即显示系统当前日期而不是数据库表中相应记录。

2）将视图切换到“窗体视图”，“出生日期”文本框由原有的从数据库表中读取的记录“2005 年 1 月 1 日”变为系统当前日期“2022 年 10 月 24 日”，如图 4–2–15 所示。

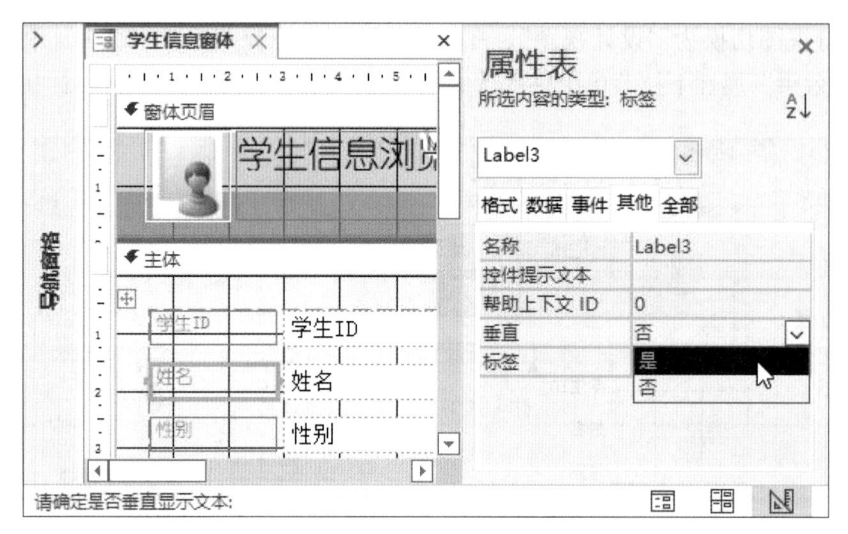

图 4-2-12　更改为“垂直”属性

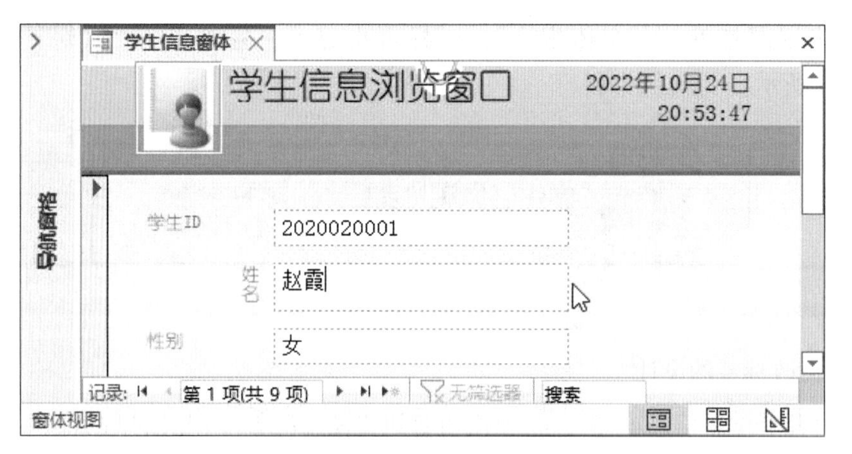

图 4-2-13　标签变为“垂直显示”

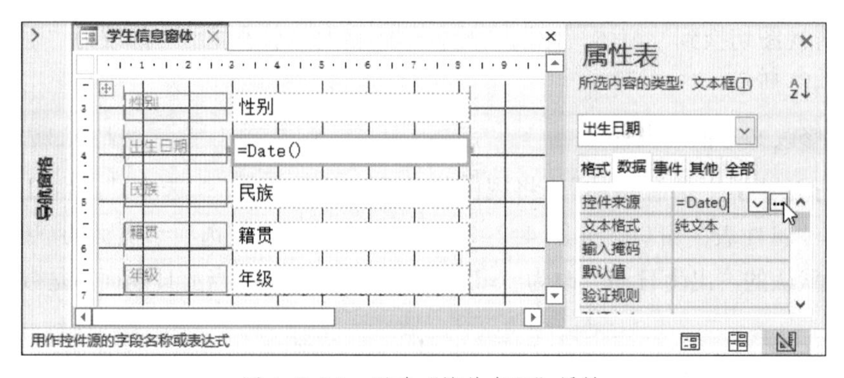

图 4-2-14　更改“控件来源”属性

图 4-2-15 “出生日期”文本框数据变化

3. 创建应用窗体设计

想要利用“学生成绩 _ 交叉表”作为数据源设计一个较为复杂的窗体，使用图表控件显示学生各科目的成绩，并使用组合框控件提供学生的“姓名”信息，则该窗体设计的主要步骤包括创建新窗体、添加图表控件、添加组合框控件、设置组合框控件属性、测试窗体整体设计效果。

（1）创建新窗体

1）打开数据库文件“学生信息 .accdb”，在“创建”选项卡“窗体”命令组中，单击“窗体向导”按钮，弹出“窗体向导”对话框，在该对话框的“表 / 查询”下拉菜单中选择窗体的数据源“查询：学生成绩 _ 交叉表”，将该查询包含的全部字段从“可用字段”列表中添加到“选定字段”列表中，单击“下一步”按钮，如图 4–2–16 所示。在“窗体向导”对话框中单击选择使用“表格”布局，单击“下一步”按钮，如图 4–2–17 所示。

2）在“窗体向导”对话框中，指定窗体标题为“学生成绩 _ 交叉表窗体”，并选择“修改窗体设计”选项，单击“完成”按钮，如图 4–2–18 所示。

3）“学生成绩 _ 交叉表窗体”随即在文档区域打开，其默认视图为“设计视图”，查看窗体的设计显示，如图 4–2–19 所示。

4）对“学生 ID”“总计分数”“数学”和“语文”4 个文本框及对应标签的宽度和位置进行调整，使其显示比例均匀，如图 4–2–20 所示。

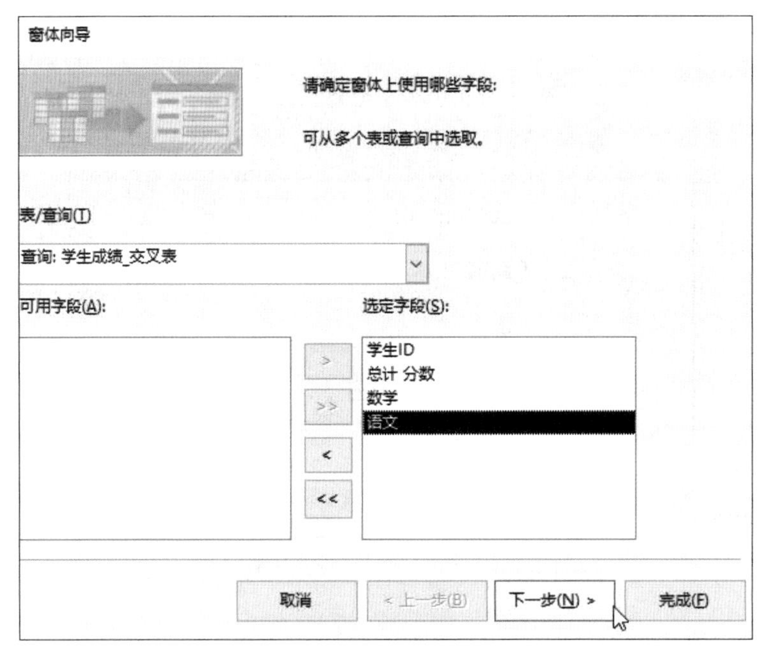

图 4-2-16　选择窗体的数据源和字段

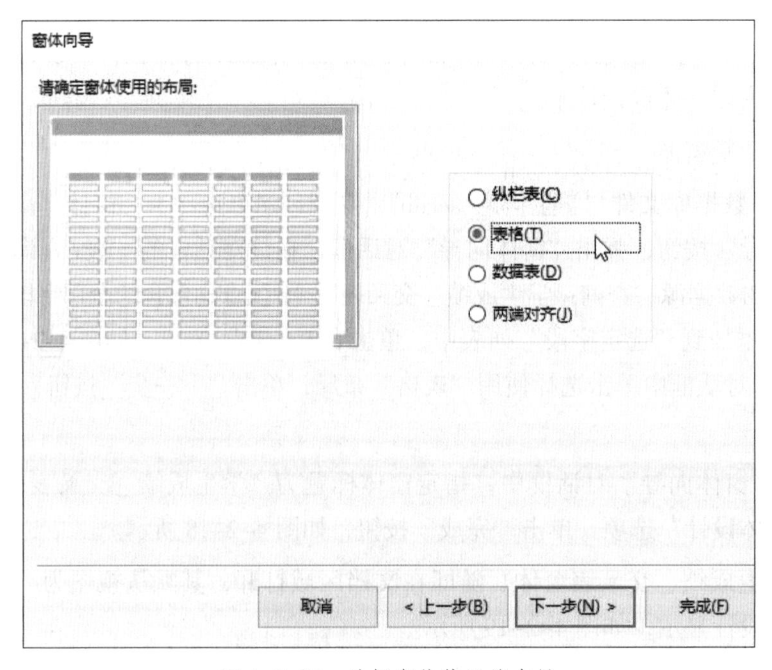

图 4-2-17　选择窗体使用的布局

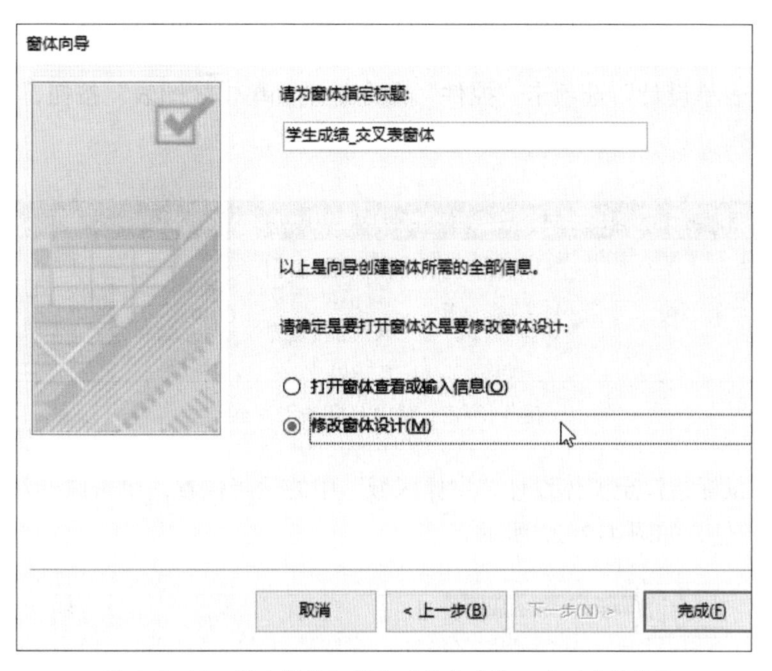

图 4-2-18　指定窗体标题为"学生成绩_交叉表窗体"

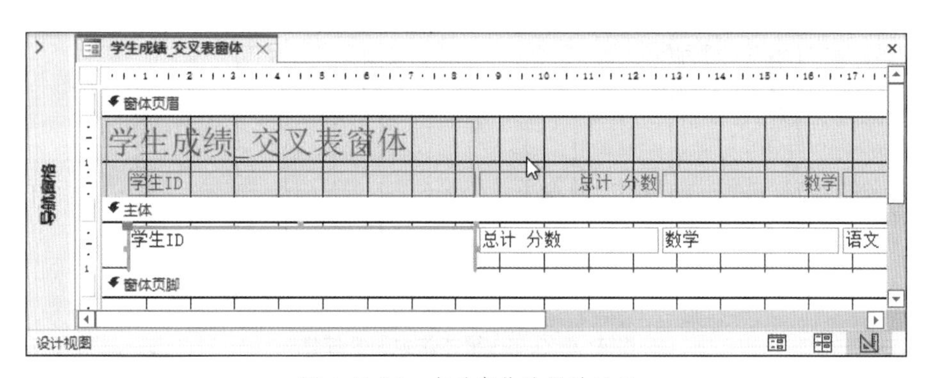

图 4-2-19　查看窗体的设计显示

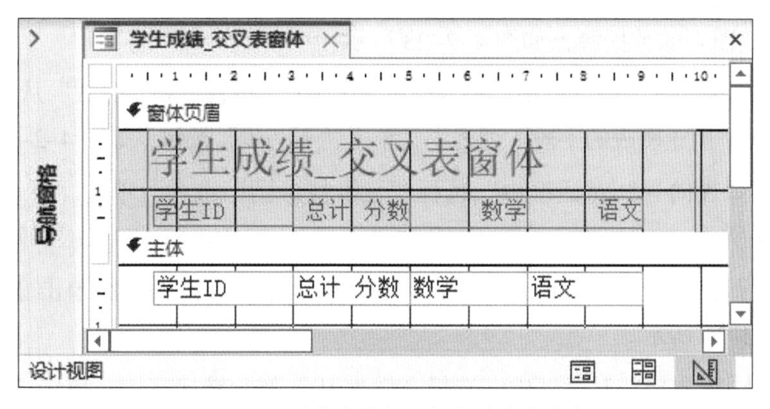

图 4-2-20　调整文本框及标签的宽度和位置

（2）添加图表控件

1）在“表单设计”选项卡“控件”命令组中，单击“图表”按钮，如图 4–2–21 所示。

图 4–2–21　单击“图表”按钮

2）移动鼠标指针至窗体设计“主体区域”中的适当位置，单击鼠标左键即可向窗体添加图表控件，如图 4–2–22 所示。

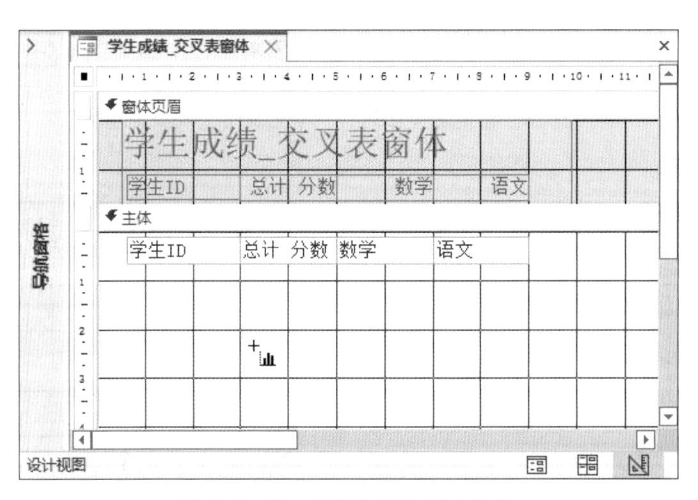

图 4–2–22　向窗体添加图表控件

3）添加图表控件后，弹出“图表向导”对话框，在该对话框中选择“表：学生成绩”作为创建图表的数据源，如图 4–2–23 所示。

4）在“图表向导”对话框中，将字段“学生 ID”“科目”和“分数”从“可用字段”列表中添加到“用于图表的字段”列表中，单击“下一步”按钮，如图 4–2–24 所示。

5）在“图表向导”对话框中，选择“三维柱形图”选项，单击“下一步”按钮，如图 4–2–25 所示。

6）在“图表向导”对话框中，指定数据在图表中的布局方式，单击“下一步”按钮，如图 4–2–26 所示。

7）在“图表向导”对话框中，选择“学生 ID”作为链接字段，单击“下一步”按钮，如图 4–2–27 所示。

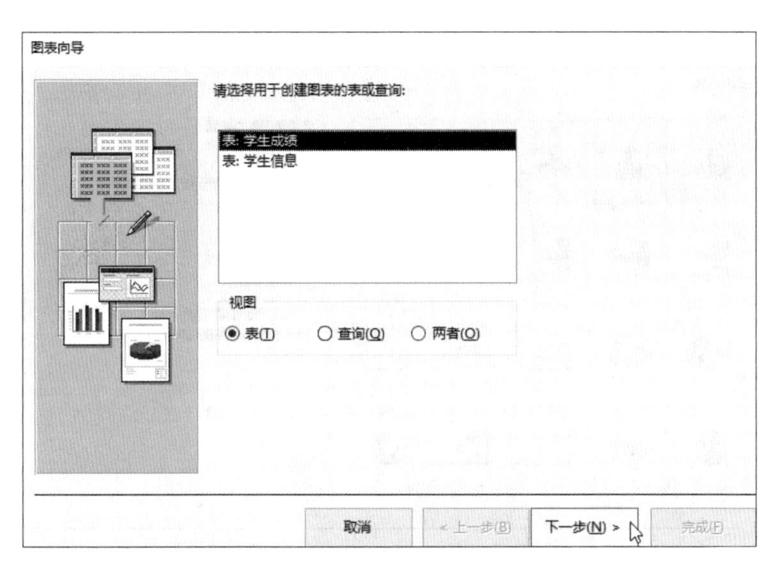

图 4-2-23　选择创建图表的数据源

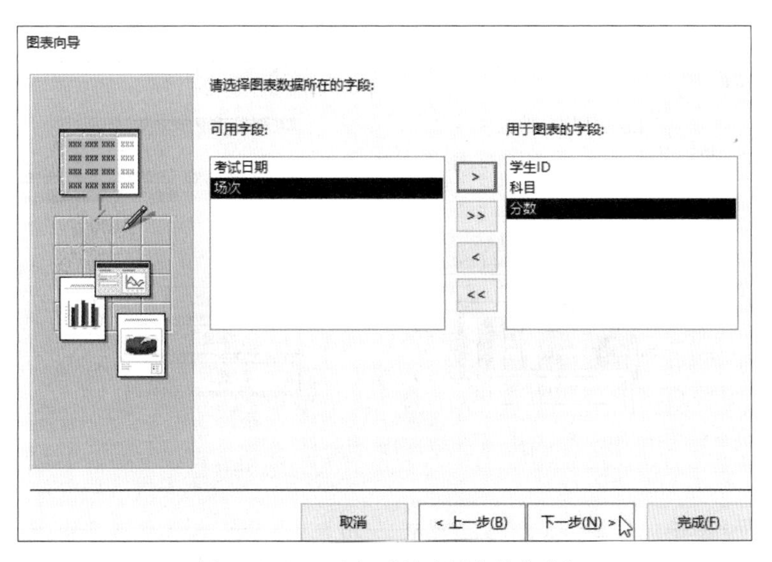

图 4-2-24　添加“用于图表的字段”

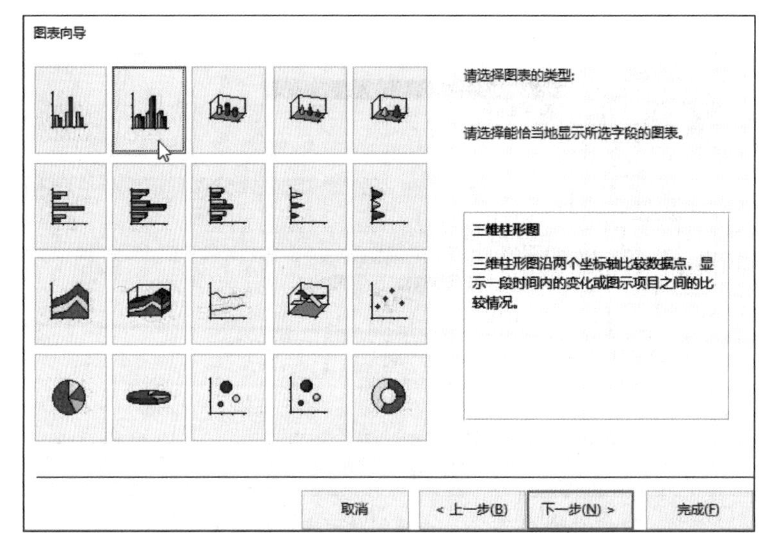

图 4-2-25　选择图表的类型

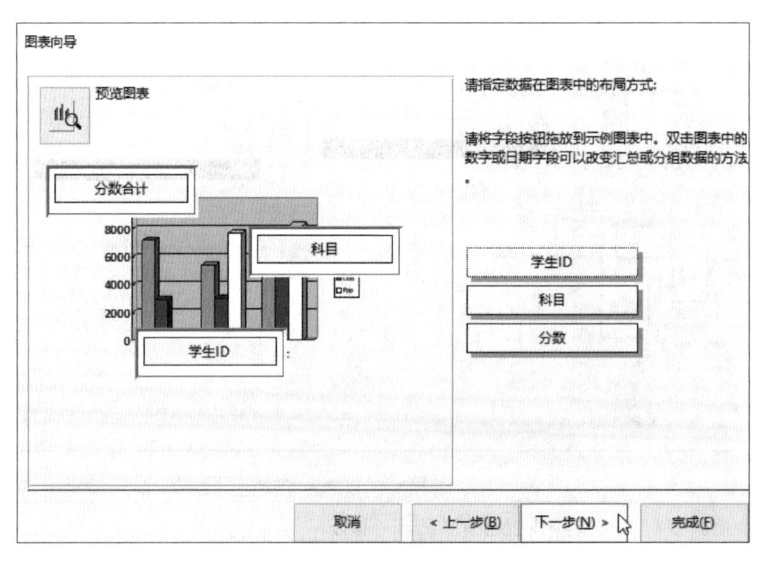

图 4-2-26　指定数据在图表中的布局方式

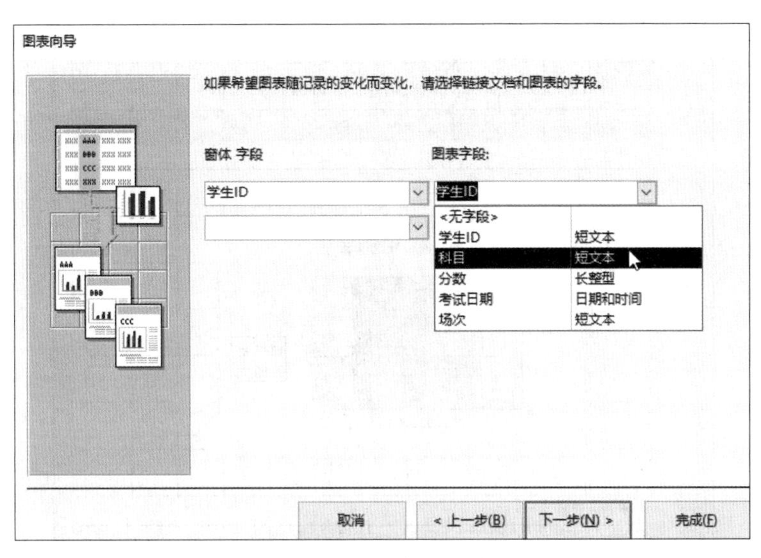

图 4-2-27　选择链接字段

8）在“图表向导”对话框中，输入“学生各科目成绩表”为图表的标题，单击“完成”按钮，如图 4-2-28 所示。

图 4-2-28　输入图表的标题

9）图表“学生各科目成绩表”在窗体设计中添加完成，保存窗体，重新打开后会以其数据源的第一条记录为例显示图表，可以看出，Access 2021 中的图表和 Excel 2021 中的图表样式是一样的，如图 4-2-29 所示。调整该图表的位置和大小，使其与窗体“主体”区域的其他控件对齐。

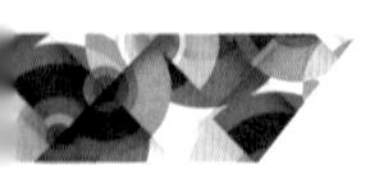

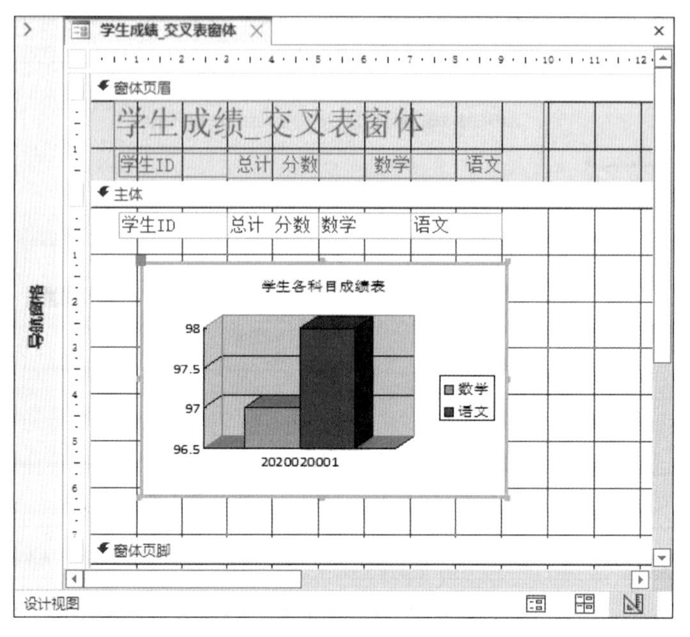

图 4-2-29　图表在窗体设计中添加完成

（3）添加组合框控件“请选择学生 ID”

1）在“表单设计”选项卡“控件”命令组中，单击“组合框”按钮，如图 4-2-30 所示。

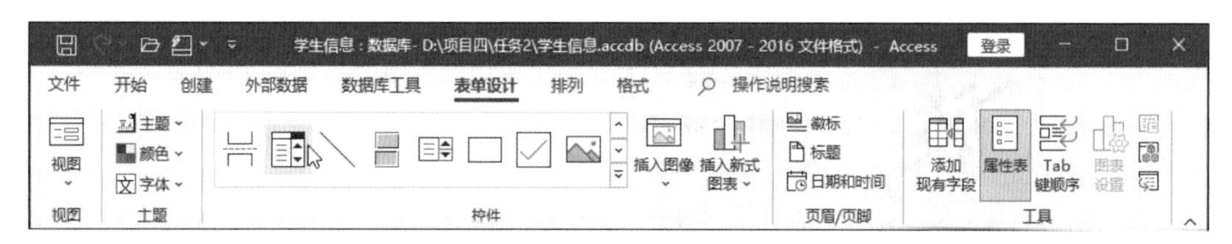

图 4-2-30　单击“组合框”按钮

2）移动鼠标指针至窗体设计“主体”区域的适当位置，单击鼠标左键即可向窗体添加组合框控件，如图 4-2-31 所示。

3）在弹出的“组合框向导”对话框中，组合框获取其数值的方式包括“使用组合框获取其他表或查询中的值”“自行键入所需的值”和“在基于组合框中选定的值而创建的窗体上查找记录”3 个选项，此处选择第三个选项，单击“下一步”按钮，如图 4-2-32 所示。

4）在“组合框向导”对话框中，将字段“学生 ID”从“可用字段”列表中添加到“选定字段”列表中，单击“下一步”按钮，如图 4-2-33 所示。

5）在“组合框向导”对话框中，指定组合框中列的宽度，单击“下一步”按钮，如图 4-2-34 所示。

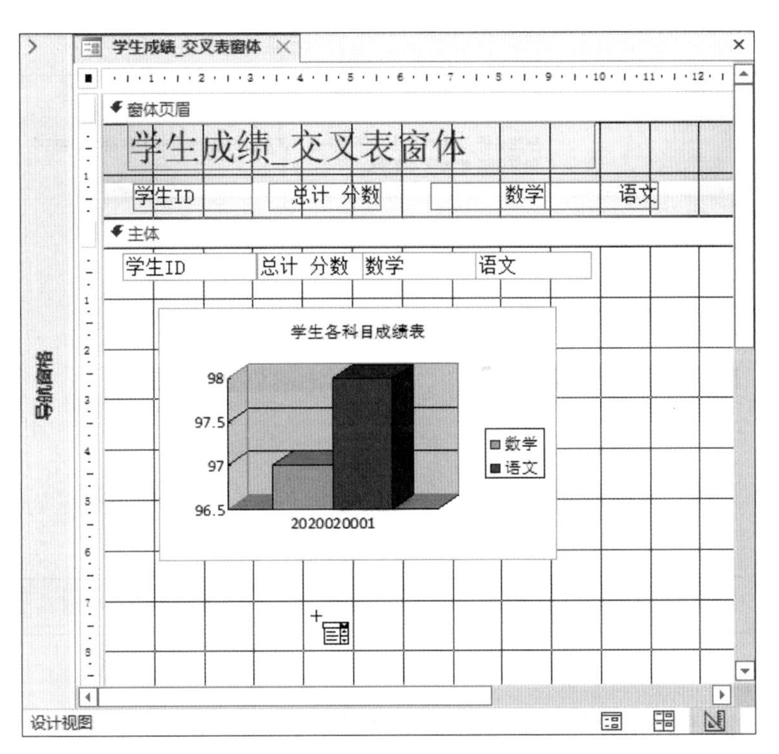

图 4-2-31　向窗体添加组合框控件

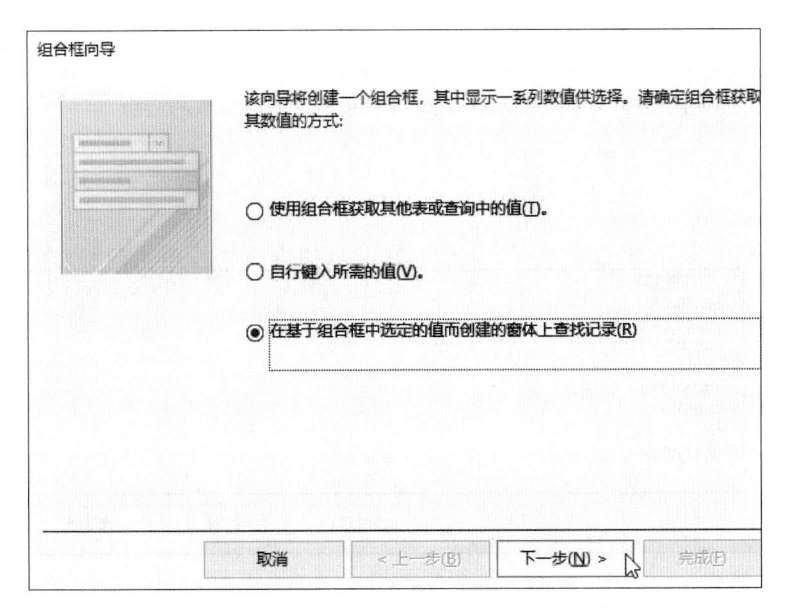

图 4-2-32　选择组合框获取其数值的方式

组合框向导
学生成绩_交叉表 的哪些字段中含有要包含到 组合框 中的数值? 选定的字段将变成 组合框 中的列。
可用字段:
选定字段:
总计 分数
数学
语文
学生ID
>
>>
<
<<
取消
< 上一步(B)
下一步(N) >
完成(F)

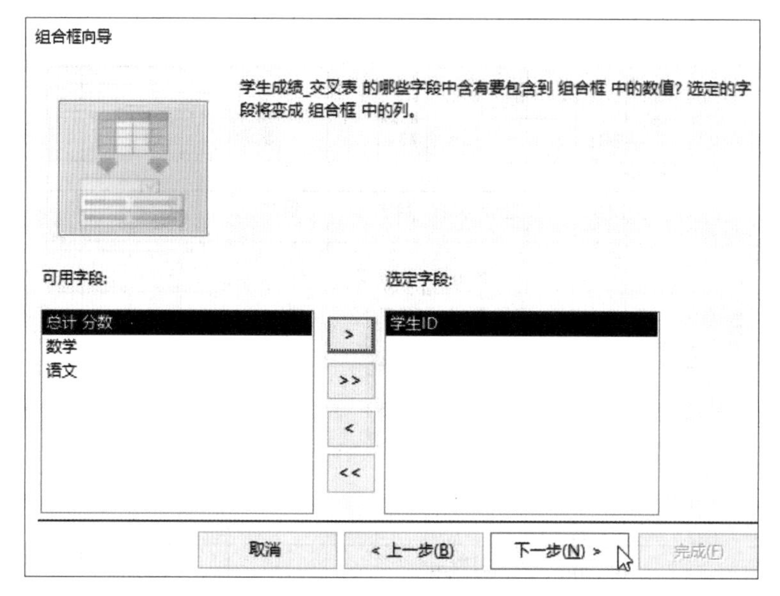

图 4-2-33 选择组合框中列的字段

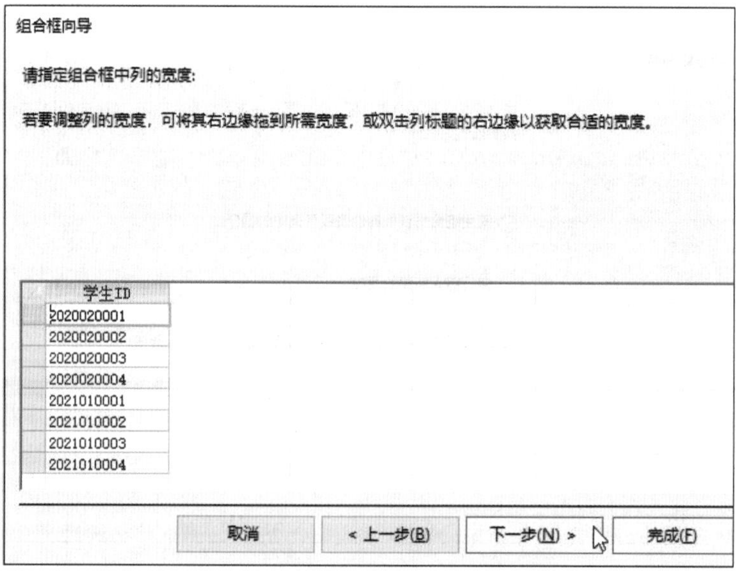

组合框向导
请指定组合框中列的宽度:
若要调整列的宽度，可将其右边缘拖到所需宽度，或双击列标题的右边缘以获取合适的宽度。
学生ID
2020020001
2020020002
2020020003
2020020004
2021010001
2021010002
2021010003
2021010004
取消
< 上一步(B)
下一步(N) >
完成(F)

图 4-2-34 指定组合框中列的宽度

6）在“组合框向导”对话框中，输入组合框标签“请选择学生 ID”，单击“完成”按钮，如图 4-2-35 所示。

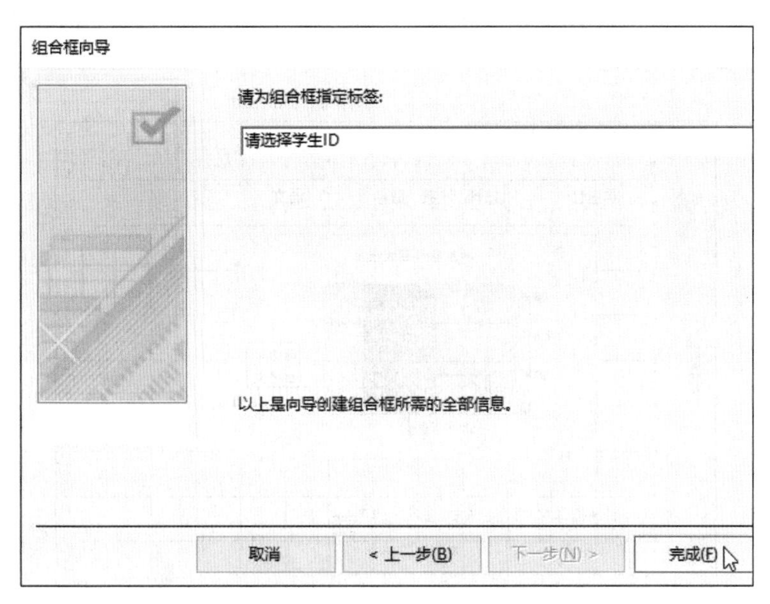

图 4-2-35　输入组合框标签

7）组合框控件“请选择学生 ID”在窗体中添加完成，如图 4-2-36 所示。调整该组合框的位置和大小，使其与“主体”区域的其他控件对齐。

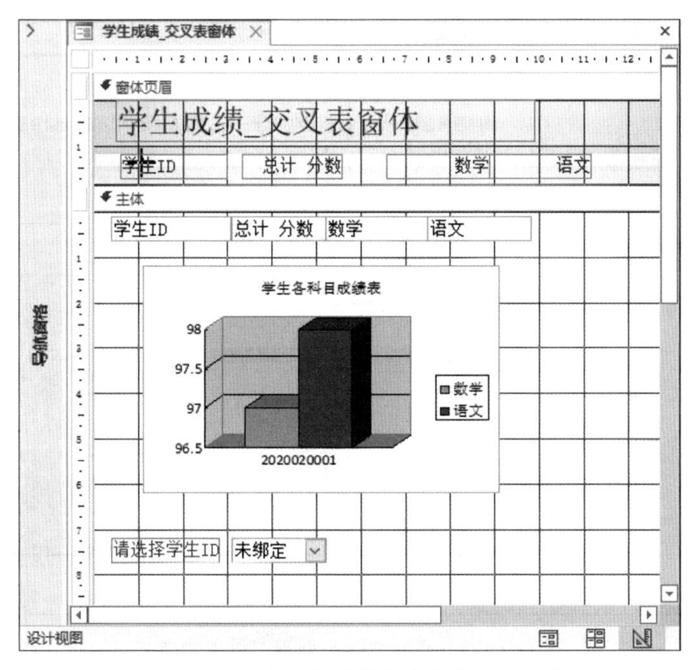

图 4-2-36　组合框控件在窗体中添加完成

（4）添加组合框控件“姓名”

1）在“表单设计”选项卡“控件”命令组中，单击“组合框”按钮，移动鼠标指针至窗体设计“主体”区域的合适位置，单击鼠标左键即可向窗体添加第 2 个组合框控件，如图 4-2-37 所示。

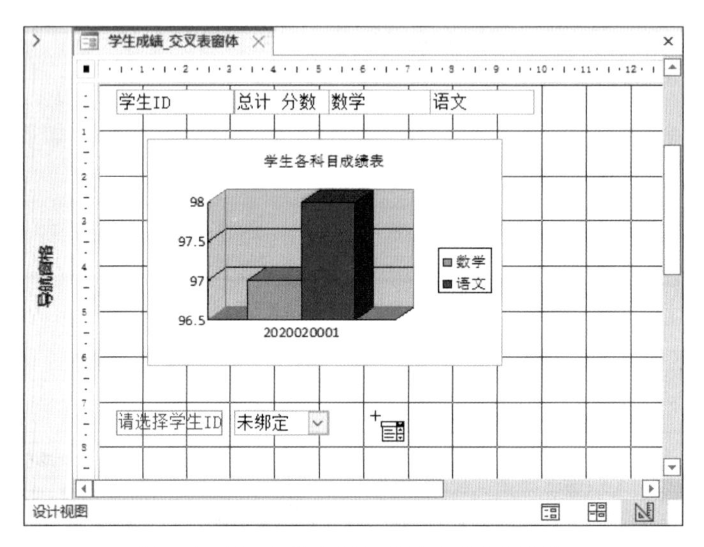

图 4-2-37　向窗体添加第 2 个组合框控件

2）在弹出的“组合框向导”对话框中，选择第一个选项，单击“下一步”按钮，如图 4-2-38 所示。

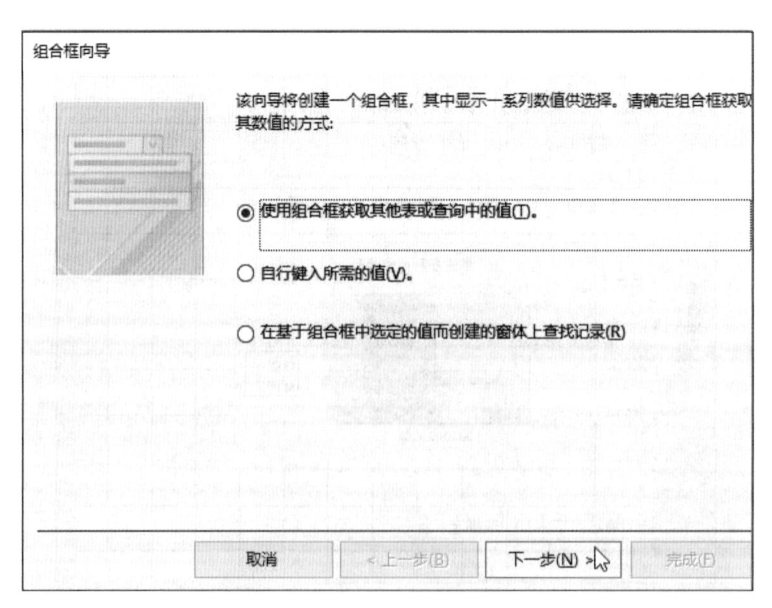

图 4-2-38　选择组合框获取其数值的方式

3）在“组合框向导”对话框中，选择“表：学生信息”为组合框数据源，单击“下一步”按钮，如图 4-2-39 所示。

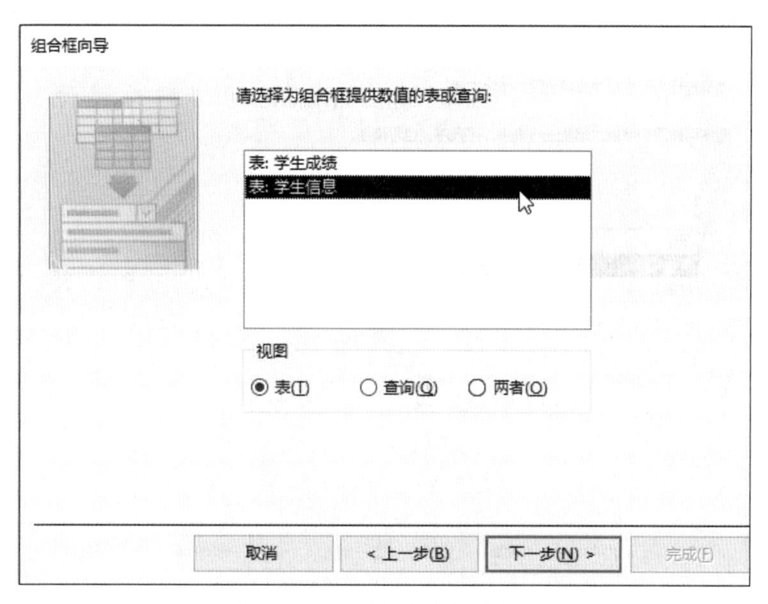

图 4-2-39　选择组合框数据源

4）在“组合框向导”对话框中，将字段“学生 ID”和“姓名”从“可用字段”列表中添加到“选定字段”列表中，单击“下一步”按钮，如图 4-2-40 所示。

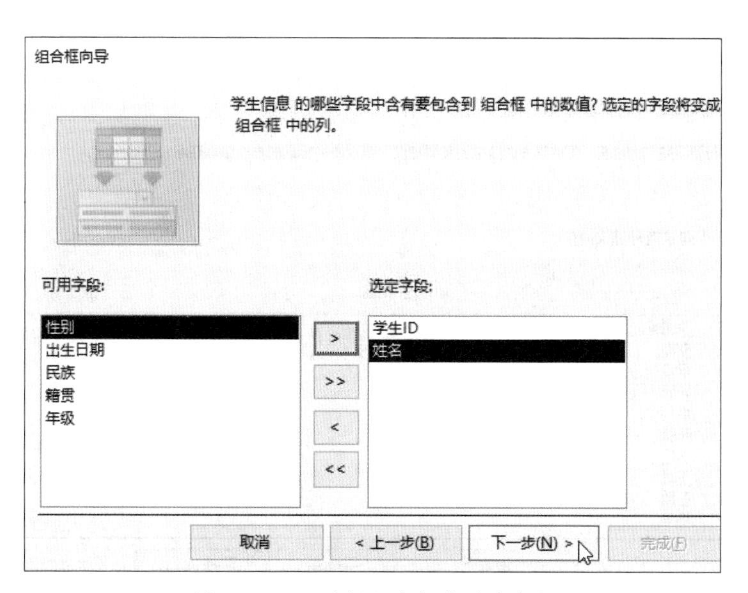

图 4-2-40　选择组合框中列的字段

5）在“组合框向导”对话框中，选择字段“学生 ID”作为排序字段，将组合框的记录进行“升序”排列，单击“下一步”按钮，如图 4-2-41 所示。

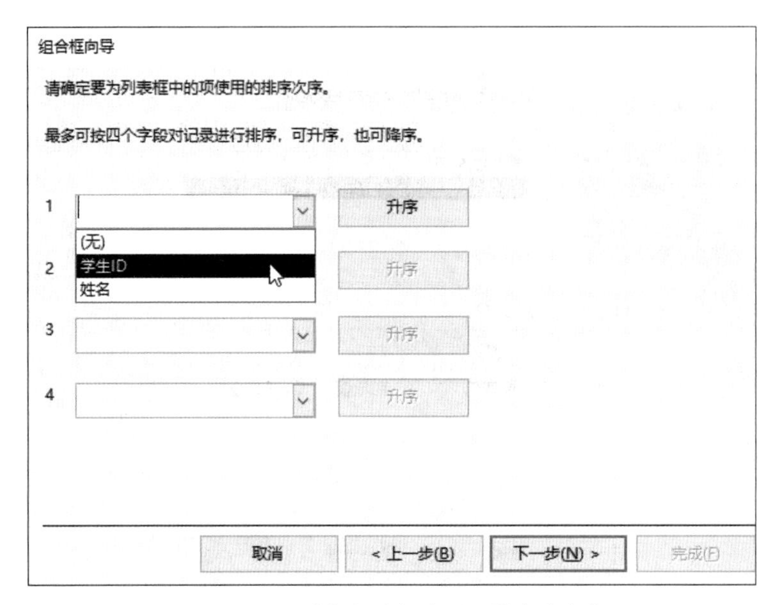

图 4-2-41　选择组合框中用于排序的字段

6）在“组合框向导”对话框中，指定组合框中列的宽度，并勾选“隐藏键列（建议）”复选框，单击“下一步”按钮，如图 4-2-42 所示。

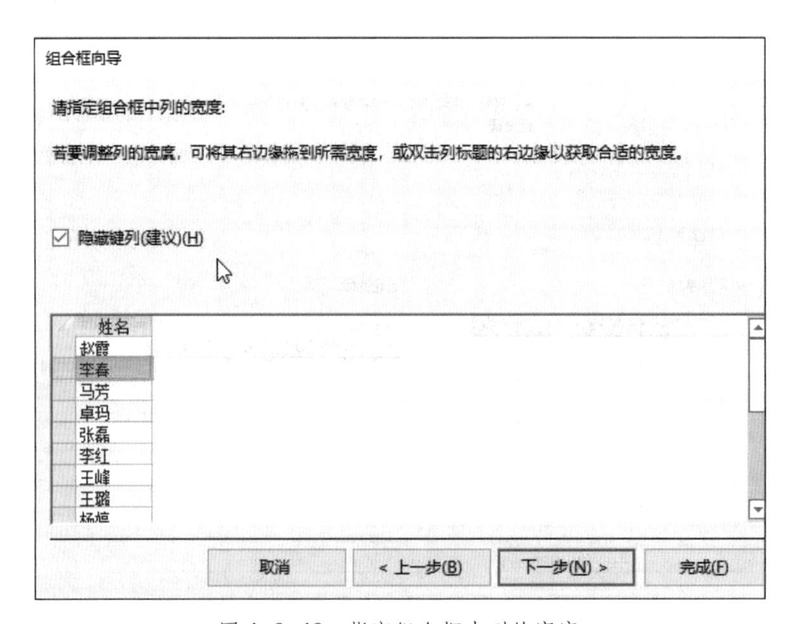

图 4-2-42　指定组合框中列的宽度

7）在“组合框向导”对话框中，选择“记忆该数值供以后使用”选项，单击“下一步”按钮，如图 4–2–43 所示。

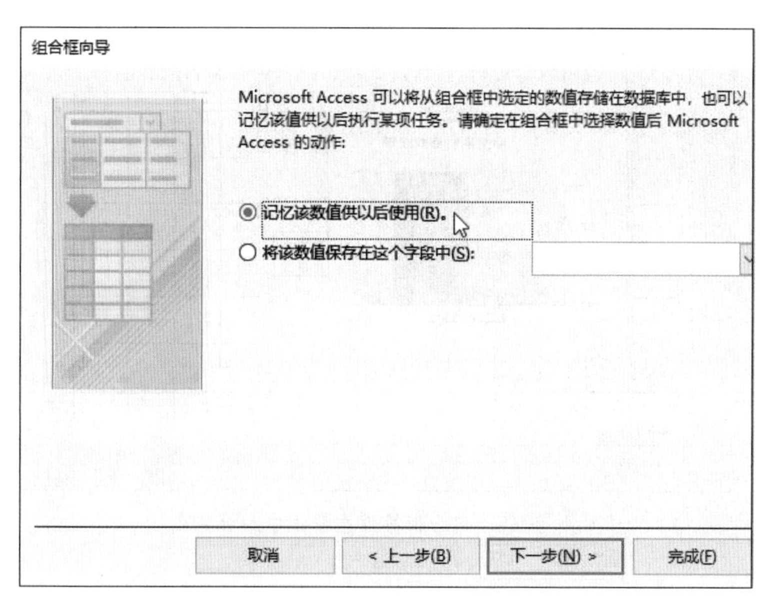

图 4-2-43　选择“记忆该数值供以后使用”选项

8）在“组合框向导”对话框中，输入“姓名”为组合框的标签，单击“完成”按钮，如图 4–2–44 所示。

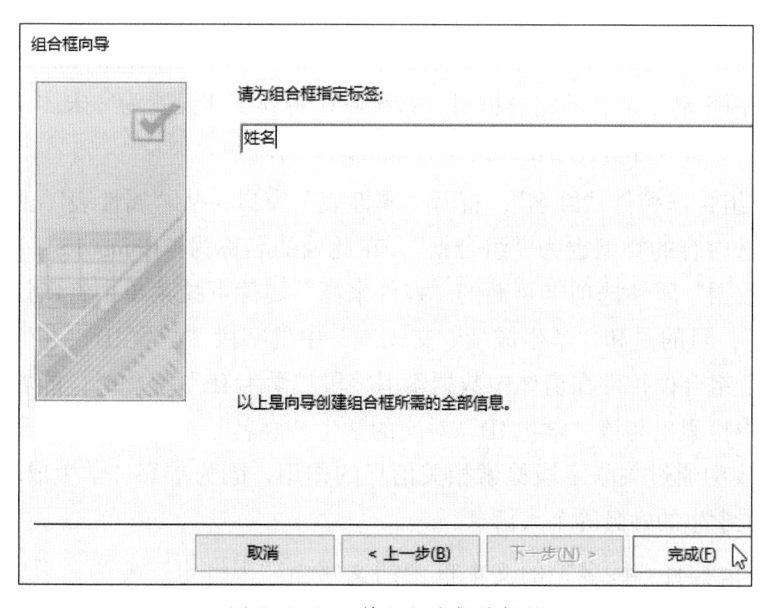

图 4-2-44　输入组合框的标签

9）组合框控件“姓名”在窗体中添加完成，如图 4-2-45 所示。调整该组合框的位置和大小，使其与“主体”区域的其他控件对齐。

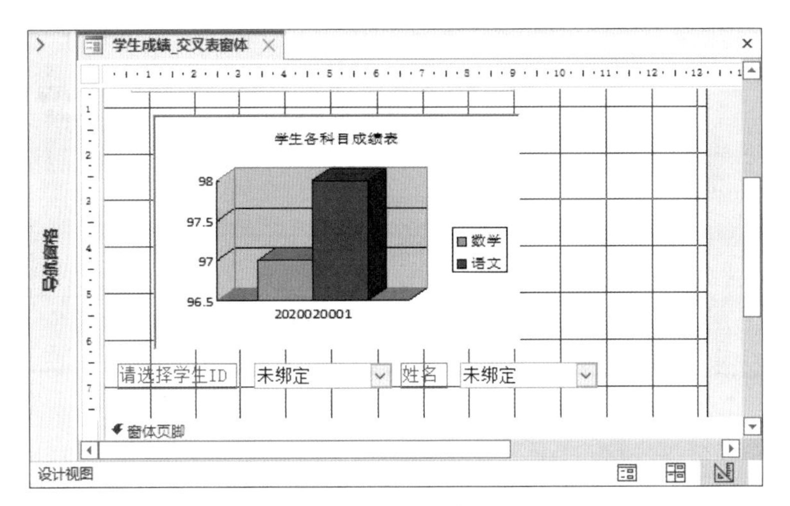

图 4-2-45　组合框控件在窗体中添加完成

（5）设置组合框控件属性

1）选中组合框控件“请选择学生 ID”，然后在“格式”选项卡“工具”命令组中，单击“属性表”按钮，“属性表”窗口在窗体的右侧打开，从“属性表”窗口的顶部可以看到，所选内容的类型为“组合框”，在此处的名称为“Combo13”，如图 4-2-46 所示。在“格式”属性选项卡页面的“字体名称”属性下拉菜单中将默认的“宋体（主体）”改为“幼圆”，因为后续窗体要套用的“市镇”格式中有关组合框的字体均默认为“幼圆”，而手动添加新的组合框时，系统默认将其字体设置为“宋体（主体）”，修改为“幼圆”可以与自动套用格式的组合框格式保持统一。

2）选中组合框控件“姓名”，打开“属性表”窗口，从“属性表”窗口的顶部可以看到，所选内容的类型也为“组合框”，在此处的名称为“Combo15”，如图 4-2-47 所示。在“数据”属性选项卡页面的“控件来源”属性下拉菜单中将默认的“无”改为“学生 ID”，目的是和“学生成绩 _ 交叉表”中的字段“学生 ID”进行绑定，从而使得“姓名”组合框控件在窗体中数据索引字段“学生 ID”变化时，能够自动从“学生信息”表中检索出与该“学生 ID”对应的学生“姓名”并显示，以起到类似多表查询中从多个表中通过关联字段检索相关信息的作用，因为单靠“学生成绩 _ 交叉表”不能提供有关学生的姓名等个人信息。

3）组合框控件“姓名”的文本框中的文字由“未绑定”变为“学生 ID”，说明“控件来源”绑定成功。在“格式”属性选项卡页面的“字体名称”属性下拉菜单中将默认的“宋体（主体）”也改为“幼圆”，在“背景样式”属性下拉菜单中将默认的

“常规”改为“透明”，如图 4-2-48 所示。在“边框样式”属性下拉菜单中将默认的“实线”改为“透明”，如图 4-2-49 所示。

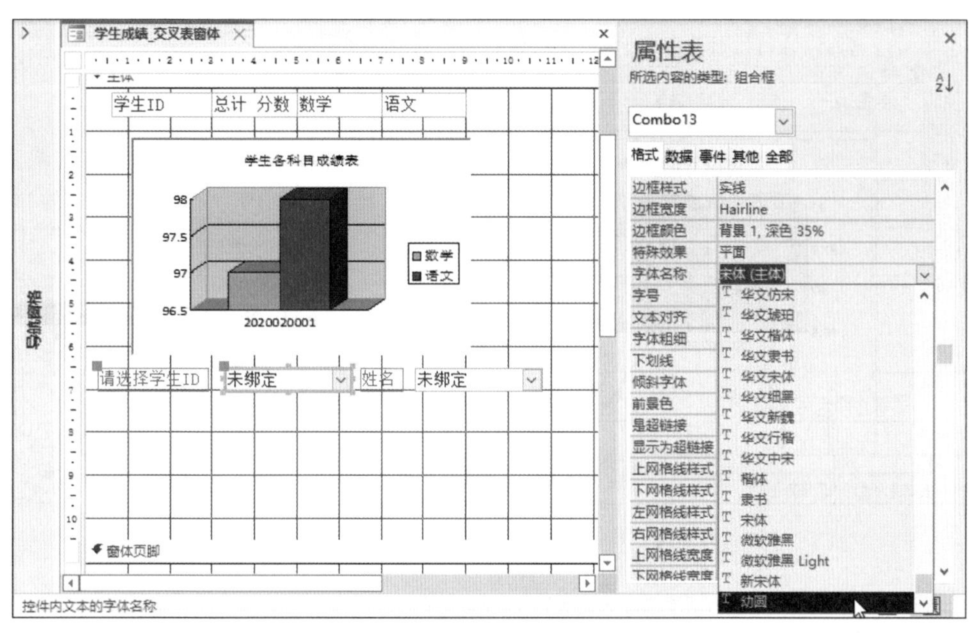

图 4-2-46　更改组合框的“字体”属性

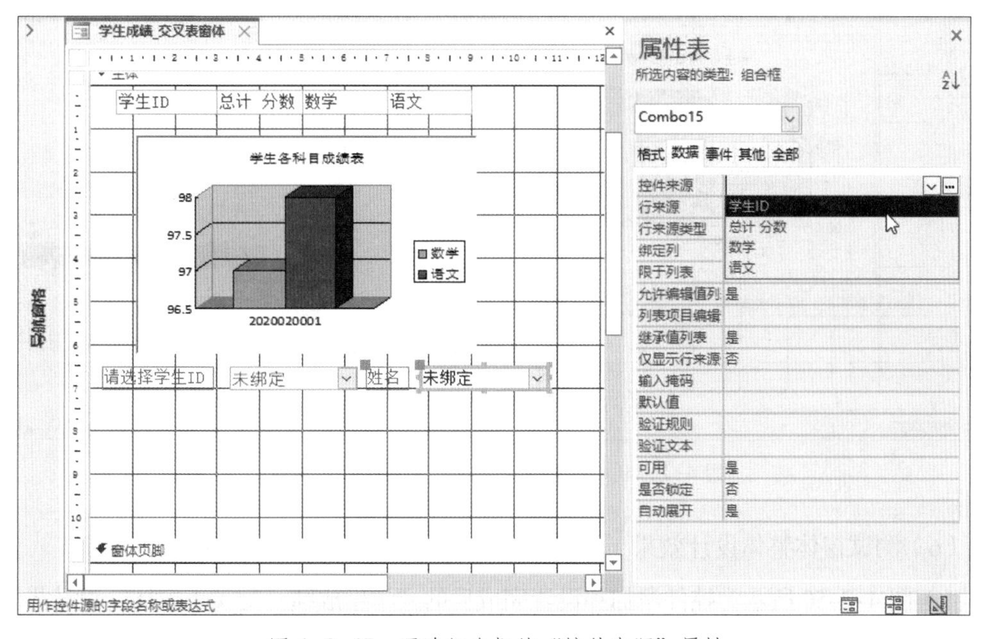

图 4-2-47　更改组合框的“控件来源”属性

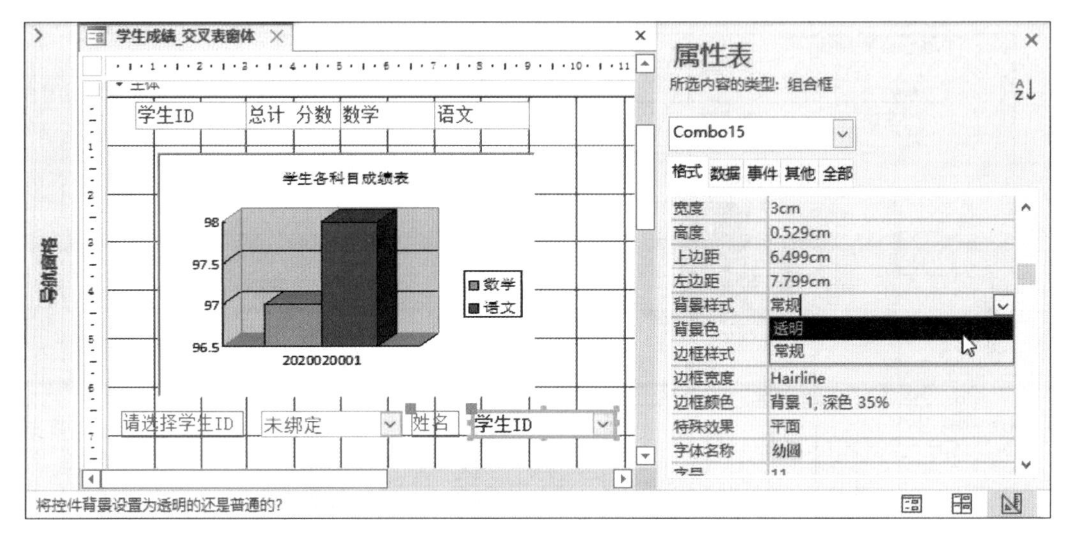

图 4-2-48　更改组合框的“背景样式”属性

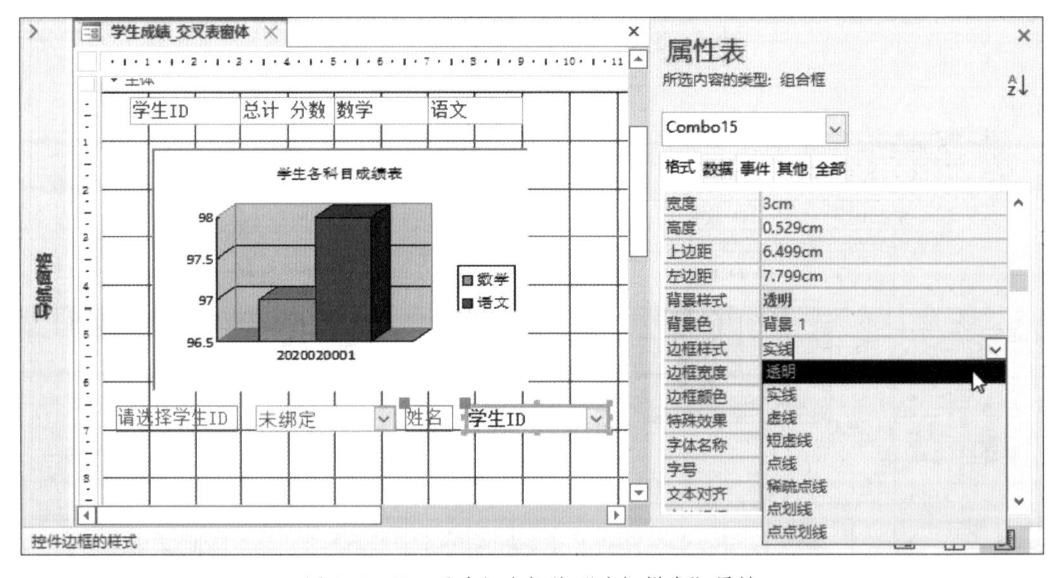

图 4-2-49　更改组合框的“边框样式”属性

（6）测试窗体整体设计效果

1）图 4-2-50 所示为控件添加和设置完成后的“学生成绩 _ 交叉表窗体”设计界面。

2）打开“属性表”窗口，在对象下拉菜单中选择“窗体”选项，然后在“格式”属性选项卡页面中将“默认视图”属性设置为“单个窗体”，如图 4-2-51 所示。由于图表“学生各科目成绩表”的添加，使得窗体一次只能显示一位同学的成绩情况。

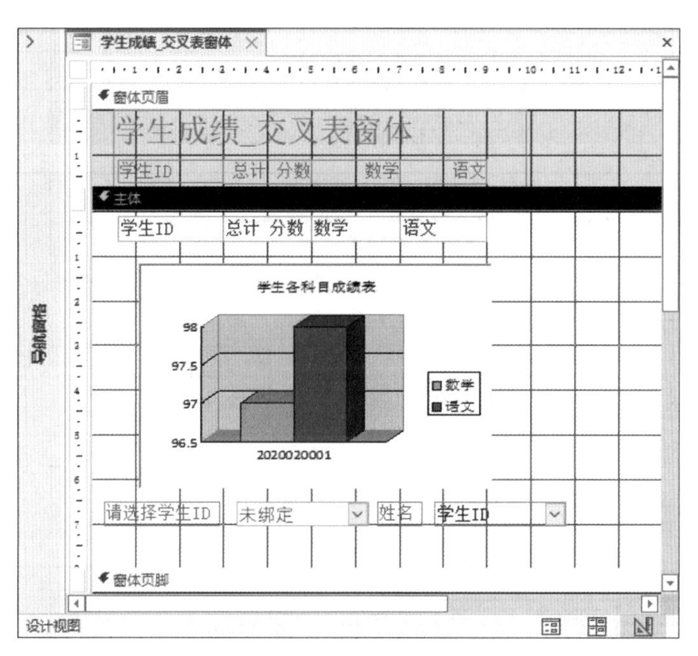

图 4-2-50　控件添加和设置完成后的“学生成绩 _ 交叉表窗体”设计界面

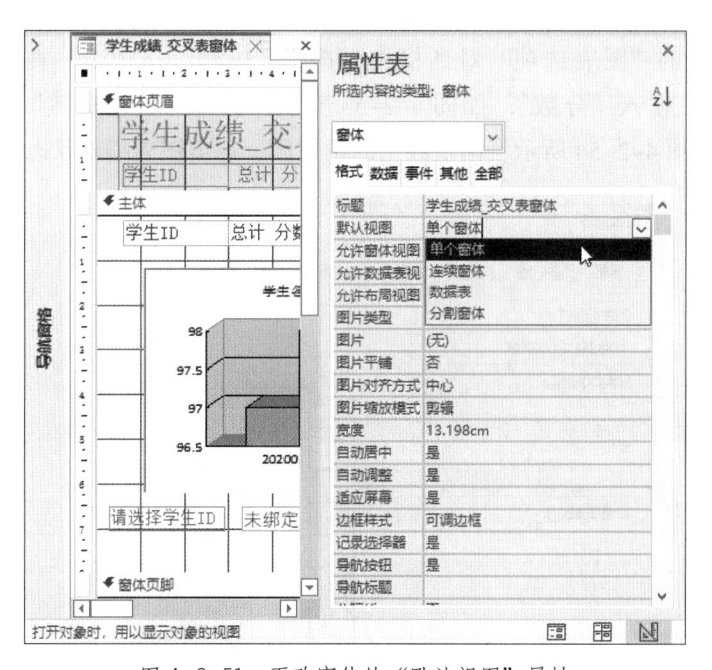

图 4-2-51　更改窗体的“默认视图”属性

3）双击图表，进入图表编辑状态，右键单击图表中的任一位置，在弹出的右键快捷菜单中，单击选择“图表选项”命令，如图 4-2-52 所示。

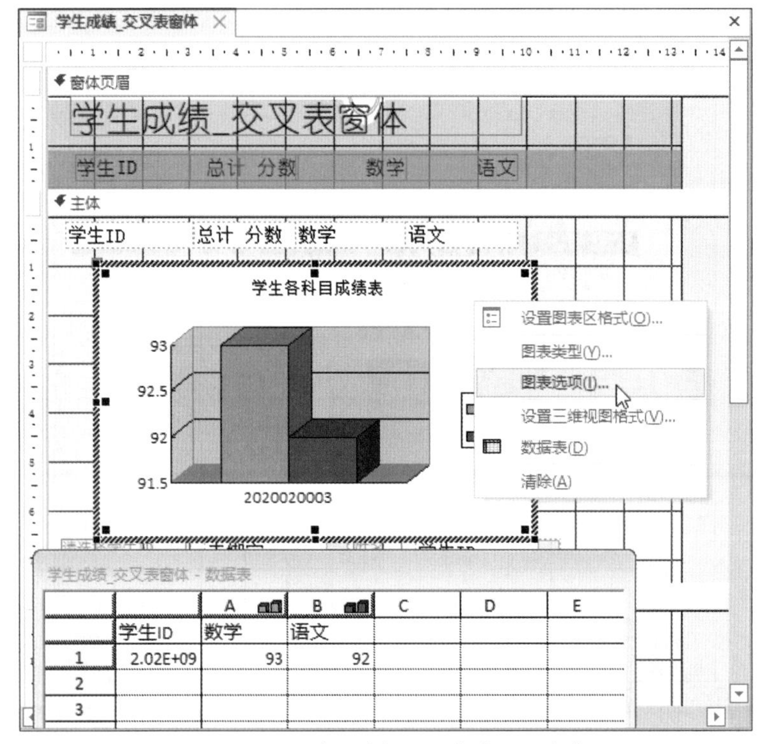

图 4-2-52 单击选择“图表选项”命令

4）在弹出的“图表选项”对话框中，选择“标题”选项卡，在“数值（Z）轴（V）”文本框中输入“分数”，如图 4-2-53 所示；选择“数据标签”选项卡，勾选“值”选项，如图 4-2-54 所示。调整数据的位置后，退出图表编辑状态。

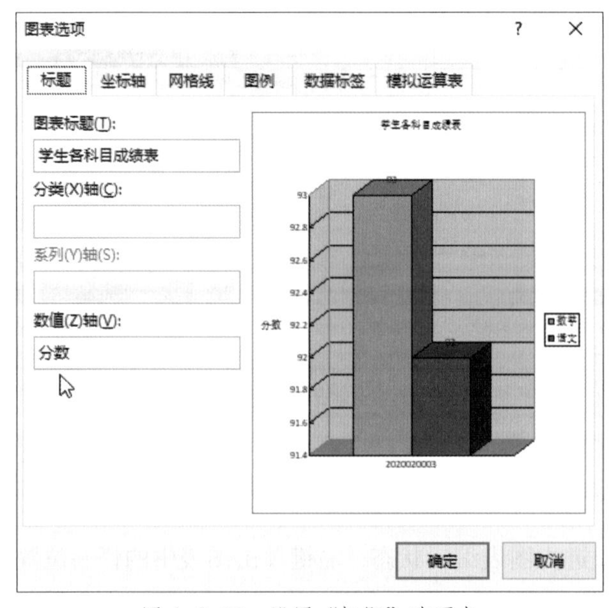

图 4-2-53 设置“标题”选项卡

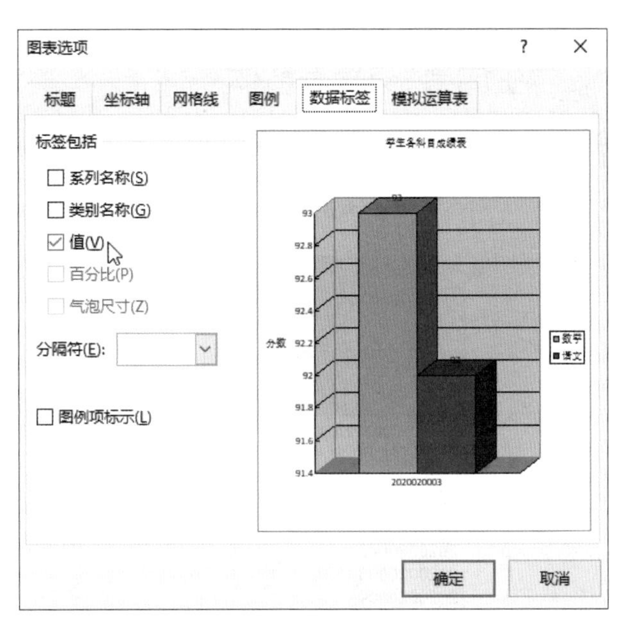

图 4-2-54 设置“数据标签”选项卡

5）利用快速访问工具栏中的“自动套用格式”按钮，为窗体套用“市镇”格式，将视图切换到“窗体视图”，查看窗体的数据显示，如图 4-2-55 所示。

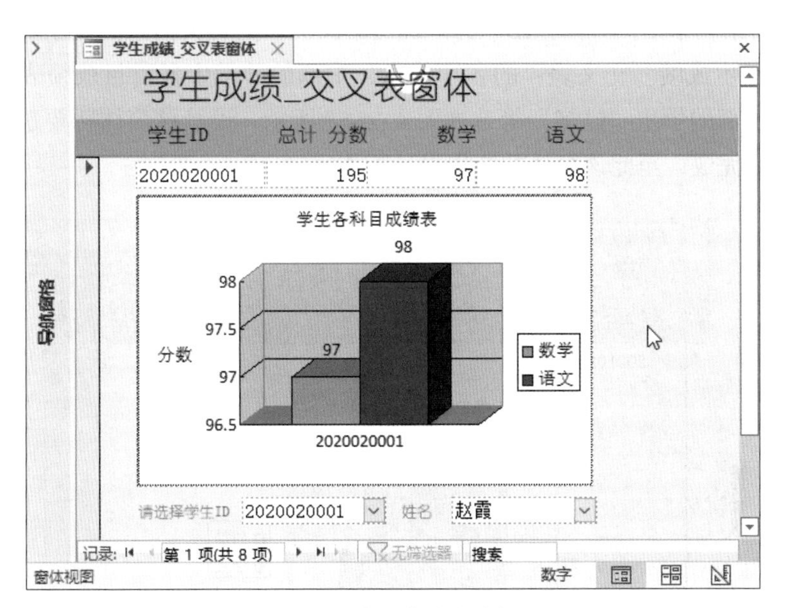

图 4-2-55 查看窗体的数据显示

6）在“请选择学生 ID”下拉菜单中选择其他选项，如“2021010003”，如图 4-2-56 所示。

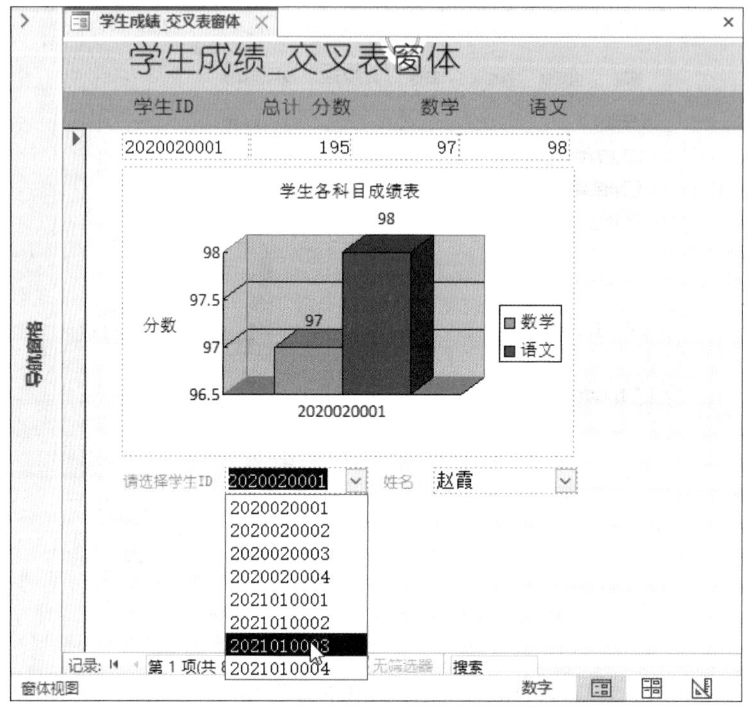

图 4-2-56 在“请选择学生 ID”下拉菜单中选择其他选项

7）窗体随即提取了“学生 ID”为“2021010003”的有关信息并更新显示，包括上部的原有“学生成绩 _ 交叉表”的各项信息，中部的“学生各科目成绩表”的图表及数字信息，底部的学生“姓名”等，如图 4-2-57 所示。设计该窗体所要达到的效果经测试已经全部完成，至此该窗体的应用设计工作完毕。

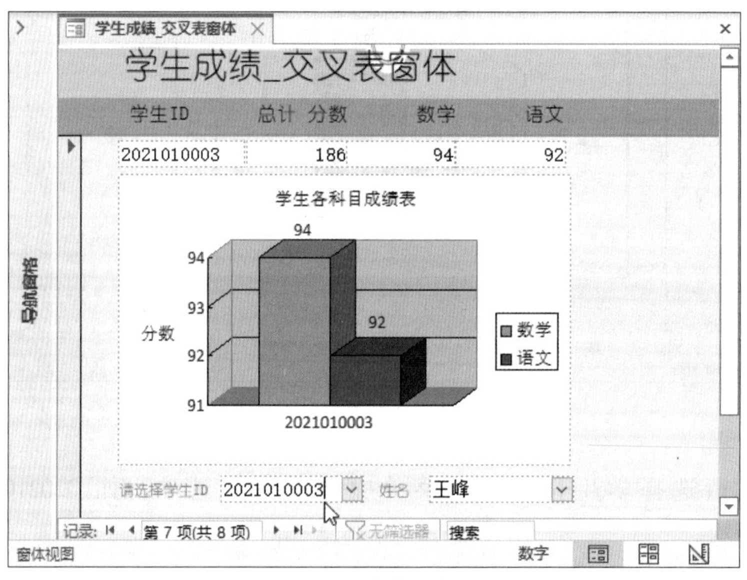

图 4-2-57 窗体更新显示

项目五
报表的创建及应用

任务 1　创建学生信息报表

1. 了解报表的基本功能。
2. 理解、区分报表的类型。
3. 掌握报表创建的方法。
4. 熟悉报表“布局视图”的使用方法。

设计美观的窗体可以为管理数据提供友好、高效的入口，例如，可以通过窗体输入和编辑数据库表中的记录。而作为管理数据的出口，报表则提供了丰富的样式，只需通过鼠标操作便可以快速生成既引人注目又易于理解的报表，并按照需要的方式显示和打印数据。

本任务的内容是完成学生信息报表的创建，通过实际体验解决如下的问题。

1. 常用的报表有哪些类型？在实际使用时如何选择报表的类型？
2. 如何创建简单的报表？如何按照需要的方式显示数据？
3. 如何对报表的外观进行调整，从而更为简洁、有效地显示数据？
4. 如何对报表页面进行设置，以便打印输出合适的报表数据？

一、报表的功能

数据库表和查询创建后，可以创建报表用于显示和打印表或查询中的数据。简单的数据库（如学生信息）可能仅使用一个报表，复杂的数据库会使用多个复杂报表及子报表。

如同窗体一样，报表也包含链接到表中基础字段的控件，当打开报表时，Access 2021 会从其中的一个或多个表中检索数据，然后用创建报表时所选择的布局显示数据。

报表可以用来显示和打印特定的静态数据，例如，可以使用报表打印学生的个人信息，也可以使用报表打印学生的个人考试成绩明细表。

报表可以使用带有计算功能的控件，通过表达式加载显示特定的统计数据，例如，在报表中插入控件以显示当前的页码和总页数，或为报表显示的记录提供更详细的汇总信息。

报表还可以使用 Access 2021 专门提供的标准标签用来设计和打印，如信封和学生卡片等的各类标签。

二、报表的类型

按照报表的基本功能，可以将报表分为普通报表和标签两类。用于显示和打印各类静态信息和统计信息的报表称为普通报表，用于显示和打印各类标签的报表称为标签。

按照报表界面元素是否进行分组显示，可以将普通报表分为未分组报表和分组报表两类。

1. 未分组报表

未分组报表是指未分组显示或者无须分组显示的报表。未分组报表和窗体类似，按照报表元素的布局显示，可以将未分组报表分为以下 4 类。

（1）基本报表

采用“表格式”布局的报表称为基本报表。

（2）纵栏报表

采用“纵栏表”布局的报表称为纵栏报表。

（3）对齐报表

采用“两端对齐”布局的报表称为对齐报表。

（4）空报表

刚创建的还未采用任何布局的报表称为空报表。

2. 分组报表

分组报表是指分组显示的报表。按照报表元素分组显示的布局，可以将分组报表分为以下 3 类。

（1）递阶分组报表

采用“递阶”布局的报表称为递阶分组报表。

（2）块分组报表

采用“块”布局的报表称为块分组报表。

（3）大纲分组报表

采用“大纲”布局的报表称为大纲分组报表。

三、实践操作

1. 认识报表对象的视图

Access 2021 对于数据库报表对象的使用提供了 4 种不同的视图，即“报表视图”“布局视图”“设计视图”和“打印预览”。在“报表视图”中，可以显示报表的结果数据；在“布局视图”中，可以调整报表元素的布局；在“设计视图”中，可以对报表元素进行可视化设计，常用于较为复杂的窗体设计；在“打印预览”中，可以查看报表的打印效果。

在不同视图间切换报表的主要方法包括以下几种。

（1）在文档区域右键单击报表标签，在弹出的右键快捷菜单中进行选择，如图 5-1-1 所示，单击选择“布局视图”命令即可将“报表视图”切换为“布局视图”。

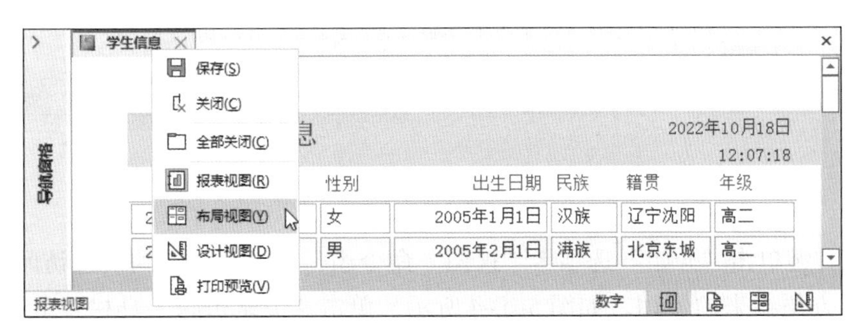

图 5-1-1　单击选择“布局视图”命令

（2）在“开始”选项卡“视图”命令组进行选择，如图 5-1-2 所示，单击“视图”的下拉按钮，再单击选择“设计视图”命令即可将“布局视图”切换为“设计视图”。

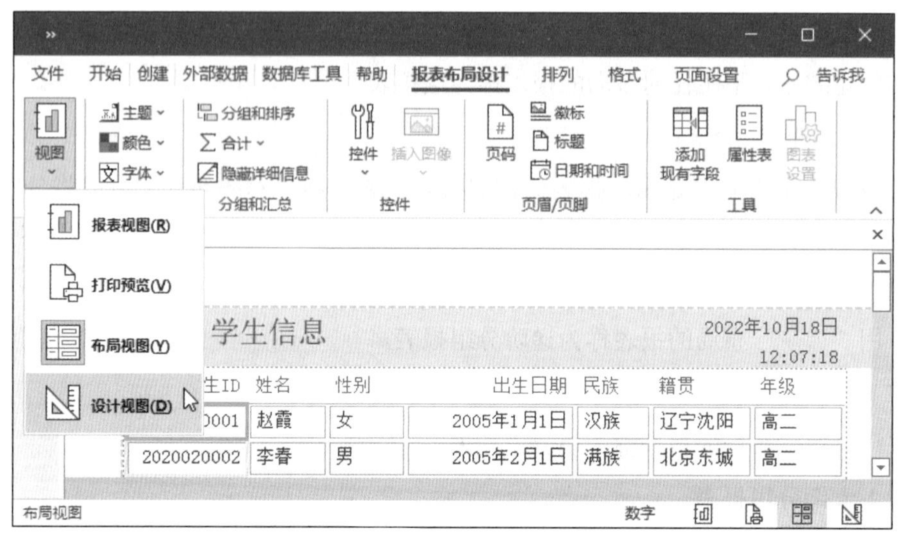

图 5-1-2　单击选择“设计视图”命令

（3）在程序状态栏最右侧的“视图”组进行选择，如图 5-1-3 所示，单击“打印预览”按钮即可将“设计视图”切换为“打印预览”。

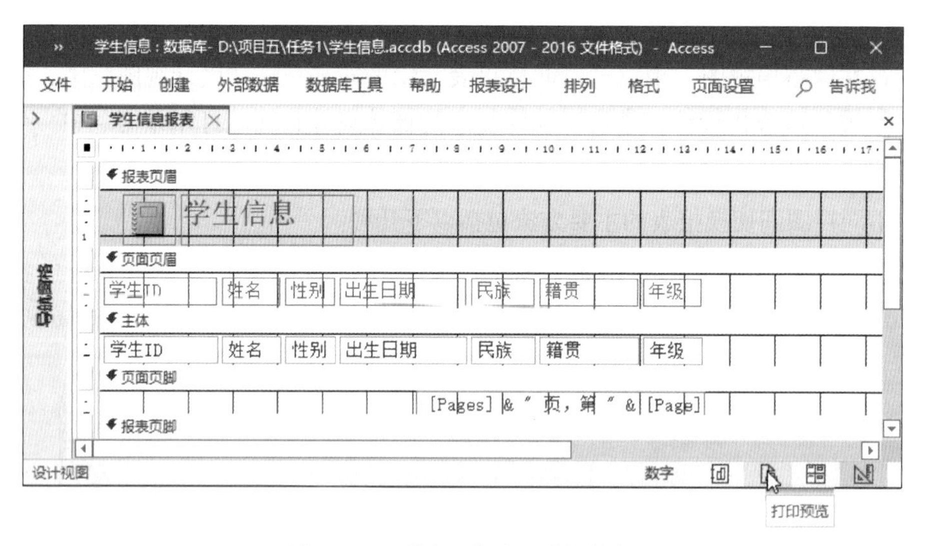

图 5-1-3　单击“打印预览”按钮

（4）右键单击“开始”选项卡“视图”命令组，选择“添加到快速访问工具栏”命令，以方便将来的使用。如图 5-1-4 所示，单击“快速访问工具栏”上新添加的“视图”按钮，在弹出的下拉菜单中，再单击选择“报表视图”命令即可将“打印预览”切换为“报表视图”。

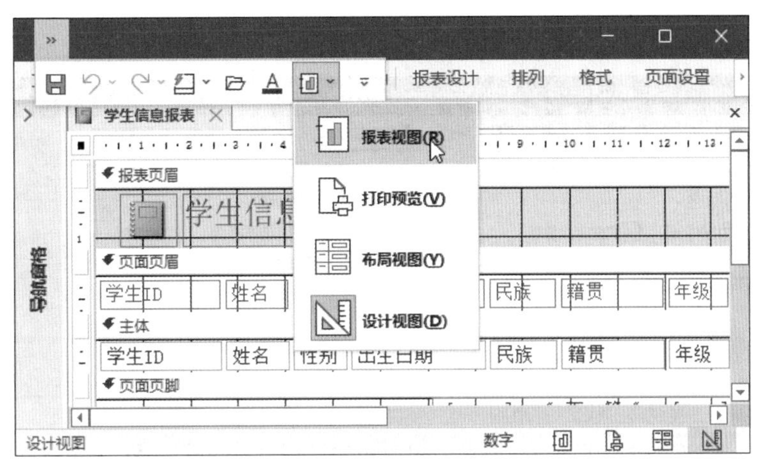

图 5-1-4　单击选择“报表视图”命令

2. 创建报表

（1）基本报表

1）打开数据库文件“学生信息 .accdb”，在导航窗格选择“学生信息”数据库表，然后在“创建”选项卡“报表”命令组中，单击“报表”按钮，如图 5-1-5 所示。

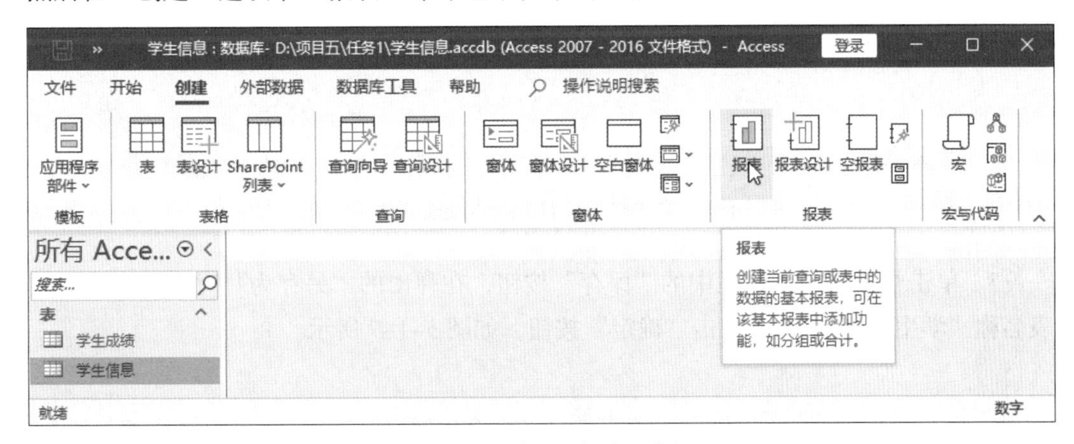

图 5-1-5　单击“报表”按钮

2）基本报表“学生信息”随即在文档区域打开，默认视图为“布局视图”，“创建”选项卡也切换到“报表布局设计”选项卡，如图 5-1-6 所示。由于在创建报表前选择了“学生信息”数据库表，Access 2021 便自动将“学生信息”表中的有关信息加载到当前的报表设计中，在报表数据的下面紧随显示记录计数，同时在报表的最下面显示有关页码的信息。例如，基本报表“学生信息”中文档区域的标签和报表的标题都默认设置为“学生信息”，报表的主体自动套用了“表格”布局形式，以表格形式整齐地排列了 7 组标签和对应的文本框，标签的内容为“学生信息”表中的字段名称，文本框的内容依次为“学生信息”表中的全部 9 条记录。

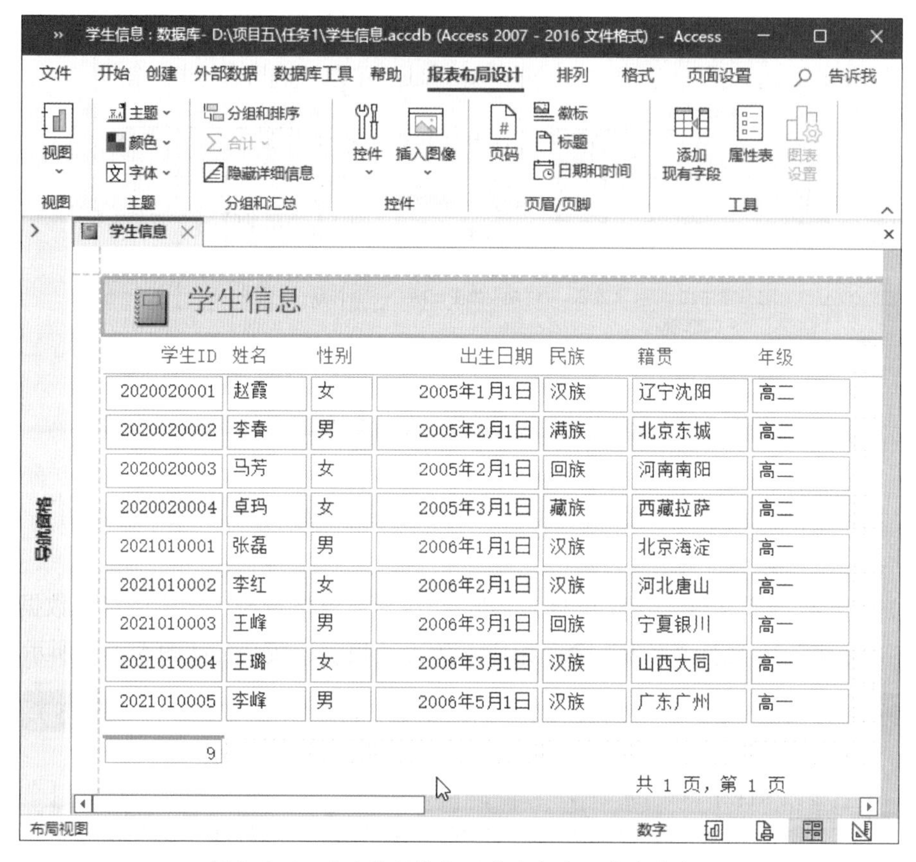

图 5-1-6　在文档区域打开基本报表“学生信息”

3）单击快速访问工具栏中的“保存”按钮，在弹出的“另存为”对话框中输入报表名称“学生信息报表”，单击“确定”按钮，如图 5-1-7 所示。

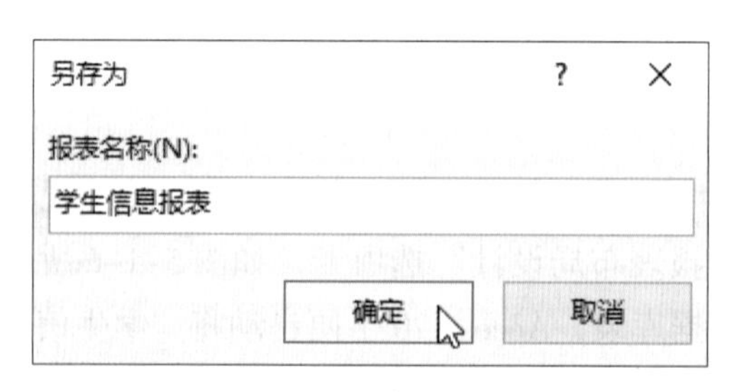

图 5-1-7　“另存为”对话框

4）文档区域的“学生信息”标签变为“学生信息报表”，导航窗格的“报表”组中增加了“学生信息报表”标签，其图标与表对象、查询对象和窗体对象都不相同，如图 5-1-8 所示。

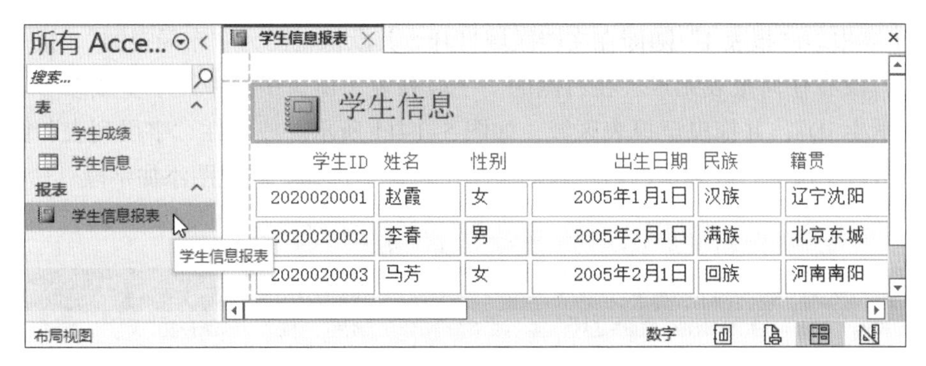

图 5-1-8　新建报表保存在数据库中

5）将视图切换到“报表视图”，查看报表的数据显示，如图 5-1-9 所示。报表对象的数据显示与窗体对象有所不同，报表中的数据是静态数据，只能浏览或打印，而窗体中的数据是动态数据，不仅能够浏览，还能进行编辑。

图 5-1-9　查看报表的数据显示

（2）空报表

1）在导航窗格选择“学生成绩”数据库表，然后在“创建”选项卡“报表”命令组中，单击“空报表”按钮，如图 5-1-10 所示。

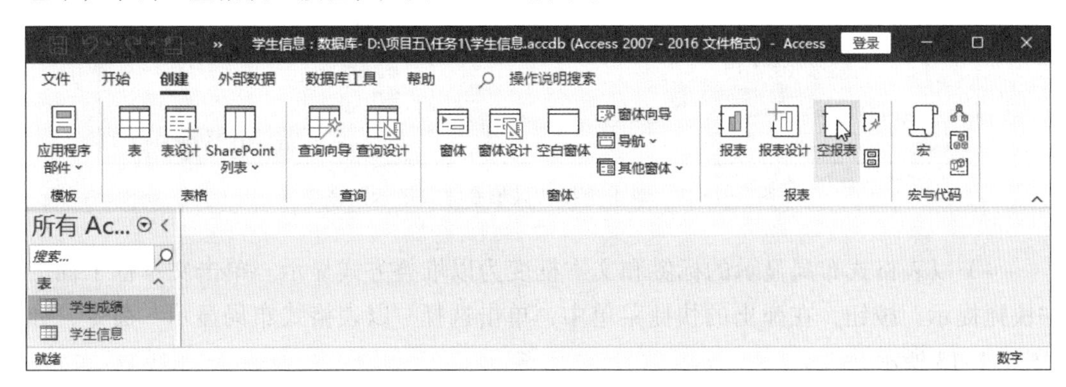

图 5-1-10　单击“空报表”按钮

2）空报表“报表 1”随即在文档区域打开，其默认视图为“布局视图”。报表中一片空白，没有任何报表元素。在右侧的“字段列表”窗口中选中“学生成绩”表中的字段“学生 ID”，并拖曳至报表区域，如图 5–1–11 所示。或者在“字段列表”窗口中右键单击该字段名，在弹出的右键快捷菜单中，单击选择“向视图添加字段”命令。

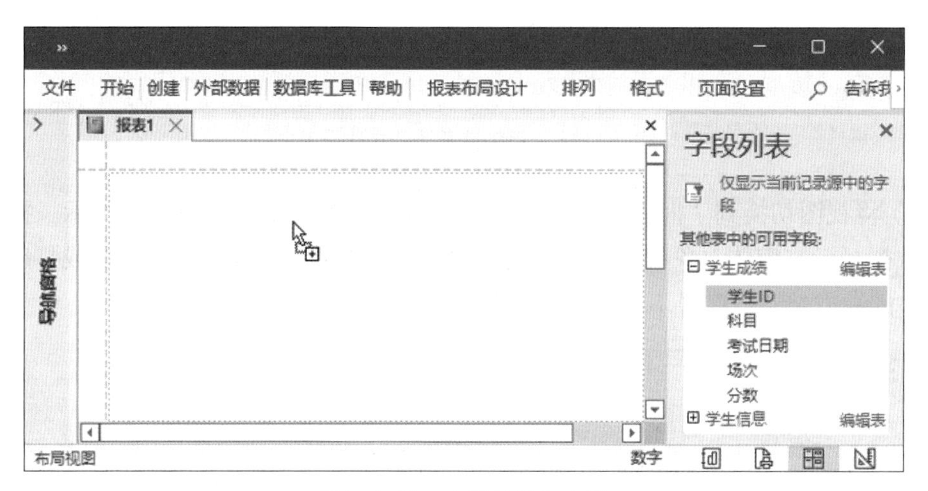

图 5–1–11　向视图添加字段

3）一组标签和文本框以“表格式”布局方式显示在空白报表区域，标签的内容为拖曳的字段名称，文本框的内容为“学生成绩”表中对应字段的全部数据。单击该文本框下面的“快捷提示”按钮，在弹出的快捷菜单中，单击选择“以堆叠方式显示”命令，如图 5–1–12 所示。

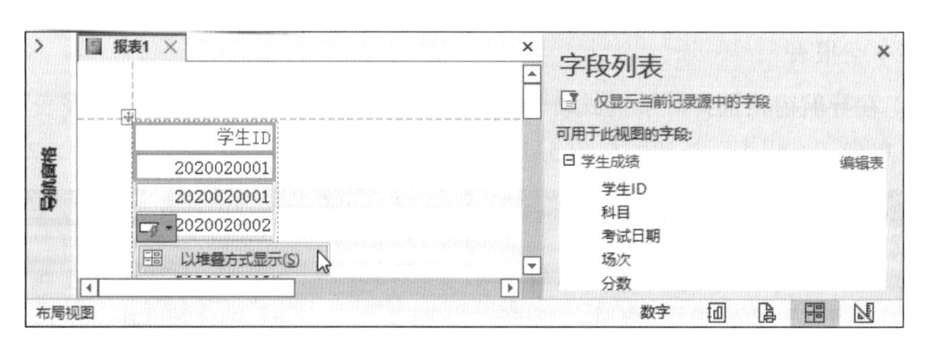

图 5–1–12　单击选择“以堆叠方式显示”命令

4）以表格式布局显示的标签和文本框变为以堆叠方式显示。单击文本框下面的“快捷提示”按钮，在弹出的快捷菜单中，单击选择“以表格式布局显示”命令，如图 5–1–13 所示。

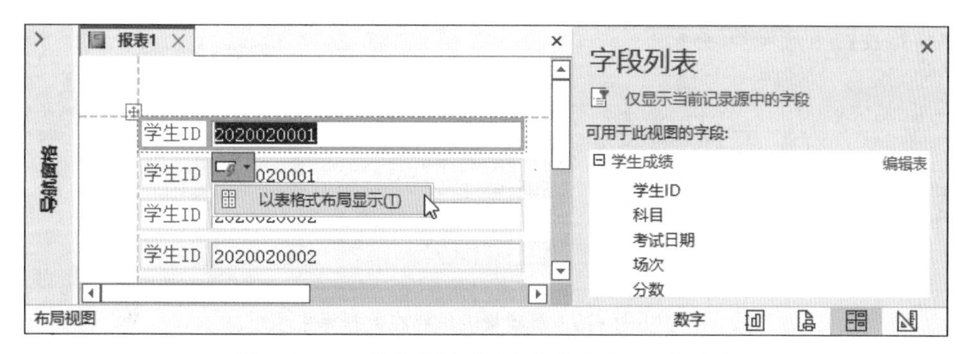

图 5-1-13　单击选择“以表格式布局显示”命令

5）以堆叠方式显示的标签和文本框又变为以表格式布局显示。单击选中“学生成绩”表中的其他字段，并依次拖曳至报表区域，如图 5-1-14 所示。

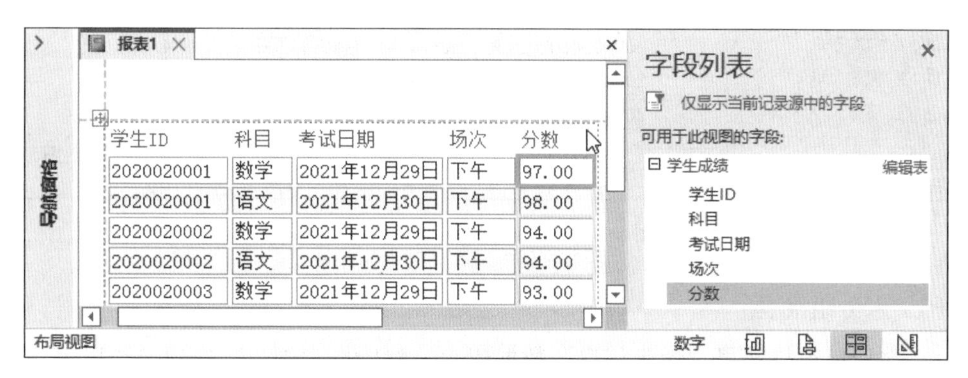

图 5-1-14　从字段列表依次拖曳字段至报表区域

6）单击快速访问工具栏中的“保存”按钮，在弹出的“另存为”对话框中输入报表名称“学生成绩报表”，单击“确定”按钮，如图 5-1-15 所示。

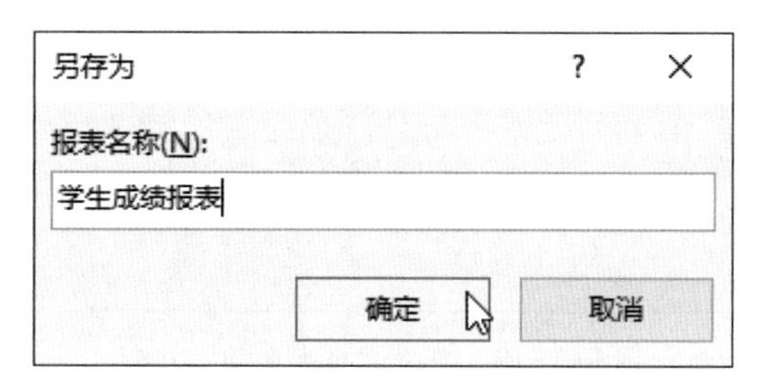

图 5-1-15　“另存为”对话框

7）文档区域的“报表 1”标签变为“学生成绩报表”，导航窗格的“报表”组中增加了“学生成绩报表”标签，如图 5-1-16 所示。

8）将视图切换到“报表视图”，查看报表的数据显示，如图 5-1-17 所示。

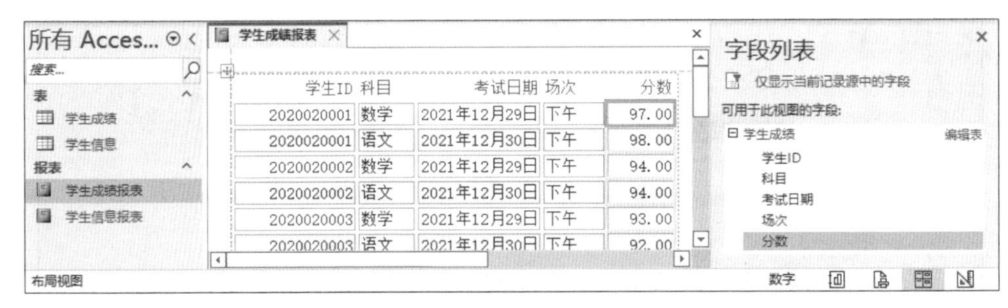

图 5-1-16　新建报表保存在数据库中

图 5-1-17　查看报表的数据显示

（3）未分组报表

1）在导航窗格选择“学生信息”数据库表，然后在“创建”选项卡“报表”命令组中，单击“报表向导”按钮，如图 5-1-18 所示。

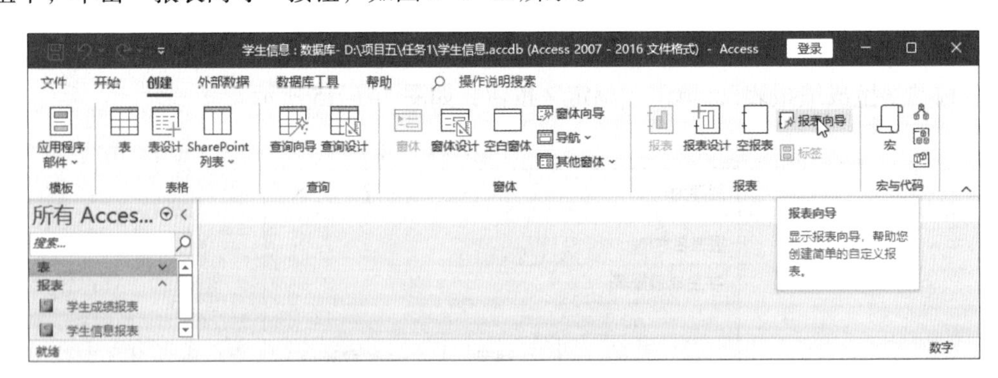

图 5-1-18　单击“报表向导”按钮

2）在弹出的“报表向导”对话框中，可以在该对话框的“表 / 查询”下拉菜单中选择报表的数据源，包括数据库表和选择查询（不包括操作查询），可以在“可用字段”列表中选择将要在报表上显示的字段。由于在创建报表前选择了“学生信息”表，Access 2021 便自动将“学生信息”表作为“表 / 查询”下拉菜单的默认选择，将该表包含的全部字段从“可用字段”列表中添加到“选定字段”列表中，单击“下一步”按钮，如图 5-1-19 所示。

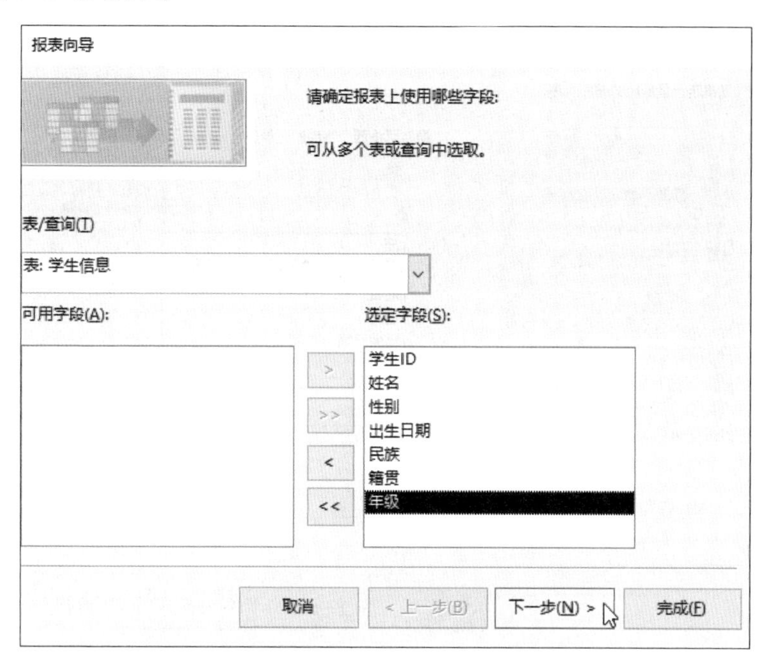

图 5-1-19　选择报表的数据源和字段

3）在“报表向导”对话框中不选择任何分组级别，因为将要创建的报表为未分组报表，单击“下一步”按钮，如图 5-1-20 所示。

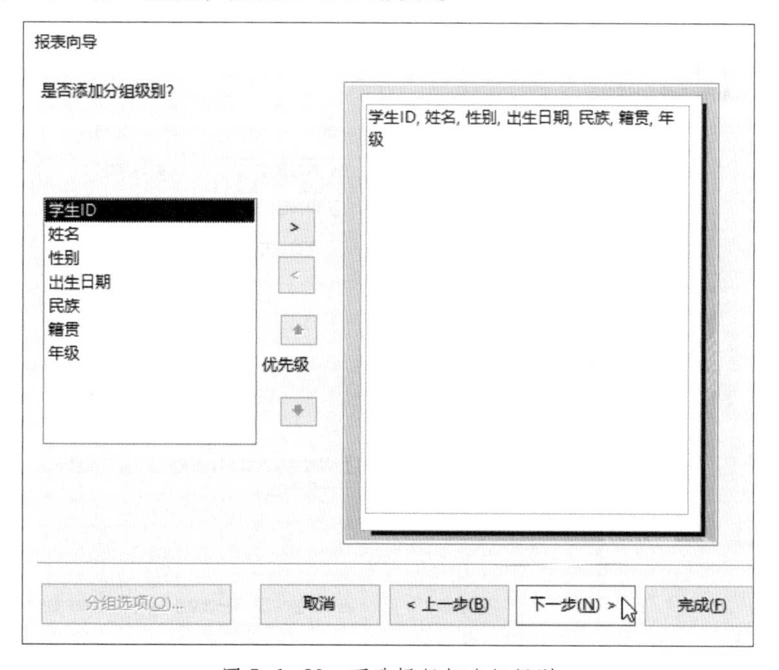

图 5-1-20　不选择任何分组级别

4）在“报表向导”对话框中选择记录所用的排序次序，此处选择以“学生 ID”作为排序字段进行升序排列，单击“下一步”按钮，如图 5-1-21 所示。

图 5-1-21　选择记录的排序字段和次序

5）在“报表向导”对话框中选择报表的布局方式，选项包括“纵栏表”“表格”和“两端对齐”，此处选择“纵栏表”选项，单击“下一步”按钮，如图 5-1-22 所示。

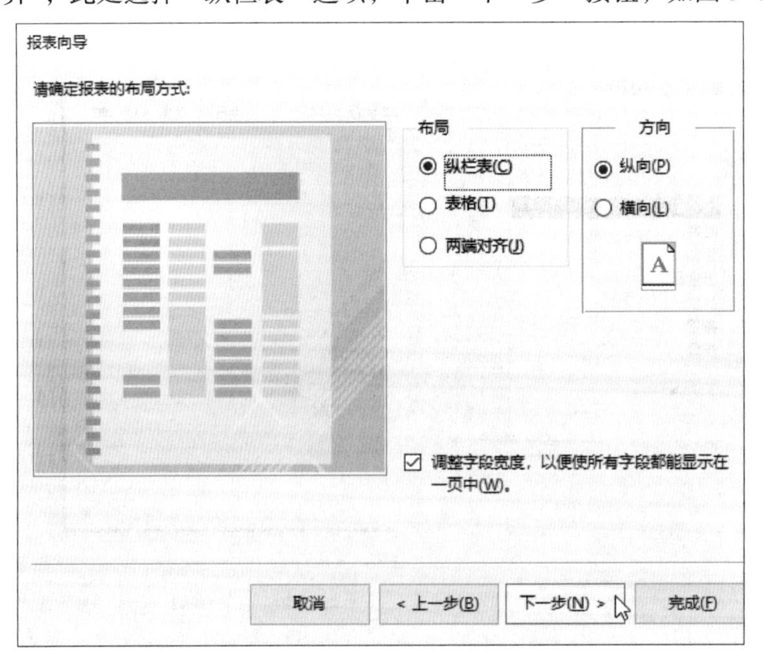

图 5-1-22　选择报表的布局方式

6）在“报表向导”对话框中指定报表标题为“学生信息纵栏报表”，并选择“预览报表”选项，单击“完成”按钮，如图 5-1-23 所示。

图 5-1-23　指定报表标题

7）“学生信息纵栏报表”随即在文档区域打开，查看报表的数据显示，其默认视图为“打印预览”。导航窗格的“报表”组中增加了“学生信息纵栏报表”标签，如图 5-1-24 所示。将视图切换到“布局视图”，选择“格式”选项卡，如图 5-1-25 所示，在“字体”命令组中调整文本对齐方式，如图 5-1-26 所示。使用“纵栏表”布局的未分组报表即为纵栏报表。

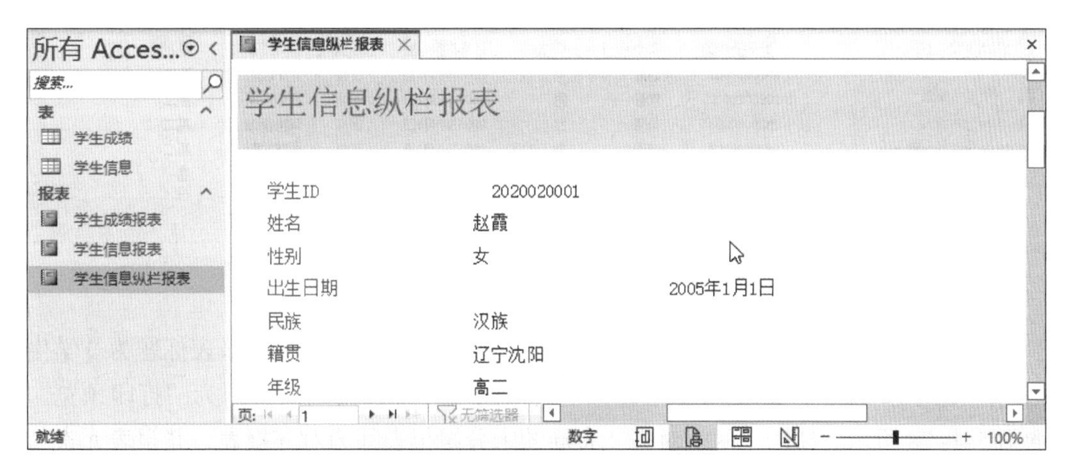

图 5-1-24　查看报表的数据显示

图 5-1-25 “格式”选项卡

图 5-1-26 调整文本对齐方式

8）如果在“报表向导”对话框中选择“表格”布局，指定报表标题为“学生信息表格报表”，利用快速访问工具栏中的“自动套用格式”按钮，调整报表布局，采用“办公室”格式，报表创建完成后在文档区域打开，其默认视图为“打印预览”，如图 5-1-27 所示。实际上，使用“表格式”布局的未分组报表即为基本报表。

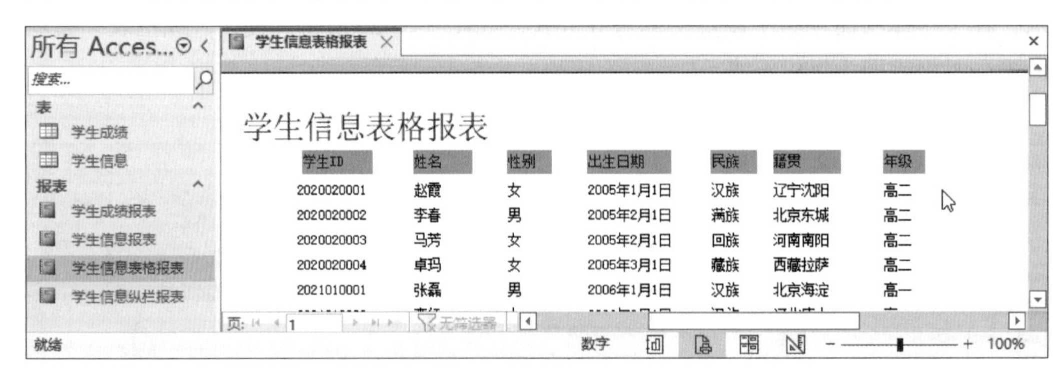

图 5-1-27 查看“办公室”格式的基本报表

9）如果在“报表向导”对话框中选择“两端对齐”布局，指定报表标题为“学生信息两端对齐报表”，报表创建完成后在文档区域打开，其默认视图为“打印预览”，如图 5-1-28 所示。使用“两端对齐”布局的未分组报表即为对齐报表，其报表元素与报表边界对齐。

图 5-1-28　查看对齐报表的数据显示

（4）分组报表

1）在导航窗格选择数据库表“学生成绩”，在“创建”选项卡“报表”命令组中，单击“报表向导”按钮，弹出“报表向导”对话框，Access 2021 自动将“学生成绩”表作为“表 / 查询”下拉菜单的默认选择，将该表包含的全部字段从“可用字段”列表中添加到“选定字段”列表中，单击“下一步”按钮，如图 5-1-29 所示。

图 5-1-29　选择报表的数据源和字段

2）在“报表向导”对话框中选择“学生 ID”作为一级分组字段，对话框右侧随即显示分组后的预览，单击“下一步”按钮，如图 5–1–30 所示。

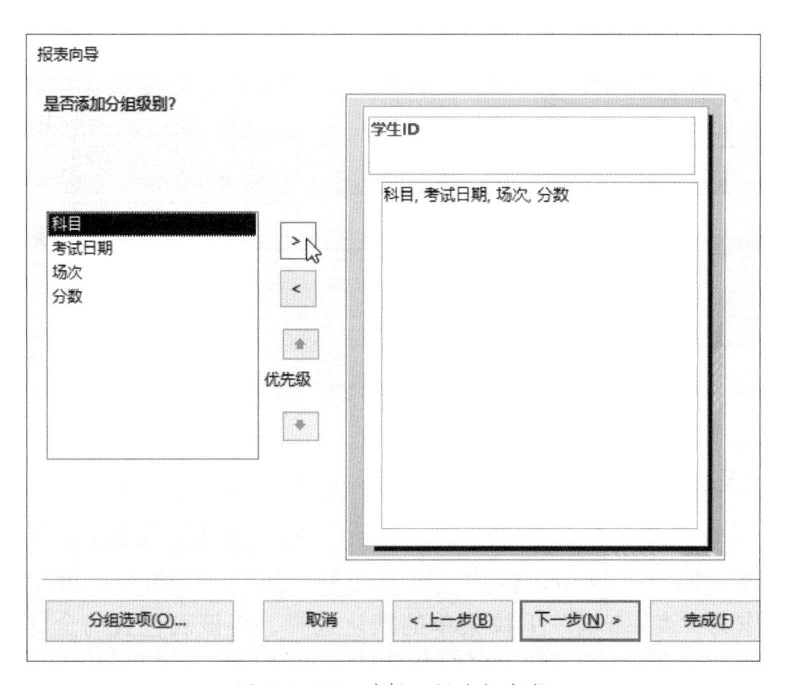

图 5–1–30　选择一级分组字段

3）在“报表向导”对话框中不选择记录所用的排序次序，单击“汇总选项”按钮，如图 5–1–31 所示，弹出“汇总选项”对话框。在图 5–1–32 所示的“汇总选项”对话框中，选择计算“分数”的“汇总”和“平均”两个选项，并选择“明细和汇总”选项，单击“确定”按钮，回到“报表向导”对话框，单击“下一步”按钮。

4）在“报表向导”对话框中选择报表使用的布局方式，选项包括“递阶”“块”和“大纲”，此处选择“递阶”选项，如图 5–1–33 所示，单击“下一步”按钮。

5）在“报表向导”对话框中指定报表标题为“学生成绩递阶分组报表”，并选择“预览报表”选项，单击“完成”按钮，如图 5–1–34 所示。

6）“学生成绩递阶分组报表”随即在文档区域打开，查看报表的数据显示，其默认视图为“打印预览”，如图 5–1–35 所示。使用“递阶”布局的分组报表即为递阶分组报表。由于字段“学生 ID”作为一级分组，其对应记录单独占据一行显示，其他字段对应的记录向下错开一行以“递阶”显示。由于在“汇总选项”中选择计算“分数”的“汇总”和“平均”两选项，并选择“显示明细和汇总”选项，因此，在每条记录下面还显示了相关的汇总信息，例如，分数的“合计”和“平均值”，即分别为学生个人的语文和数学成绩的“总分”和“平均分”。

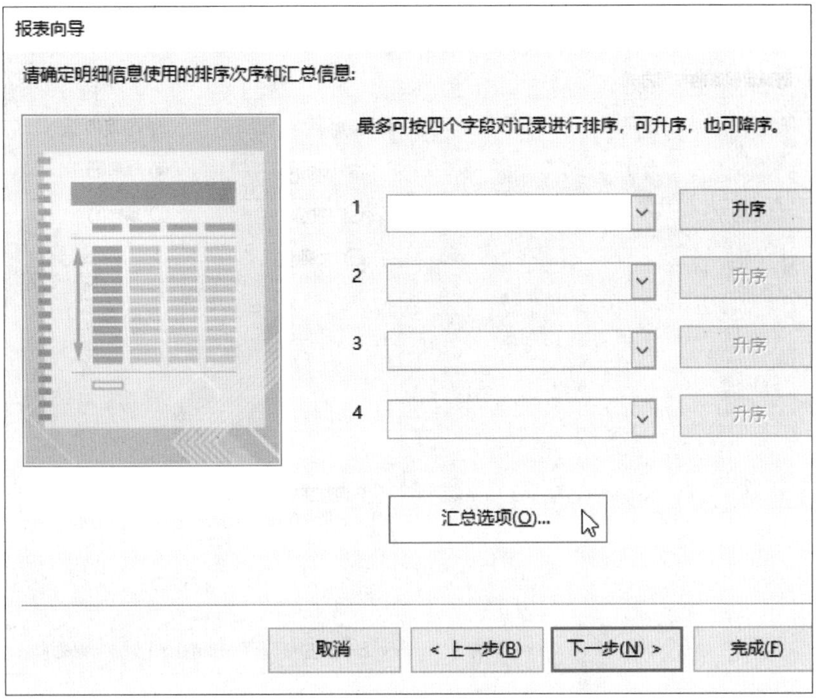

图 5-1-31 单击“汇总选项”按钮

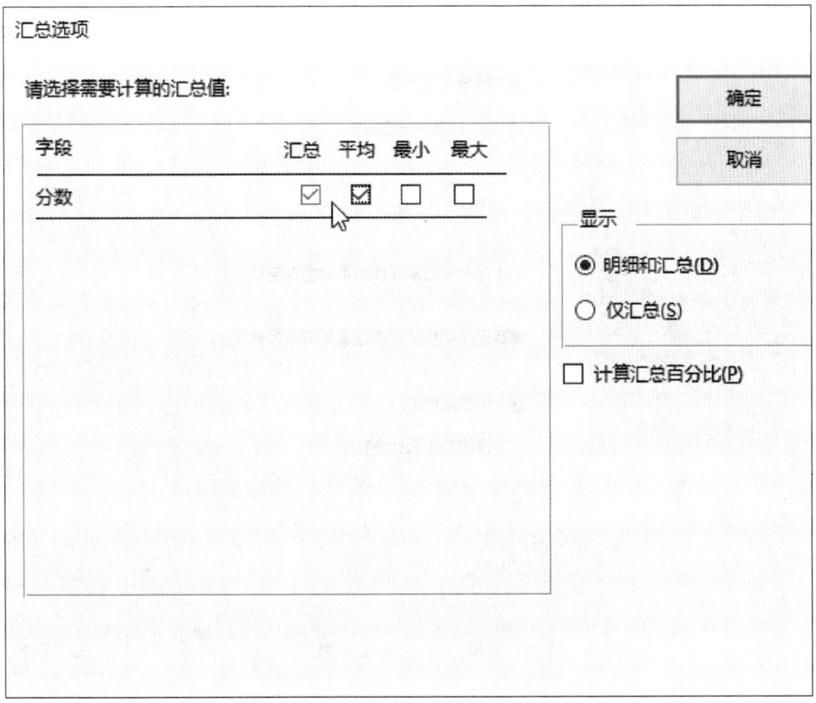

图 5-1-32 “汇总选项”对话框

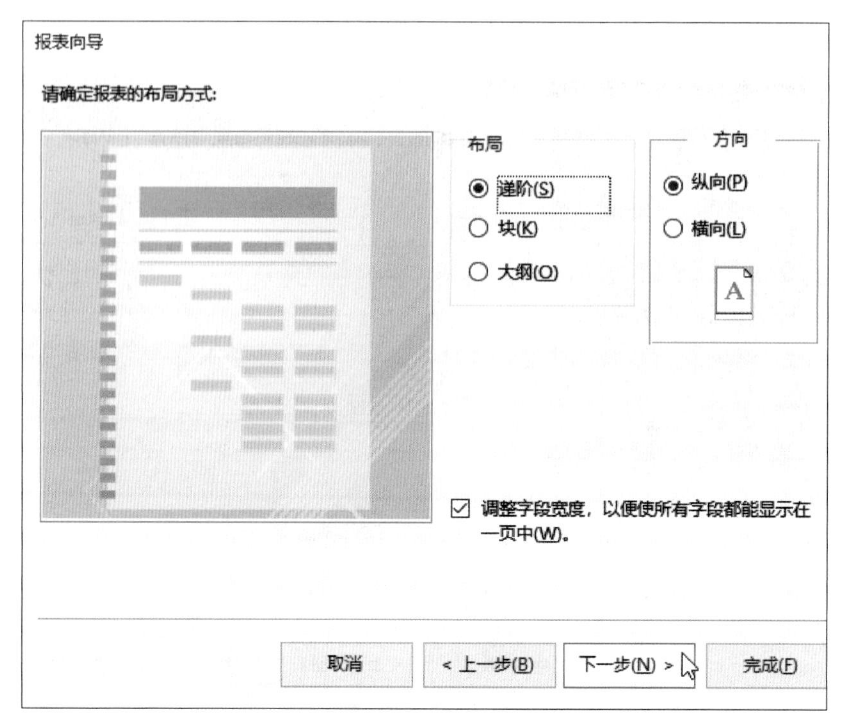

图 5-1-33　选择报表使用的布局方式

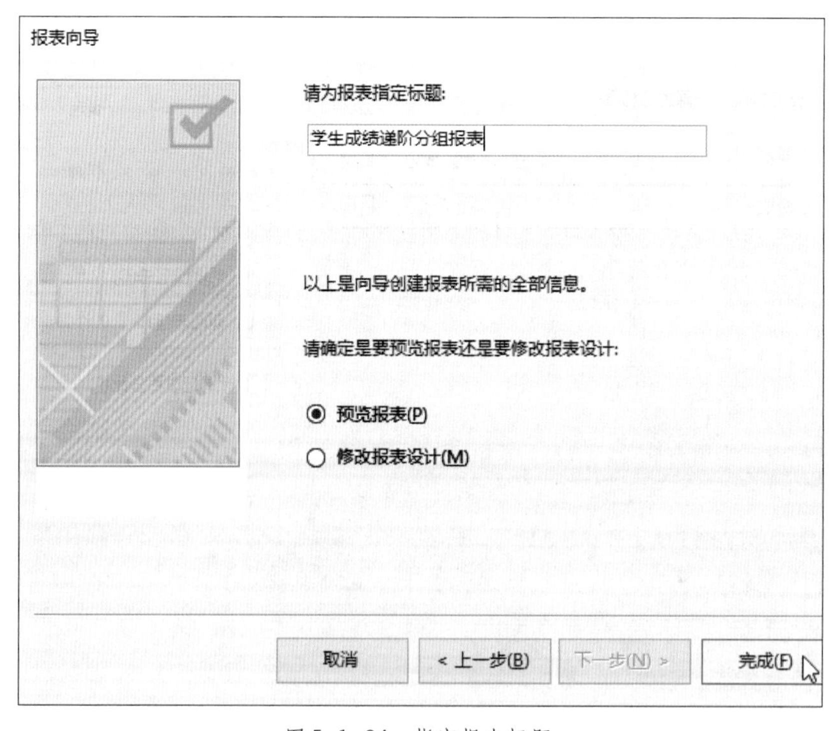

图 5-1-34　指定报表标题

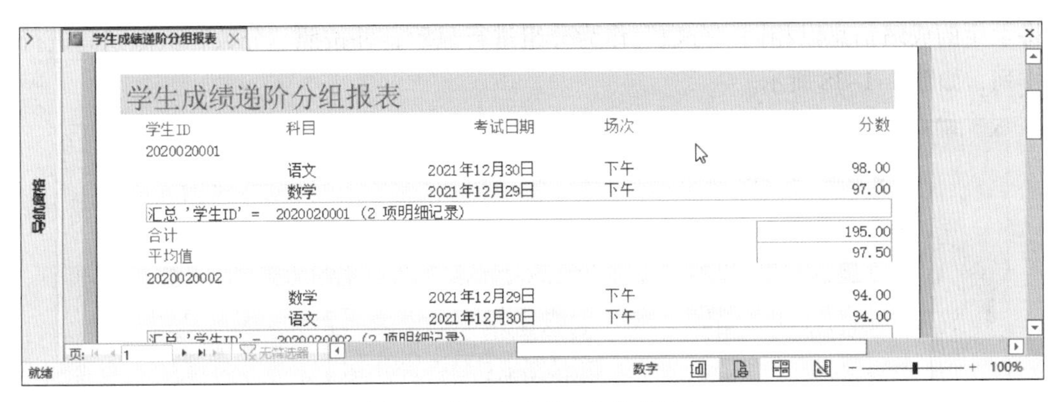

图 5-1-35　查看报表的数据显示

7）如果在“报表向导”对话框中没有单击“汇总选项”按钮，那么创建的报表中不会显示相关的汇总信息，仅会显示数据源中的相关静态信息，如图 5-1-36 所示。与在图 5-1-17 中选择了“表格”布局的未分组报表“学生成绩报表”相比，由于“学生成绩递阶分组报表”中的字段“学生 ID”作为一级分组，报表中每组数据的“学生 ID”信息仅出现一次，而在“学生成绩报表”中出现了两次，这就是在创建报表时选择分组报表的原因。

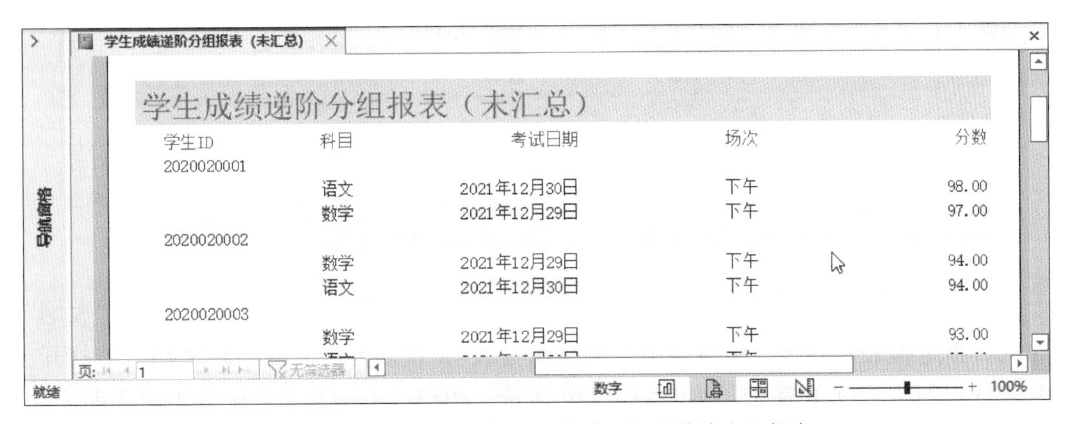

图 5-1-36　查看未选择“汇总选项”的递阶分组报表

8）如果在“报表向导”对话框中选择“学生 ID”作为一级分组，选择“块”布局，指定报表标题为“学生成绩块分组报表”，报表创建完成后在文档区域打开，其默认视图为“打印预览”，如图 5-1-37 所示。使用“块”布局的分组报表即为块分组报表。由于字段“学生 ID”作为一级分组，报表中每组数据的“学生 ID”信息仅出现一次。与“学生成绩递阶分组报表”相比，“学生 ID”对应记录没有单独占据一行显示，其他字段对应的记录作为一个“块状区域”跟随其后显示。如果在“报表向导”对话框中选择“分数”作为一级分组，并指定报表标题为“学生成绩块分组报表（分数）”，那么“分数”字段将出现在报表的最左侧，其他字段向右依次顺延。该报表的意图是将学生的成绩信息以相同“分数”作为分组进行显示，并按照“分数”从低到高进行排列，如图 5-1-38 所示。

学生成绩块分组报表
学生成绩块分组报表
学生ID 科目 考试日期 场次 分数
2020020001 语文 2021年12月30日 下午 98.00
数学 2021年12月29日 下午 97.00
2020020002 数学 2021年12月29日 下午 94.00
语文 2021年12月30日 下午 94.00
2020020003 数学 2021年12月29日 下午 93.00
语文 2021年12月30日 下午 92.00
导航窗格
就绪
数字
100%

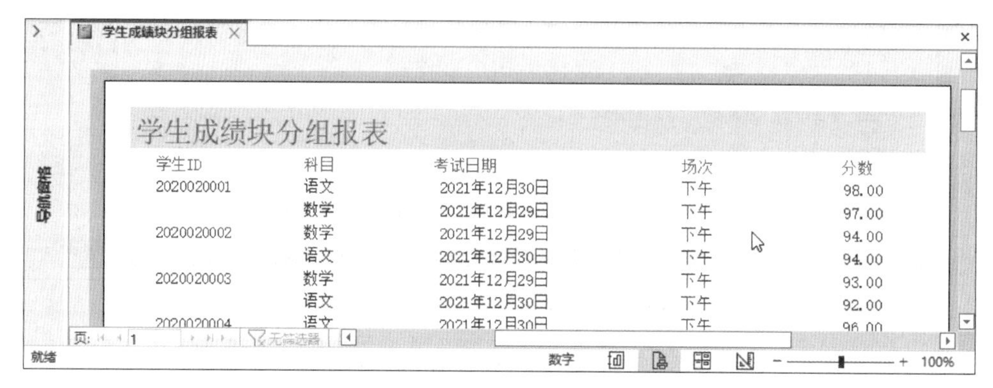

图 5-1-37 查看“学生 ID”作为一级分组的块分组报表

学生成绩块分组报表（分数）
学生成绩块分组报表（分数）
分数 学生ID 科目 考试日期 场次
91 2020020004 数学 2021年12月29日 下午
2021010001 语文 2021年12月30日 上午
92 2021010003 语文 2021年12月30日 上午
2021010002 数学 2021年12月29日 上午
2020020003 语文 2021年12月30日 下午
93 2021010002 语文 2021年12月30日 上午
2020020003 数学 2021年12月29日 下午
94 2020020002 数学 2021年12月29日 下午
导航窗格
就绪
数字
100%

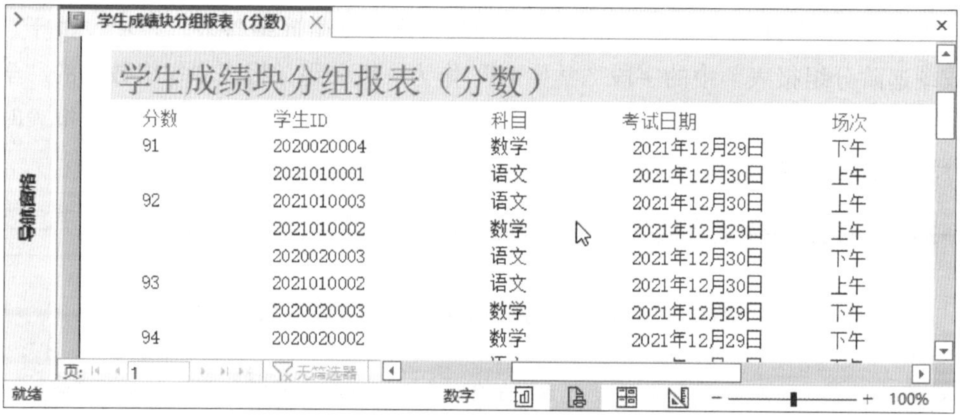

图 5-1-38 查看“分数”作为一级分组的块分组报表

9）如果在“报表向导”对话框中选择“学生 ID”作为一级分组，选择“大纲”布局，指定报表标题为“学生成绩大纲分组报表”，报表创建完成后在文档区域打开，其默认视图为“打印预览”，如图 5-1-39 所示。使用“大纲”布局的分组报表即为大纲分组报表。由于字段“学生 ID”作为一级分组，报表中每组数据的“学生 ID”信息仅出现一次。与“学生成绩递阶分组报表”相比，“学生 ID”标签及其对应的记录单独占据一行显示，类似于常见的 Word 文档“大纲”布局，其他字段标签及其对应的记录向下错开一行作为“大纲”的详细内容跟随其后显示。如果在“报表向导”对话框中选择“分数”作为一级分组，并指定报表标题为“学生成绩大纲分组报表（分数）”，那么“分数”字段将出现在报表的最左侧，其他字段向右依次顺延，如图 5-1-40 所示。相比而言，“学生成绩大纲分组报表”的数据显示效果更为清晰，其次是“学生成绩递阶分组报表”，而“学生成绩块分组报表”的显示效果可能会引起数据的混淆。

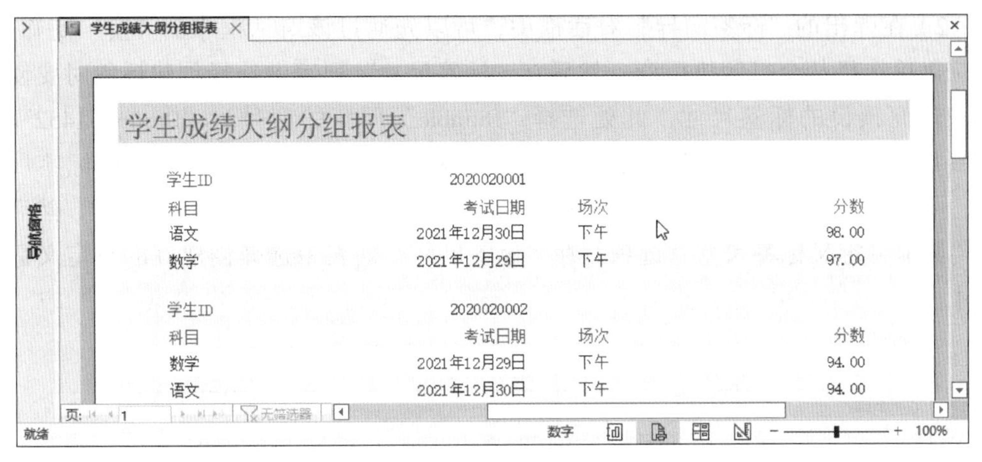

图 5-1-39　查看“学生 ID”作为一级分组的大纲分组报表

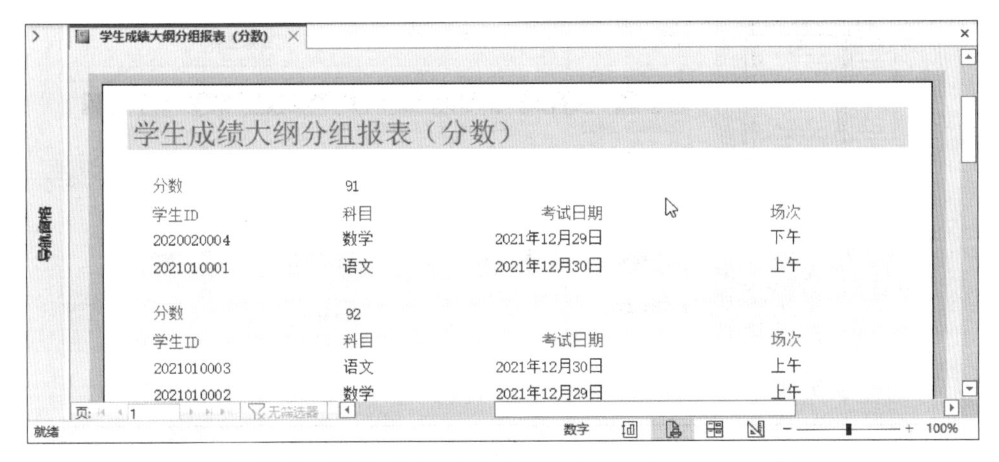

图 5-1-40　查看“分数”作为一级分组的大纲分组报表

（5）标签

1）在导航窗格选择数据库表“学生信息”，然后在“创建”选项卡“报表”命令组中，单击“标签”按钮，如图 5-1-41 所示。

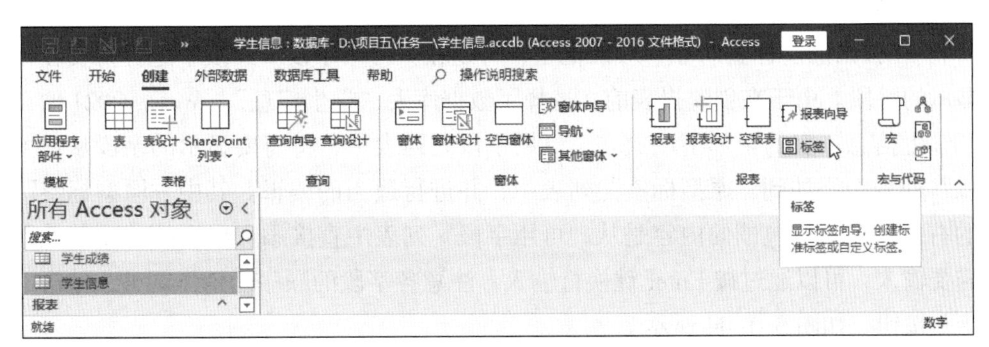

图 5-1-41　单击“标签”按钮

2）在弹出的“标签向导”对话框中，可以先通过该对话框中的“按厂商筛选”下拉菜单选择某个打印机厂商，然后在“标签尺寸”列表中选择创建标签时要使用的该厂商预设的标签尺寸，此处选择“Durable”厂商的型号为“Durable 1452”的标签尺寸，单击“下一步”按钮，如图 5-1-42 所示。当没有合适的预设标签尺寸时，可以单击“自定义”按钮，根据实际需要创建并命名自定义的标签尺寸，然后选择“显示自定义标签尺寸”选项，在“标签尺寸”列表中选择创建好的自定义标签尺寸。

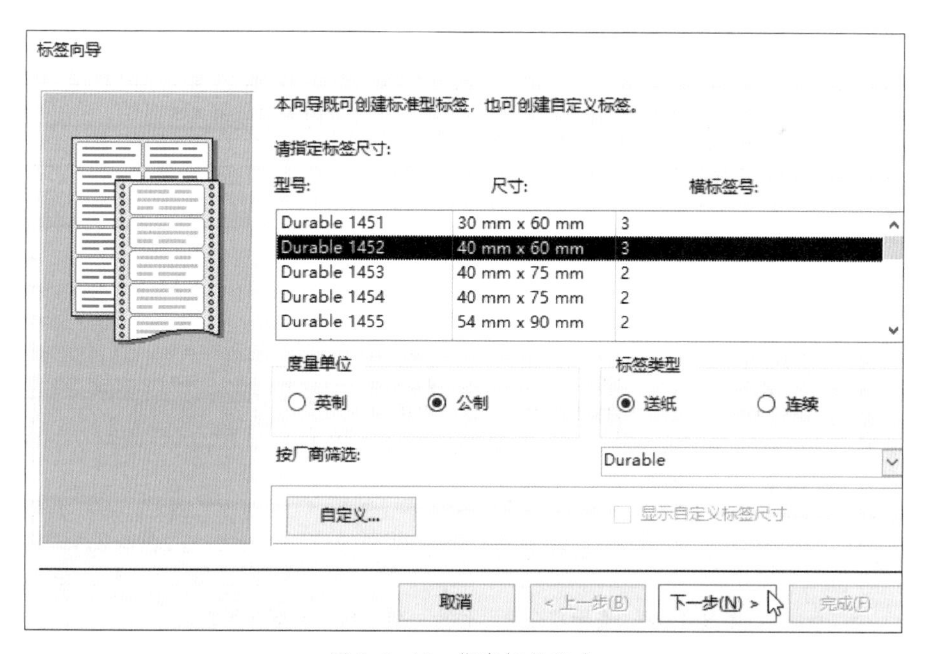

图 5-1-42　指定标签尺寸

3）在“标签向导”对话框中选择文本的字体和颜色，在“字体粗细”下拉菜单中将默认的“细”改为“半粗”，在该对话框左侧可以预览文本的外观，单击“下一步”按钮，如图 5-1-43 所示。

4）在弹出的“标签向导”对话框中，可以在“可用字段”列表中选择将要在标签上显示的字段。由于在创建报表前，选择了数据库表“学生信息”，Access 2021 便自动将“学生信息”表的全部字段放在“可用字段”列表中，将需要显示的字段从“可用字段”列表中添加到“原型标签”列表中，并进行适当的编辑。其中“原型标签”列表的右侧由花括号包围的内容是从“可用字段”列表中直接添加得到的，而其他内容则需要输入，可以通过按 Enter 键换行输入，注意各字段的顺序已稍作调整，单击“下一步”按钮，如图 5-1-44 所示。

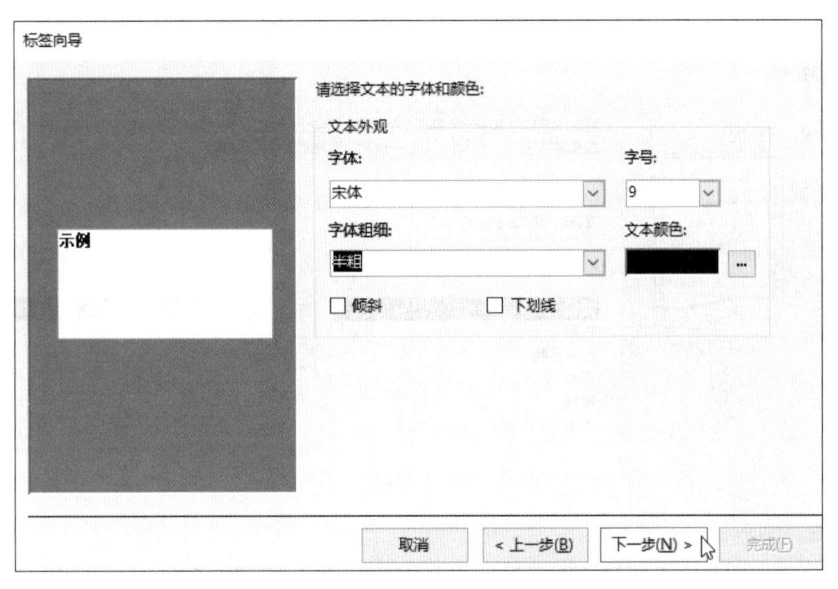

图 5-1-43　选择文本的字体和颜色

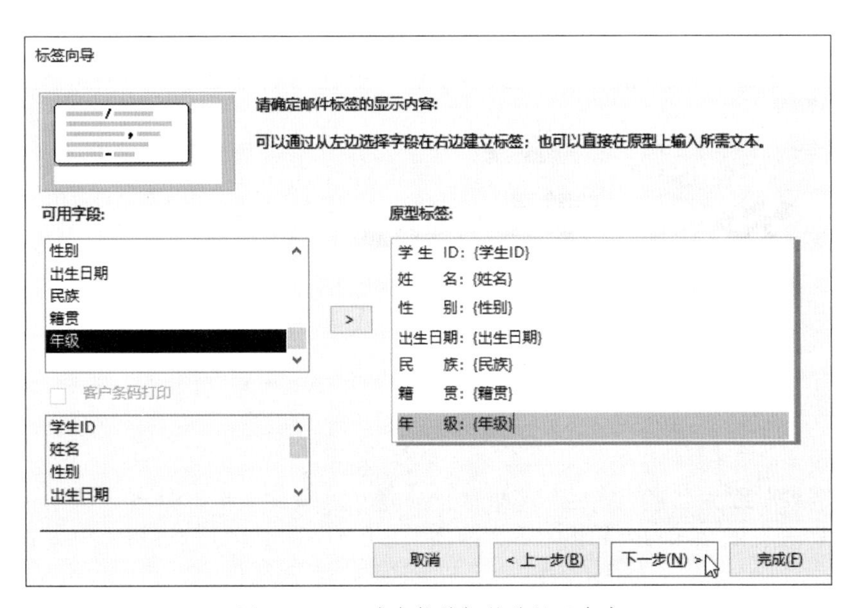

图 5-1-44　确定邮件标签的显示内容

5）在“标签向导”对话框中选择按照字段“学生 ID”进行排序（默认为升序），单击“下一步”按钮，如图 5-1-45 所示。

6）在“标签向导”对话框中，指定标签标题为“学生信息标签”，并选择“查看标签的打印预览”选项，单击“完成”按钮，如图 5-1-46 所示。

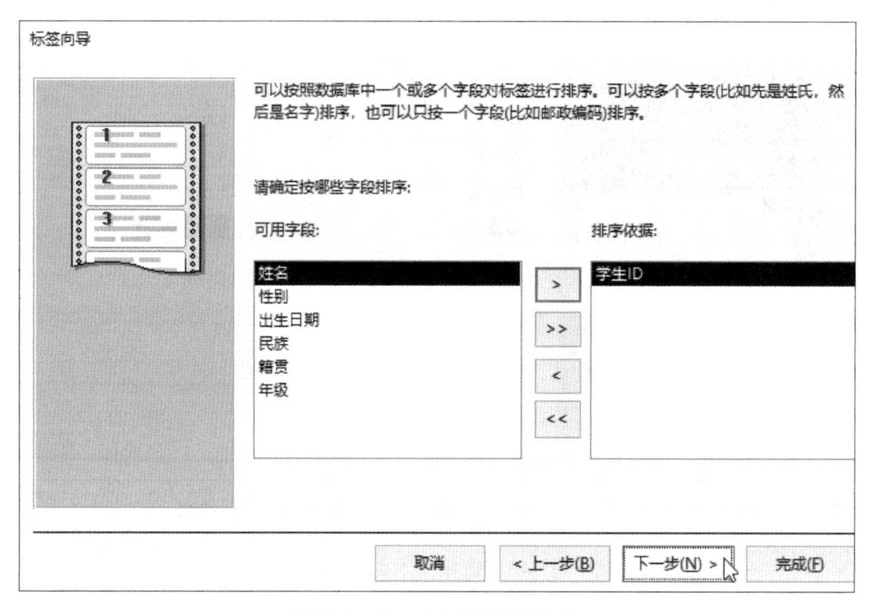

图 5-1-45　选择排序的字段

图 5-1-46　指定标签标题

7）“学生信息标签”随即在文档区域打开，查看标签的数据显示，其默认视图为“打印预览”，导航窗格的“报表”组中增加了“学生信息标签”标签，如图 5-1-47 所示。使用相应的打印机和纸张打印标签后，经过适当的剪裁即可得到需要的标签，可以贴于档案袋外侧或其他地方。

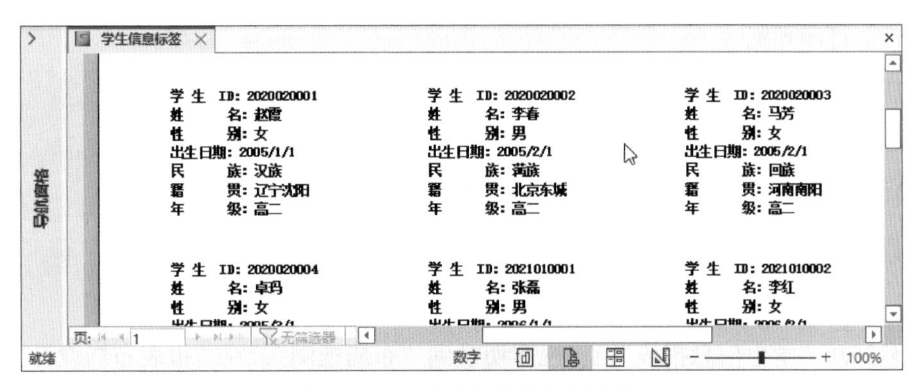

图 5-1-47　查看标签的打印效果

3. 报表的基本操作

报表的基本操作主要包括以下内容。

（1）打开报表

打开报表操作用于查看报表的数据显示。

（2）关闭报表

关闭报表操作用于关闭报表对象。

（3）保存报表

保存报表操作可将对报表所做的修改保存到数据库中。

（4）删除报表

删除报表操作可将报表从数据库中删除。

（5）复制报表

复制报表用于复制报表对象，以便粘贴到数据库中。

（6）剪切报表

剪切报表操作用于复制报表对象，以便粘贴到数据库中，同时删除原有报表。

（7）粘贴报表

粘贴报表操作可将复制的报表对象粘贴到数据库中。

（8）重命名报表

重命名报表操作用于重新命名报表对象。

（9）隐藏报表

隐藏报表操作可将报表对象在原有浏览组中隐藏显示。

（10）打印报表

打印报表操作可将报表的数据显示通过打印机输出。

（11）打印预览

打印预览操作可将报表的数据在“打印预览”视图中显示。

（12）报表属性

报表属性操作用于查看或修改报表对象的属性信息。

4. 设置报表外观

（1）设置页码

1）打开“学生信息报表”，将视图切换到“布局视图”，在“报表布局设计”选项卡“页眉 / 页脚”命令组中，单击“页码”按钮，如图 5-1-48 所示。

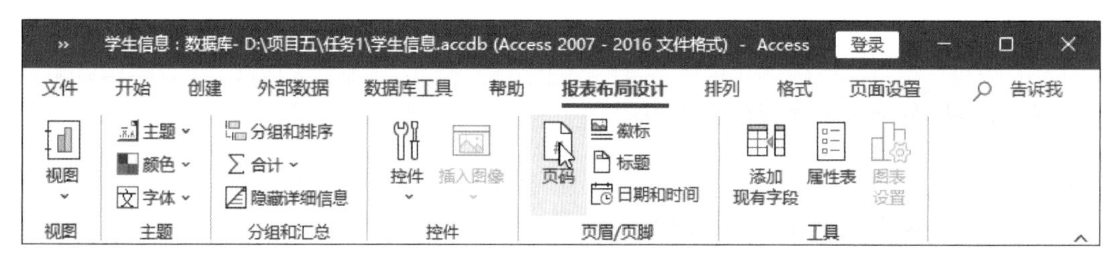

图 5-1-48 单击“页码”按钮

2）在弹出的“页码”对话框中，选择插入页码的格式为“第 N 页，共 M 页”，选择位置为“页面底端（页脚）”，选择对齐为“居中”，并选择“首页显示页码”选项，单击“确定”按钮，如图 5-1-49 所示。

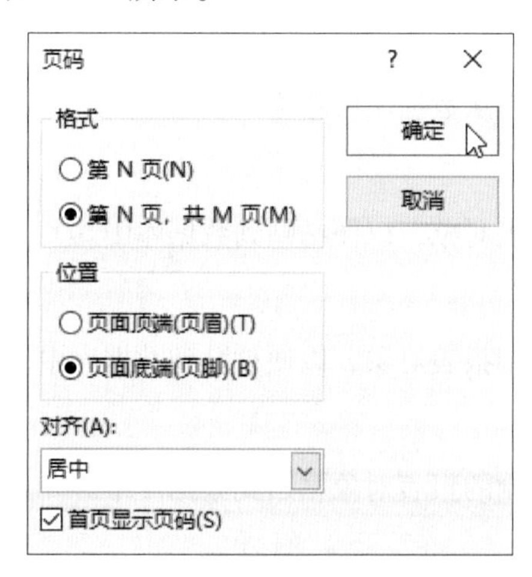

图 5-1-49 设置页码的格式和位置

3）新插入的“第 1 页，共 1 页”页码在报表的页面底部显示，如图 5-1-50 所示。

（2）其他设置

报表的其他设置操作包括设置文本框宽度、设置文本框高度、设置字体、设置徽标、设置标题、设置日期和时间、自动套用格式等。

图 5-1-50　页面底部显示页码

5. 报表打印预览

（1）设置纸张大小

打开“学生信息标签”，将视图切换到“打印预览”，在“打印预览”选项卡“页面布局”命令组中，单击“纸张大小”按钮，可以在“纸张大小”样式库中选择合适的打印纸张，常用的纸张大小选项为“A4”“B5”和“信纸”，此处选择“A4”，如图 5-1-51 所示。

图 5-1-51　选择合适的纸张大小

（2）设置打印方向

在“打印预览”选项卡“页面布局”命令组中，单击“横向”按钮或“纵向”按钮，可以选择合适的打印方向，此处选择默认选项“纵向”，如图 5-1-52 所示。

图 5-1-52　选择合适的打印方向

（3）设置页边距

在“打印预览”选项卡“页面大小”命令组中，单击“页边距”按钮，可以在“页边距”样式库中选择合适的页边距，常用的页边距选项为“普通”“宽”和“窄”，也可以选择“自定义边距”命令对页边距的尺寸进行自定义设置，如图 5-1-53 所示。

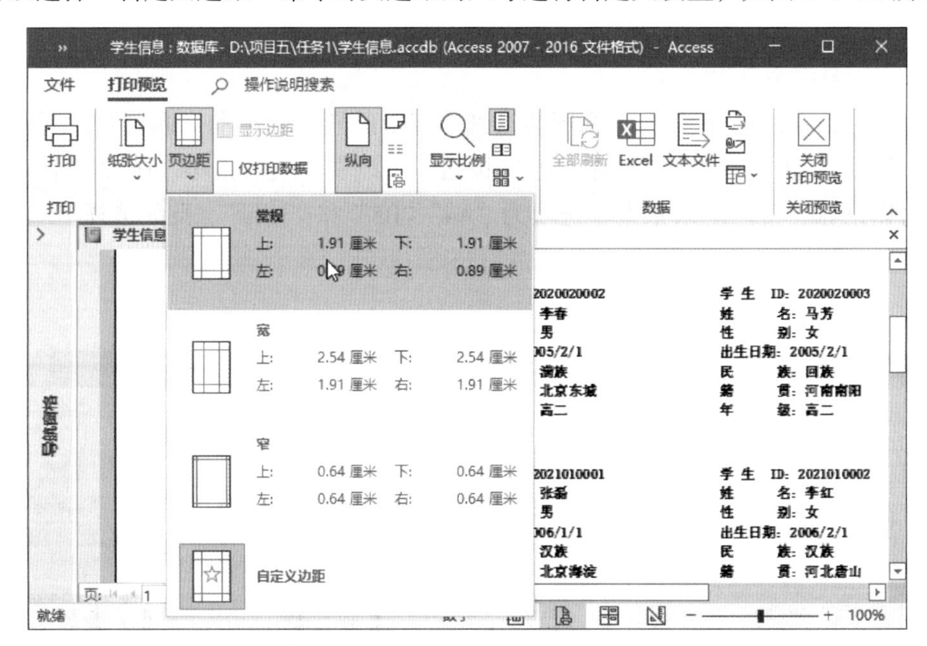

图 5-1-53　选择合适的页边距

（4）页面设置

1）在“打印预览”选项卡“页面布局”命令组中，单击“页面设置”按钮，如图 5-1-54 所示。

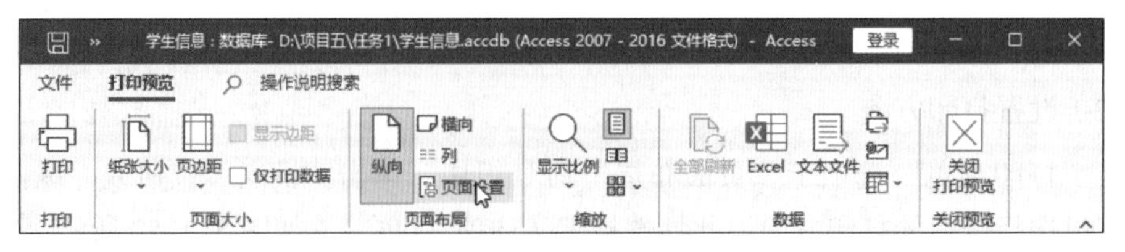

图 5-1-54　单击“页面设置”按钮

2）在弹出的“页面设置”对话框中，“打印选项”选项卡页面可以设置页边距，也可以选择是否“只打印数据”选项，如图 5–1–55 所示。

图 5–1–55 “打印选项”选项卡

3）在“页”选项卡页面可以设置打印方向，也可以选择纸张大小和来源，还可以选择“默认打印机”或“使用指定打印机”，如图 5–1–56 所示。

图 5–1–56 “页”选项卡

4）在“列”选项卡页面可以进行网格设置，包括“列数”“行间距”和“列间距”三个参数，也可以设置列尺寸，包括“宽度”和“高度”两个参数，还可以选择列布局，即选择“先列后行”或“先行后列”选项，设置完成后，单击“确定”按钮，如图 5-1-57 所示。

图 5-1-57 “列”选项卡

（5）打印报表

1）在“打印预览”选项卡“打印”命令组中，单击“打印”按钮，如图 5-1-58 所示。

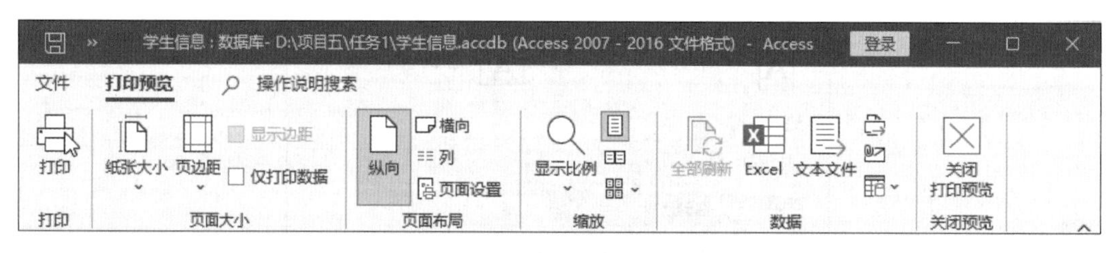

图 5-1-58 单击“打印”按钮

2）在弹出的“打印”对话框中，可以从打印机名称下拉列表中选择打印报表将要使用的打印机，此处选择默认的打印机，单击“属性”按钮可以查看所选打印机的详细信息；也可以选择“打印到文件”选项，打印报表时则会输出到一个预打印文件，该文件可以在 Access 2021 关闭后再进行打印输出；默认的“打印范围”是“全部”，也可以选择打印指定页码的报表内容；默认的“打印份数”为 1 份，选择打印多份时，还可以选择是否“逐份打印”。设置完毕后，单击“确定”按钮即可开始打印报表，如图 5-1-59 所示。

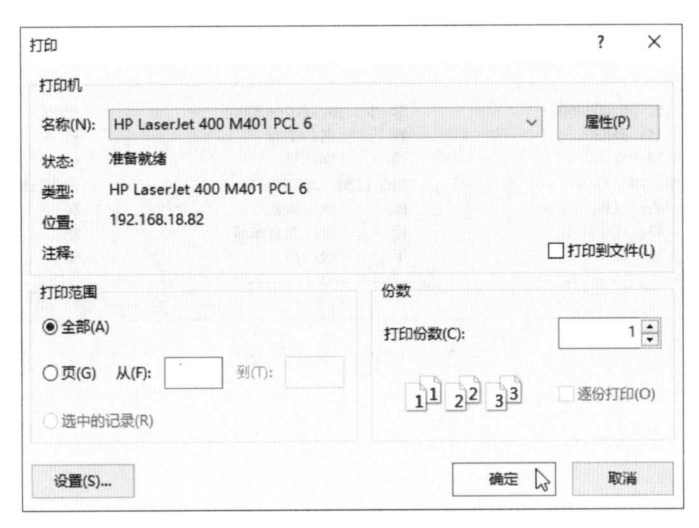

图 5-1-59　“打印”对话框

（6）设置显示比例

在“打印预览”选项卡“显示比例”命令组中，单击“显示比例”按钮，可以在弹出的下拉菜单中选择合适的显示比例，如图 5-1-60 所示，此处将默认的“100%”改为“150%”，显示效果如图 5-1-61 所示。也可以通过程序状态栏最右侧的按钮 、 和 调整合适的显示比例。

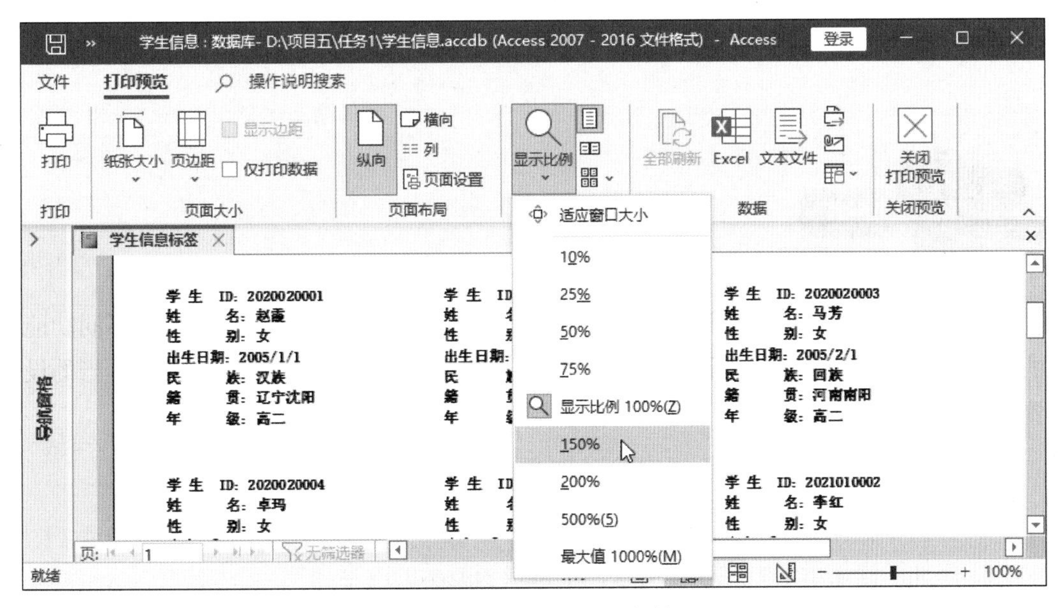

图 5-1-60　设置显示比例

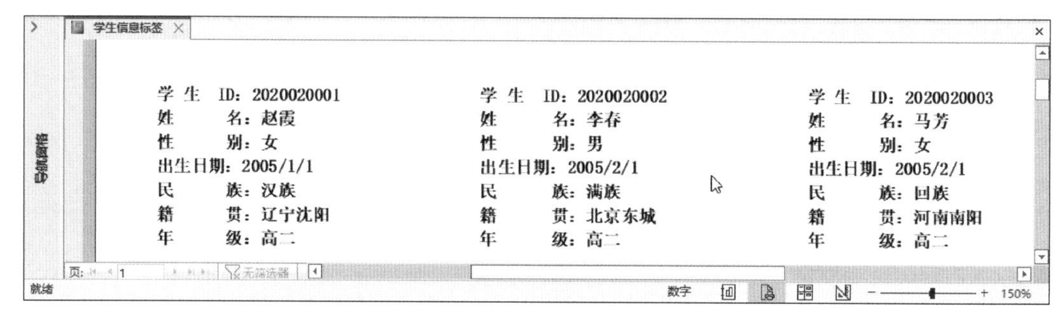

图 5-1-61 显示效果

任务 2 设计学生信息报表

1. 熟悉报表的设计思路。
2. 掌握报表“设计视图”的使用方法。
3. 熟悉报表控件的设置。

报表的设计与窗体的设计较为相似，主要是通过向报表中添加具有各种不同功能的控件来实现数据的检索、计算和加载显示，并通过对这些控件的属性进行适当的设置以充分发挥其强大的功能，例如，通过控件可实现以下功能。

1. 添加文本框显示数据库表中的记录或函数统计的信息。

2. 添加标签显示辅助说明性质的文字，增加报表的可读性。

3. 添加图像显示学生照片等信息，丰富报表显示的内容。

本任务的内容是设计一个相对复杂的学生信息报表，从而掌握 Access 2021 在数据输出打印方面所具有的强大功能。

一、报表设计思路

一般的报表设计思路包括以下步骤。

1. 绘制报表的草图

此步骤并不是必需的，因为“报表向导”功能已提供了足以满足需要的初始报表设计。如果该向导不能满足设计的需要，那么通过在纸上绘制报表草图并标明每个字段的布局及其名称，将对创建报表大有裨益。此外，还可以使用 Word 2021 或 Visio 2021 等软件创建报表的模型。

2. 选定控件的区域

每个报表都包含一个或多个报表区域，其中“主体”区域则是每个报表所共有的，这个区域针对报表数据源中的每条记录重复一次。其他报表区域则是可选区域，重复率较低，通常用于显示一组记录、一页报表或整个报表的通用信息。

3. 确定控件的排列

多数未分组报表都是套用“表格”或“堆叠”布局排列的，也可以将所需的记录和字段按照设计需要自定义排列方式。

（1）当报表中的字段相对较少，而且希望用简单的列表格式显示时，“表格”布局将是较为适合的选择。

（2）当报表中的字段相对较多，无法使用“表格”布局显示时，常采用“堆叠”布局，亦称为“纵栏表”布局。

（3）当报表中含有大量的字段，如果使用“堆叠”布局，每个记录将占据更多的垂直空间，这样不仅浪费纸张，还会增加阅读报表的难度，此时宜采用“两端对齐”布局。

对于分组报表，则根据分组显示的布局需要，可以选择“递阶”布局、“块”布局或“大纲”布局，也可以将所需的记录和字段按照设计需要采用自定义分组排列方式。

4. 设置控件的属性

向报表添加控件时，Access 2021 会为各控件设置默认的属性，可以根据特定的功能重新设置控件的各类详细属性，以满足报表设计的需要。

二、报表区域

如同通过 3 个区域（“窗体页眉”区域、“主体”区域和“窗体页脚”区域）将窗体划分为 3 个承载不同类别信息的空间一样，报表也被划分为多个区域，而且较窗体的划分更为详细，按照在报表设计中出现的次序包括以下 7 个区域。

1.“报表页眉”区域

“报表页眉”区域仅在报表开头显示一次。“报表页眉”区域通常放置出现在封面上的信息，如徽标、标题或日期。如果将使用聚合函数（如 Sum）的计算控件放在“报表页眉”区域，那么计算是针对整个报表的。“报表页眉”区域显示在“页面页眉”区域之前。

2.“页面页眉”区域

“页面页眉”区域显示在每一页面的顶部。例如，“页面页眉”区域可以放置控件以在每一页面上重复报表的标题。

3.“分组页眉”区域

“分组页眉”区域显示在每个新记录分组的开头。“分组页眉”区域可以放置控件以显示分组名称。例如，在按“姓名”分组的报表中，可以在“分组页眉”区域放置控件以显示学生的姓名。如果将使用聚合函数（如 Sum）的计算控件放在分组页眉中，那么计算是针对当前分组的。

4.“主体”区域

“主体”区域对于数据源中的每一条记录只显示一次，该区域是构成报表主要部分的控件所在的位置。

5.“分组页脚”区域

“分组页脚”区域显示在每一分组的结尾。“分组页脚”区域可以放置控件以显示分组的汇总信息。

6.“页面页脚”区域

“页面页脚”区域显示在每一页面的结尾。“页面页脚”区域可以放置控件以显示页码或每页的特定信息。

7.“报表页脚”区域

“报表页脚”区域仅在报表结尾显示一次。“报表页脚”区域可以放置控件以显示针对整个报表的报表汇总或其他汇总信息。

在设计视图中，“报表页脚”区域显示在“页面页脚”区域的下方。但是，在打印或预览报表时，最后一页的“报表页脚”区域位于“页面页脚”区域的上方，紧靠于最后一个分组页脚或明细行之后。

三、实践操作

1. 查看报表设计

（1）查看未分组报表的设计

1）打开数据库文件“学生信息 .accdb”，右键单击导航窗格中的“学生信息报表”标签，在弹出的右键快捷菜单中，单击选择“设计视图”命令，打开“学生信息报表”的设计界面，“开始”选项卡也切换到“报表设计”选项卡，如图 5-2-1 所示。在文档区域，报表被分为“报表页眉”“页面页眉”“主体”“页面页脚”和“报表页脚”五个区域，其中“报表页眉”区域主要放置“徽标”“标题”和“日期和时间”等报表的辅助数据显示控件，“页面页眉”区域和“主体”区域主要放置“标签”“文本框”“图像”和“子报表”等报表的主体数据显示控件，“页面页脚”区域和“报表页脚”区域主要放置“页码”和“计数”等报表的辅助数据显示控件。

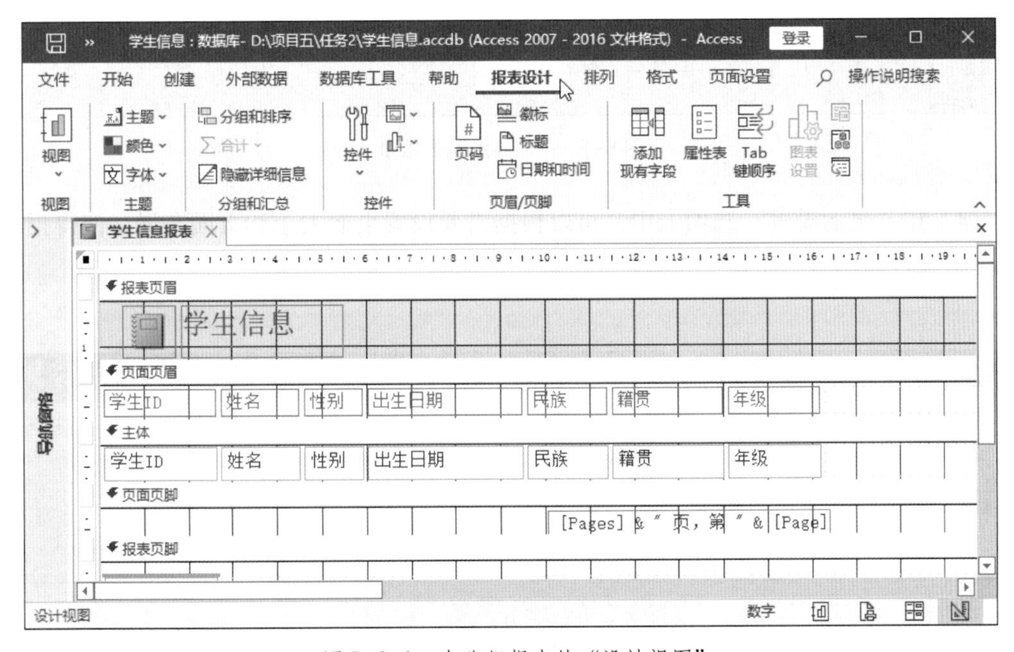

图 5-2-1　未分组报表的“设计视图”

2）通过“报表设计”选项卡“控件”命令组进行报表设计时，可以通过此命令组添加各类控件，使得报表界面更加友好丰富，如图 5-2-2 所示。

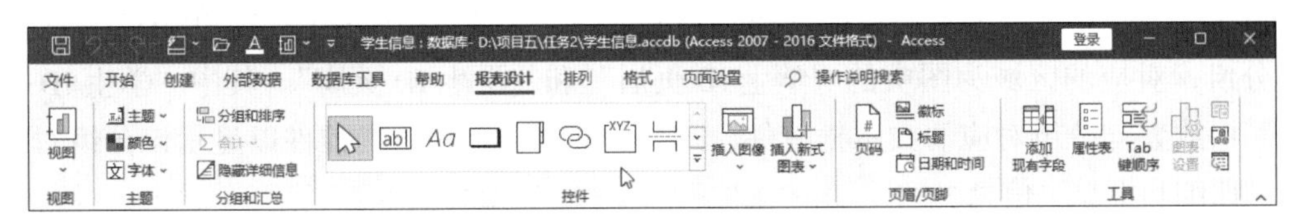

图 5-2-2　“报表设计”选项卡“控件”命令组

3）通过“排列”和“格式”选项卡中的命令组进行报表设计时，可通过此命令组设置控件布局，使得报表界面更加有序美观，“排列”选项卡和“格式”选项卡分别如图 5–2–3、图 5–2–4 所示。

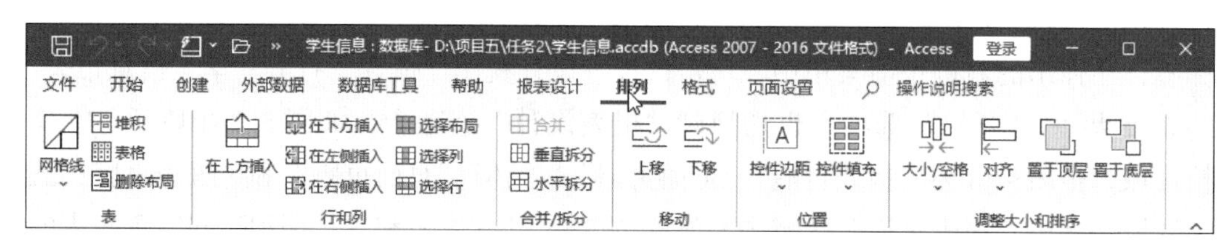

图 5–2–3 “排列”选项卡

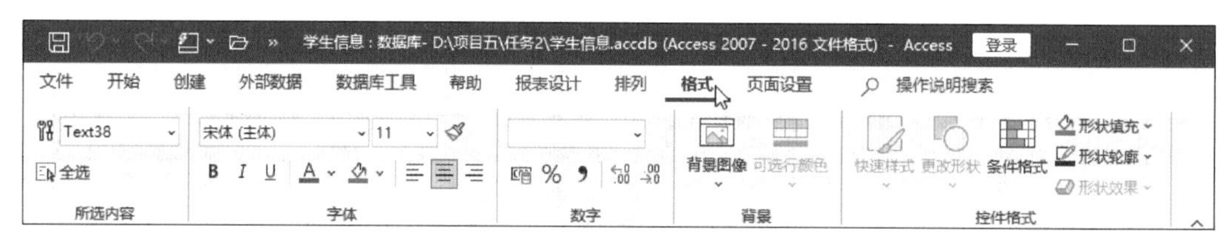

图 5–2–4 “格式”选项卡

4）在“页面设置”选项卡中，可以根据需要设置页面大小和页面布局，使得报表页面符合打印输出的需要，如图 5–2–5 所示。

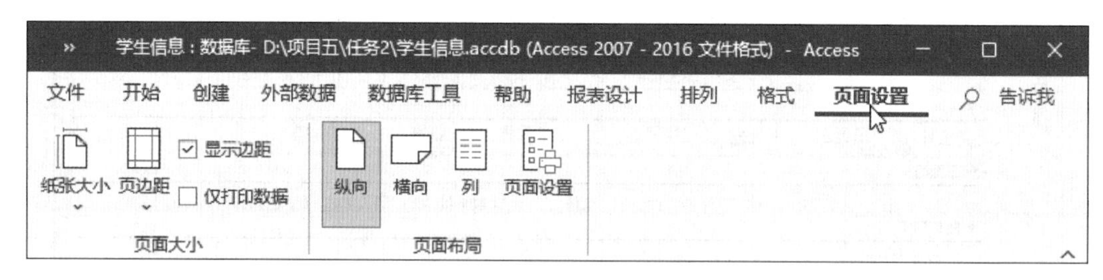

图 5–2–5 “页面设置”选项卡

（2）查看分组报表的设计

打开“学生成绩递阶分组报表”，将视图切换到“设计视图”，如图 5–2–6 所示。与“学生信息报表”进行比较，“学生成绩递阶分组报表”中出现了两个分组报表特有的报表区域，即“分组页眉”区域和“分组页脚”区域，由于字段“学生 ID”作为一级分组，对应的区域为图中的“学生 ID 页眉”和“学生 ID 页脚”。其中“学生 ID 页眉”中放置与分组对应的文本框控件，“学生 ID 页脚”则放置控件以显示该分组对应的“明细和汇总”信息。

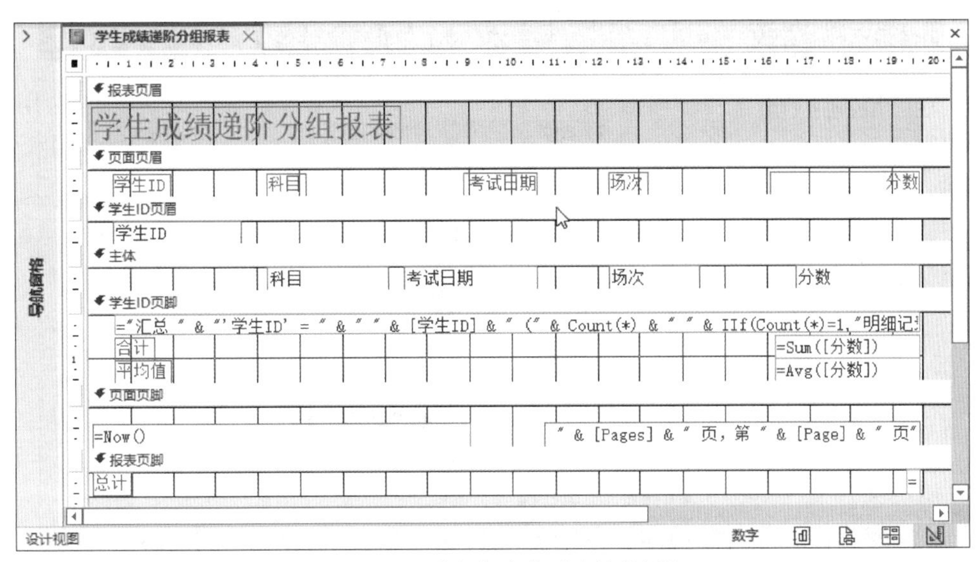

图 5-2-6　分组报表的"设计视图"

2. 修改报表设计

修改报表设计的操作主要包括修改徽标的设计、修改标签的设计、修改文本框的设计等。

3. 创建应用报表设计

利用"学生信息"表作为数据源设计一个较复杂的报表，使用附件控件提供学生的"照片"信息，并使用子报表控件显示学生各科目成绩，设计的主要步骤包括：修改数据库表、创建新报表、添加附件控件、添加子报表控件、设置子报表控件属性、测试报表整体设计效果。

（1）修改数据库表

1）打开数据库文件"学生信息.accdb"，右键单击导航窗格中的"学生信息"标签，将视图切换到"设计视图"，打开"学生信息"的设计界面，增加一个新的字段"照片"，在"数据类型"下拉列表中将默认的"短文本"修改为"附件"，如图 5-2-7 所示。

2）将视图切换到"数据表视图"，右键单击第一条记录对应的新增字段，在弹出的快捷菜单中，单击选择"管理附件"命令，如图 5-2-8 所示。

3）在弹出的"附件"对话框中，单击"添加"按钮，如图 5-2-9 所示。

4）在弹出的"选择文件"对话框中，选择与该记录对应的图片文件，单击"打开"按钮，如图 5-2-10 所示。

5）返回"附件"对话框，可见刚才选择的图片文件名称出现在"附件"列表框中，单击"确定"按钮，如图 5-2-11 所示。

图 5-2-7　增加“附件”类型的字段

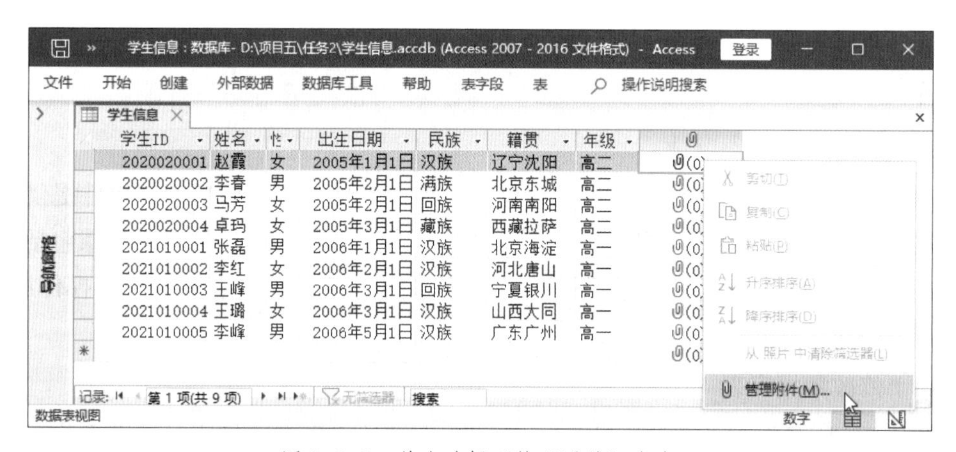

图 5-2-8　单击选择“管理附件”命令

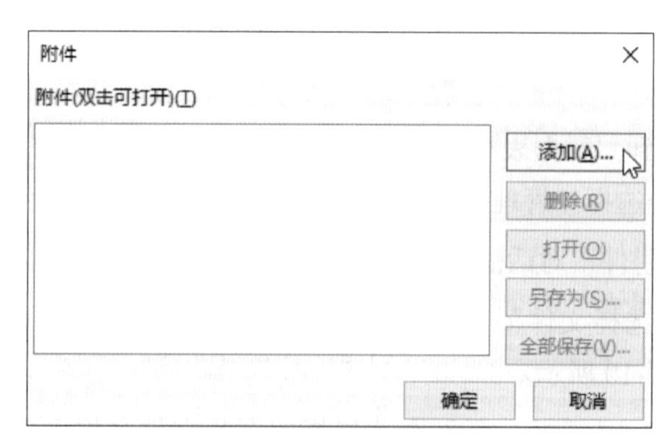

图 5-2-9　“附件”对话框

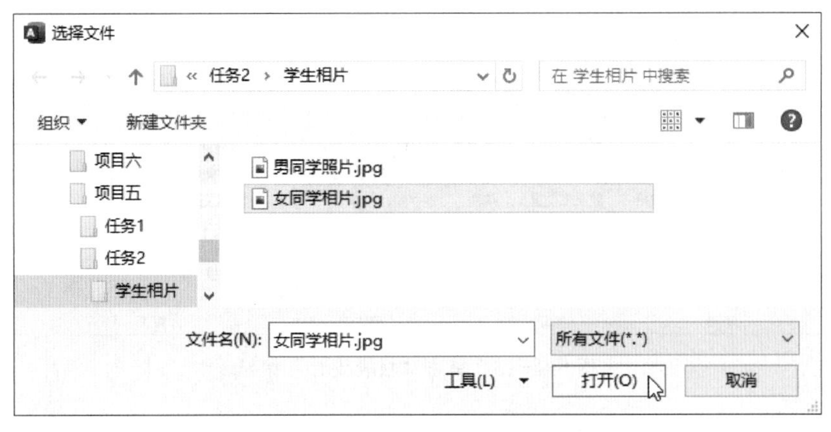

图 5-2-10　选择与记录对应的图片文件

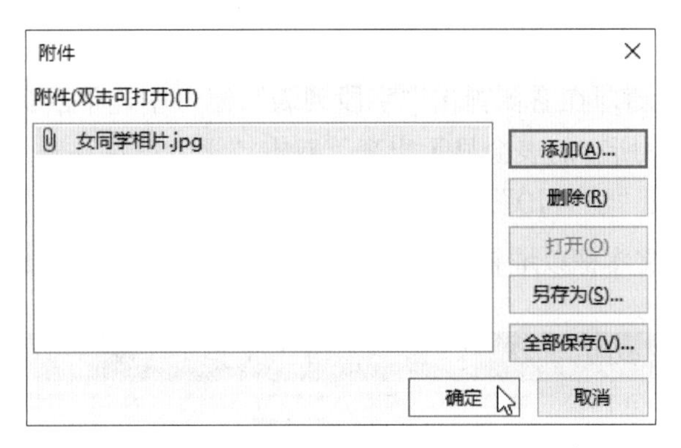

图 5-2-11　选择“附件”列表框中的图片

6）数据库表“学生信息”中第一条记录对应的“附件”字段由“(0)”变为“(1)”，说明成功地添加了一个附件文件，如图 5-2-12 所示。重复以上操作，为其他记录添加对应的附件文件，此处为男同学的“附件”字段添加“男同学照片 .jpg”，为女同学的“附件”字段添加“女同学照片 .jpg”。

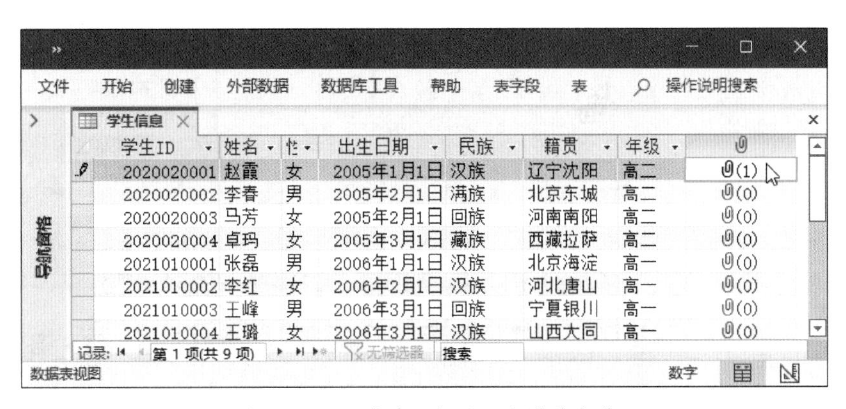

图 5-2-12　成功添加了一个附件文件

（2）创建新报表

1）在“创建”选项卡“报表”命令组中，单击“报表设计”按钮，如图 5-2-13 所示。

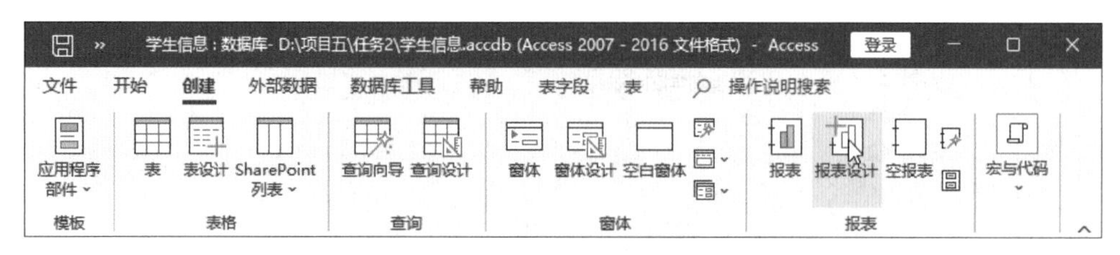

图 5-2-13　单击“报表设计”按钮

2）空报表“报表 1”随即在文档区域打开，其默认视图为“设计视图”，除了显示“页面页眉”“主体”和“页面页脚”3 个报表区域标签外，报表中一片空白，没有任何报表元素。在“报表设计”选项卡“工具”命令组中，单击“添加现有字段”按钮，如图 5-2-14 所示。随即在右侧弹出“字段列表”窗口中，单击窗口中的“显示所有表”命令，数据库中所有的表会显示出来，双击“学生信息”表，然后单击选中“学生信息”表中的字段“学生 ID”，并拖曳至报表“主体”区域，如图 5-2-15 所示。

3）一组标签和文本框以堆叠方式显示在报表“主体”区域，如图 5-2-16 所示。

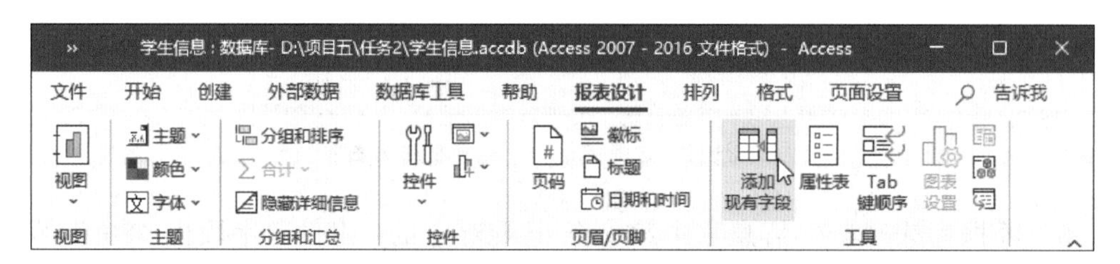

图 5-2-14　单击“添加现有字段”按钮

图 5-2-15　从字段列表拖曳字段至报表“主体”区域

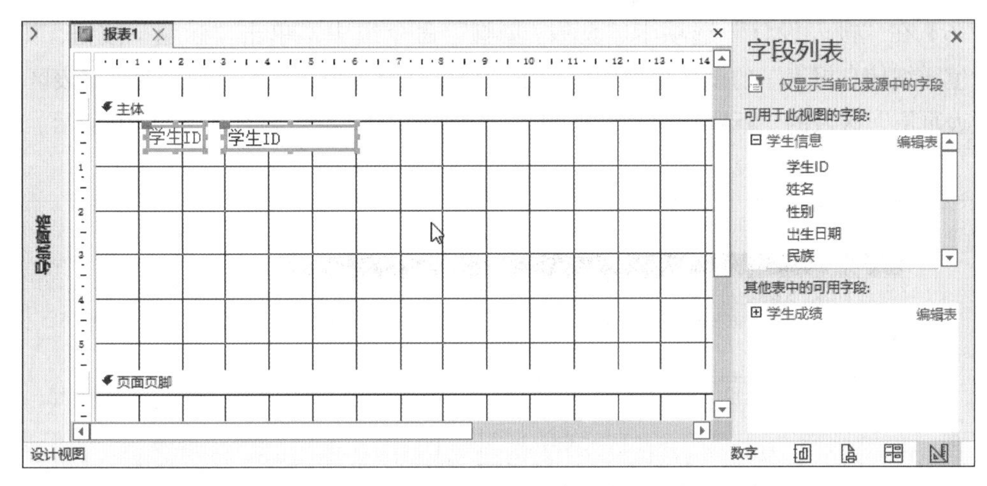

图 5-2-16　标签和文本框显示在报表“主体”区域

4）单击选中“学生信息”表中的其他字段，依次拖曳至报表“主体”区域，并分别调整字段对应的标签和文本框的宽度和位置，使其显得比例均匀，如图 5-2-17 所示。

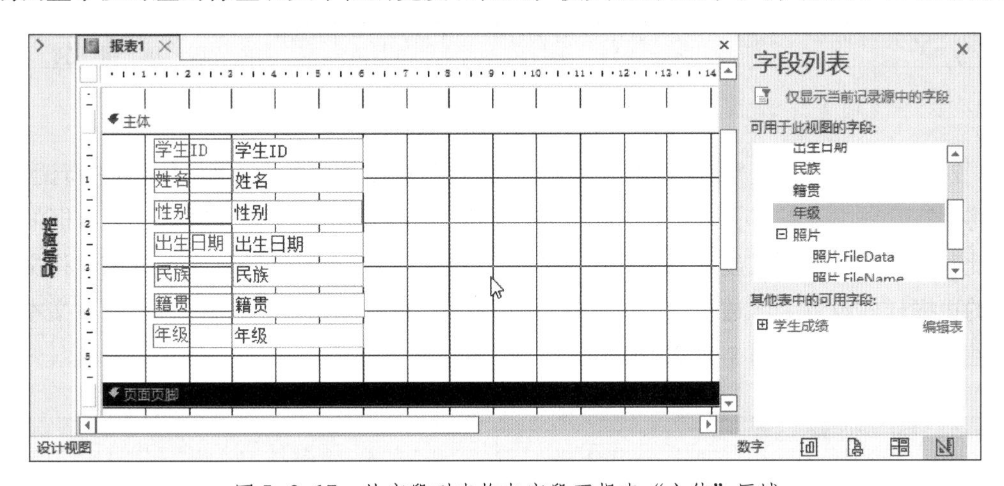

图 5-2-17　从字段列表拖曳字段至报表“主体”区域

5）单击快速访问工具栏中的“保存”按钮，在弹出的“另存为”对话框中输入报表名称“学生详细信息报表”，单击“确定”按钮，如图 5-2-18 所示。

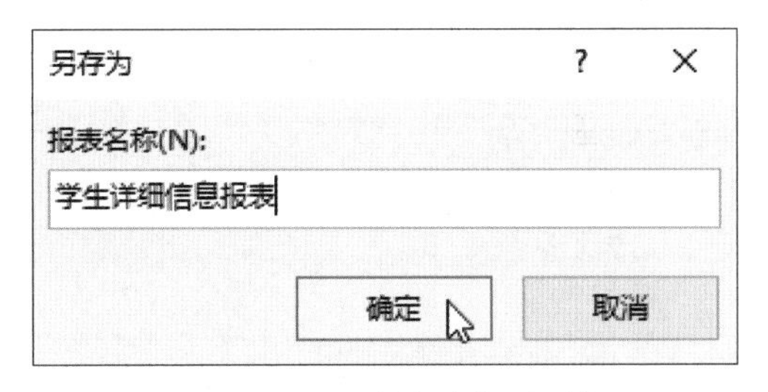

图 5-2-18　“另存为”对话框

6）在“报表设计”选项卡“页眉/页脚”命令组中，单击“标题”按钮，则在“学生详细信息报表”的设计界面中增加了“报表页眉”和“报表页脚”两个报表区域，“报表页眉”区域的“标题”自动添加为“学生详细信息报表”，如图 5-2-19 所示。

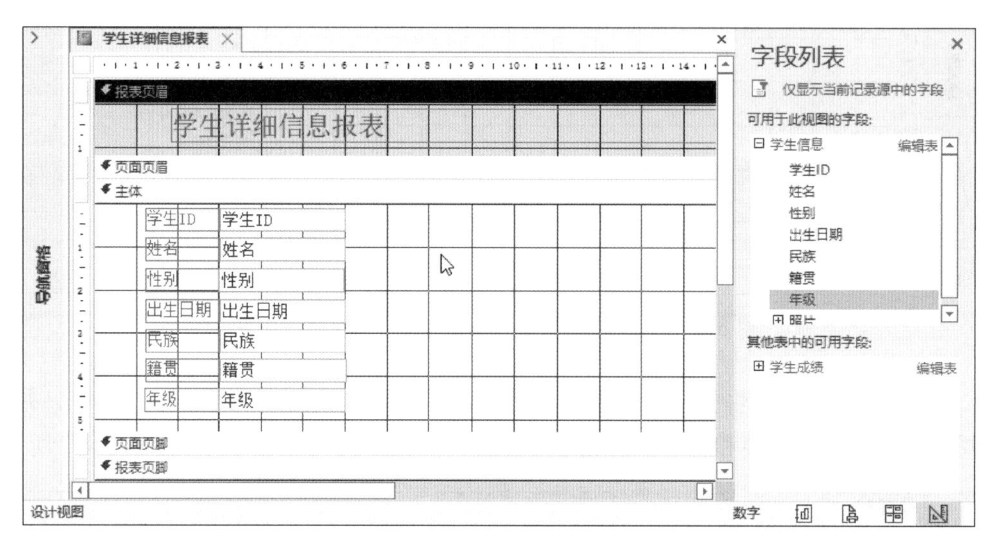

图 5-2-19　自动添加的报表标题

7）将视图切换至“布局视图”，利用“格式”选项卡中的命令组对版面进行调整。再将视图切换到“打印预览”，查看报表的数据显示，如图 5-2-20 所示。文本框的边框此时以“实线”方式显示，将视图切换到“布局视图”，通过调整文本框属性将文本框的边框样式设置为“透明”，如图 5-2-21 所示。将视图切换到“打印预览”，文本框属性调整后的效果如图 5-2-22 所示。

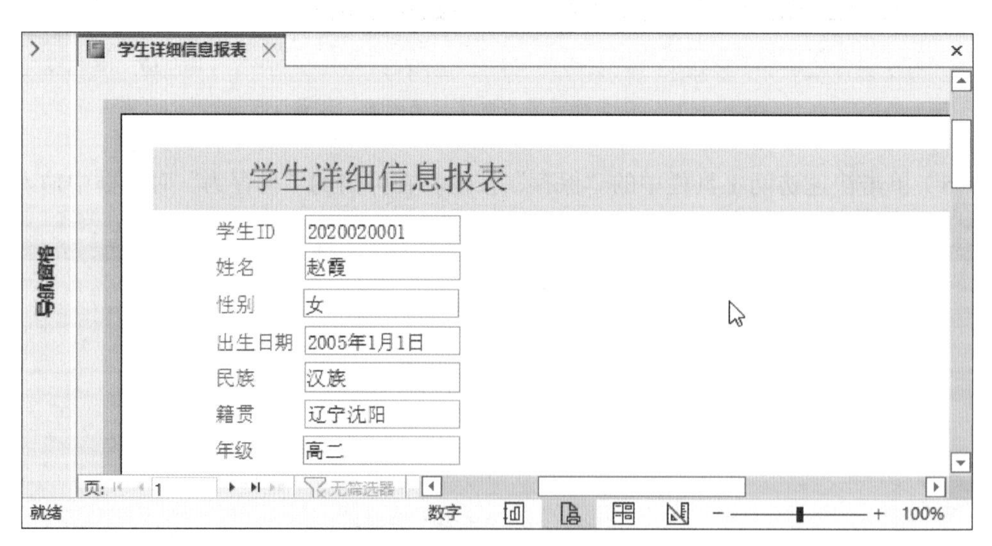

图 5-2-20　查看报表的数据显示

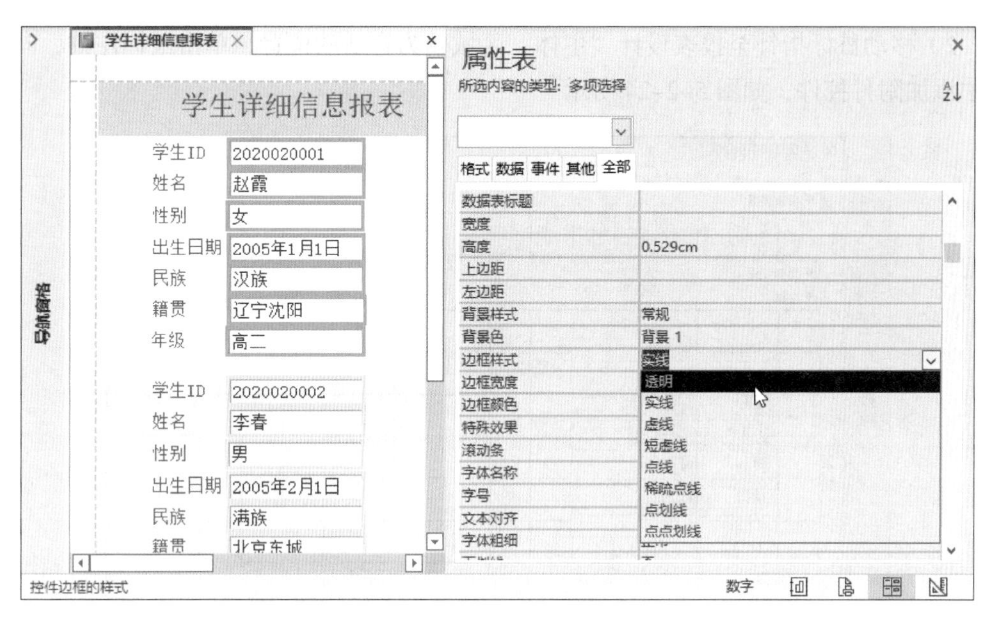

图 5-2-21　设置文本框的边框样式

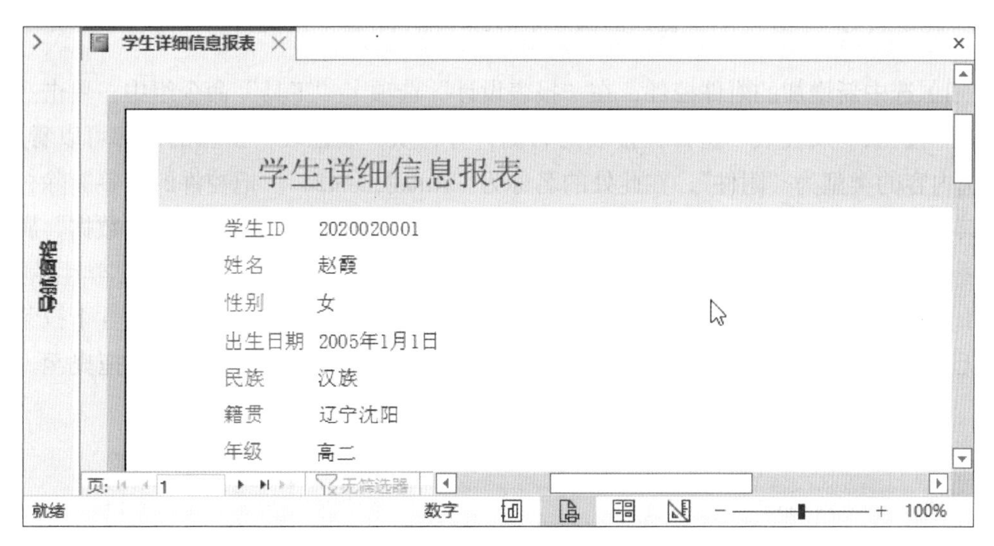

图 5-2-22　文本框属性调整后的效果

（3）添加附件控件

1）在“报表设计”选项卡“控件”命令组中，单击“附件”按钮，如图 5-2-23 所示。

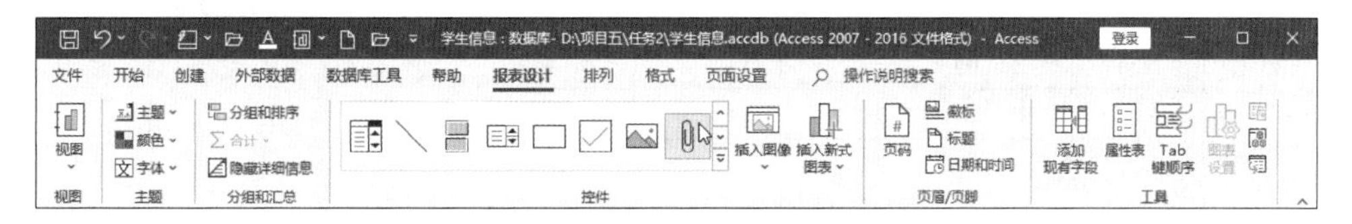

图 5-2-23　单击“附件”按钮

2）移动鼠标指针至报表设计“主体”区域较为合适的位置，单击鼠标左键，向报表中添加附件控件，如图 5-2-24 所示。

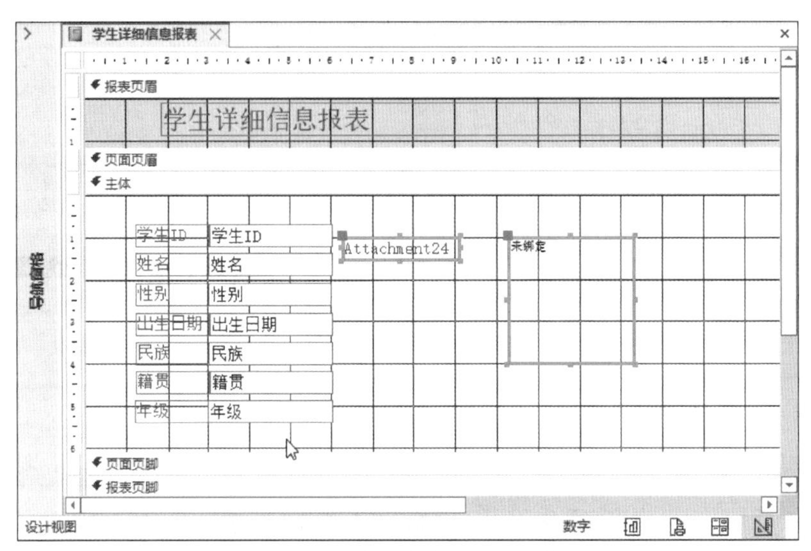

图 5-2-24　向报表中添加附件控件

3）选中新增加的附件控件，在“报表设计”选项卡“工具”命令组中，单击“属性表”按钮，“属性表”窗口在报表的右侧打开，从“属性表”窗口的顶部可以看到，所选内容的类型为“附件”，在此处的名称为“Attachment24”。把控件的标签删除，并将其文本框移动到合适的位置，将文本框的边框样式设置为“透明”，在“数据”属性选项卡页面的“控件来源”属性下拉菜单中选择“照片”选项，目的是和“学生信息”表中的字段“照片”进行绑定，如图 5-2-25 所示。如此时“控件来源”属性下拉菜单中无“照片”字段，则需返回至图 5-2-17 所示的界面，把“照片”字段拖曳至“主体”区域。

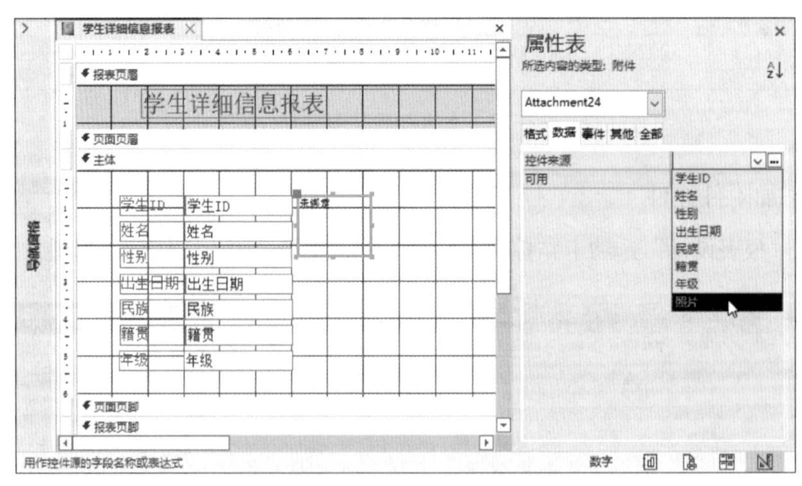

图 5-2-25　更改附件控件的“控件来源”属性

4）将视图切换到“打印预览”，查看报表的数据显示，如图 5-2-26 所示，每条记录对应的照片信息通过附件控件在报表中进行显示。

图 5-2-26　查看报表的数据显示

（4）添加子报表控件

1）在“报表设计”选项卡“控件”命令组中，单击“其他”下拉按钮，如图 5-2-27 所示。在弹出的控件组列表中，单击选择“使用控件向导”命令，如图 5-2-28 所示，再单击“子窗体 / 子报表”按钮，如图 5-2-29 所示。

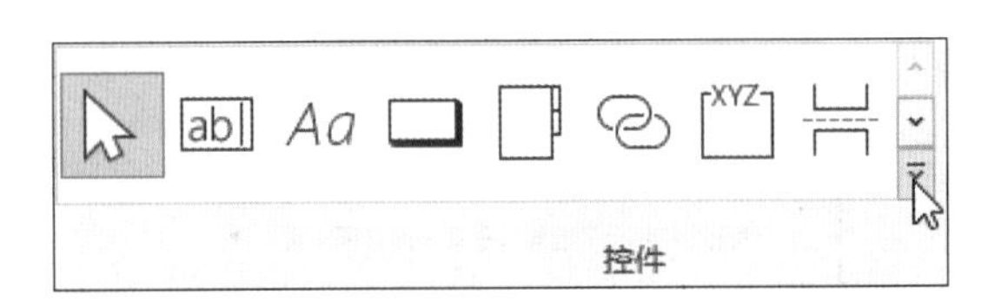

图 5-2-27　单击“其他”下拉按钮

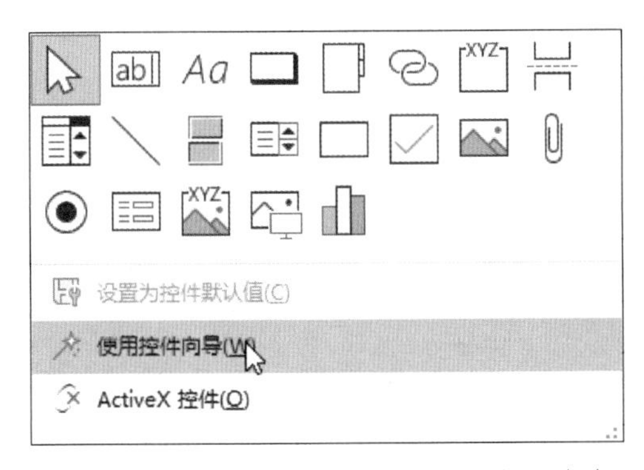

图 5-2-28　单击选择“使用控件向导”命令

图 5-2-29　单击“子窗体 / 子报表”按钮

2）移动鼠标指针至报表设计“主体”区域较为合适的位置，单击鼠标左键，向报表添加子报表控件，如图 5-2-30 所示。

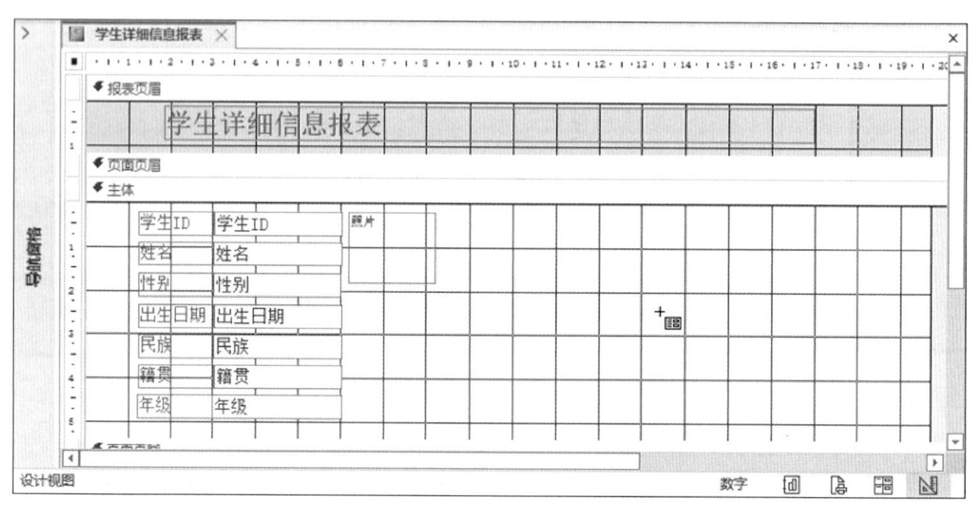

图 5-2-30　添加子报表控件

3）弹出“子报表向导”对话框，子报表获取数据来源的方式包括“使用现有的表和查询”和“使用现有的报表和窗体”两种，此处选择第一个选项，单击“下一步”按钮，如图 5-2-31 所示。

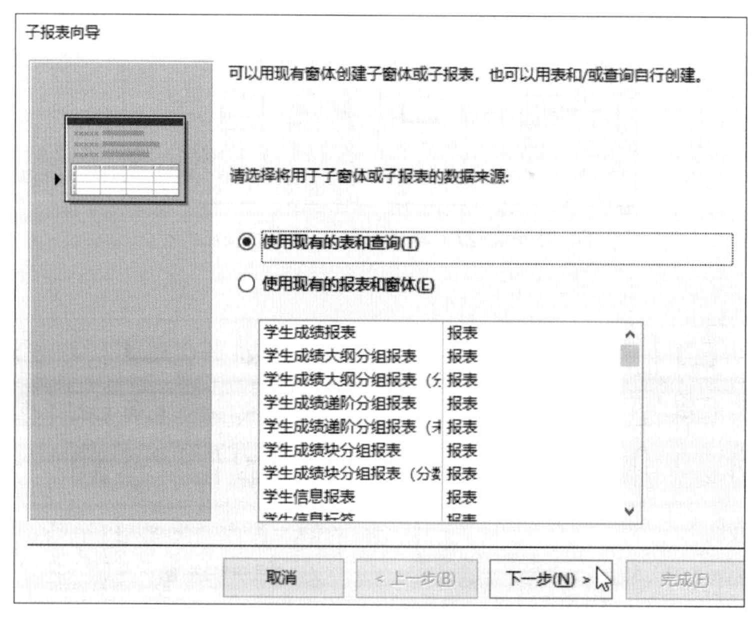

图 5-2-31　选择子报表获取数据来源的方式

4）在“子报表向导”对话框中选择“表：学生成绩”作为子报表控件的数据来源，将字段“学生 ID”“科目”和“分数”从“可用字段”列表中添加到“选定字段”列表中，单击“下一步”按钮，如图 5–2–32 所示。

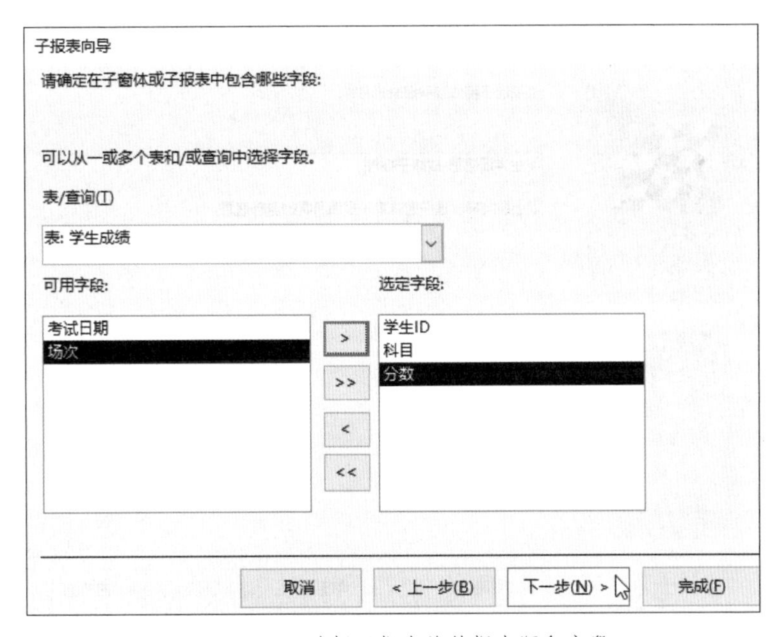

图 5-2-32　选择子报表的数据来源和字段

5）在“子报表向导”对话框中选择“学生 ID”作为将主报表链接到该子报表的字段，单击“下一步”按钮，如图 5–2–33 所示。

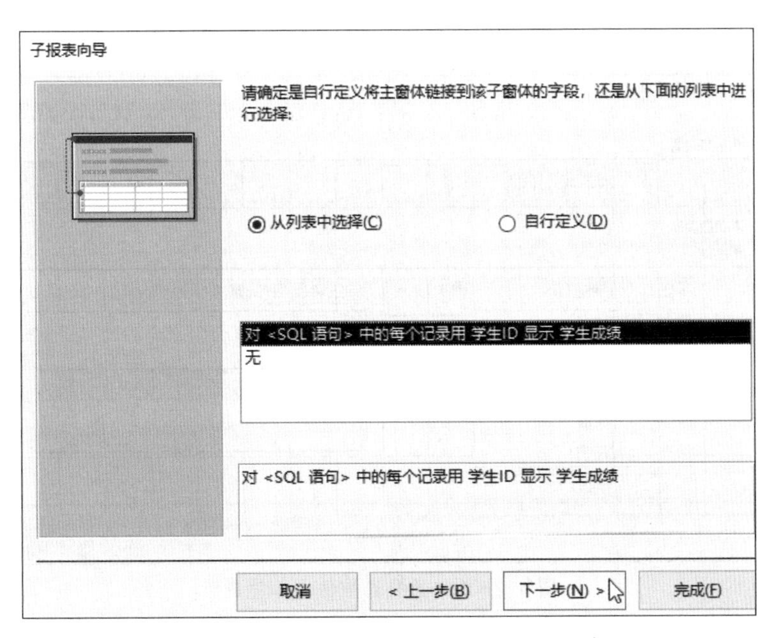

图 5-2-33　选择主报表链接到该子报表的字段

6）在“子报表向导”对话框中输入子报表的名称“学生详细信息－成绩子报表”，单击“完成”按钮，如图 5–2–34 所示。

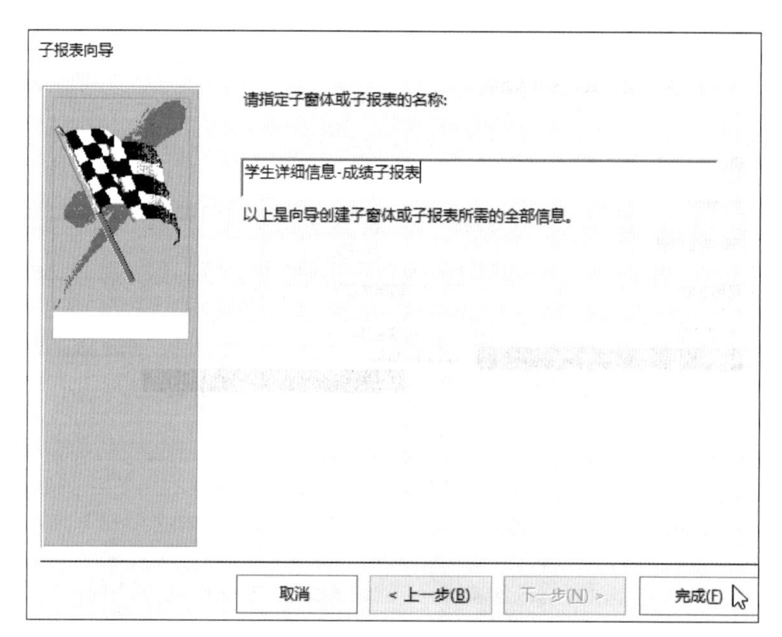

图 5-2-34　输入子报表的名称

7）“学生详细信息－成绩子报表”在报表设计中添加完成，如图 5–2–35 所示。调整该子报表控件的位置和大小，使其与主报表“主体”区域的其他控件对齐。

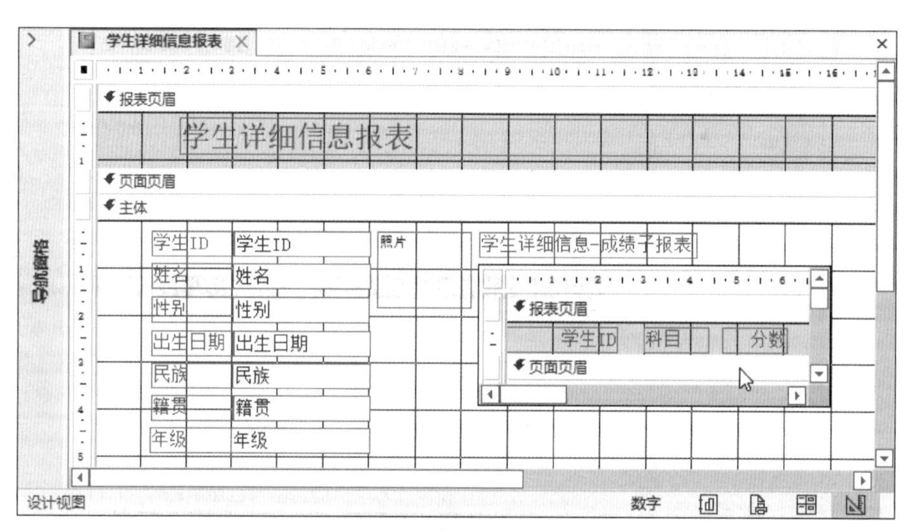

图 5-2-35　子报表控件添加完成

8）将视图切换到“打印预览”，查看报表的数据显示，如图 5-2-36 所示，每条记录对应的成绩信息通过子报表控件在报表中进行显示。

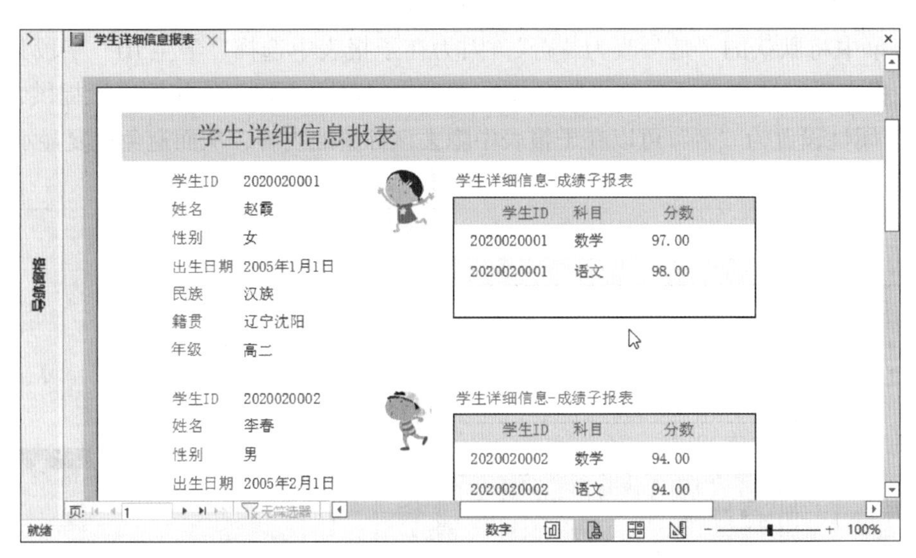

图 5-2-36　查看报表的数据显示

（5）设置子报表控件属性

1）将视图切换到“布局视图”，选中子报表控件，然后在“报表设计”选项卡“工具”命令组中，单击“属性表”按钮，“属性表”窗口在报表的右侧打开，从“属性表”窗口的顶部可以看到，所选内容的类型为“子窗体 / 子报表”，此处的名称为“学生详细信息 – 成绩子报表”，如图 5-2-37 所示，在“格式”属性选项卡页面的“边框样式”属性下拉菜单中将默认的“实线”改为“透明”，这样便可去除子报表的边框黑线，使其与主报表的其他控件保持风格一致。

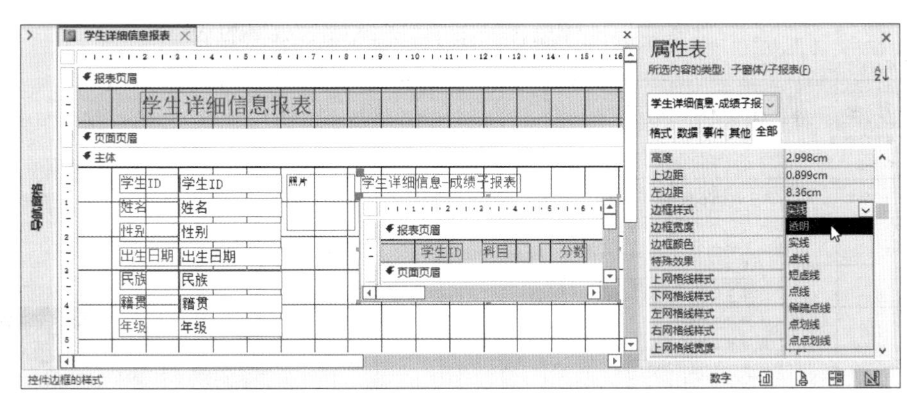

图 5-2-37　更改子报表“边框样式”属性

2）选中子报表控件中处于“报表页眉”区域的“学生 ID”标签，打开“属性表”窗口，从“属性表”窗口的顶部可以看到，所选内容的类型为“标签”，在此处的名称为“学生 ID_Label”，如图 5-2-38 所示，在“全部”属性选项卡页面的“可见”属性下拉菜单中将默认的“是”改为“否”，因为在子报表中选择“学生 ID”字段只是为了与主报表进行链接，而有关“学生 ID”的信息已经由主报表的相同字段提供，将其“可见”属性设置为“否”可以在子报表中隐去该标签的内容，从而避免重复显示。

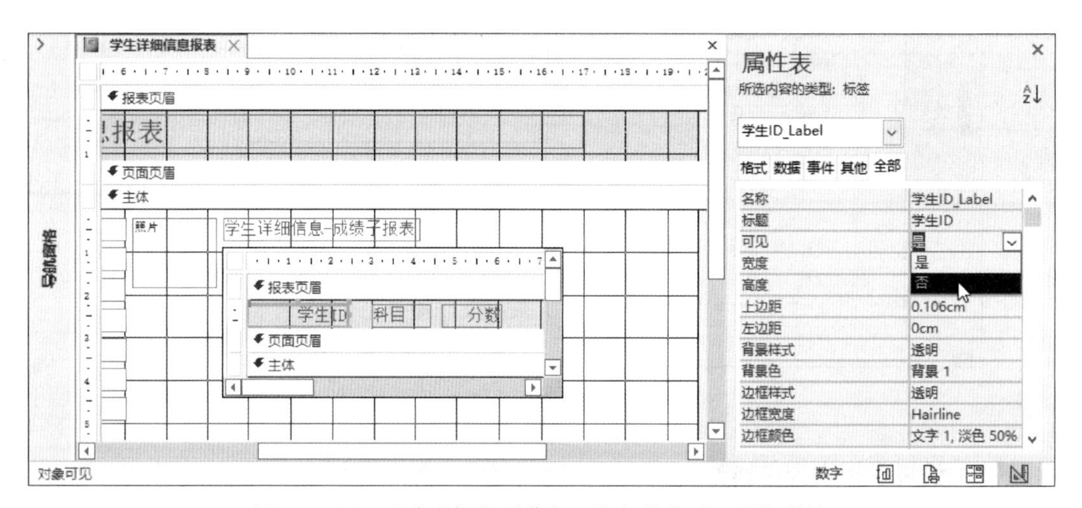

图 5-2-38　更改子报表“学生 ID”标签的“可见”属性

3）选中子报表控件中处于报表“主体”区域的“学生 ID”文本框，打开“属性表”窗口，从“属性表”窗口的顶部可以看到，所选内容的类型为“文本框”，在此处的名称为“学生 ID”，如图 5-2-39 所示。在“全部”属性选项卡页面的“可见”属性下拉菜单中将默认的“是”改为“否”，则可以在子报表中隐去该文本框的内容。

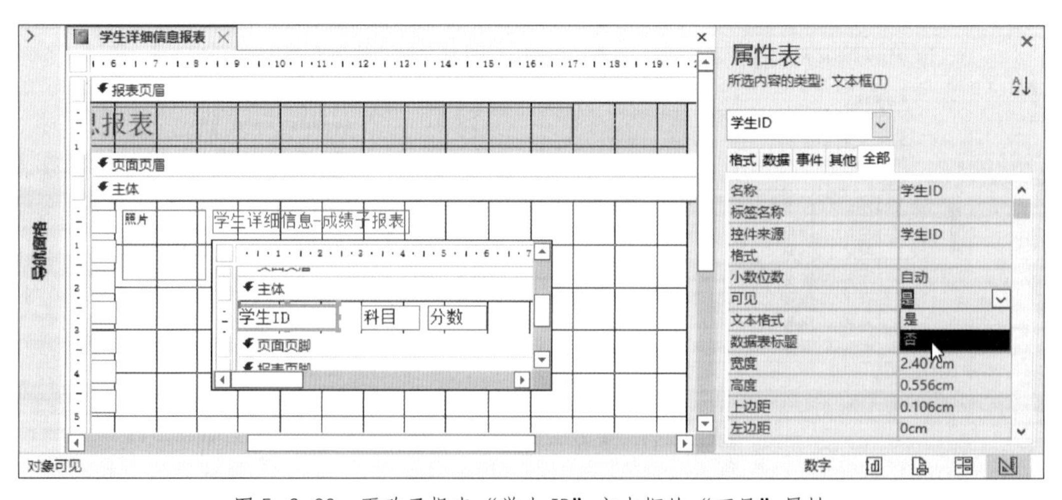

图 5-2-39　更改子报表“学生 ID”文本框的“可见”属性

4）选中子报表控件对应的标签，打开“属性表”窗口，从“属性表”窗口的顶部可以看到，所选内容的类型为“标签”，在此处的名称为“学生详细信息－成绩子报表标签”，如图5-2-40所示，在“全部”属性选项卡页面的“标题”属性文本框中将默认的“学生详细信息－成绩子报表”改为“各科目成绩”，因为原有标题是系统根据子报表的名称自动设置的，修改后的标题更为简洁实用。

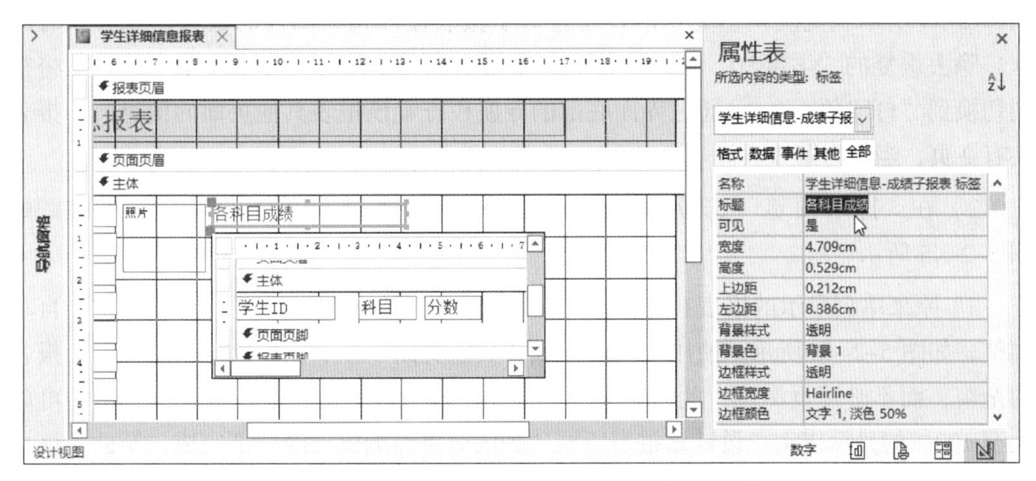

图5-2-40　更改子报表对应标签的“标题”属性

5）选中子报表控件中处于“报表页眉”区域的“学生ID”标签，用鼠标左键直接拖曳该标签的右侧边界，将其宽度缩减为最小，如图5-2-41所示，因为子报表中所选字段的默认布局为“表格”，其对应标签的宽度被调整的同时，其对应文本框的宽度也相应被调整，并且其右侧其他字段的标签和文本框位置向左移动，这样做的目的是填补由于“学生ID”标签和文本框隐藏显示后产生的空白。选中子报表控件以及对应的标签，重新调整位置和大小，使其与主报表中的其他控件对齐。

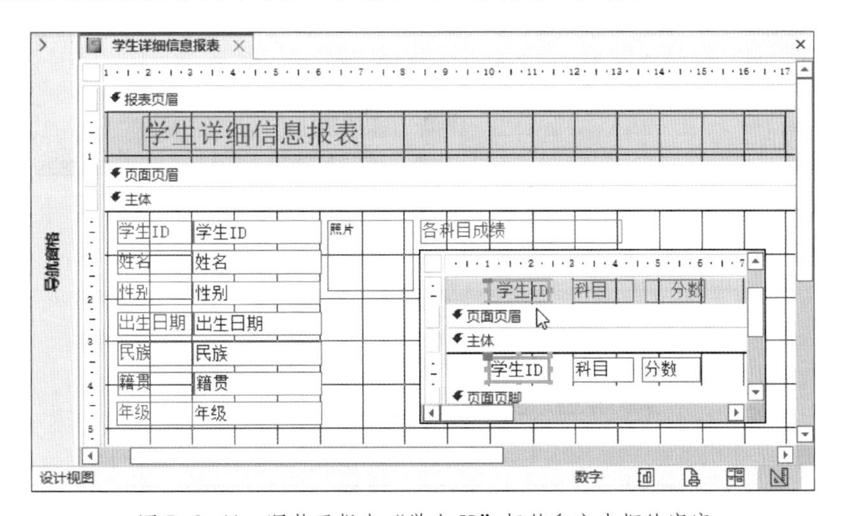

图5-2-41　调整子报表“学生ID”标签和文本框的宽度

（6）测试报表整体设计效果

1）控件的添加和设置工作完成后，将视图切换到“打印预览”，查看报表的数据显示，如图 5-2-42 所示。如果出现图 5-2-43 所示的提示对话框，说明报表宽度比页面宽度宽，需调小报表宽度，单击“取消”按钮并返回“设计视图”，当鼠标指向报表右边界时会由单箭头光标变成双向箭头光标，向左拖动到合适的位置即可，如图 5-2-44 所示。宽度调整完毕后，通过对子报表控件相关属性的设置，除去原有边框，隐去重复的“学生 ID”信息，使之与主报表的其他控件从外观上基本统一。将视图切换到“打印预览”，可通过界面底部的导航栏查看该报表其他页面的信息，该报表共有 2 页，当前为第 1 页。

2）在“打印预览”选项卡“显示比例”命令组中，单击“双页”按钮，如图 5-2-45 所示。

3）原来单页显示的报表在打印预览区域呈现双页显示，报表的显示比例也会自动调整，如图 5-2-46 所示。使用“双页”或“其他页面”显示，可以迅速浏览整个报表的全貌，而不必逐页浏览，此时鼠标光标变为“放大镜”形状，在报表上单击即可放大至 100%的显示比例。设计该报表所要达到的效果经测试已经全部完成，至此，该报表的应用设计工作完毕。

图 5-2-42　查看报表的数据显示

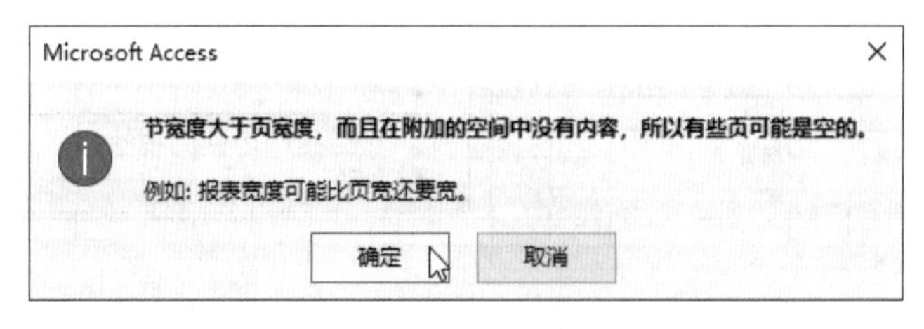

图 5-2-43　提示对话框

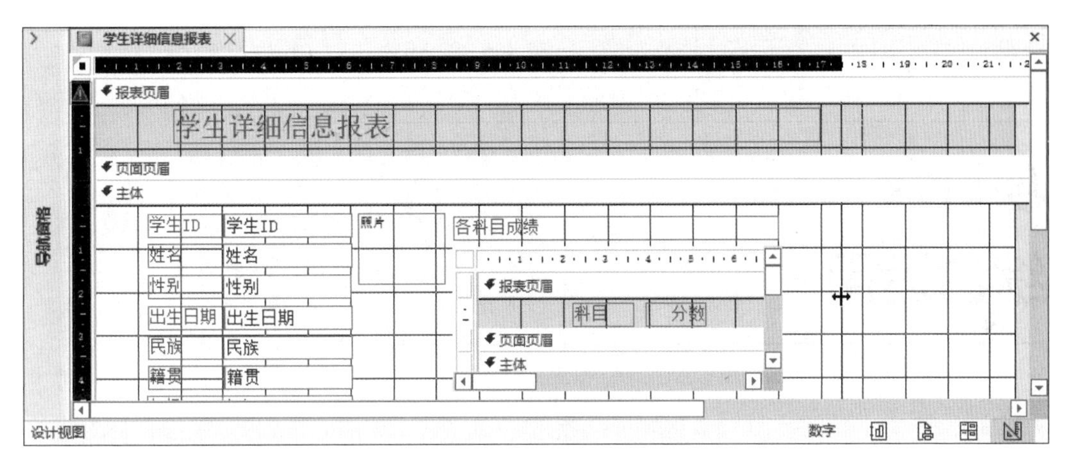

图 5-2-44　调整报表宽度

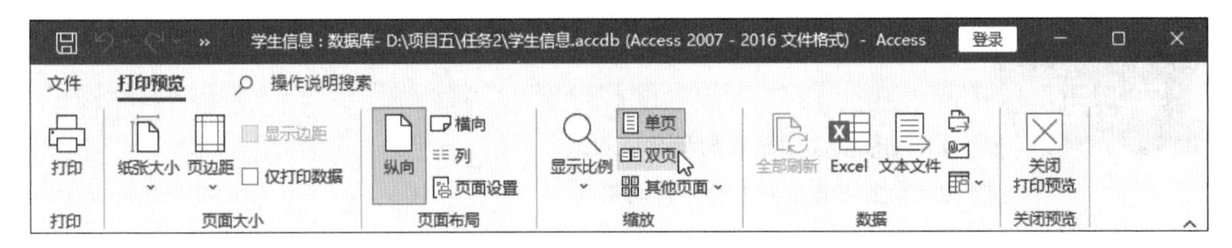

图 5-2-45　选择“双页”显示

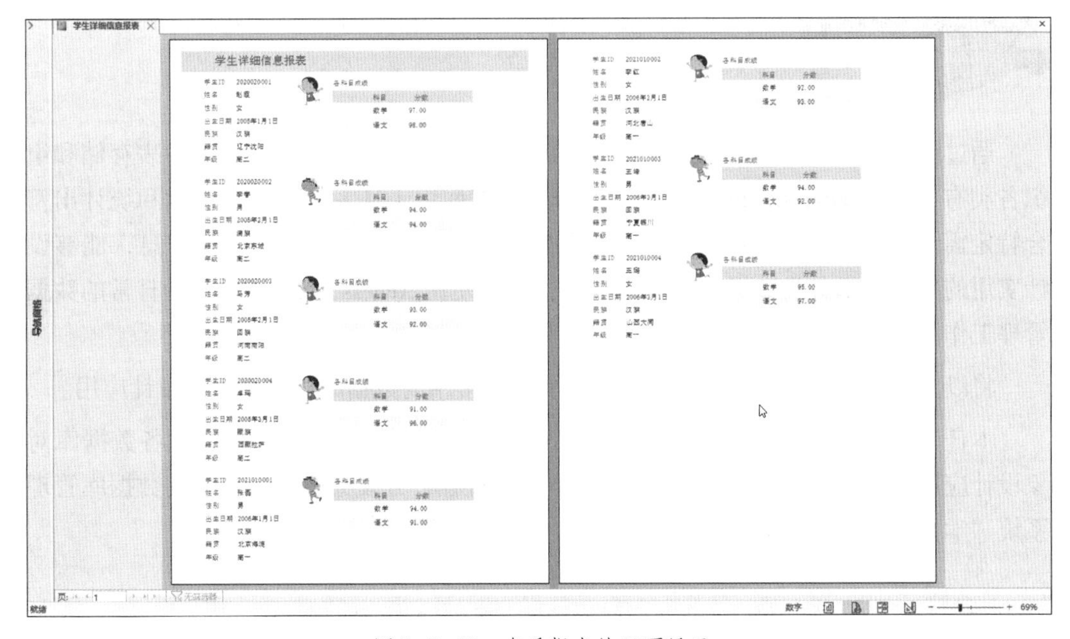

图 5-2-46　查看报表的双页显示

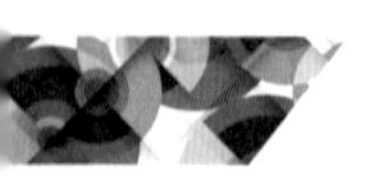

项目六
综合运用

任务　设计学生信息管理系统

1. 熟悉 Access 整体的操作流程。
2. 掌握数据库系统的设计思路。

通过前面内容的学习，已经能够很熟练地使用 Acccss 2021 创建数据库表存储和组织各类有用的数据信息，能够设计常用的条件查询用于从大量数据中检索和统计出符合特定需求的数据集合，能够设计美观的窗体方便且直观地管理特定的信息，能够设计实用的报表展示各类数据以及统计信息，可以使用 Access 2021 胜任各种日常的数据管理工作。

将以上这些内容有机地结合起来，便能实现常用的数据库管理系统的设计应用。

本任务以前面介绍的“学生信息 .accdb”数据库文件为基础，在回顾各数据库对象设计应用的同时，熟悉 Access 2021 整体操作流程，开发完成一个典型的数据库管理系统“学生信息管理系统”。

一、系统设计思路

一般的数据库管理系统设计思路包括以下步骤。

1. 系统需求分析

对于数据库管理系统的设计开发来说，作为首要步骤的系统需求分析是至关重要的，良好的系统需求分析为系统设计指引了一条正确的道路。

2. 系统详细设计

系统详细设计是数据库管理系统设计开发中的主要工作，针对系统需求分析的各项功能要求，逐个完成数据库对象的设计开发。在简单的数据库管理系统的设计开发过程中，例如“学生信息管理系统”，只需要一位开发人员即可完成；但对于相对复杂的系统，则需要多位开发人员共同完成。

3. 系统数据测试

系统详细设计完成后，可以利用模拟的数据或用户提供的数据进行系统数据测试，通过对各项功能的测试，验证系统需求分析的完整性和系统性，测试系统详细设计工作的准确性以及是否符合用户的使用习惯等。

4. 系统设计完善

经过严格的系统数据测试，往往会发现系统中存在的若干问题，要针对这些问题对系统设计进行完善。对于较复杂或较严重的问题，需要回到系统需求分析阶段，重新确定该系统的功能和系统框架，然后重新进行系统详细设计；对于较简单的细节问题，只需对系统中相关对象的内容或属性进行修改或设置即可。对于完善后的系统，重新进行有针对性的测试，以验证功能是否完善。

二、系统需求分析

系统需求分析的主要内容包括以下几项。

1. 确定系统功能

例如，“学生信息管理系统”的功能主要包括以下 4 个。

（1）通过表管理学生的各类信息，包括学生的个人信息和学生的成绩信息。

（2）通过查询展示学生的单科分数和总分。

（3）通过窗体录入和编辑学生的个人信息。

（4）通过报表展示学生的个人信息。

2. 设计系统框架

例如，“学生信息管理系统”的框架是由两个数据库表，若干个数据库查询、窗体和报表以及这些对象之间的关系组成的。

三、系统详细设计

系统详细设计是指针对系统需求分析的各项功能要求，逐个完成数据库对象的设计开发。

1. 系统设计内容

例如，针对“学生信息管理系统”的功能需求，应完成以下设计工作。

（1）创建“学生信息管理系统”的各类对象。

（2）通过设计“学生个人信息”表和“学生成绩信息”表分别存储学生的个人信息和各科目考试成绩信息，其中“学生个人信息”表由窗体作为接口进行数据的录入和编辑，而“学生成绩信息”表则采用导入 Excel 工作表的方式接收数据。

（3）通过设计“学生成绩信息 _ 交叉表”查询统计学生的单科分数和总分。

（4）通过设计“学生个人信息窗体”录入和编辑学生的个人信息；设计“学生成绩分布状况窗体”，利用图表展示按照科目和分数分类的学生成绩分布状况；设计“学生成绩信息交叉表窗体”，利用查询“学生成绩信息 _ 交叉表”展示学生的单科分数和总分。

（5）通过设计“学生个人信息报表”打印输出学生的个人信息。

2. 系统设计步骤

一般的系统设计步骤按照设计数据库表、查询、窗体和报表的先后顺序完成，也可以按照功能模块的需要调整设计开发步骤，对于较复杂的系统设计，还可以首先完成系统原型设计，然后再逐步完善各模块的设计。

四、实践操作

1. 设计表

（1）新建空白数据库

1）通过“开始”菜单或桌面快捷方式启动 Access 2021。

2）单击“新建”选项卡中的“空白数据库”按钮，新建空白数据库，如图 6-1-1 所示。

3）在“空白数据库”窗格的“文件名”文本框中，输入文件名“学生信息管理系统 .accdb”，并设置保存路径，如图 6-1-2 所示。

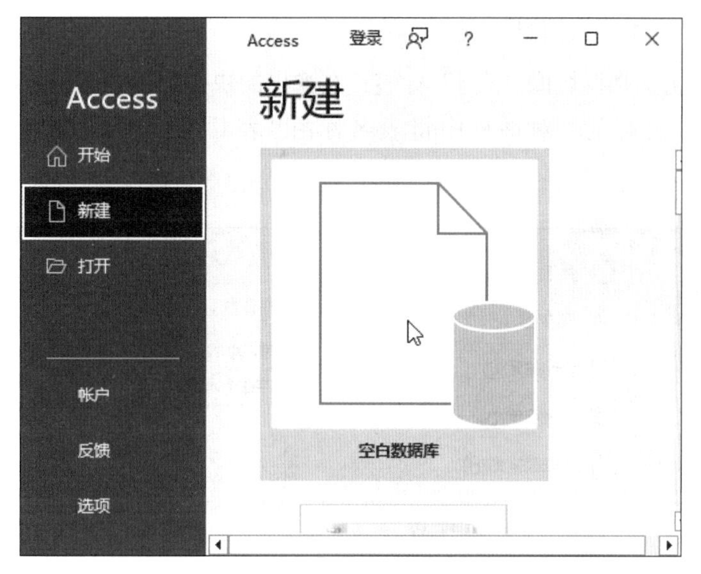

图 6-1-1　新建空白数据库

图 6-1-2　为空白数据库命名并设置保存路径

4）单击“创建”按钮，将创建新的数据库文件“学生信息管理系统 .accdb”，并且在文档区域打开一个新的空白数据库表，空白数据库创建完成，如图 6-1-3 所示。

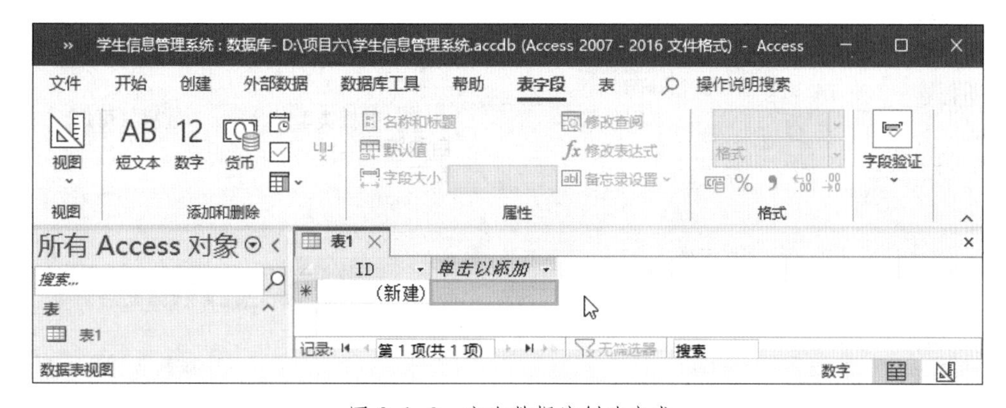

图 6-1-3　空白数据库创建完成

（2）设计“学生个人信息”表

1）右键单击文档区域的“表1”标签，在弹出的快捷菜单中，单击选择“保存”命令，在弹出的“另存为”对话框中将表名称由“表1”更改为“学生个人信息”，如图6–1–4所示。

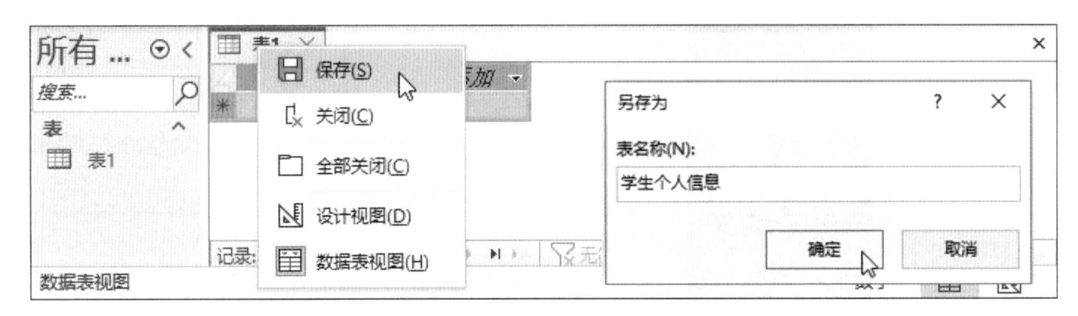

图 6-1-4　更改数据库表的名称

2）单击“确定”按钮，“学生个人信息”表创建完成，如图6–1–5所示，在导航窗格中将“浏览类别”由“对象类型”修改为“表和相关视图”。

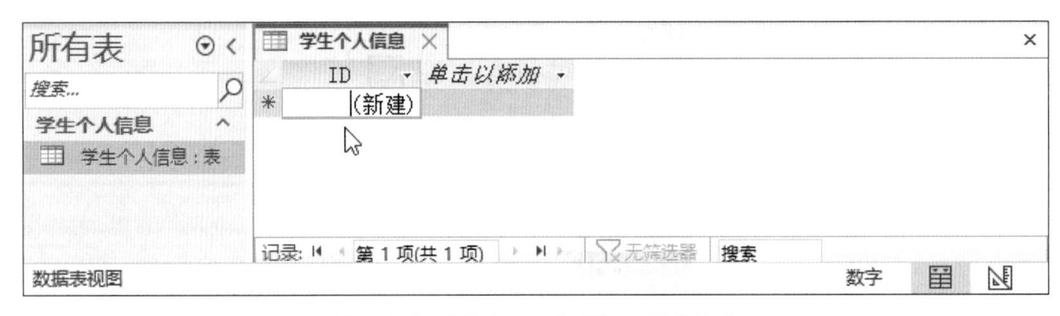

图 6-1-5　“学生个人信息”表创建完成

3）将视图切换到“设计视图”，在“学生个人信息”表“字段名称”列的第2行输入“学生ID”，系统自动设置数据类型为“短文本”，通过“数据类型”下拉列表修改为“数字”，如图6–1–6所示。

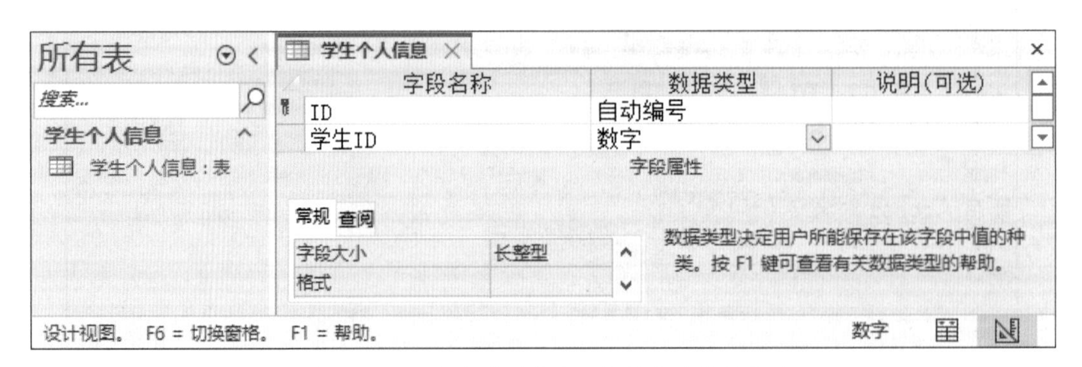

图 6-1-6　添加字段“学生 ID”并修改数据类型

4）在“学生个人信息”表“字段名称”列的第3行至第9行依次输入“姓名”“性别”“出生日期”“民族”“籍贯”“年级”和“照片”，依次设置其数据类型为“短文本”“短文本”“日期/时间”“短文本”“短文本”“短文本”和“附件”，如图6-1-7所示。

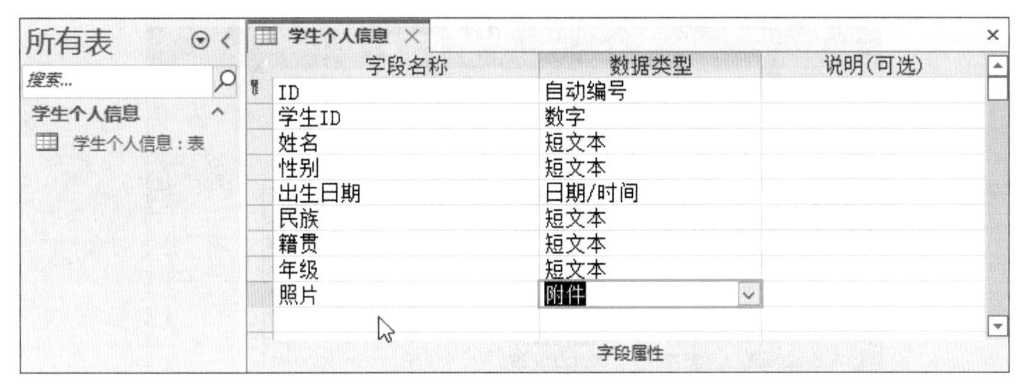

图6-1-7　添加其他字段并设置数据类型

5）选择字段“学生ID”，在“表设计”选项卡“工具”命令组中，单击“主键”按钮，则该字段被设置为主键，该字段前显示钥匙状图标，同时原有系统字段“ID”被取消主键属性，将其从字段表中删除，保存表设计，如图6-1-8所示。

所有表　搜索...　学生个人信息　学生个人信息：表

字段名称	数据类型	说明(可选)
学生ID	数字	
姓名	短文本	
性别	短文本	
出生日期	日期/时间	
民族	短文本	
籍贯	短文本	
年级	短文本	
照片	附件	

字段属性

图6-1-8　设置主键

6）将视图切换到“数据表视图”，“学生个人信息”表包含8个字段，不包含数据，为空白数据库表，如图6-1-9所示。

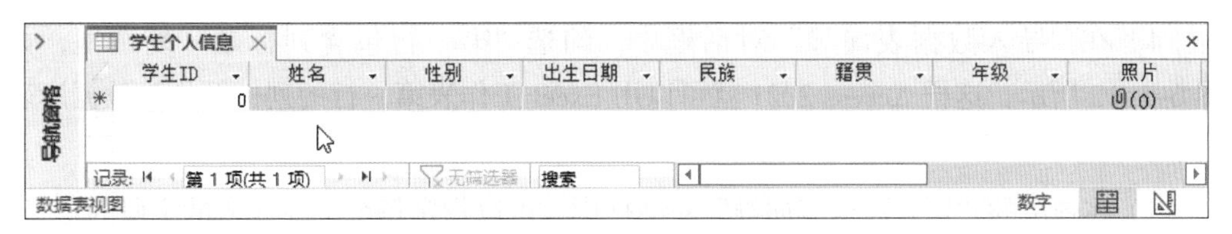

图6-1-9　“学生个人信息”表设计完成

（3）设计“学生成绩信息”表

1）在 Excel 2021 中打开 Excel 文件“学生成绩信息 .xlsx”，确认将要导入数据库文件“学生信息管理系统 .accdb”中的数据，如图 6–1–10 所示，在“学生成绩信息”工作簿中，工作表“学生成绩信息”即为将要导入的数据。

学生ID	科目	考试日期	场次	分数
2020020001	数学	2021/12/29	下午	97
2020020001	语文	2021/12/30	下午	98
2020020002	数学	2021/12/29	下午	94
2020020002	语文	2021/12/30	下午	94
2020020003	数学	2021/12/29	下午	93
2020020003	语文	2021/12/30	下午	92
2020020004	数学	2021/12/29	下午	91
2020020004	语文	2021/12/30	下午	96
2021010001	数学	2021/12/29	上午	94
2021010001	语文	2021/12/30	上午	91
2021010002	数学	2021/12/29	上午	92
2021010002	语文	2021/12/30	上午	93
2021010003	数学	2021/12/29	上午	94
2021010003	语文	2021/12/30	上午	92
2021010004	数学	2021/12/29	上午	95
2021010004	语文	2021/12/30	上午	97

图 6–1–10　查看要导入的数据

2）在“外部数据”选项卡“导入并链接”命令组中，单击“新数据源”按钮，在弹出的下拉菜单中，单击选择“从文件”命令，在弹出的子菜单中，单击“Excel”按钮，弹出“获取外部数据 –Excel 电子表格”对话框，首先需要选择数据源和目标，可以单击“浏览”按钮，打开需要导入的 Excel 文件，或在“文件名”文本框中输入 Excel 文件的完整路径，然后在“指定数据在当前数据库中的存储方式和存储位置”中选择“将源数据导入当前数据库的新表中”选项，单击“确定”按钮，如图 6–1–11 所示。

3）弹出“导入数据表向导”对话框，该对话框的列表中展示了可进行导入的 Excel 工作表及数据，选择包含所需导入数据的工作表“学生成绩信息”，单击“下一步”按钮，如图 6–1–12 所示。

4）在“导入数据表向导”对话框中，勾选“第一行包含列标题”复选框，如图 6–1–13 所示，这样 Access 2021 就可以用 Excel 工作表第一行的列标题作为数据库表的字段名称，单击“下一步”按钮。

5）在弹出的“导入数据表向导”对话框中，可以指定每个正在导入的字段的信息，包括修改“字段名称”“索引”和“数据类型”，单击“下一步”按钮，如图 6–1–14 所示。

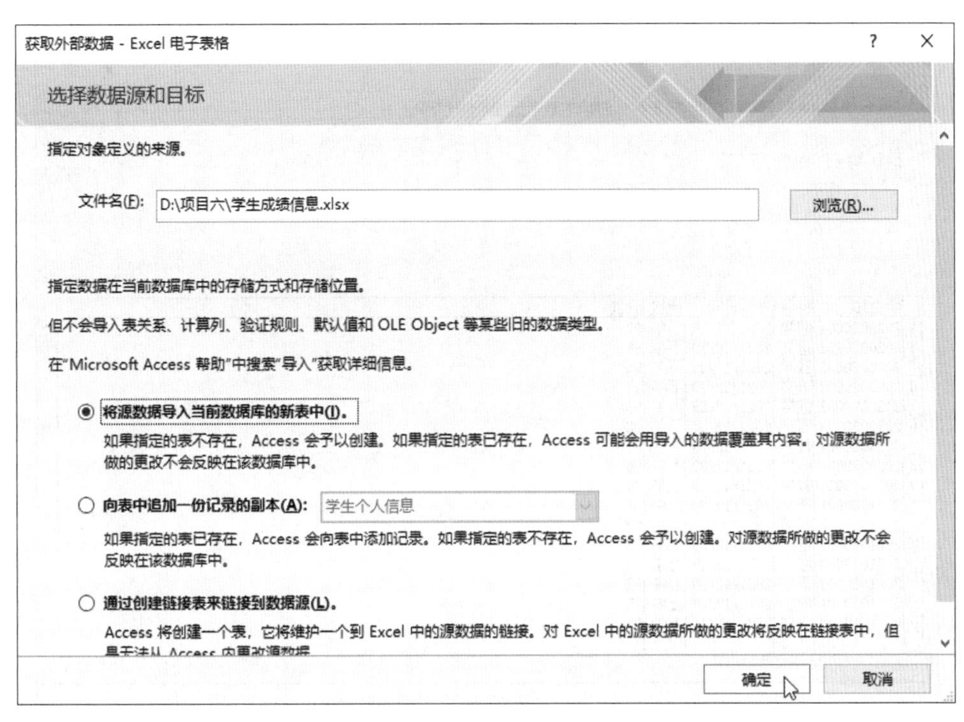

图 6-1-11　选择数据源和目标

导入数据表向导

电子表格文件含有一个以上工作表或区域。请选择合适的工作表或区域:

◉ 显示工作表(W)
○ 显示命名区域(R)

学生成绩信息
Sheet2
Sheet3

1	学生ID	科目	考试日期	场次	分数
2	2020020001	数学	2021/12/29	下午	97
3	2020020001	语文	2021/12/30	下午	98
4	2020020002	数学	2021/12/29	下午	94
5	2020020002	语文	2021/12/30	下午	94
6	2020020003	数学	2021/12/29	下午	93
7	2020020003	语文	2021/12/30	下午	92
8	2020020004	数学	2021/12/29	下午	91
9	2020020004	语文	2021/12/30	下午	96
10	2021010001	数学	2021/12/29	上午	94
11	2021010001	语文	2021/12/30	上午	91
12	2021010002	数学	2021/12/29	上午	92
13	2021010002	语文	2021/12/30	上午	93
14	2021010003	数学	2021/12/29	上午	94
15	2021010003	语文	2021/12/30	上午	92
16	2021010004	数学	2021/12/29	上午	95
17	2021010004	语文	2021/12/30	上午	97

取消　< 上一步(B)　下一步(N) >　完成(F)

图 6-1-12　选择需导入数据的工作表

图 6-1-13 勾选“第一行包含列标题”复选框

图 6-1-14 指定导入字段的信息

6）在“导入数据表向导”对话框中可以为新表定义一个主键，用来唯一地标识表中的每个记录，因为“学生成绩信息”表需要字段“学生 ID”和“科目”作为联合主键，而此处只能设定一个主键，因此在此处选择“不要主键”选项，数据导入后再设置主键，单击“下一步”按钮，如图 6–1–15 所示。

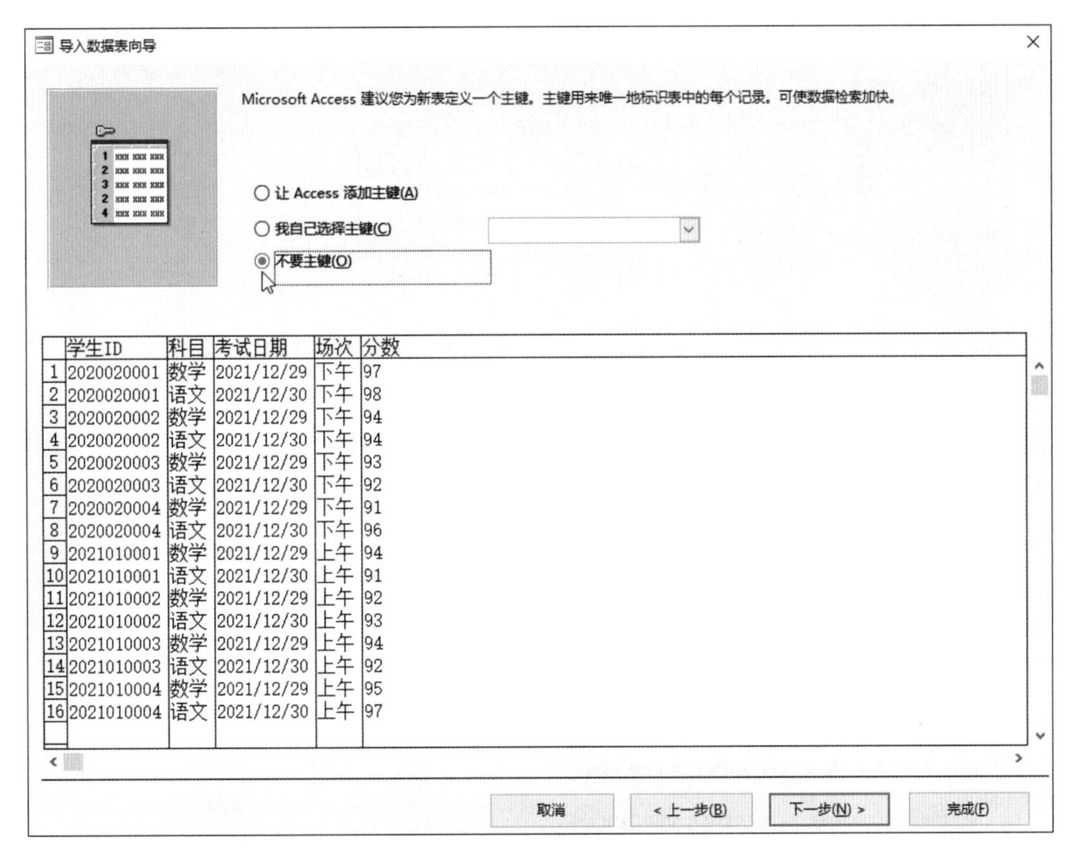

图 6–1–15　选择“不要主键”选项

7）在“导入数据表向导”对话框中，输入目标数据库表的名称“学生成绩信息”，单击“完成”按钮，如图 6–1–16 所示。

8）弹出“获取外部数据 –Excel 电子表格”对话框，提示完成向“学生成绩信息”表导入文件“学生成绩信息 .xlsx”，不勾选“保存导入步骤”复选框，单击“关闭”按钮，如图 6–1–17 所示。

9）导入操作执行完成。图 6–1–10 中 Excel 工作表数据通过“导入数据表向导”对话框导入到了数据库文件“学生信息管理系统 .accdb”中，并创建了一个新数据库表“学生成绩信息”来装载导入的数据。在导航窗格中打开新数据库表，在文档区域查看其数据，可见该表中包括新导入的 5 个字段名称和 16 行 5 列数据，如图 6–1–18 所示。

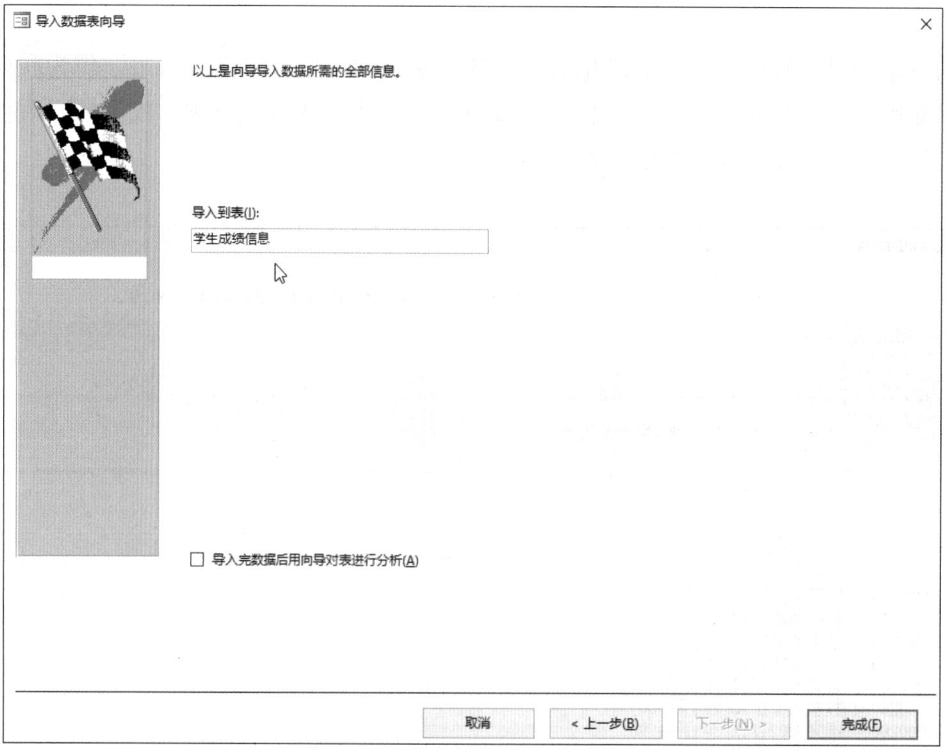

导入数据表向导

以上是向导导入数据所需的全部信息。

导入到表(I):

学生成绩信息

☐ 导入完数据后用向导对表进行分析(A)

取消　< 上一步(B)　下一步(N) >　完成(F)

图 6-1-16　输入目标数据库表的名称“学生成绩信息”

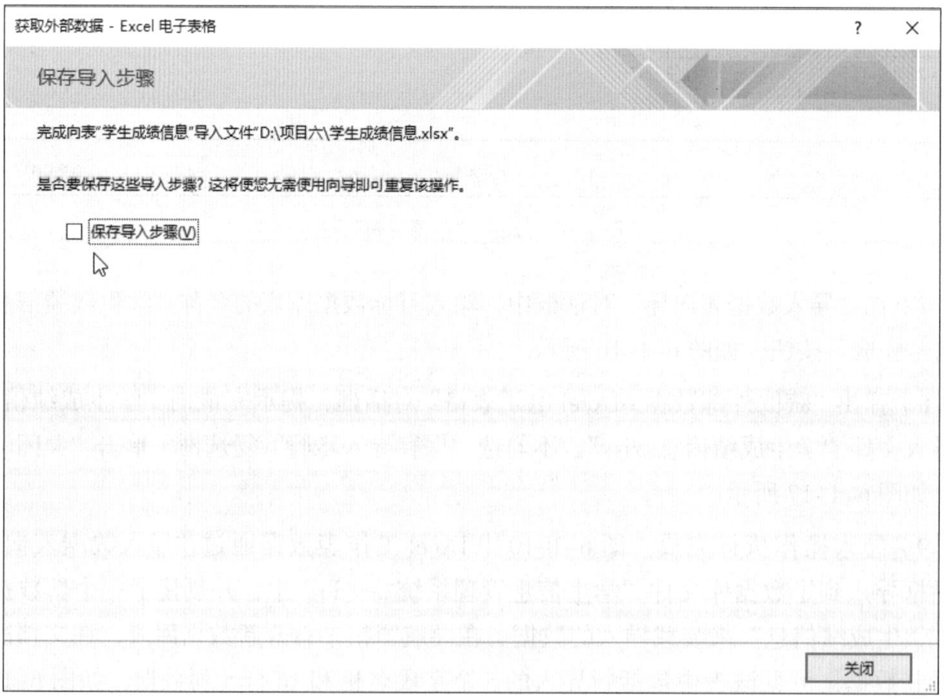

获取外部数据 - Excel 电子表格

保存导入步骤

完成向表“学生成绩信息”导入文件“D:\项目六\学生成绩信息.xlsx”。

是否要保存这些导入步骤？这将使您无需使用向导即可重复该操作。

☐ 保存导入步骤(V)

关闭

图 6-1-17　不勾选“保存导入步骤”复选框

文件　开始　创建　外部数据　数据库工具　帮助　表字段　表　操作说明搜索

所有表

搜索...

学生个人信息

学生个人信息 : 表

学生成绩信息

学生成绩信息 : 表

学生成绩信息

学生ID	科目	考试日期	场次	分数
2020020001	语文	2021/12/30	下午	98
2020020002	数学	2021/12/29	下午	94
2020020002	语文	2021/12/30	下午	94
2020020003	数学	2021/12/29	下午	93
2020020003	语文	2021/12/30	下午	92
2020020004	数学	2021/12/29	下午	91
2020020004	语文	2021/12/30	下午	96
2021010001	数学	2021/12/29	上午	94
2021010001	语文	2021/12/30	上午	91
2021010002	数学	2021/12/29	上午	92
2021010002	语文	2021/12/30	上午	93
2021010003	数学	2021/12/29	上午	94
2021010003	语文	2021/12/30	上午	92
2021010004	数学	2021/12/29	上午	95
2021010004	语文	2021/12/30	上午	97

记录: 第 2 项(共 16 项)　无筛选器　搜索

数据表视图　数字

图 6-1-18　“学生成绩信息”表导入完成

10）将视图切换到“设计视图”，选择字段“学生 ID”和“科目”，在“表设计”选项卡“工具”命令组中，单击“主键”按钮，这两个字段被设置为联合主键，两个字段前都显示钥匙状图标，如图 6-1-19 所示。选择“考试日期”字段，将其数据类型的格式设置为“长日期”。

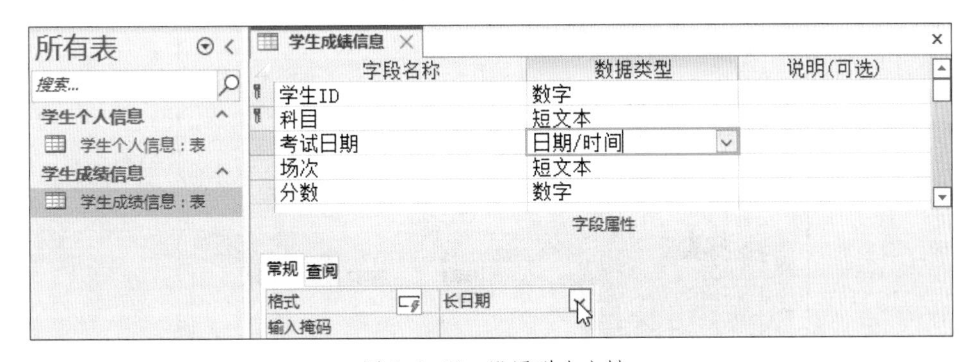

图 6-1-19　设置联合主键

2. 设计查询

在学生信息管理系统中需要设计“学生成绩信息 _ 交叉表”查询来检索学生的各科成绩和总分，具体操作步骤如下。

（1）在“创建”选项卡“查询”命令组中，单击“查询向导”按钮，则弹出“新建查询”对话框，在该对话框中选择“交叉表查询向导”选项，单击“确定”按钮，如图 6-1-20 所示。

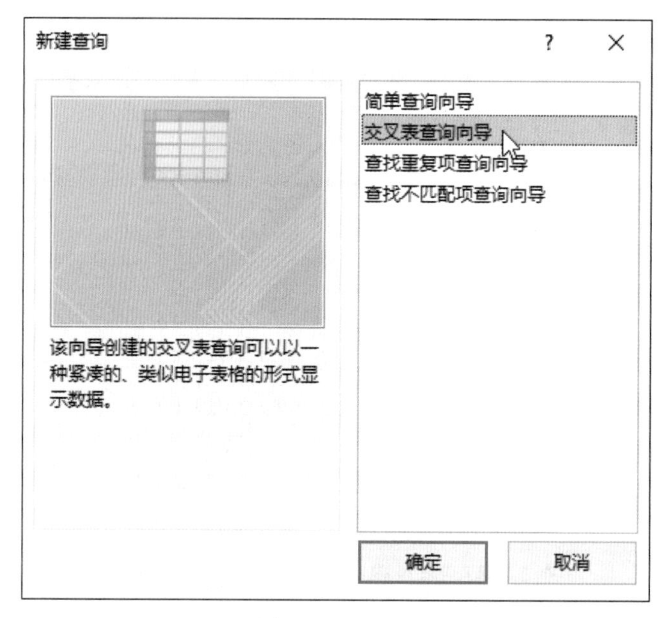

图 6-1-20　选择“交叉表查询向导”选项

（2）弹出“交叉表查询向导”对话框，选择“表：学生成绩信息”选项，单击“下一步”按钮，如图 6-1-21 所示。

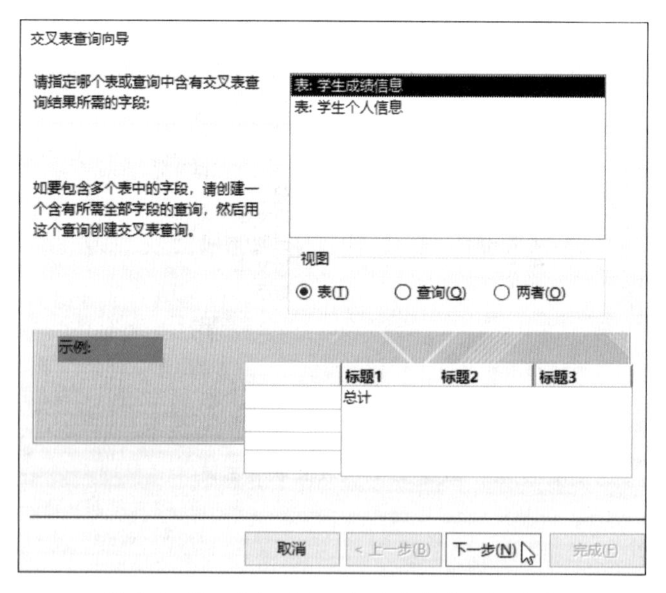

图 6-1-21　选择“表：学生成绩信息”选项

（3）在“交叉表查询向导”对话框的“可用字段”列表中选定字段“学生 ID”，添加到“选定字段”列表中作为交叉表的行标题，单击“下一步”按钮，如图 6-1-22 所示。

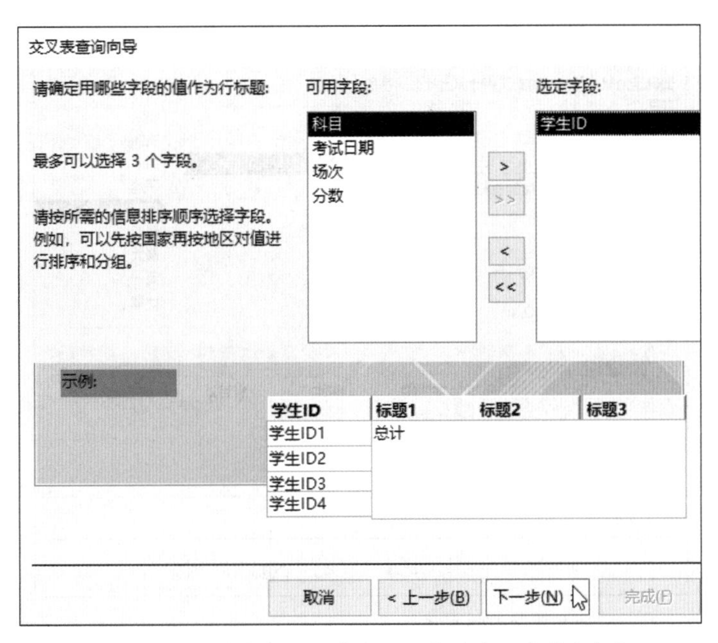

图 6-1-22　选定字段“学生 ID”作为交叉表的行标题

（4）在“交叉表查询向导”对话框中，选定字段“科目”作为交叉表的列标题，单击“下一步”按钮，如图 6-1-23 所示。

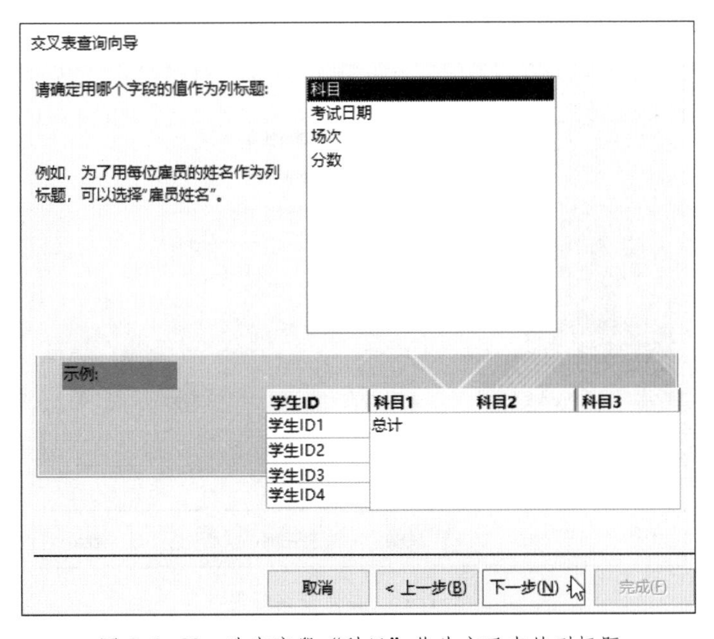

图 6-1-23　选定字段“科目”作为交叉表的列标题

（5）在“交叉表查询向导”对话框中，选定字段“分数”和函数“总数”作为交叉表的交叉点计算公式，单击“下一步”按钮，如图 6-1-24 所示。

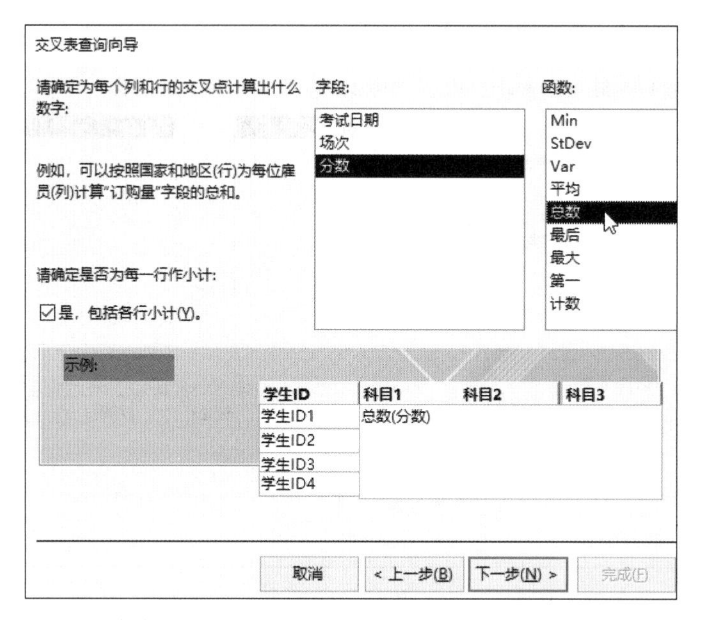

图 6-1-24　选定字段“分数”和函数“总数”作为交叉表的交叉点计算公式

（6）在“交叉表查询向导”对话框中指定查询标题为“学生成绩信息 _ 交叉表”，并选择“查看查询”选项，单击“完成”按钮，如图 6-1-25 所示。

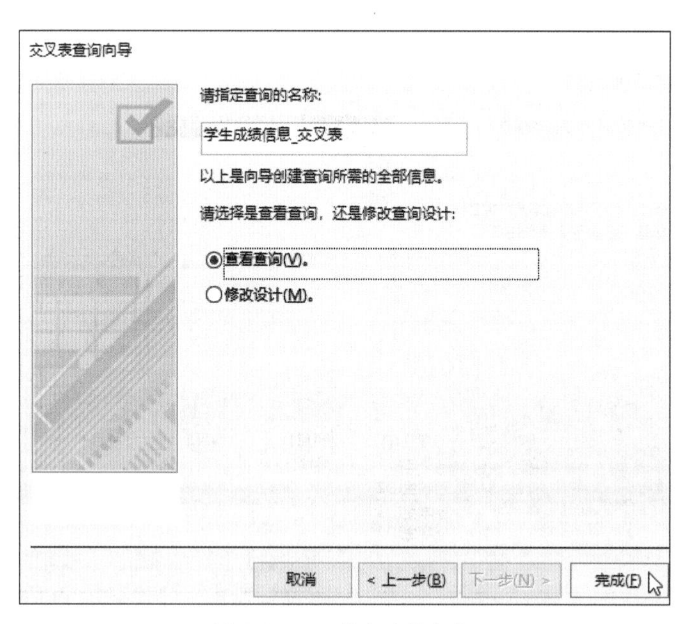

图 6-1-25　指定查询标题

（7）“学生成绩信息 _ 交叉表”随即在文档区域打开，显示交叉表查询的结果数据，即每个学生的单科成绩和总分信息。导航窗格的“查询”组中增加了“学生成绩信息交叉表”标签，如图 6-1-26 所示。

学生ID	总计 分数	数学	语文
2020020001	195	97	98
2020020002	188	94	94
2020020003	185	93	92
2020020004	187	91	96
2021010001	185	94	91
2021010002	185	92	93
2021010003	186	94	92
2021010004	192	95	97

图 6-1-26　“学生成绩信息 _ 交叉表”查询设计完成

3. 设计窗体

（1）创建“学生个人信息窗体”

1）在导航窗格选择数据库表“学生个人信息”，然后在“创建”选项卡“窗体”命令组中，单击“窗体”按钮，“学生个人信息”窗体在文档区域打开，默认视图为“布局视图”，如图 6-1-27 所示。由于在创建窗体前选择了“学生个人信息”表，Access 2021 便自动将“学生个人信息”表中的有关信息加载到当前的窗体设计中。例如，文档区域的窗体标签和标题都默认设置为“学生个人信息”，窗体的主体自动套用了“纵栏表”布局形式，整齐地排列了 8 组标签和对应的文本框。标签的内容为“学生个人信息”表中的字段名称，文本框的内容为空。

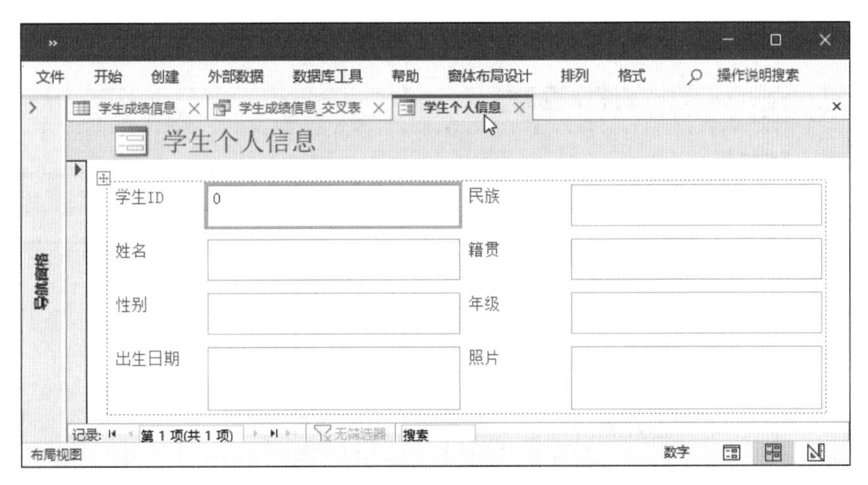

图 6-1-27　在文档区域打开“学生个人信息”窗体

2）单击快速访问工具栏中的“保存”按钮，在弹出的“另存为”对话框中输入窗体名称“学生个人信息窗体”，单击“确定”按钮，如图 6-1-28 所示。

3）文档区域的“学生个人信息”标签变为“学生个人信息窗体”，导航窗格的“窗体”组中增加了“学生个人信息窗体”标签，其图标与表对象和查询对象都不相同，如图 6–1–29 所示。在“布局视图”中调整标签及文本框的位置和大小。

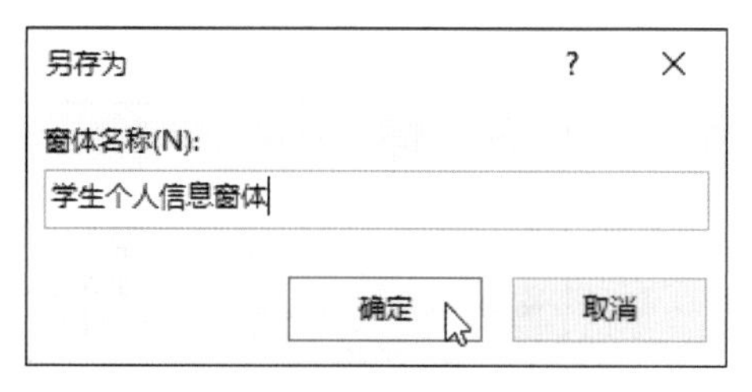

图 6-1-28 “另存为”对话框

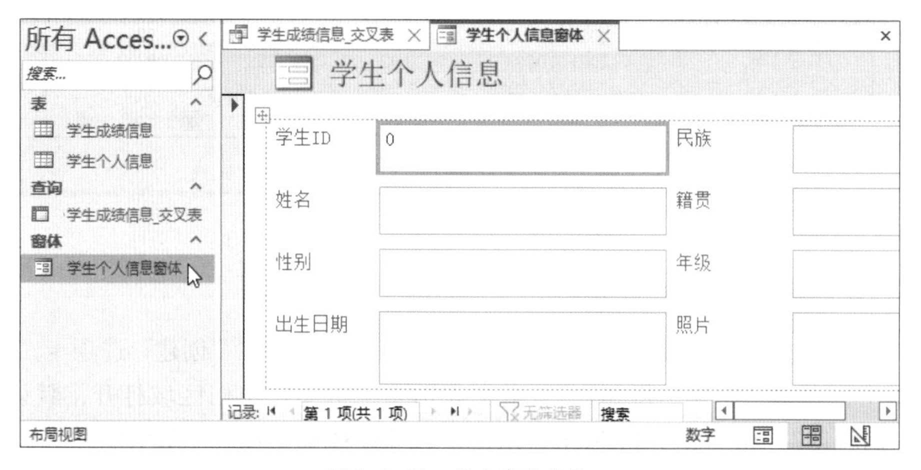

图 6-1-29 保存窗体设计

（2）添加按钮控件

1）将视图切换到“设计视图”，查看窗体的设计显示。在“表单设计”选项卡“控件”命令组中，单击选中“按钮”控件，移动鼠标指针至窗体“主体”区域合适的位置，单击鼠标左键向窗体中添加按钮控件，如图 6–1–30 所示。

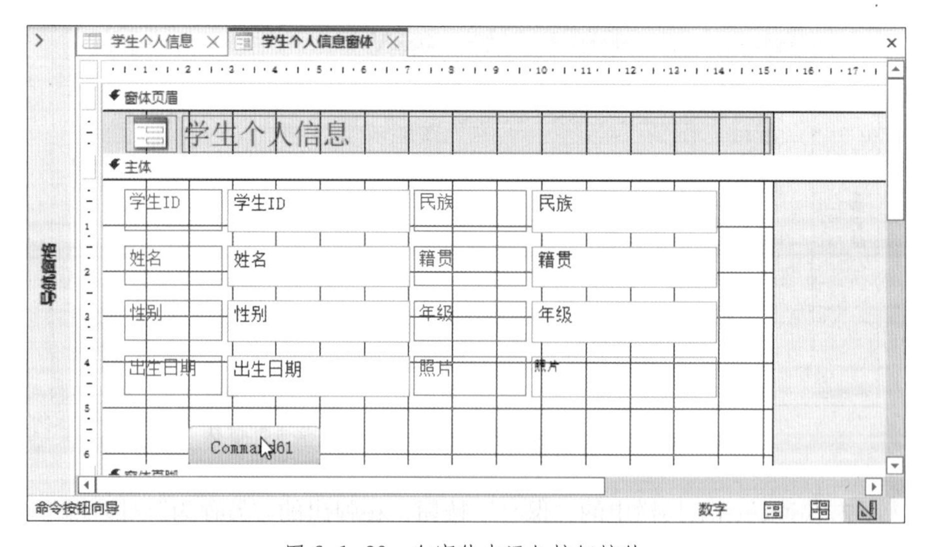

图 6-1-30 向窗体中添加按钮控件

2）弹出“命令按钮向导”对话框，此处选择“类别”列表中的“记录导航”选项和“操作”列表中的“转至前一项记录”选项，作为按下按钮时的操作，单击“下一步”按钮，如图 6–1–31 所示。

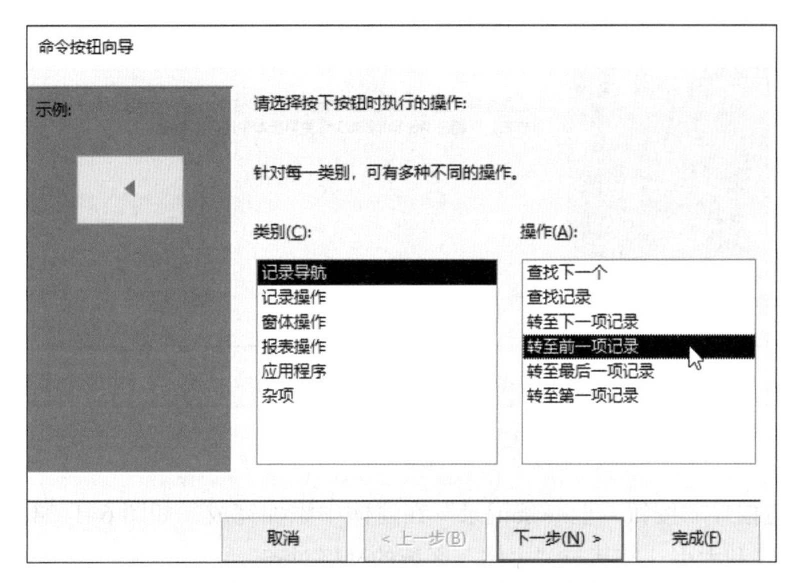

图 6–1–31　选择按下按钮时执行的操作

在“命令按钮向导”对话框中选择在按钮上显示“图片”，并选择“移至上一项”选项，单击“下一步”按钮，如图 6–1–32 所示。

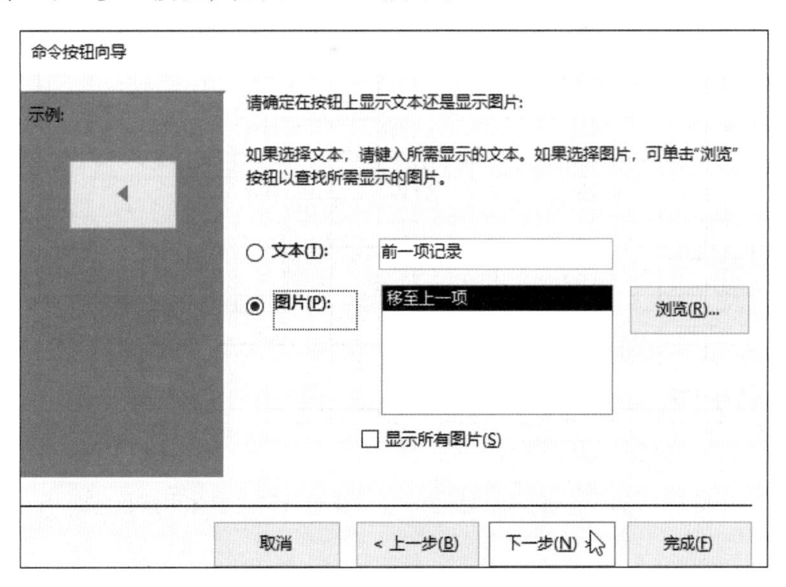

图 6–1–32　设置按钮的显示方式

在“命令按钮向导”对话框中输入按钮的名称“按钮 – 上一条记录”，单击“完成”按钮，如图 6–1–33 所示。

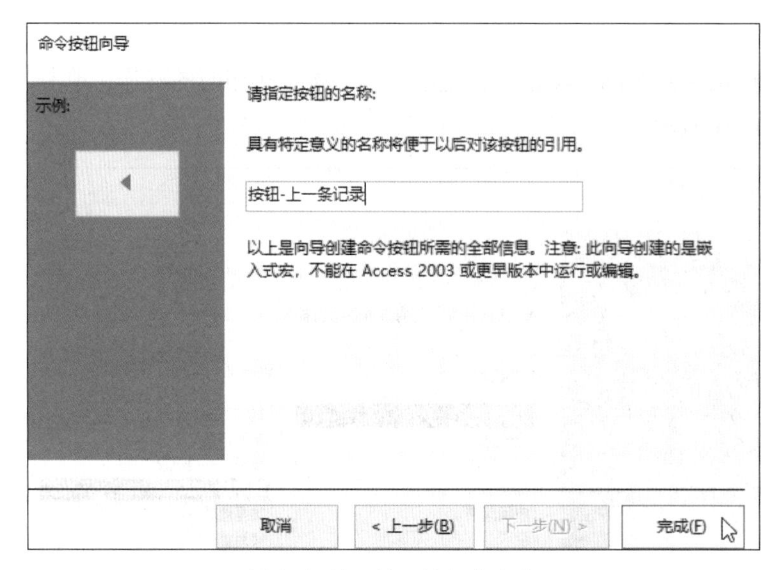

图 6-1-33　输入按钮的名称

3）按钮控件“按钮 – 上一条记录”在窗体中添加完成，如图 6-1-34 所示。调整该按钮的位置和大小，使其与“主体”区域的网格对齐。

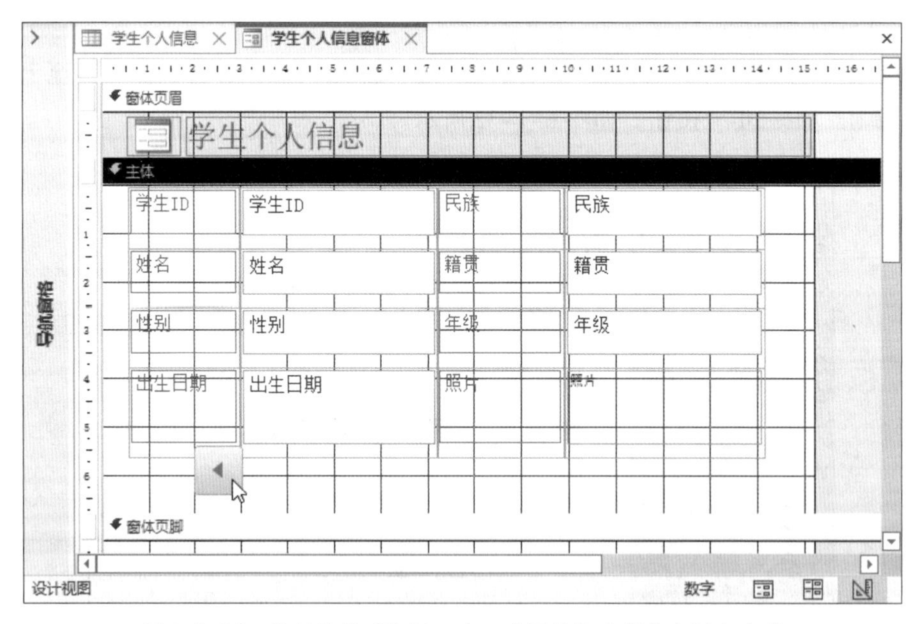

图 6-1-34　按钮控件“按钮 – 上一条记录”在窗体中添加完成

4）添加新的按钮。在“命令按钮向导”对话框中选择“类别”列表中的“记录导航”选项和“操作”列表中的“转至下一项记录”选项，单击“下一步”按钮。选择在按钮上显示“图片”，并选择“移至下一项”选项，单击“下一步”按钮。在按钮名称文本框中输入按钮的名称“按钮 – 下一条记录”，单击“完成”按钮。“按钮 – 下一条记录”在窗体中添加完成。调整该按钮的位置和大小，使其与“主体”区域的网格以及按钮控件“按钮 – 上一条记录”对齐，如图 6–1–35 所示。

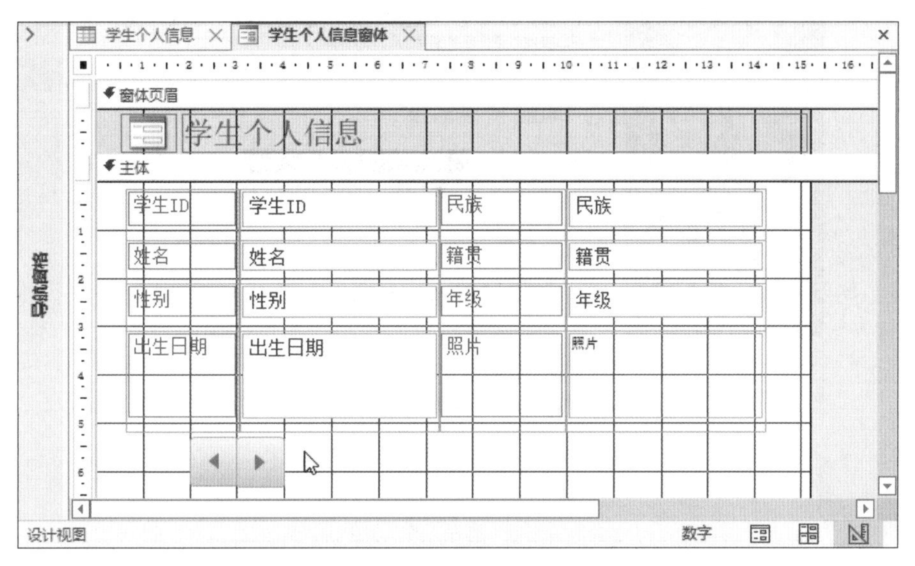

图 6-1-35　按钮控件“按钮 - 下一条记录”添加完成

5）添加新的按钮。在“命令按钮向导”对话框中选择“类别”列表中的“记录操作”选项和“操作”列表中的“添加新记录”选项，单击“下一步”按钮，如图 6–1–36 所示。在“命令按钮向导”对话框中选择按钮上显示“图片”，并选择“转至新对象”选项，单击“下一步”按钮，如图 6–1–37 所示。在“命令按钮向导”对话框中输入按钮的名称“按钮 – 添加记录”，单击“完成”按钮，如图 6–1–38 所示。

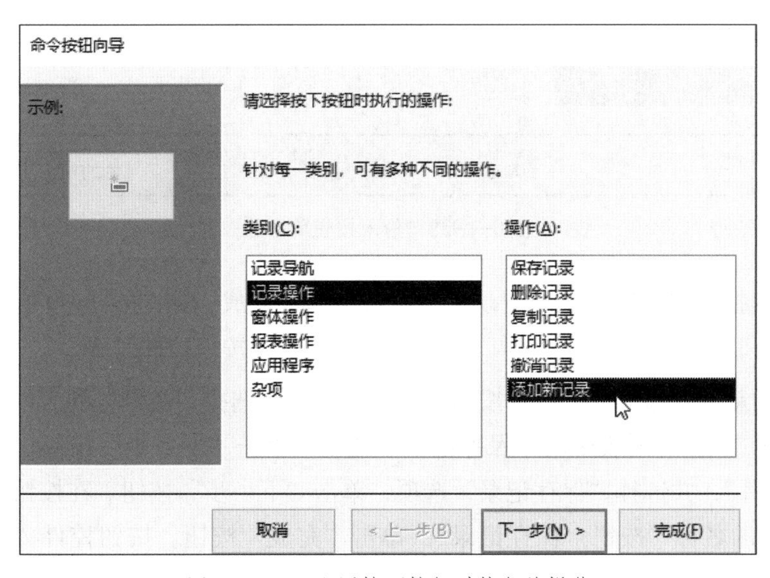

图 6-1-36　设置按下按钮时执行的操作

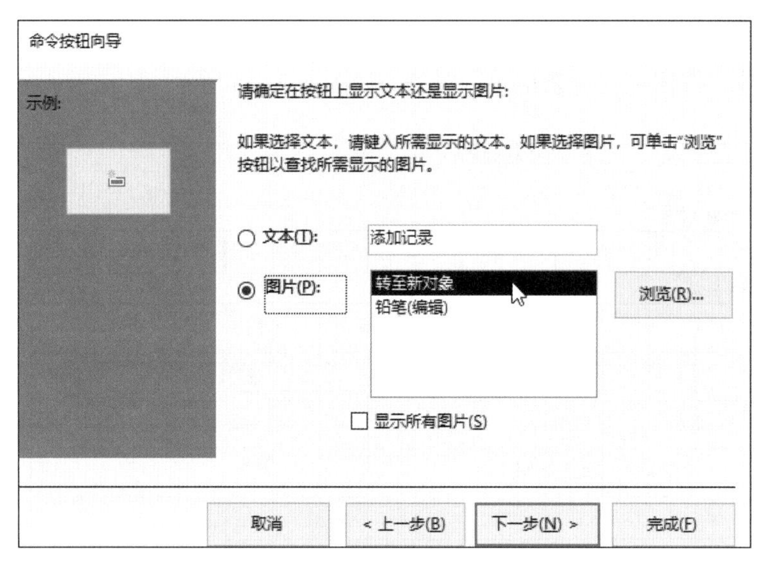

图 6-1-37　选择按钮的显示方式

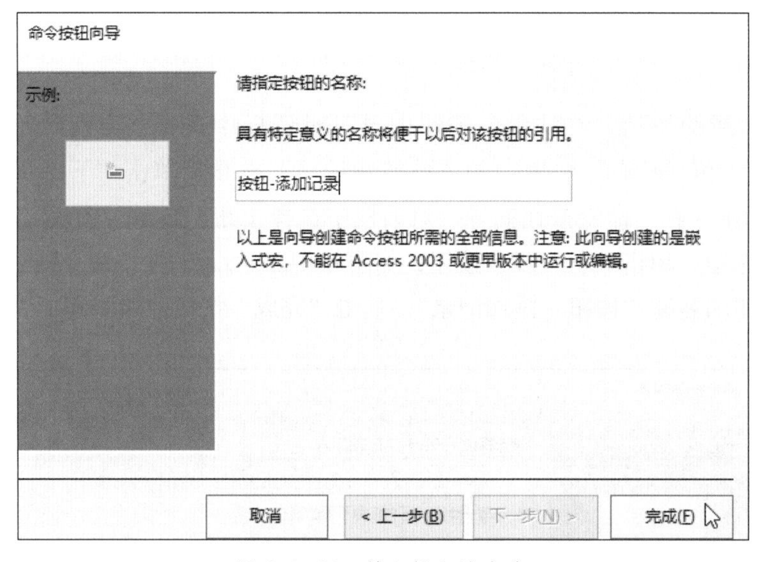

图 6-1-38　输入按钮的名称

6）按钮控件“按钮－添加记录”在窗体中添加完成，如图 6-1-39 所示。调整该按钮的位置和大小，使其与“主体”区域的网格及其他按钮控件对齐。

7）添加新的按钮。在“命令按钮向导”对话框中选择“类别”列表中的“记录操作”选项和“操作”列表中的“保存记录”选项，单击“下一步”按钮。选择在按钮上显示“图片”，并选择“保存记录”选项，单击“下一步”按钮。在按钮名称对话框中输入按钮的名称“按钮－保存记录”，单击“完成”按钮。按钮控件“按钮－保存记录”在窗体设计中添加完成。在“命令按钮向导”对话框中选择“类别”列表中的

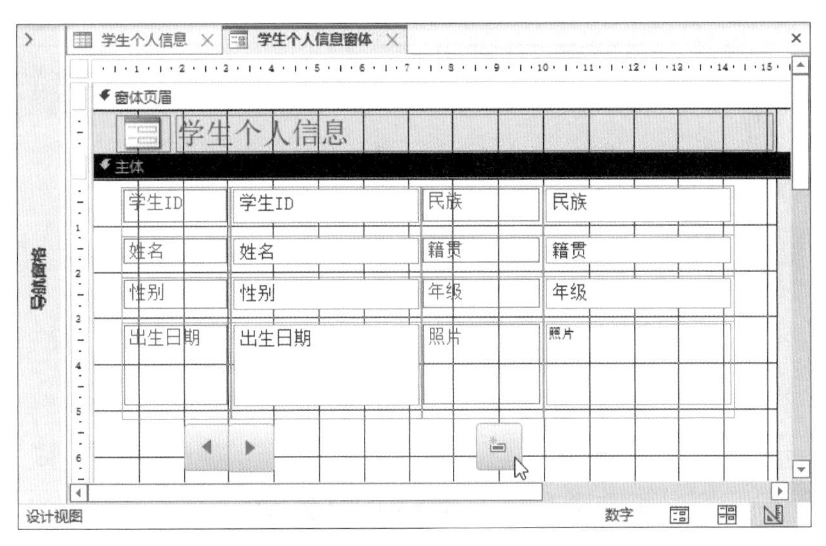

图 6-1-39　按钮控件“按钮 - 添加记录”在窗体中添加完成

“记录操作”选项和“操作”列表中的“删除记录”选项，单击“下一步”按钮。选择在按钮上显示“图片”，并选择“删除记录”选项，单击“下一步”按钮。在按钮名称对话框中输入按钮的名称“按钮 - 删除记录”，单击“完成”按钮。按钮控件“按钮 - 保存记录”和“按钮 - 删除记录”在窗体中添加完成，如图 6-1-40 所示。调整按钮的位置和大小，使其与“主体”区域的网格以及其他按钮对齐。

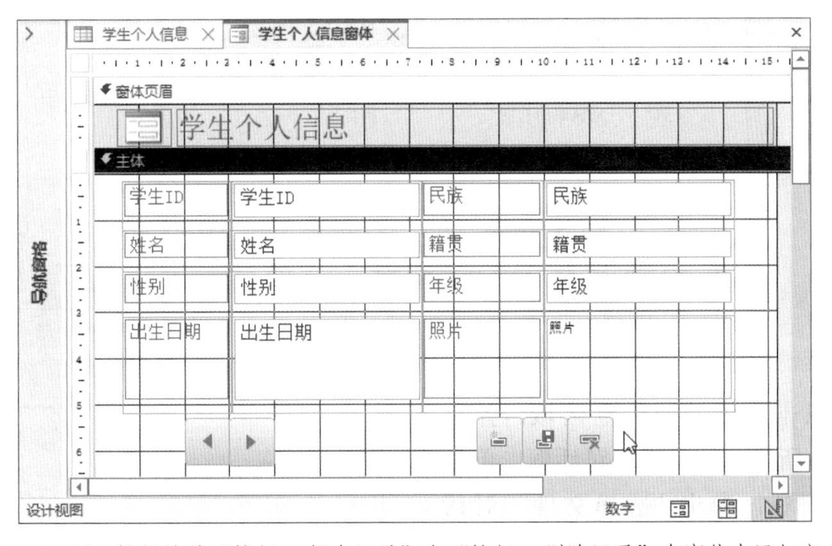

图 6-1-40　按钮控件“按钮 - 保存记录”和“按钮 - 删除记录”在窗体中添加完成

（3）测试“学生个人信息窗体”设计效果

1）将视图切换到“窗体视图”，查看窗体的数据显示，如图 6-1-41 所示。由于窗体的数据源“学生个人信息”表不包含数据，此处窗体中也不显示任何数据。

图 6-1-41　查看窗体的数据显示

2）在窗体的文本框“学生 ID”“姓名”“性别”“出生日期”“民族”“籍贯”“年级”中依次录入学生的第一条记录：“2020020001”“赵霞”“女”“2005 年 1 月 1 日”“汉族”“辽宁沈阳”“高二”，如图 6-1-42 所示。

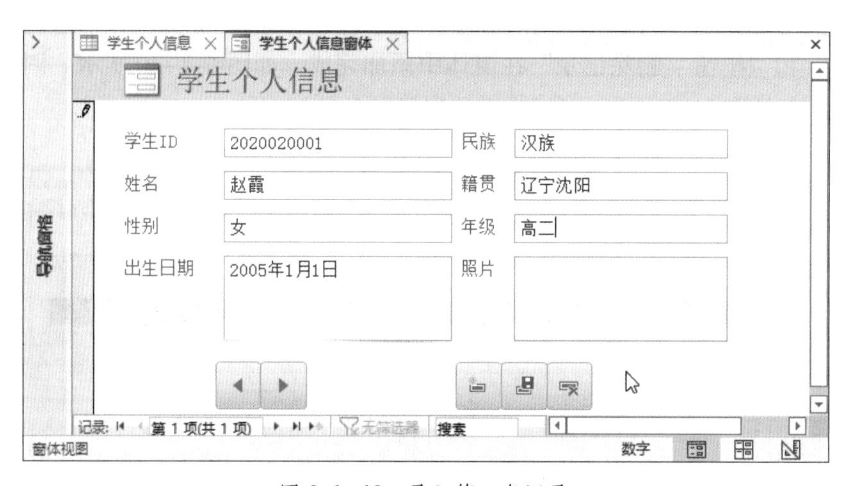

图 6-1-42　录入第一条记录

3）双击窗体的照片框区域，弹出图 6-1-43 所示的“附件”对话框，单击“添加”按钮，弹出“选择文件”对话框，选择与记录对应的图片文件，单击“打开”按钮，如图 6-1-44 所示。返回“附件”对话框，可见刚才选择的图片文件名称出现在附件列表框中，单击“确定”按钮，如图 6-1-45 所示。

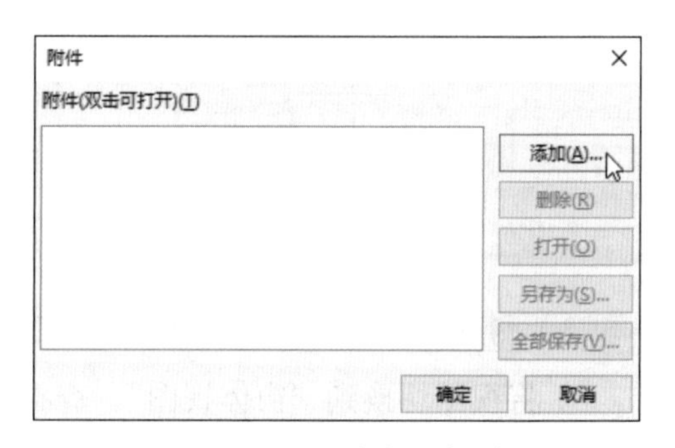

图 6-1-43　“附件”对话框

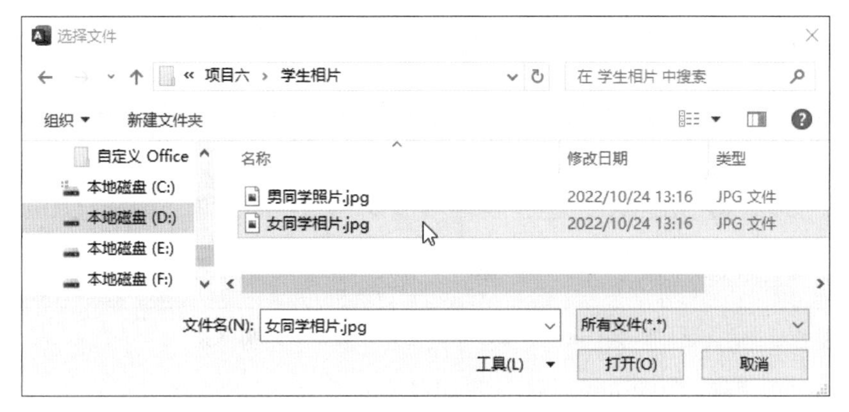

图 6-1-44　选择与记录对应的图片文件

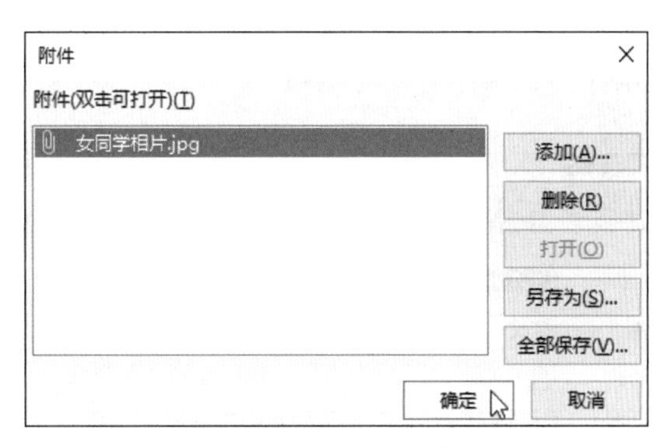

图 6-1-45　选择“附件”列表框中的图片

4）窗体的照片框区域显示了所添加的图片，如图 6-1-46 所示，单击“按钮 - 保存记录”按钮，该条记录被保存在数据库中。

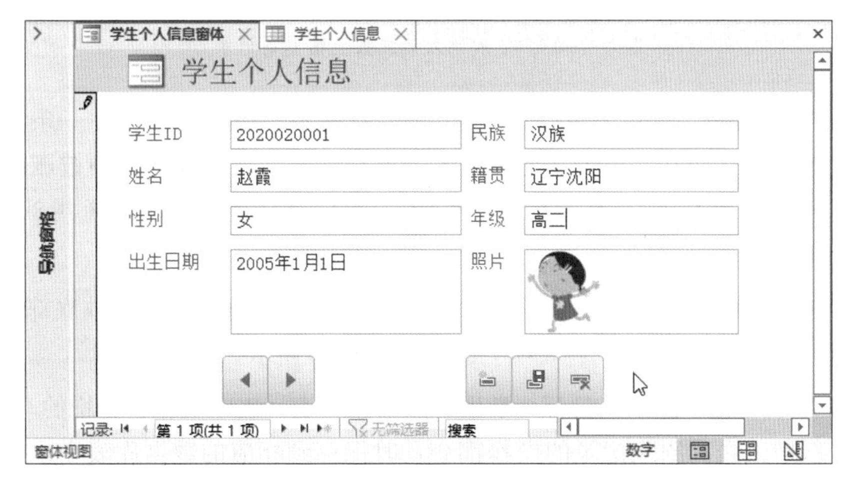

图 6-1-46　窗体的照片框区域显示了所添加的图片

5）在导航窗格中选中并打开“学生个人信息”表，表中出现了新增的第一条记录，说明在窗体中可以增加新记录，增加的结果会及时保存到相应的数据库表中，如图 6–1–47 所示。

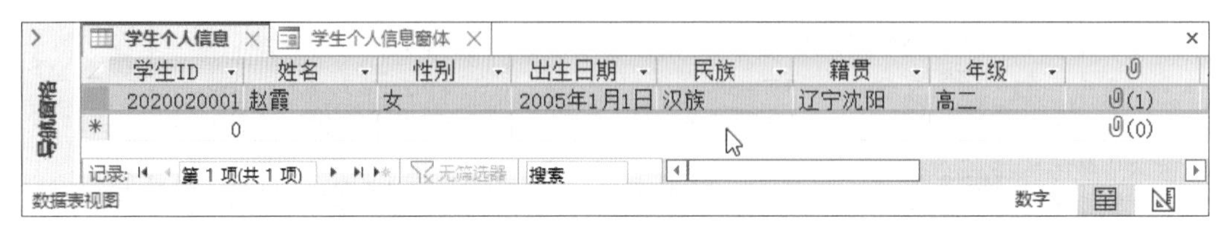

图 6-1-47 “学生个人信息”表中新增的记录

6）单击“按钮 – 添加记录”按钮，在窗体的文本框中依次录入学生的第二条至第九条记录，录入每条记录后，单击“按钮 – 保存记录”按钮，将每条记录保存在数据库中。窗体底部的导航栏中“记录”栏由“第 1 项（共 1 项）”变为“第 9 项（共 9 项）”，如图 6–1–48 所示。

图 6-1-48 依次录入第二条至第九条记录

7）单击“按钮 – 删除记录”，会弹出对话框提示“您正准备删除一条记录，确实要删除这些记录吗?”，单击“是”按钮，第九条记录则从数据库中被删除，窗体自动转至第八条记录，窗体底部的导航栏中“记录”栏变为“第 8 项（共 8 项）”，如图 6–1–49 所示。

8）单击“按钮 – 上一条记录”按钮，窗体则转至第七条记录，窗体底部的导航栏中“记录”栏变为“第 7 项（共 8 项）”，如图 6–1–50 所示。

9）在导航窗格中选中并打开“学生个人信息”表，表中出现了新增的八条记录，在窗体中新增记录和删除记录的操作都会及时保存到相应的数据库表中，操作结果如图 6–1–51 所示。

图 6-1-49　第九条记录删除完成

图 6-1-50　自第八条记录跳转至上一条记录

学生ID	姓名	性别	出生日期	民族	籍贯	年级	附件
2020020001	赵霞	女	2005年1月1日	汉族	辽宁沈阳	高二	(0)
2020020002	李春	男	2005年2月1日	满族	北京东城	高二	(0)
2020020003	马芳	女	2005年2月1日	回族	河南南阳	高二	(0)
2020020004	卓玛	女	2005年3月1日	藏族	西藏拉萨	高二	(0)
2021010001	张磊	男	2006年1月1日	汉族	北京海淀	高一	(0)
2021010002	李红	女	2006年2月1日	汉族	河北唐山	高一	(0)
2021010003	王峰	男	2006年3月1日	回族	宁夏银川	高一	(0)
2021010004	王璐	女	2006年3月1日	汉族	山西大同	高一	(0)

图 6-1-51　操作结果

（4）创建“学生成绩分布状况窗体”

1）在“创建”选项卡“窗体”命令组中，单击“窗体设计”按钮，空白窗体“窗体 1”随即在文档区域打开，其默认视图为“设计视图”。在“表单设计”选项卡“控件”命令组中，单击“图表”按钮，移动鼠标指针至窗体设计主体区域合适的位置，单击鼠标左键向窗体中添加图表控件，如图 6-1-52 所示。

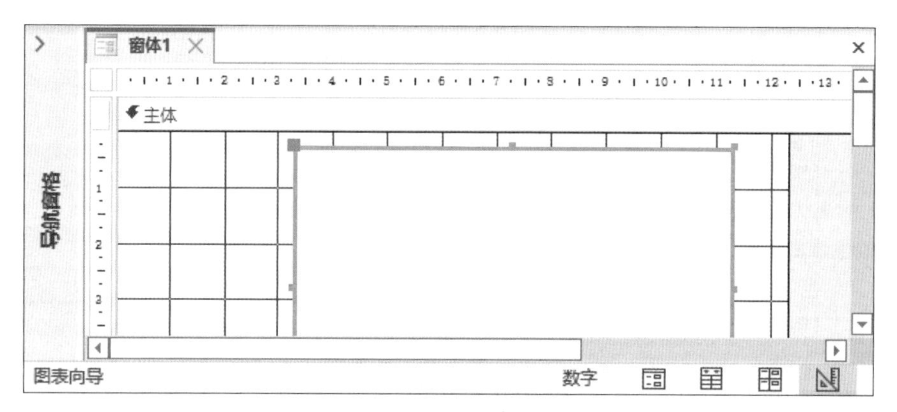

图 6-1-52　向窗体中添加图表控件

2）在弹出的“图表向导”对话框中，选择“表：学生成绩信息”作为用于创建图表的数据源，如图 6-1-53 所示。

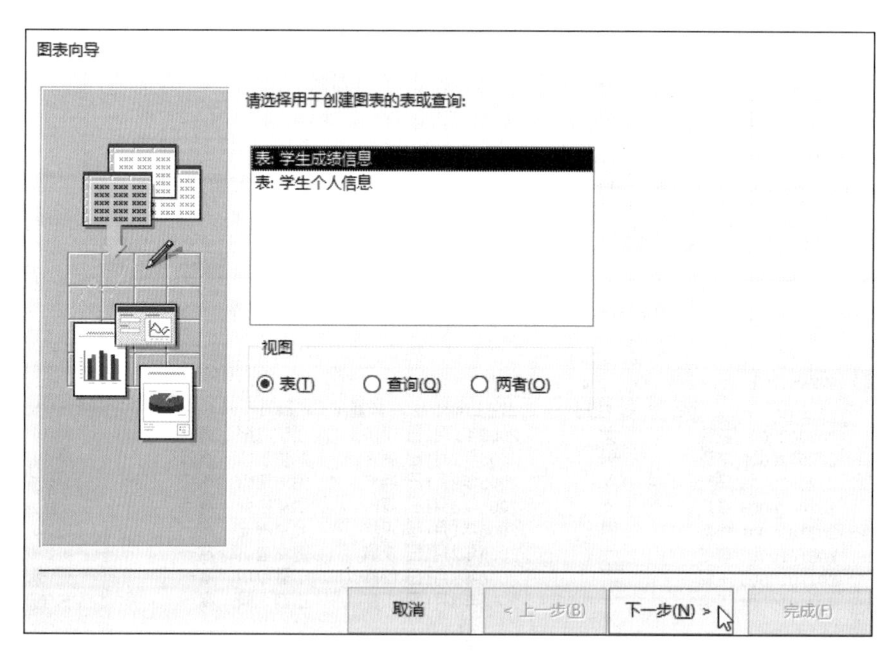

图 6-1-53　选择图表的数据源

3）在“图表向导”对话框中将字段“科目”和“分数”从“可用字段”列表中添加到“用于图表的字段”列表中，单击“下一步”按钮，如图 6-1-54 所示。

4）在“图表向导”对话框中选择“柱形图”作为图表的类型，单击“下一步”按钮，如图 6-1-55 所示。

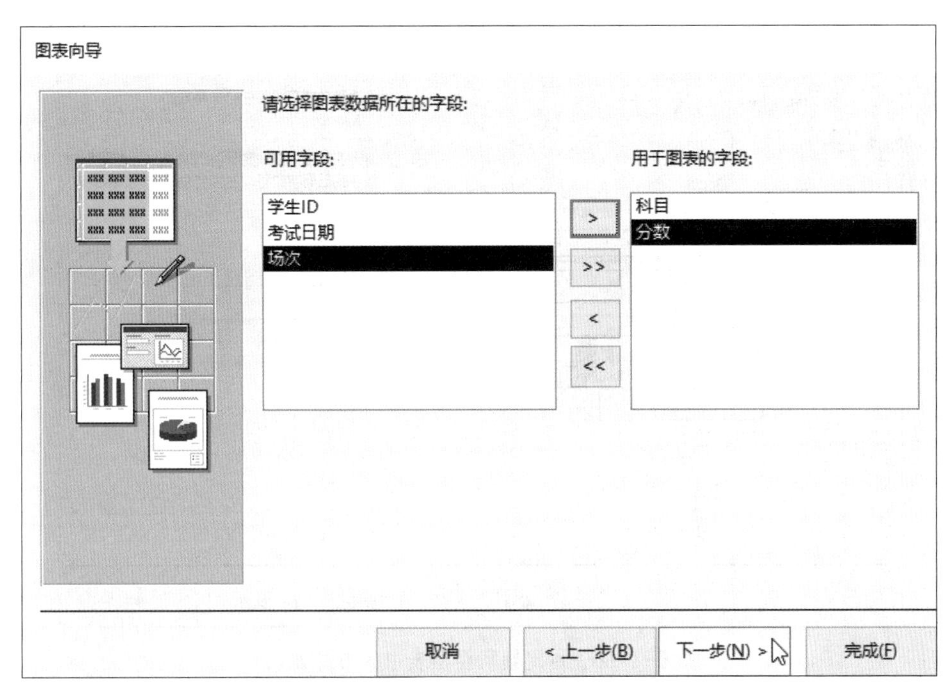

图 6-1-54　选择用于图表的字段

图 6-1-55　选择图表的类型

5）在“图表向导”对话框中指定数据在图表中的布局方式，单击“下一步”按钮，如图 6-1-56 所示。

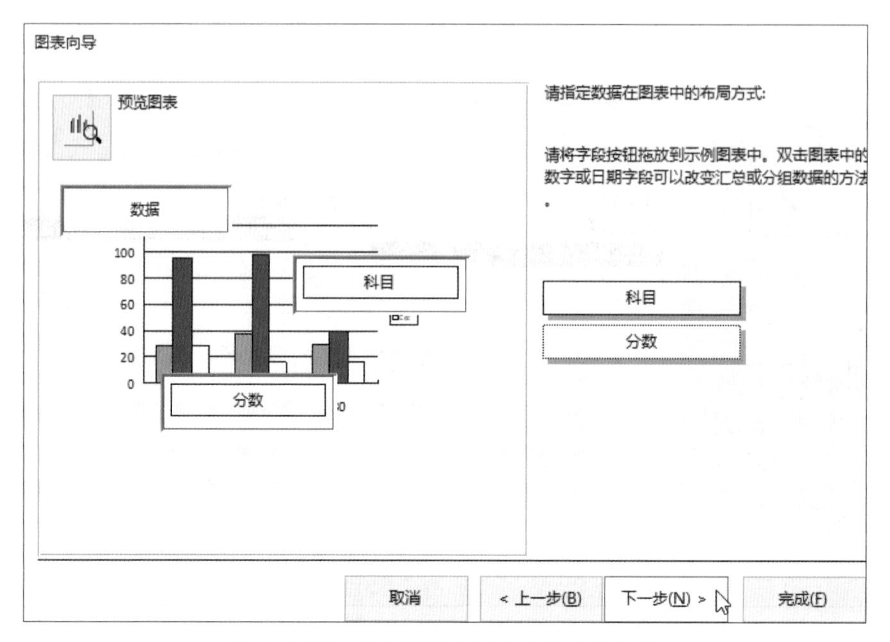

图 6-1-56　指定数据在图表中的布局方式

6）在“图表向导”对话框中输入图表的标题“学生成绩分布状况”，单击“完成”按钮，如图 6-1-57 所示。

图 6-1-57　输入图表的标题

7）图表“学生成绩分布状况”在窗体中添加完成，并以“学生成绩信息”表为数据源显示图表，如图 6-1-58 所示。调整该图表的位置和大小，使其与主体区域的网格对齐。保存该窗体，命名为“学生成绩分布情况窗体”。文档区域的“窗体 1”标签变为“学生成绩分布情况窗体”，导航窗格的“窗体”组中增加了“学生成绩分布情况窗体”标签，保存后关闭窗体。

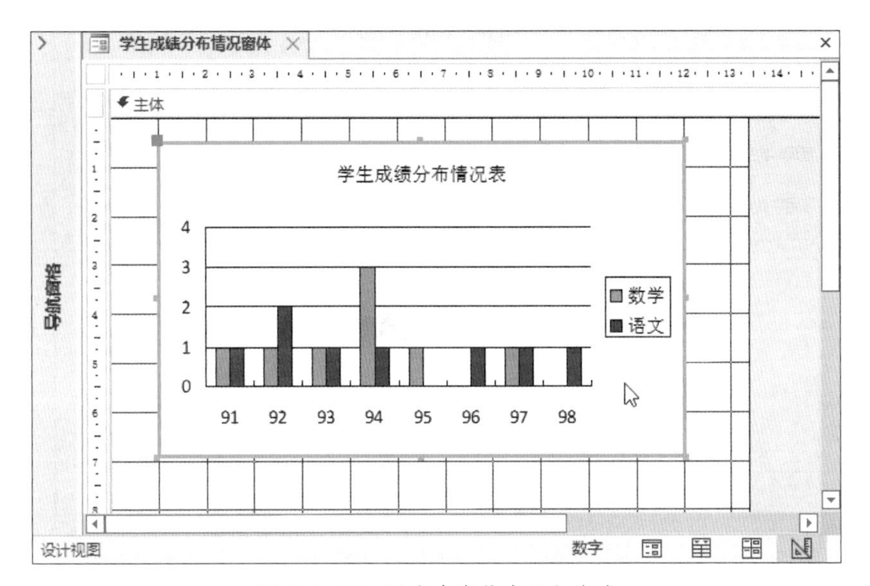

图 6-1-58　图表在窗体中添加完成

8）打开“学生成绩分布情况窗体”，将视图切换到“窗体视图”，查看窗体图表的数据显示，如图 6-1-59 所示。

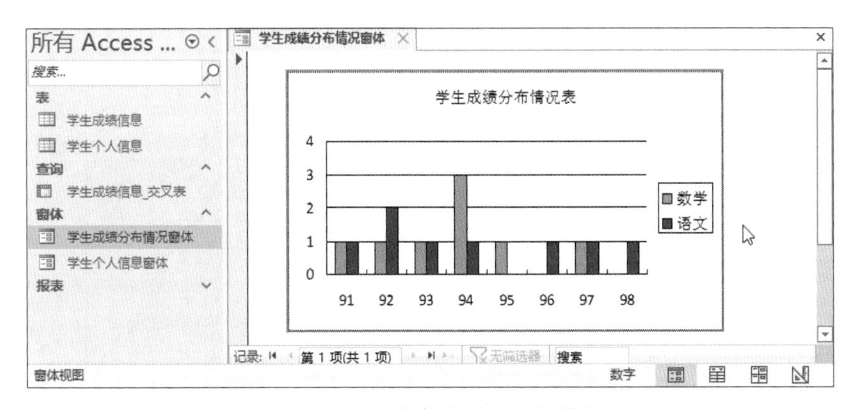

图 6-1-59　查看窗体图表的数据显示

（5）创建“学生成绩信息 _ 交叉表窗体”

1）在“创建”选项卡“窗体”命令组中，单击“窗体向导”按钮，弹出“窗体向导”对话框，在该对话框的“表 / 查询”下拉菜单中选择窗体的数据源“查询：学生成绩信息 _ 交叉表”，将该查询包含的全部字段从“可用字段”列表中添加到“选定字段”列表中，单击“下一步”按钮，如图 6-1-60 所示。

图 6-1-60　选择窗体的数据源和字段

2）在“窗体向导”对话框中选择使用“表格”布局，单击“下一步”按钮，如图 6-1-61 所示。

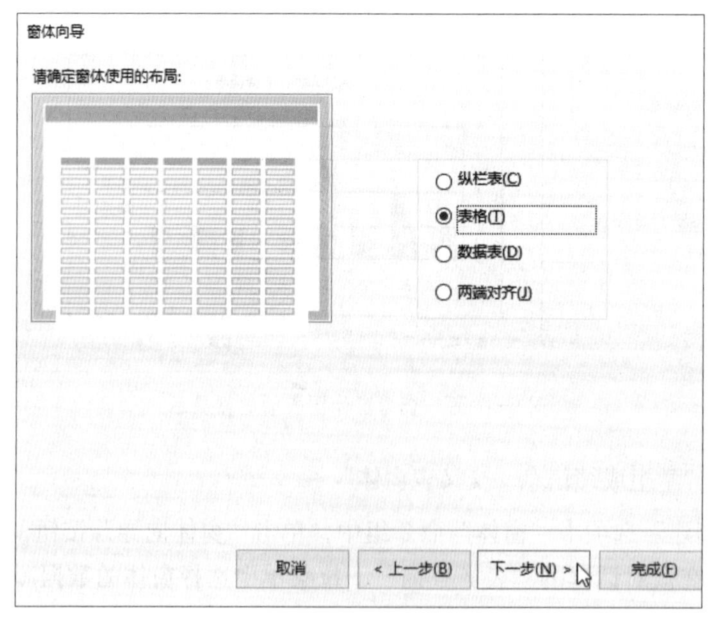

图 6-1-61　选择窗体使用的布局

3）在“窗体向导”对话框中输入窗体标题为“学生成绩信息_交叉表窗体”，并选择“修改窗体设计”选项，单击“完成”按钮，如图 6–1–62 所示。

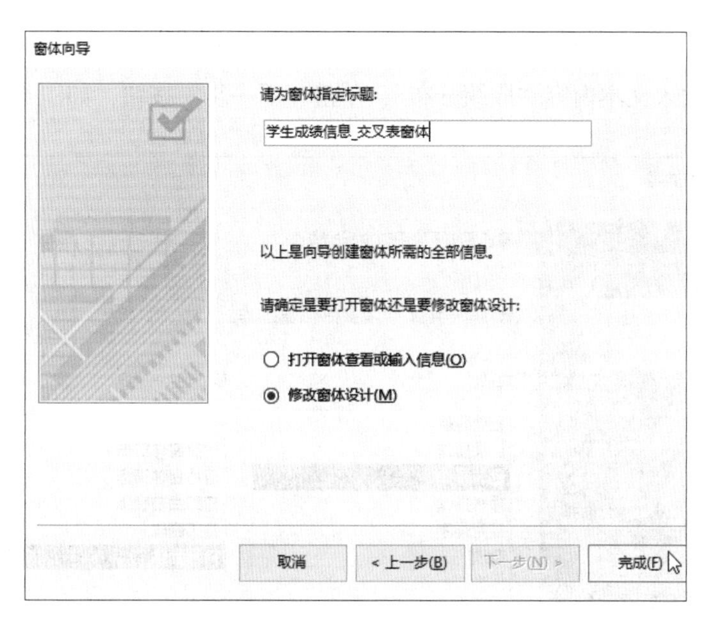

图 6-1-62　输入窗体标题

4）“学生成绩信息_交叉表窗体”随即在文档区域打开，其默认视图为“设计视图”，查看窗体的设计显示。将“学生 ID”“总分”“数学”和“语文”4 个文本框及对应标签的宽度和位置进行调整，使其显得比例均匀，并利用快速工具栏中的“自动套用格式”功能套用“Northwind”格式。

5）在“表单设计”选项卡“控件”命令组中，单击选中“按钮”控件，移动鼠标指针至窗体页眉区域的合适位置，单击鼠标左键向窗体中添加按钮控件，如图 6–1–63 所示。

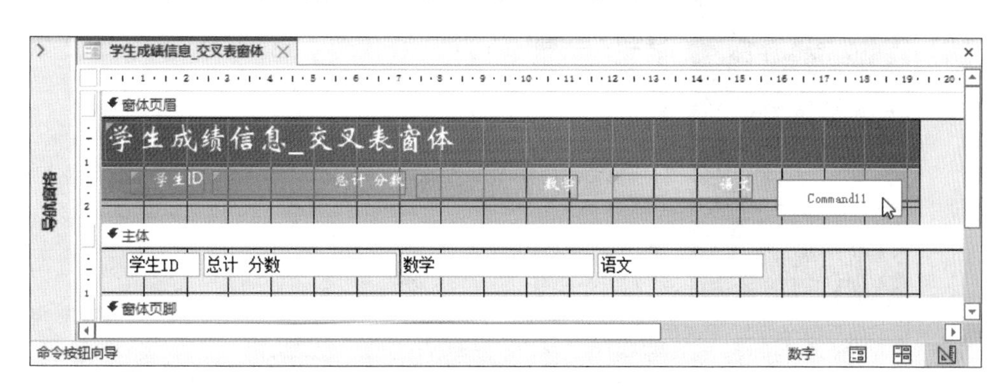

图 6-1-63　向窗体中添加按钮控件

6）弹出“命令按钮向导”对话框，在该对话框中选择“类别”列表中的“窗体操作”选项和“操作”列表中的“打开窗体”选项，单击“下一步”按钮，如图 6-1-64 所示。在“命令按钮向导”对话框中选择“学生成绩分布状况窗体”选项，单击“下一步”按钮，如图 6-1-65 所示。在“命令按钮向导”对话框中选择在按钮显示“文本”，并在文本框中输入文本内容“成绩分布”，单击“下一步”按钮，如图 6-1-66 所示。

图 6-1-64　选择按下按钮时执行的操作

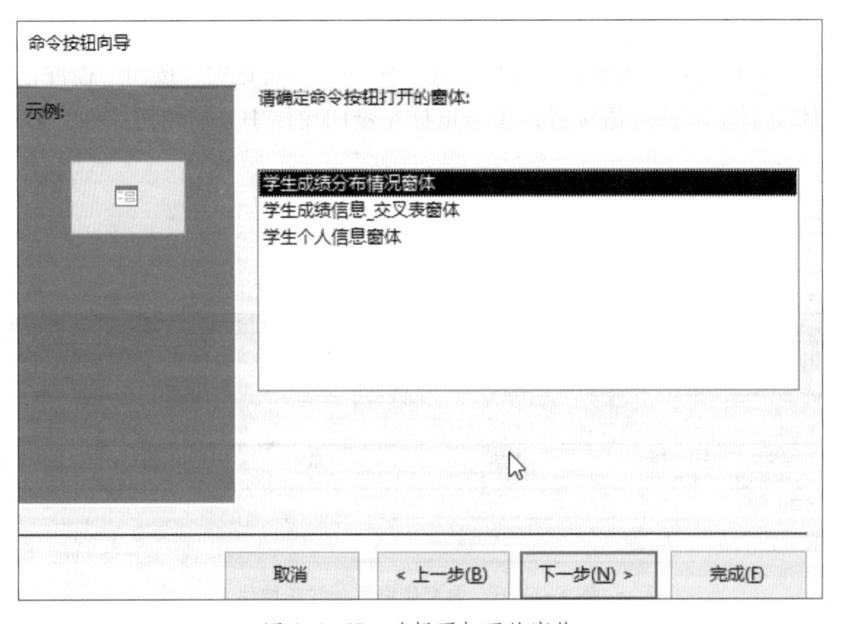

图 6-1-65　选择要打开的窗体

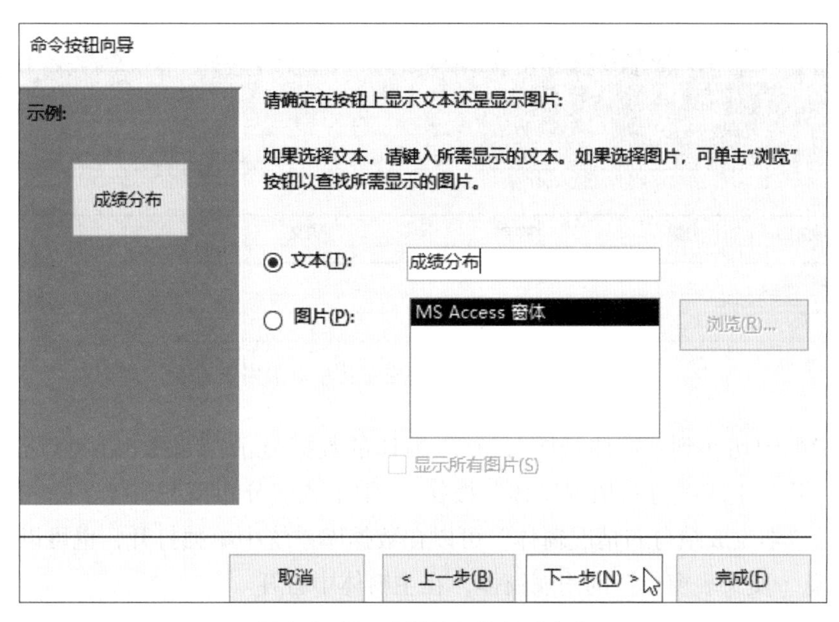

图 6-1-66 选择按钮的显示方式

7）在“命令按钮向导”对话框中输入按钮的名称“按钮 - 打开学生成绩分布情况窗体”，单击“完成”按钮，如图 6-1-67 所示。

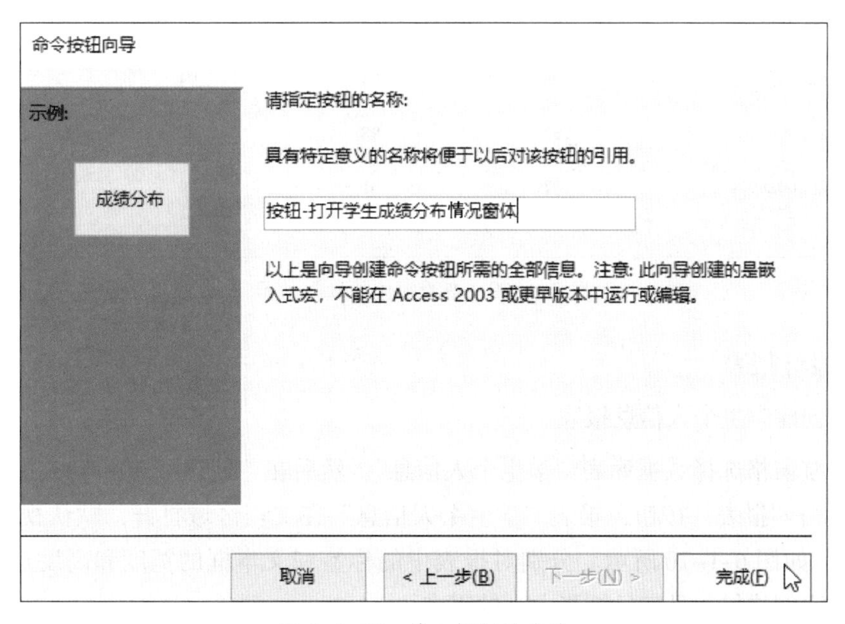

图 6-1-67 输入按钮的名称

8）按钮控件在窗体中添加完成，如图 6-1-68 所示。调整该按钮的位置和大小，使其与“窗体页眉”区域的网格以及其他控件对齐。

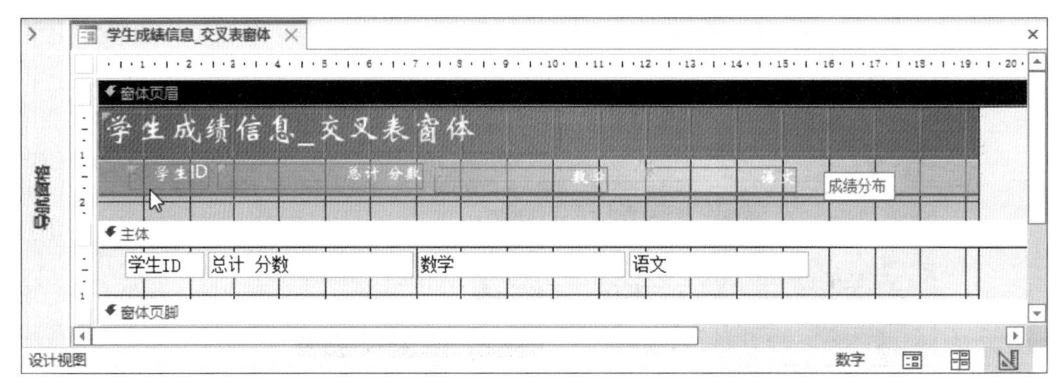

图 6-1-68 按钮控件在窗体中添加完成

9）将视图切换到“窗体视图”，查看窗体的数据显示，如图 6-1-69 所示。单击“按钮 - 打开学生成绩分布情况窗体”按钮，“学生成绩分布情况窗体”会在文档区域打开显示。“学生成绩分布情况窗体”可以在数据库系统中单独打开，也可以作为“学生成绩信息 _ 交叉表窗体”的附属窗体，在主窗体中打开。

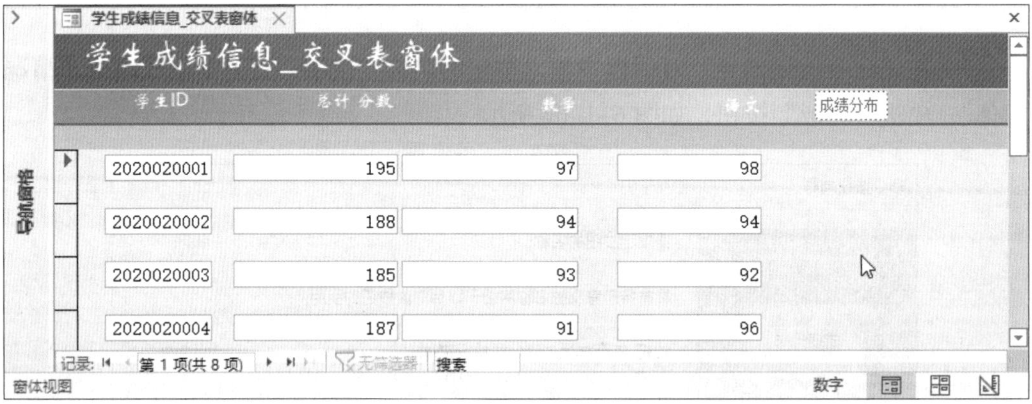

图 6-1-69 查看窗体的数据显示

4. 设计报表

（1）创建学生个人信息报表

在导航窗格选择数据库表“学生个人信息”，然后在“创建”选项卡“报表”命令组中，单击“报表”按钮，报表“学生个人信息”在文档区域打开，默认视图为“布局视图”，如图 6-1-70 所示。分别对报表中的标签和文本框的宽度和高度进行调整，使其显得比例均匀，且满足纸张大小的需求。

（2）保存报表

保存该报表，命名为“学生个人信息报表”，文档区域的“学生个人信息”标签变为“学生个人信息报表”，导航窗格的“报表”组中增加了“学生个人信息报表”标

图 6-1-70　报表“学生个人信息”在文档区域打开

签。将视图切换到“设计视图”，双击“报表页眉”中的“学生个人信息”标签，将文字修改为“学生个人信息报表”，按 Enter 键确认。将视图切换到“打印预览”，查看报表的数据显示，如图 6-1-71 所示。

图 6-1-71　查看报表的数据显示

项目七
综合案例分析

综合案例 1　家庭理财系统

一、系统设计分析

1. 确定系统的功能

“家庭理财系统”的功能主要包括以下 3 个方面。

（1）通过表管理家庭理财的各类信息，包括家庭日常收支和账户信息。

（2）通过窗体录入和编辑家庭日常收支信息和账户信息。

（3）通过报表展示家庭日常收支流水。

2. 系统设计的内容

针对“家庭理财系统”的功能需求，应完成以下设计工作。

（1）创建“家庭理财系统”数据库管理系统的各类对象。

（2）通过设计“家庭日常收支”表和“账户信息”表分别存储家庭日常收支的各项信息和各账户的信息，这些信息由窗体作为接口进行录入和编辑。

（3）通过设计“家庭日常收支管理窗体”录入和编辑家庭日常收支的各项信息。设计“账户信息窗体”录入和编辑各账户的信息，并且利用子数据表展示与该账户有关的家庭日常收支信息。

（4）通过设计“家庭日常收支报表”打印输出家庭日常收支流水及相关统计信息。

二、设计表

1. 设计“账户信息”表

（1）创建“家庭理财系统 .accdb”数据库文件。

（2）创建数据库表“账户信息”，将视图切换到“设计视图”，在“账户信息”表的“字段名称”列的第2行至第4行依次输入“名称”“余额”和“说明”，并依次设置其数据类型为“短文本”“货币”和“长文本”，如图7-1-1所示。

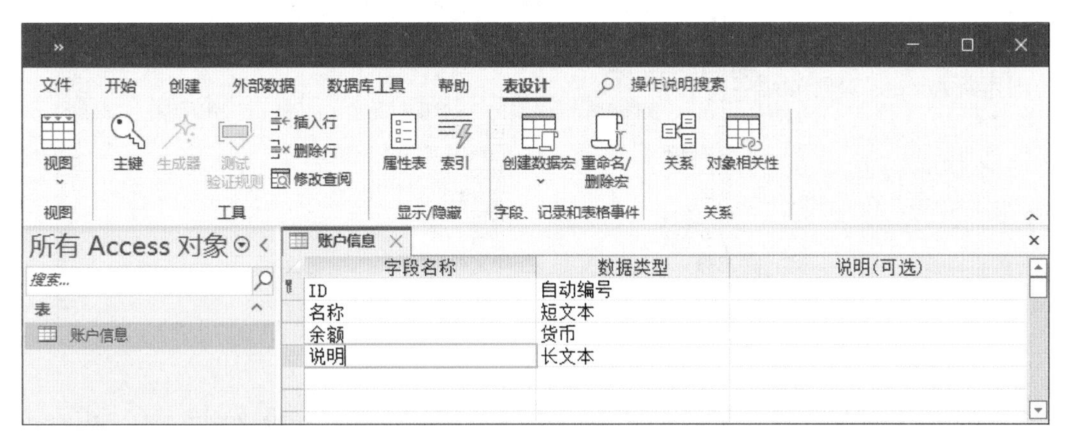

图7-1-1　设计“账户信息”表

（3）将视图切换到“数据表视图”，添加记录，如图7-1-2所示。

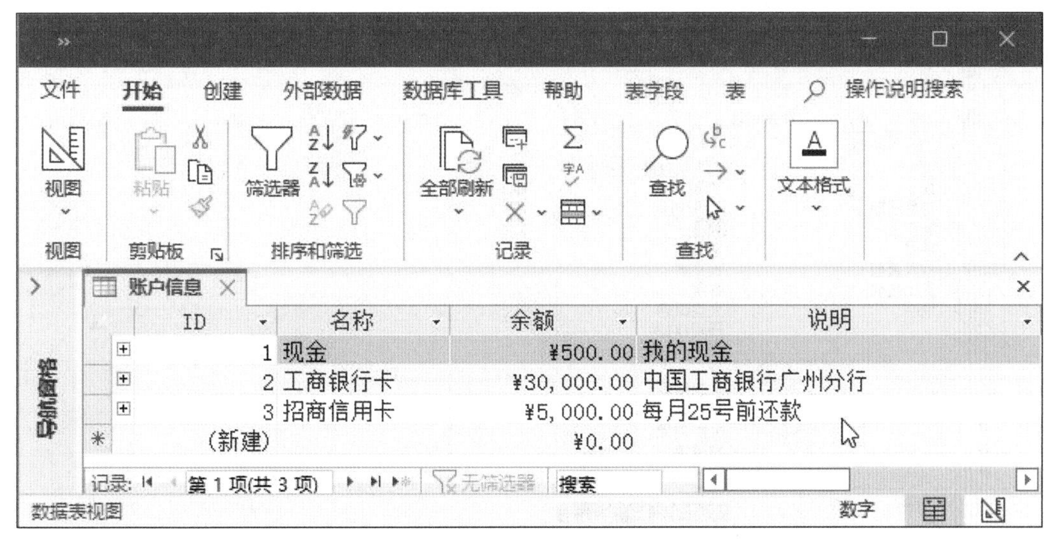

图7-1-2　添加记录

2. 设计“家庭日常收支”表

（1）创建数据库表“家庭日常收支”，将视图切换到“设计视图”，在“家庭日常收支”表的“字段名称”列的第2行至第7行依次输入“交易日期”“账户”“项目”“收入金额”“支出金额”和“说明”，并依次设置其数据类型为“日期/时间”“数字”“短文本”“货币”“货币”和“长文本”，如图7-1-3所示。

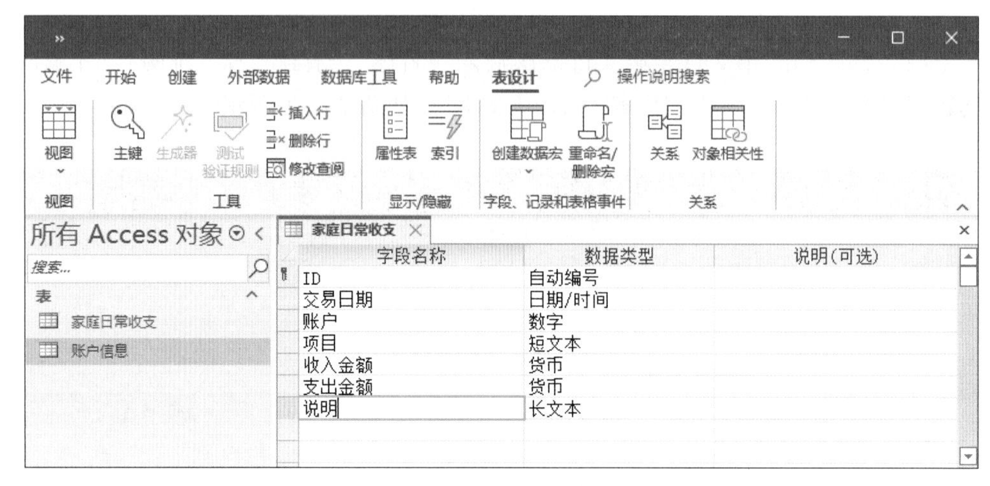

图 7-1-3　设计“家庭日常收支”表

（2）在“家庭日常收支”表中，选择字段“账户”的“数据类型”，在“数据类型”下拉列表中选择“查阅向导”选项，如图 7-1-4 所示。

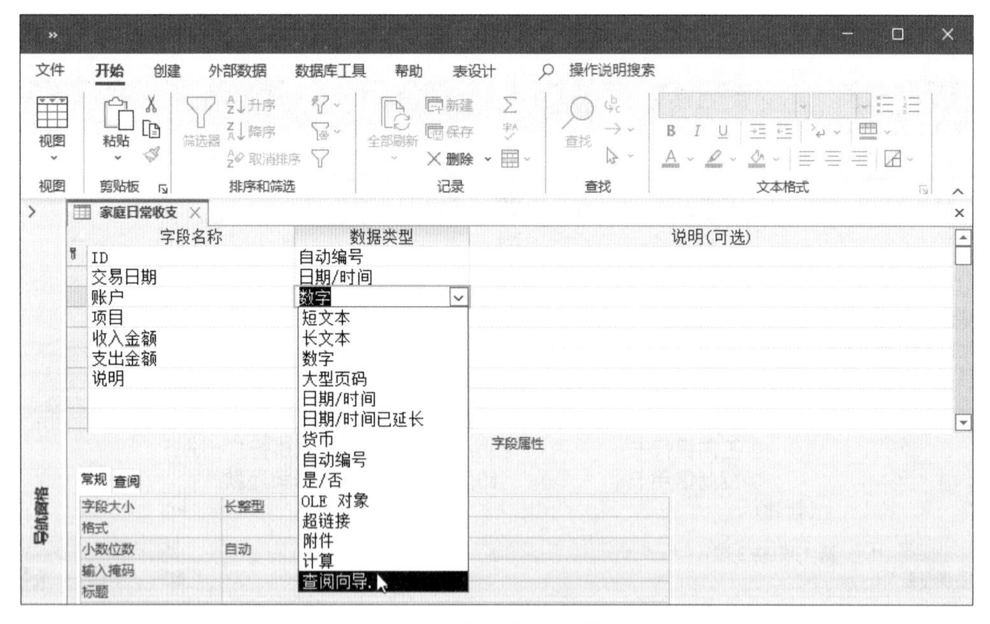

图 7-1-4　选择“查阅向导”选项

（3）在弹出的“查阅向导”对话框中选择“使用查阅字段获取其他表或查询中的值”选项，单击“下一步”按钮，如图 7-1-5 所示。在“查阅向导”对话框中选择“表：账户信息”选项，单击“下一步”按钮，如图 7-1-6 所示。在“查阅向导”对话框中将“表：账户信息”的全部字段添加到“选定字段”的列表中，单击“下一步”按钮，如图 7-1-7 所示。

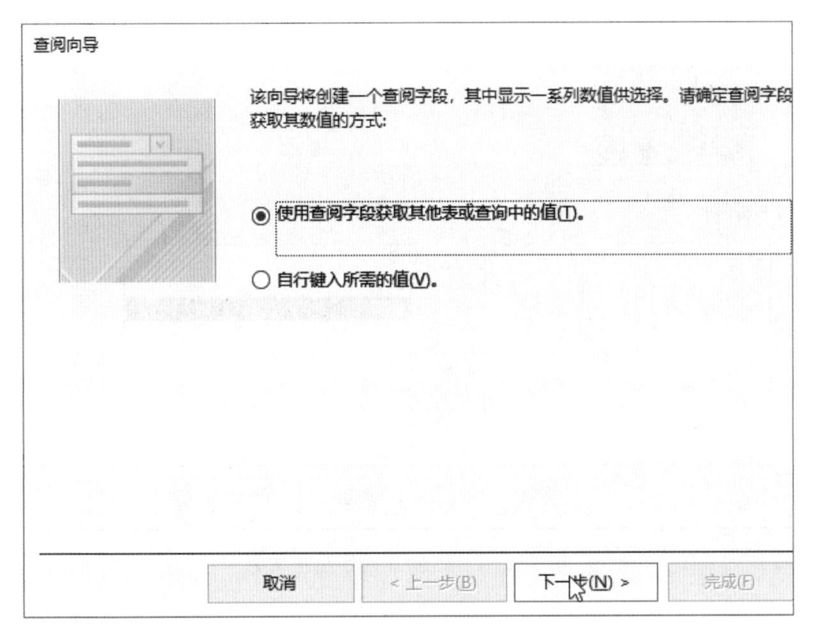

图 7-1-5　选择查阅字段获取数值的方式

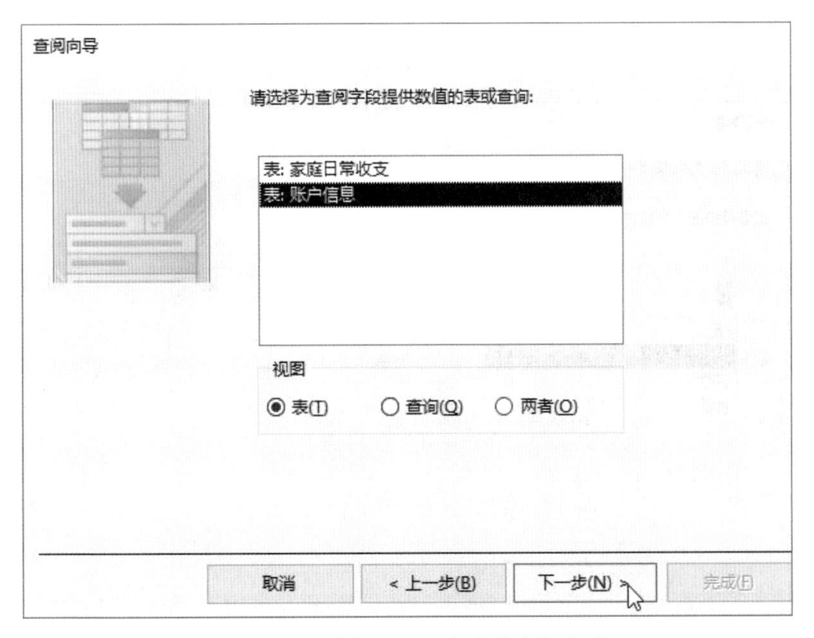

图 7-1-6　选择“表：账户信息”选项

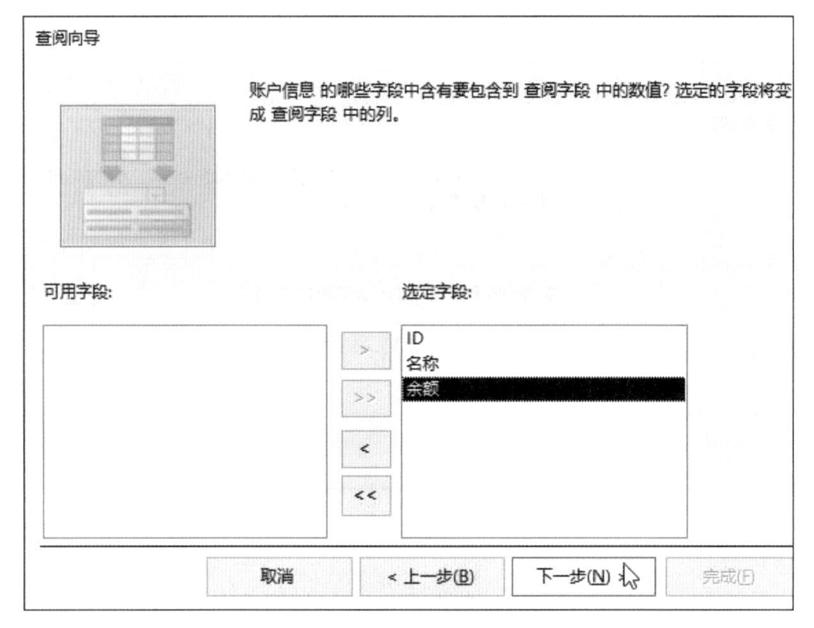

图 7-1-7　选择查阅字段中的列

（4）在“查阅向导”对话框中选择字段“ID”升序排列，单击“下一步”按钮，如图 7-1-8 所示。在“查阅向导”对话框中选择“隐藏键列（建议）”选项，单击“下一步”按钮，如图 7-1-9 所示。在“查阅向导”对话框中输入标签名称“账户”，单击“完成”按钮，如图 7-1-10 所示。这样“家庭日常收支”表中的字段“账户”便和“账户信息”表关联起来，最后根据提示保存该表。

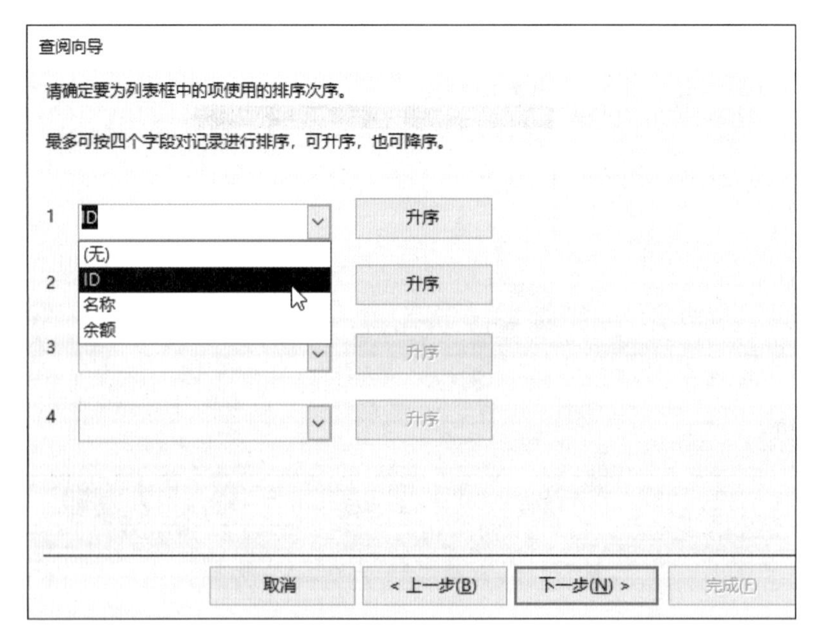

图 7-1-8　选择排列

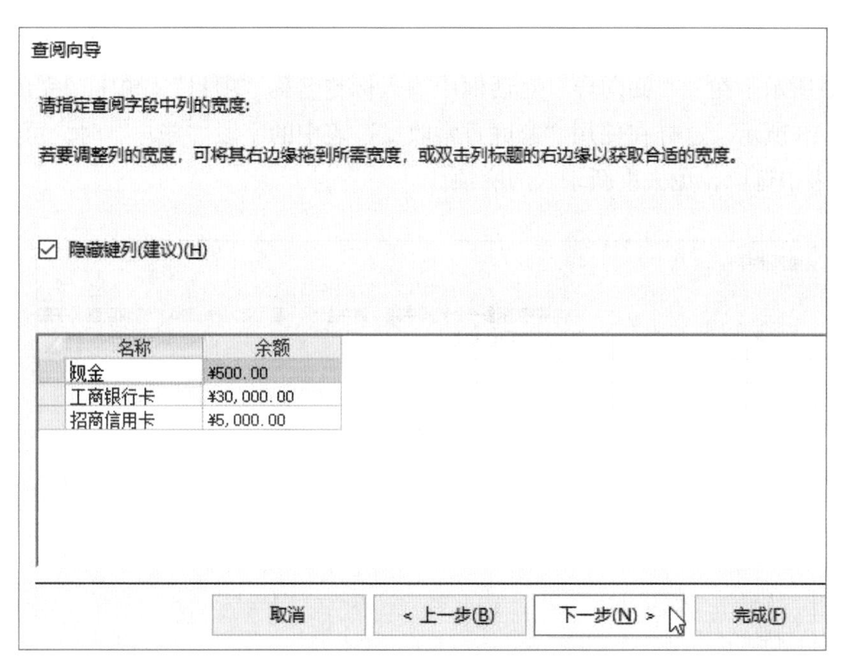

图 7-1-9　选择“隐藏键列”选项

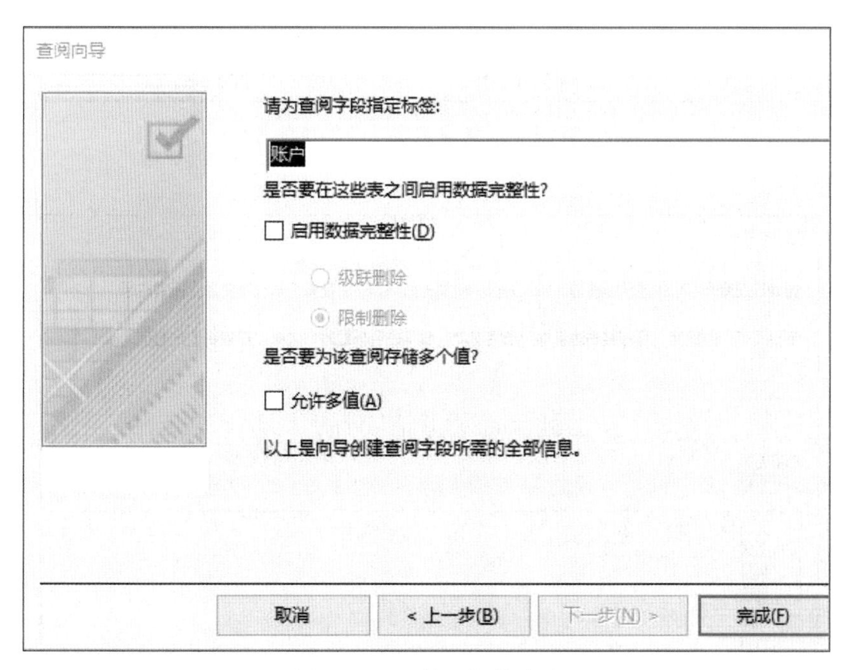

图 7-1-10　输入标签名称

（5）选择字段“项目”，在“数据类型”下拉列表中选择“查阅向导”选项，在弹出的“查阅向导”对话框中选择“自行键入所需的值”选项，单击“下一步”按钮，如图 7-1-11 所示。在“查阅向导”对话框中的值列表文本框中依次输入选项“工资”“奖金”“餐饮”“交通”“房租”“服饰”和“书籍”，单击“下一步”按钮，如图 7-1-12 所示。在“查阅向导”对话框中输入标签名称“项目”，单击“完成”按钮，如图 7-1-13 所示。这样在使用“家庭日常收支”表中的字段“账户”时，可以直接从该选项列表中选取，免去重新录入的麻烦。

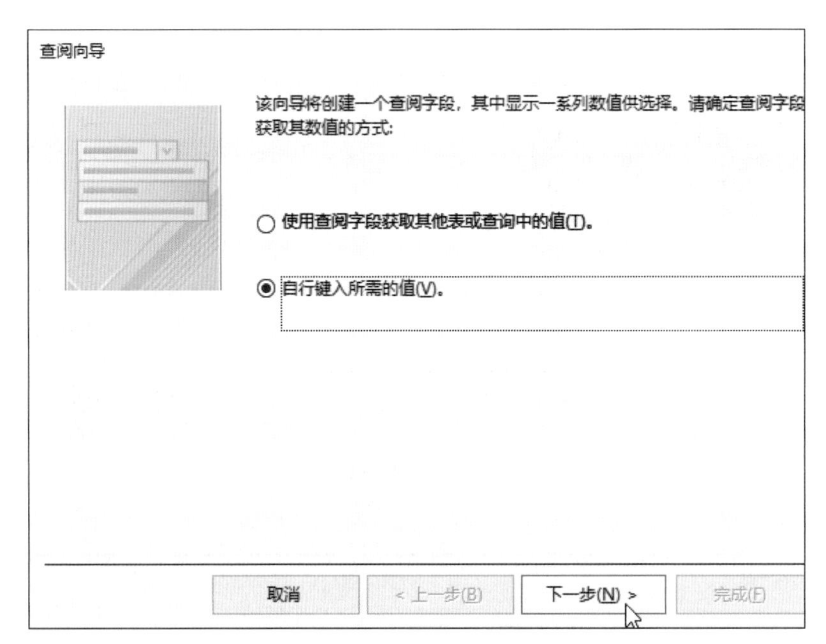

图 7-1-11　选择查阅字段获取值的方式

查阅向导

请确定在查阅字段中显示哪些值。输入列表中所需的列数，然后在每个单元格中键入所需的值。

若要调整列的宽度，可将其右边缘拖到所需宽度，或双击列标题的右边缘以获取合适的宽度。

列数(C): 1

第 1 列
工资
奖金
餐饮
交通
房租
服饰
书籍

取消　< 上一步(B)　下一步(N) >　完成(F)

图 7-1-12　在值列表文本框中输入选项

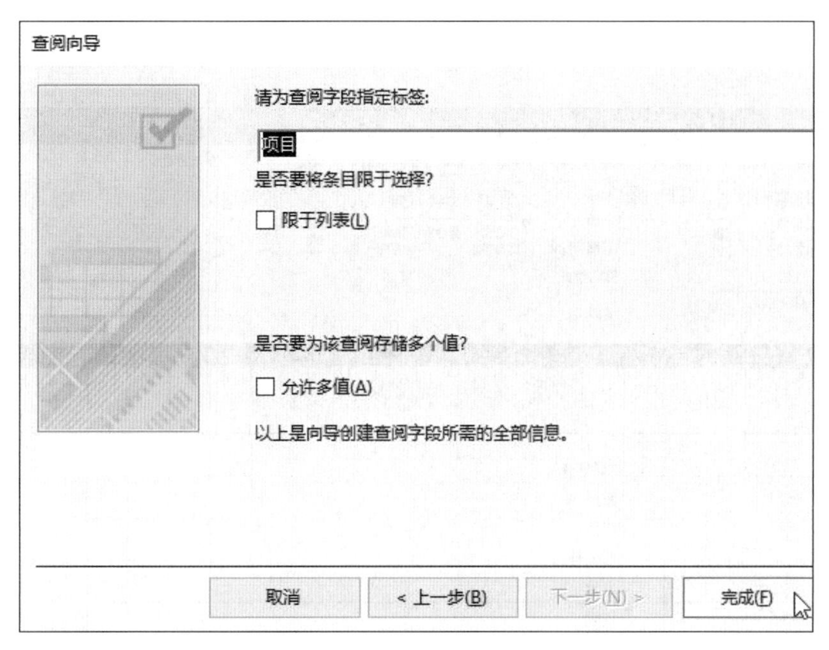

图 7-1-13　输入标签名称

三、设计窗体

1. 设计“家庭日常收支”窗体

（1）创建“家庭日常收支”窗体，将视图切换到“设计视图”，将“家庭日常收支”表中的字段添加至该窗体中，并以堆叠布局显示，然后添加 5 个按钮控件，依次是“按钮 – 转至前一项记录”“按钮 – 转至后一项记录”“按钮 – 添加新记录”“按钮 – 保存记录”和“按钮 – 删除记录”，如图 7–1–14 所示。

（2）将视图切换到“窗体视图”，依次录入 7 条记录并保存，如图 7–1–15 所示。

（3）在窗体中录入“账户”数据时，可以在其下拉列表中进行选择，如图 7–1–16 所示。

（4）在窗体中录入“项目”数据时，可以在其下拉列表中进行选择，如图 7–1–17 所示。

（5）在导航窗格中选中并打开“家庭日常收支”表，表中出现了新增的 7 条记录，如图 7–1–18 所示。

2. 设计“账户信息”窗体

（1）创建“账户信息”窗体，将视图切换到“设计视图”，将“账户信息”表中的字段添加至该窗体中，并以堆叠布局显示，将“家庭日常收支”表作为子数据表控件添加到该窗体中，通过该表的“账户”字段进行关联，并添加 2 个按钮控件，依次是“按钮 – 上一个账户”和“按钮 – 下一个账户”，如图 7–1–19 所示。

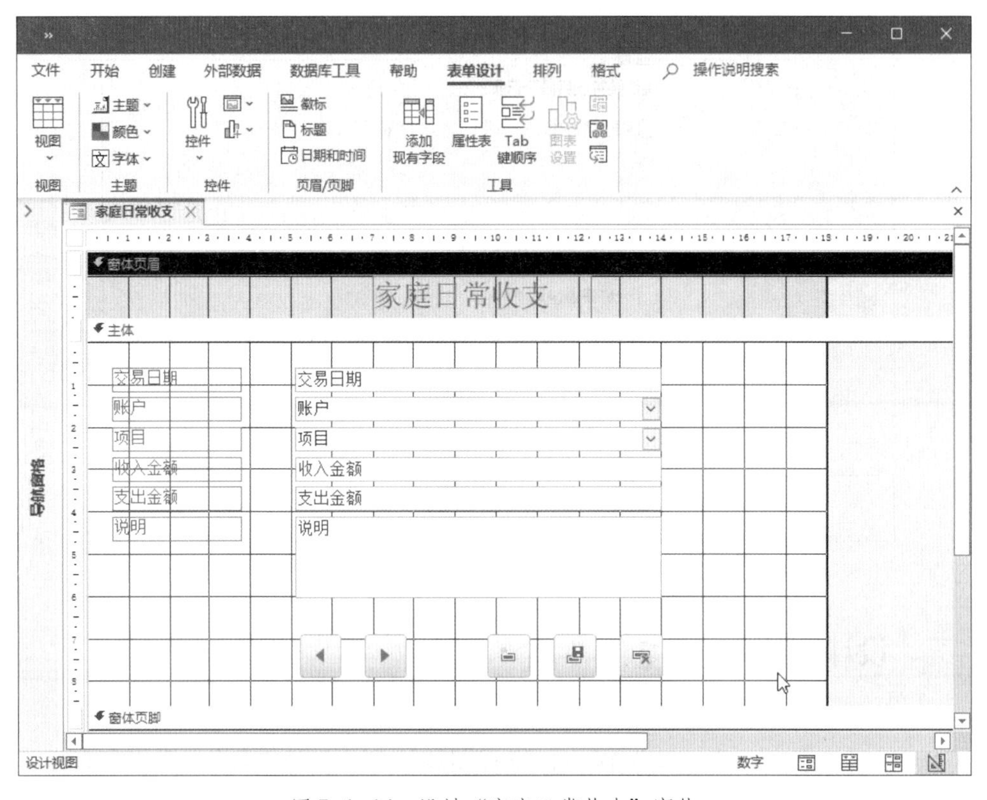

图 7-1-14　设计“家庭日常收支”窗体

图 7-1-15　在“家庭日常收支管理”窗体中录入记录

图 7-1-16　在“账户”的下拉列表中选择数据

图 7-1-17　在“项目”的下拉列表中选择数据

ID	交易日期	账户	项目	收入金额	支出金额	说明
1	2022-02-14	现金	房租	¥0.00	¥500.00	2022年2月房租
2	2022-02-15	招商信用卡	书籍	¥0.00	¥35.00	广州购书中心购买图书
3	2022-02-16	现金	餐饮	¥0.00	¥50.00	麦当劳
4	2022-02-17	现金	交通	¥0.00	¥25.00	乘坐出租车从公司回家
5	2022-02-18	现金	餐饮	¥0.00	¥100.00	餐卡充值
6	2022-02-19	工商银行卡	奖金	¥4,000.00	¥0.00	2022月2月A项目奖金
7	2022-02-13	工商银行卡	工资	¥30,000.00	¥0.00	2022年2月工资收入
(新建)				¥0.00	¥0.00	

图 7-1-18　“家庭日常收支”表新增记录

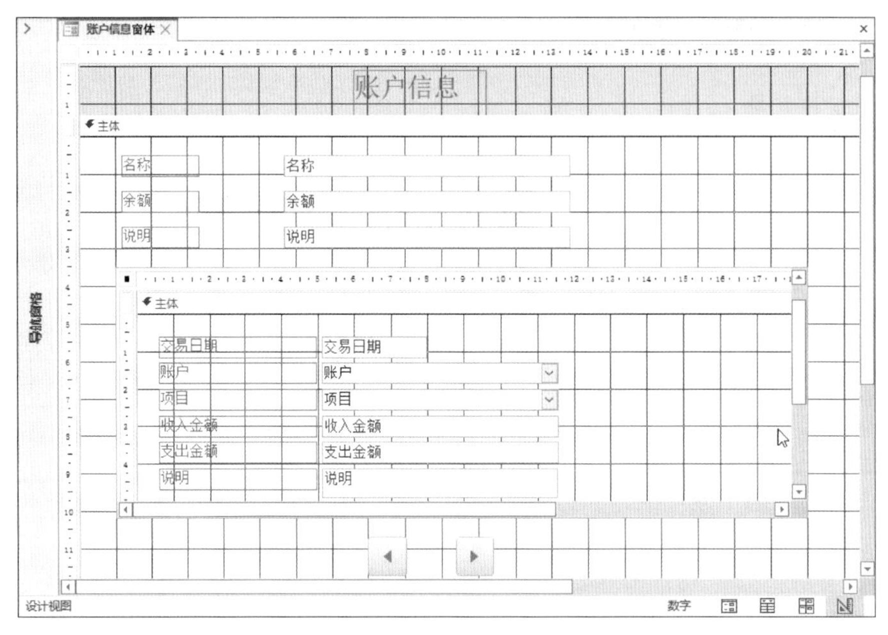

图 7-1-19　设计“账户信息”窗体

（2）将视图切换到“窗体视图”，可以查看“账户信息”表中的相关信息，还可以通过子数据表查看与当前账户有关的“家庭日常收支”信息，如图 7-1-20 所示，第 1 个账户的相关信息和与其相关的 4 条家庭日常收支信息被显示出来。

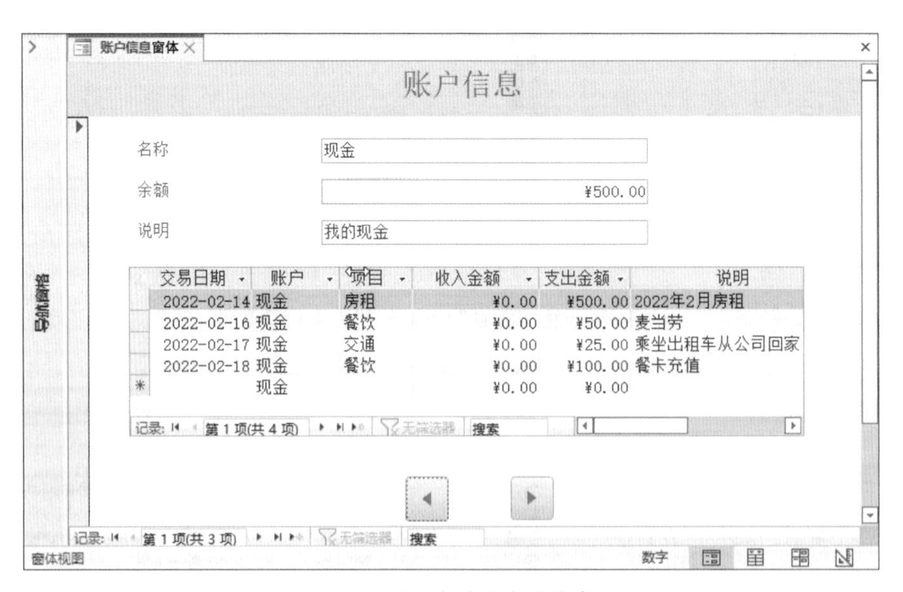

图 7-1-20　查看账户的信息

（3）单击“按钮－下一个账户”按钮，则显示第 2 个账户的相关信息和与其相关的 3 条家庭日常收支信息，如图 7-1-21 所示。

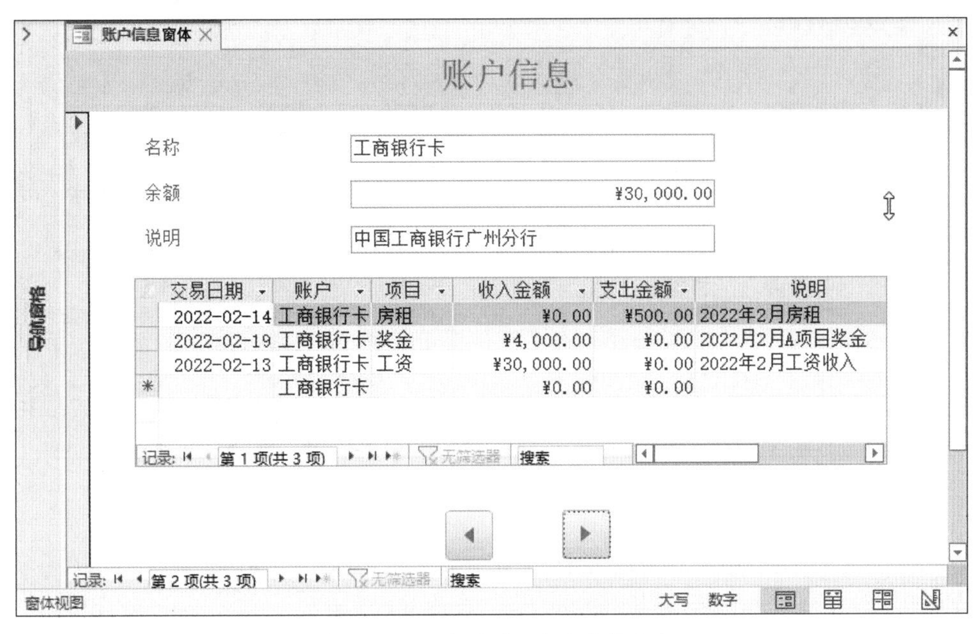

图 7-1-21　查看下一个账户的信息

3. 设计报表

（1）创建“家庭日常收支报表”，将视图切换到“设计视图”，将“家庭日常收支”表中的字段添加至该报表中，并以表格布局显示，然后为“收入金额”和“支出金额”添加“求和”统计信息，如图 7-1-22 所示。

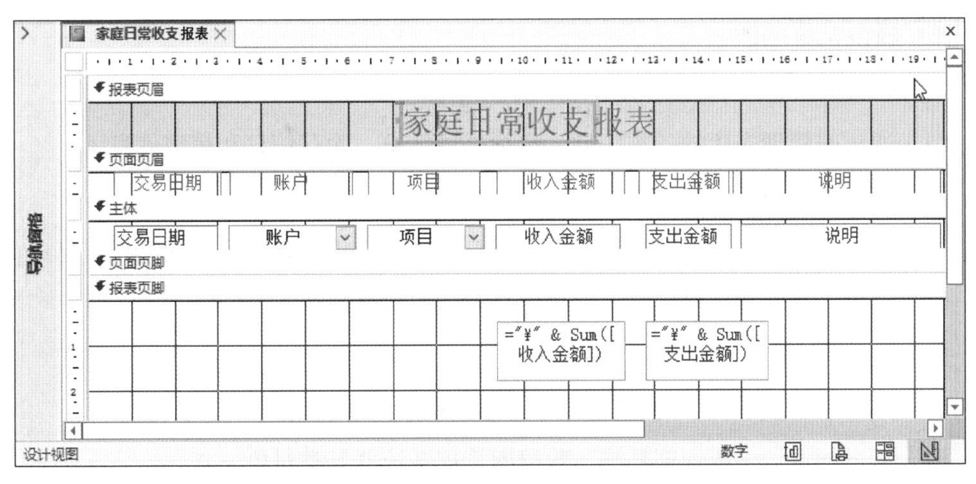

图 7-1-22　设计“家庭日常收支报表”

（2）将视图切换到“打印预览”，查看报表的数据显示，如图 7-1-23 所示，其展示了数据库系统中所有的家庭日常收支信息，并分别对“收入金额”和“支出金额”进行了“求和”统计。至此，“家庭理财系统”设计完成。

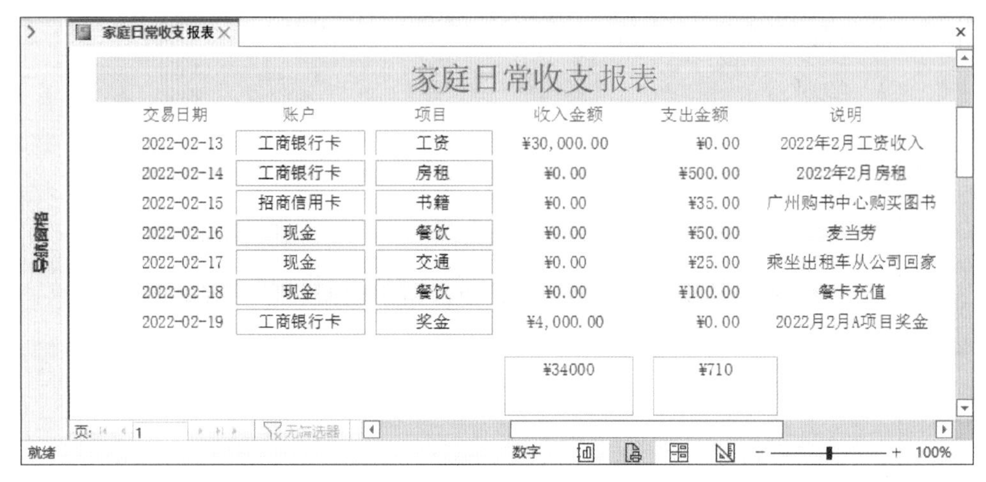

图 7-1-23　查看报表的数据显示

综合案例 2　书店管理系统

一、系统设计分析

1. 确定系统功能

“书店管理系统”的功能主要包括以下几个。

（1）通过表管理书店的各类信息，包括书目信息、库存信息和销售信息。

（2）通过查询检索特定类别的书目信息和库存信息。

（3）通过窗体录入和编辑书目信息、库存信息和销售信息以及查询书目信息。

（4）通过报表展示书目信息、库存信息和销售信息。

2. 系统设计内容

针对“书店管理系统”的功能需求，应完成以下设计工作。

（1）通过创建“书店管理系统”数据库管理系统的各类对象。

（2）通过设计“书目信息”表、“库存信息”表和“销售信息”表分别存储图书的各项书目信息和库存信息、销售信息，均由窗体作为接口来录入和编辑。

（3）通过设计“按类别查询书目信息”查询检索特定类别的书目信息和库存信息。

（4）通过设计“书目信息管理窗体”用来录入和编辑图书的各项信息，设计“库存管理”窗体和“销售管理”窗体用来录入和编辑库存、销售信息，设计“按类别查询书目信息”窗体利用“按类别查询书目信息”查询来检索和显示特定类别的书目信息和库存信息。

（5）通过设计“书目信息报表”打印输出所有书目的列表。设计“库存信息报表”和“销售信息报表”打印输出库存信息、销售信息以及相关统计信息。

二、设计表

1. 设计“书目信息”表

（1）创建“书店管理系统 .accdb”数据库文件。

（2）创建数据库表“书目信息”，将视图切换到“设计视图”，在“书目信息”表的“字段名称”列的第 2 行至第 7 行依次输入“书名”“出版社”“出版年月”“作者”“ISBN”和“类别”，将其数据类型均设置为“短文本”，如图 7-2-1 所示。

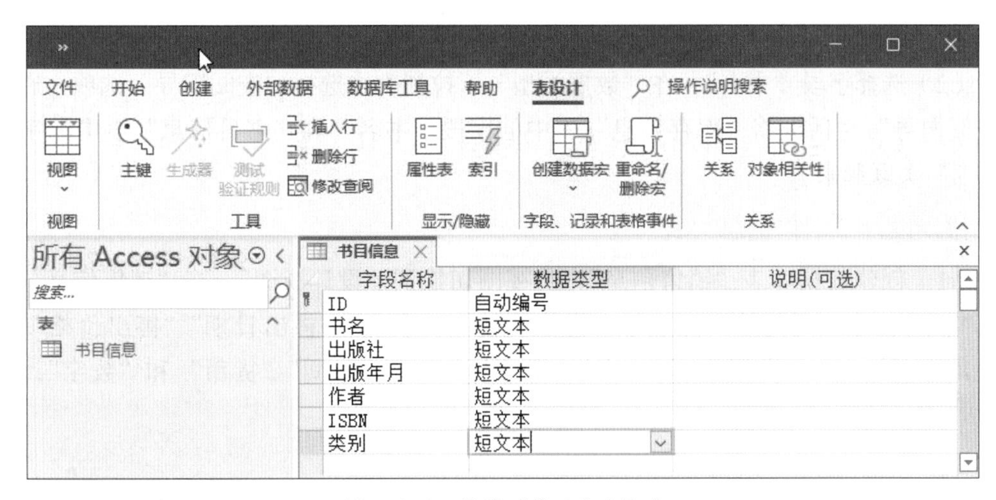

图 7-2-1　设计“书目信息”表

（3）选择字段“类别”，在“数据类型”下拉列表中选择“查阅向导”，在弹出的“查阅向导”对话框中选择“自行键入所需的值”选项，单击“下一步”按钮。在“查阅向导”对话框中的值列表中输入选项“文学”“历史”“经济”“军事”“自然”“地理”“生物”和“百科”等项目，单击“下一步”按钮。在“查阅向导”对话框中输入标签名称“类别”，单击“完成”按钮。后期录入数据时，可直接从该选项列表中选取。

2. 设计“库存信息”表

（1）创建数据库表“库存信息”，将视图切换到“设计视图”，在“库存信息”表的“字段名称”列的第 2 行至第 5 行依次输入“书名”“入库日期”“入库价格”和

“库存数量”，并依次设置数据类型为“数字”“日期／时间”“货币”和“数字”，如图 7-2-2 所示。

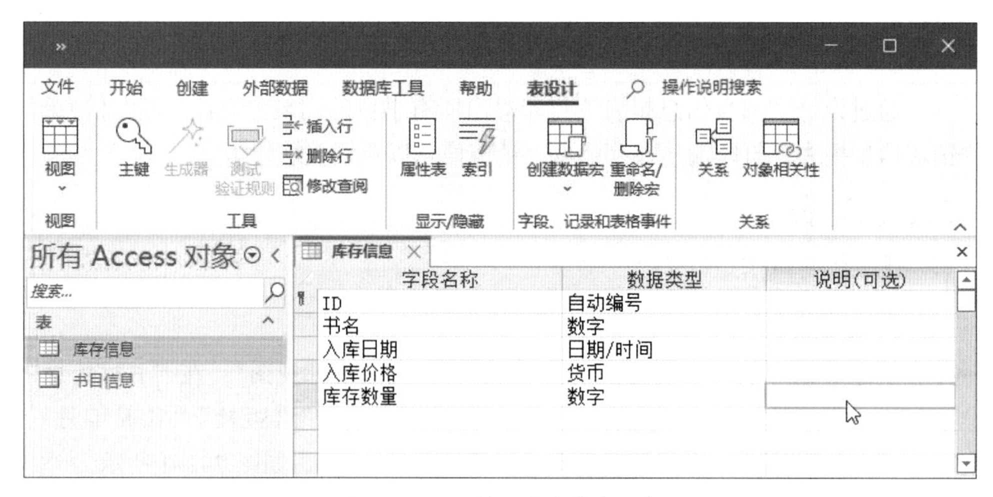

图 7-2-2　设计“库存信息”表

（2）选择字段“书名”，在“数据类型”下拉列表中选择“查阅向导”选项，通过“查阅向导”对话框将“库存信息”表中的字段“书名”和“书目信息”表中的字段“书名”关联起来。

3. 设计“销售信息”表

（1）创建数据库表“销售信息”，将视图切换到“设计视图”，在“销售信息”表的“字段名称”列的第 2 行至第 5 行依次输入“书名”“售出日期”“售出价格”和“售出数量”，依次设置数据类型为“数字”“日期／时间”“货币”和“数字”，如图 7-2-3 所示。

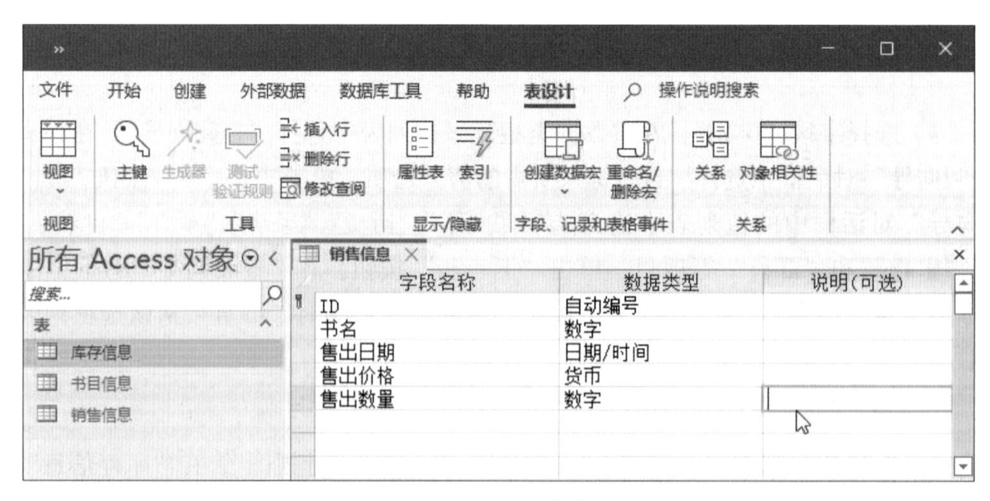

图 7-2-3　设计“销售信息”表

（2）选择字段“书名”，在“数据类型”下拉列表中选择“查阅向导”选项，通过“查阅向导”将“销售信息”表中的字段“书名”和“书目信息”表中的字段“书名”关联起来。

三、设计查询

创建“按类别查询书目信息”查询，将视图切换到“SQL 视图”，在 SQL 视图命令窗口中输入 SQL 语句，如图 7-2-4 所示。

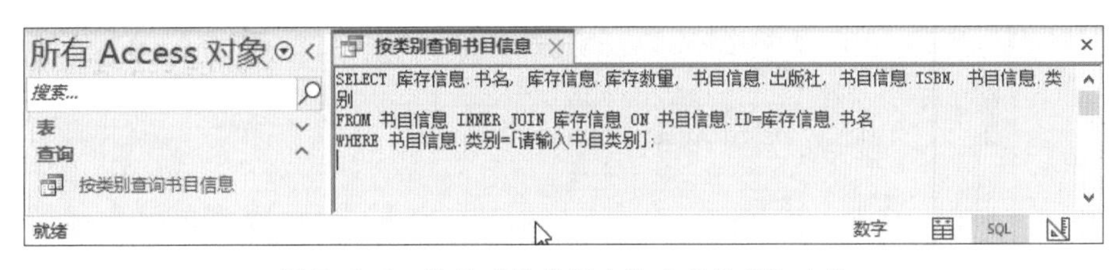

图 7-2-4　设计“按类别查询书目信息”查询

四、设计窗体

1. 设计“书目信息管理”窗体

（1）创建“书目信息管理”窗体，将视图切换到“设计视图”，将“书目信息”表中的字段添加至该窗体中，并以堆叠布局显示，然后添加 5 个按钮控件，依次是“按钮－转至前一项记录”“按钮－转至后一项记录”“按钮－添加新记录”“按钮－保存记录”和“按钮－删除记录”，如图 7-2-5 所示。

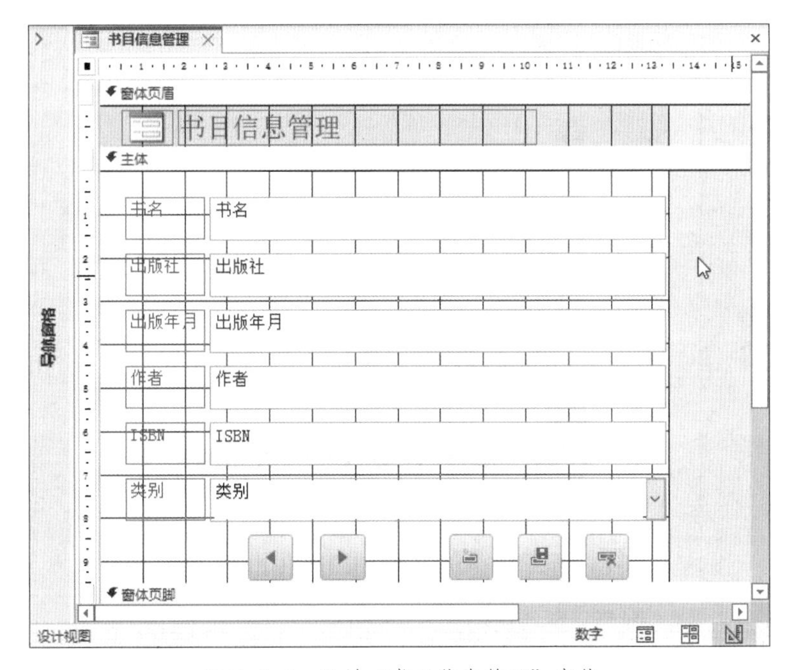

图 7-2-5　设计“书目信息管理”窗体

（2）将视图切换到“窗体视图”，依次录入 2 条记录并保存，如图 7-2-6 所示。

图 7-2-6　在“书目信息管理”窗体中录入记录

（3）在窗体中录入“类别”数据时，可以在其下拉列表中进行选择，如图 7-2-7 所示。

图 7-2-7　在“类别”的下拉列表中选择数据

（4）在导航窗格中选中并打开“书目信息”表，表中出现了新增的 2 条记录，如图 7-2-8 所示。

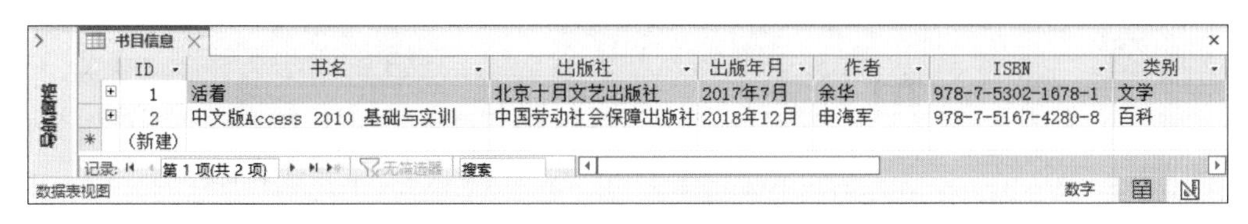

图 7-2-8　“书目信息”表新增记录

2. 设计“库存管理”窗体

（1）创建“库存管理”窗体，将视图切换到“设计视图”，将“库存信息”表中的字段添加至该窗体中，并以堆叠布局显示，然后添加 3 个按钮控件，依次是“按钮－添加新记录”“按钮－保存记录”和“按钮－删除记录”，如图 7-2-9 所示。

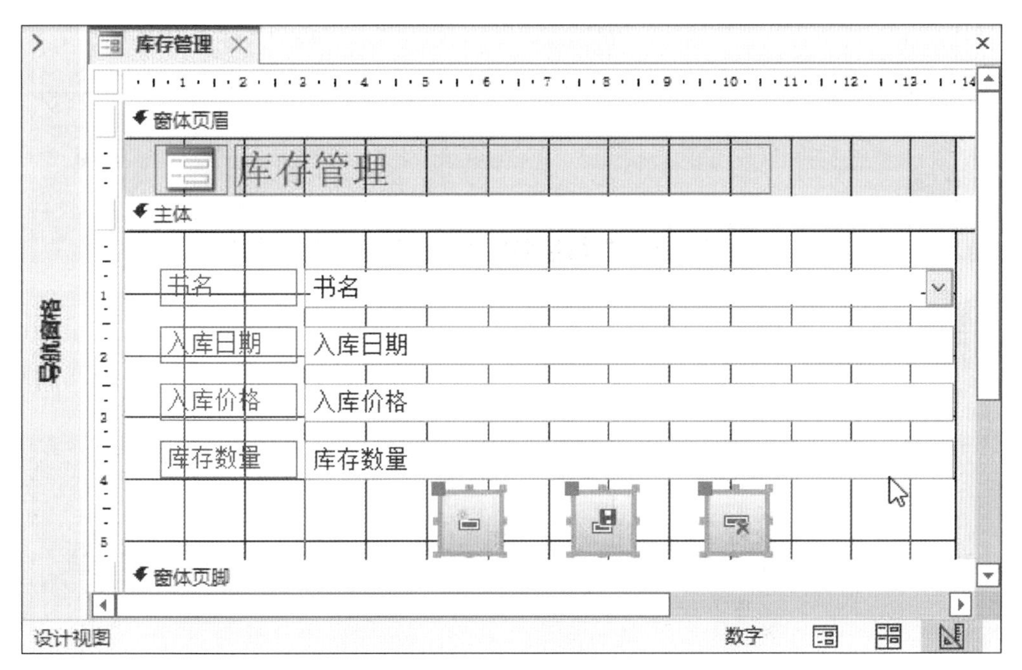

图 7-2-9　设计“库存管理”窗体

（2）将视图切换到“窗体视图”，依次录入 2 条记录并保存，如图 7-2-10 所示。

（3）在窗体中录入“书名”数据时，可以在其下拉列表中进行选择，如图 7-2-11 所示。

（4）在导航窗格中选中并打开“库存信息”表，表中出现了新增的 2 条记录，如图 7-2-12 所示。

图 7-2-10　在“库存管理”窗体中录入记录

图 7-2-11　在“书名”的下拉列表中选择数据

ID	书名	入库日期	入库价格	库存数量
1	活着	2022-10-01	¥30.00	50
2	中文版Access 2010 基础与实训	2022-10-02	¥35.00	500
(新建)			¥0.00	0

图 7-2-12　“库存信息”表新增记录

3. 设计“销售管理”窗体

（1）创建“销售管理”窗体，将视图切换到“设计视图”，将“销售信息”表中的字段添加至该窗体中，并以堆叠布局显示，然后添加 3 个按钮控件，依次是“按钮 – 添加新记录”“按钮 – 保存记录”和“按钮 – 删除记录”，如图 7–2–13 所示。

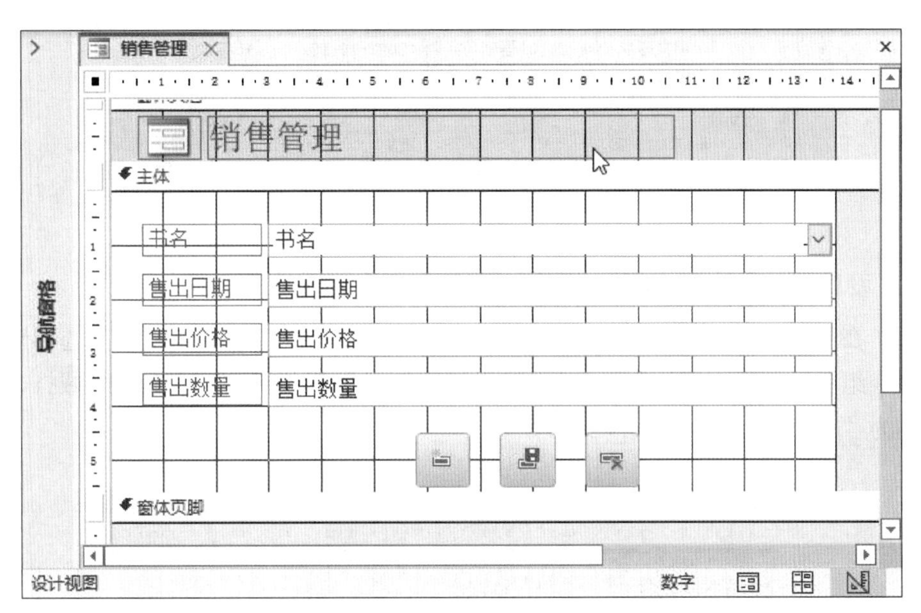

图 7–2–13　设计“销售管理”窗体

（2）将视图切换到“窗体视图”，依次录入 5 条记录并保存，如图 7–2–14 所示。

图 7–2–14　在“销售管理”窗体中录入记录

（3）在窗体中录入“书名”数据时，也可以在其下拉列表中进行选择。在导航窗格中选中并打开“销售信息”表，表中出现了新增的 5 条记录，如图 7-2-15 所示。

销售信息

ID	书名	售出日期	售出价格	售出数量
1	活着	2022-10-03	¥40.00	10
2	活着	2022-10-07	¥40.00	25
3	中文版Access 2010 基础与实训	2022-10-15	¥50.00	50
4	中文版Access 2010 基础与实训	2022-11-08	¥50.00	150
5	中文版Access 2010 基础与实训	2022-11-30	¥50.00	200
(新建)			¥0.00	0

记录: 第 1 项(共 5 项)　无筛选器　搜索
数据表视图　数字

图 7-2-15　在“销售信息”表中新增记录

4. 设计“按类别查询书目信息”窗体

（1）在导航窗格选择“按类别查询书目信息”查询，然后在“创建”选项卡“窗体”命令组中，单击“窗体”按钮，“按类别查询书目信息窗体”在文档区域打开，默认视图为“布局视图”，如图 7-2-16 所示。

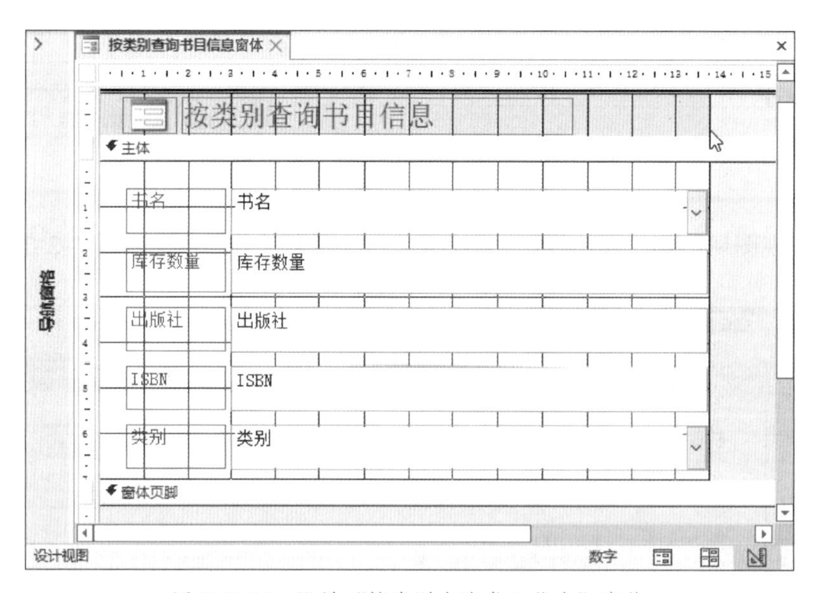

图 7-2-16　设计“按类别查询书目信息”窗体

（2）将视图切换到“窗体视图”，在“输入参数值”对话框中输入书目类别“文学”，单击“确定”按钮，如图 7-2-17 所示。

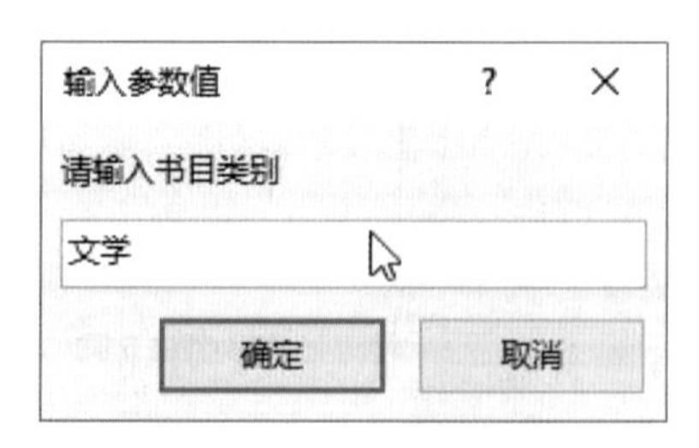

图 7-2-17　输入书目类别

（3）符合查询条件的书目信息和库存信息在窗体中显示出来，如果有多条查询记录，可以通过底部的导航栏中的按钮逐条查看，如图 7-2-18 所示。

图 7-2-18　符合查询条件的信息在窗体中显示

五、设计报表

1. 设计“书目信息报表”

（1）创建“书目信息报表”，将视图切换到“设计视图”，将“书目信息”表中的字段添加至该报表中，并以表格布局显示，然后为“书名”添加文本框控件“计数”用以统计信息，如图 7–2–19 所示。

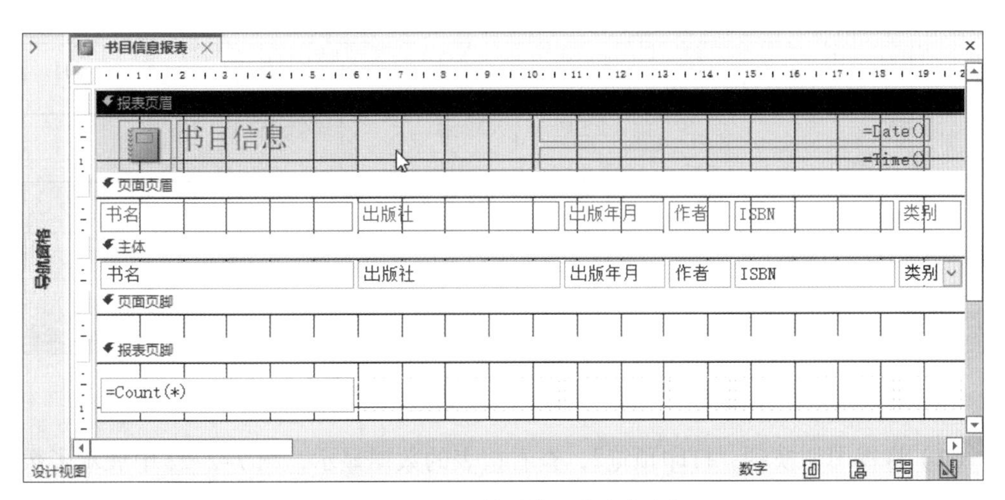

图 7–2–19　设计“书目信息报表”

（2）将视图切换到“打印预览”，查看报表的数据显示，图 7–2–20 中展示了数据库系统中所有的图书相关信息，并对“书名”数量进行了“求和”统计。

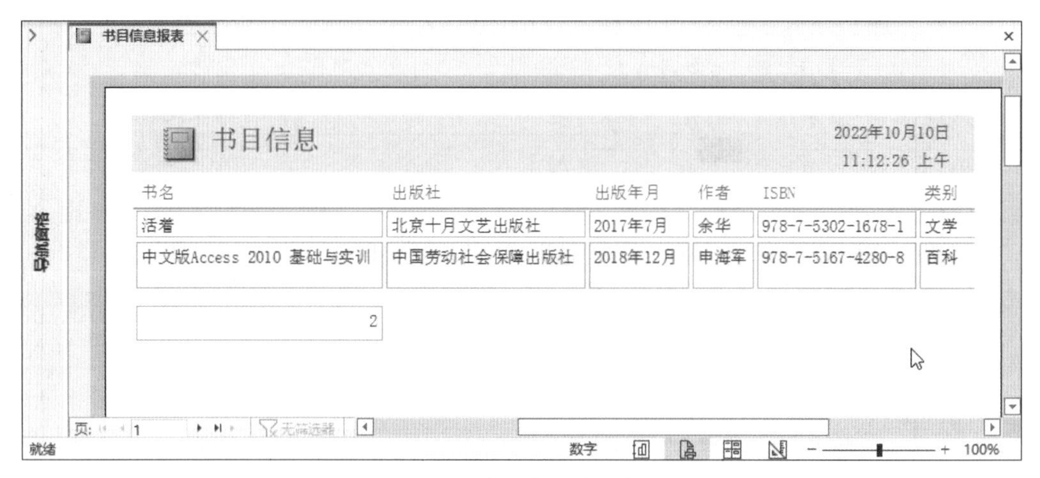

图 7-2-20 查看报表的数据显示

2. 设计“库存信息报表”

（1）创建“库存信息报表”，将视图切换到“设计视图”，将“库存信息”表中的字段添加至该报表中，并以表格布局显示，然后为“入库价格”和“库存数量”添加文本框控件“计数”用以统计信息，如图 7-2-21 所示。

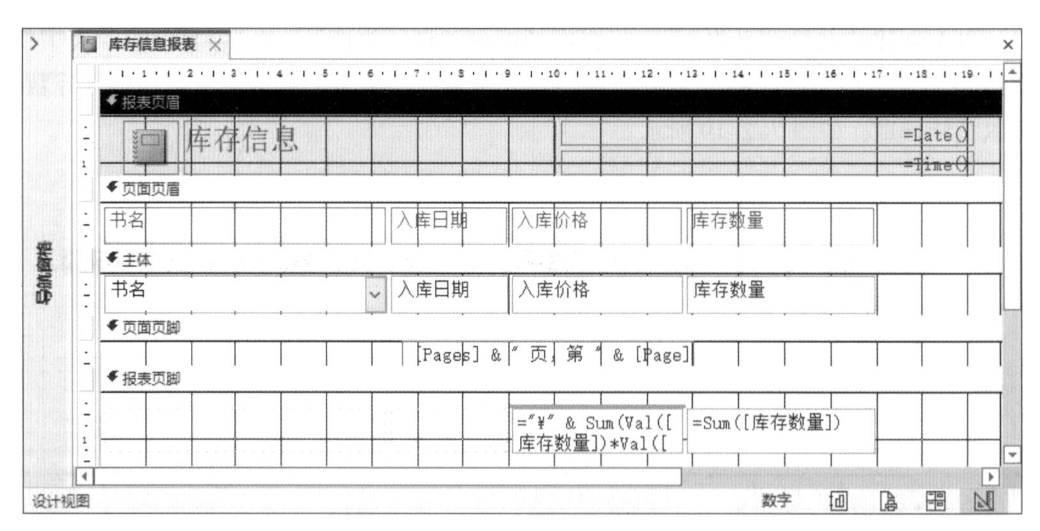

图 7-2-21 设计“库存信息报表”

（2）将视图切换到“打印预览”，查看报表的数据显示，图 7-2-22 中展示了数据库系统中所有的库存信息，并分别对“入库价格”和“库存数量”进行了“求和”统计。

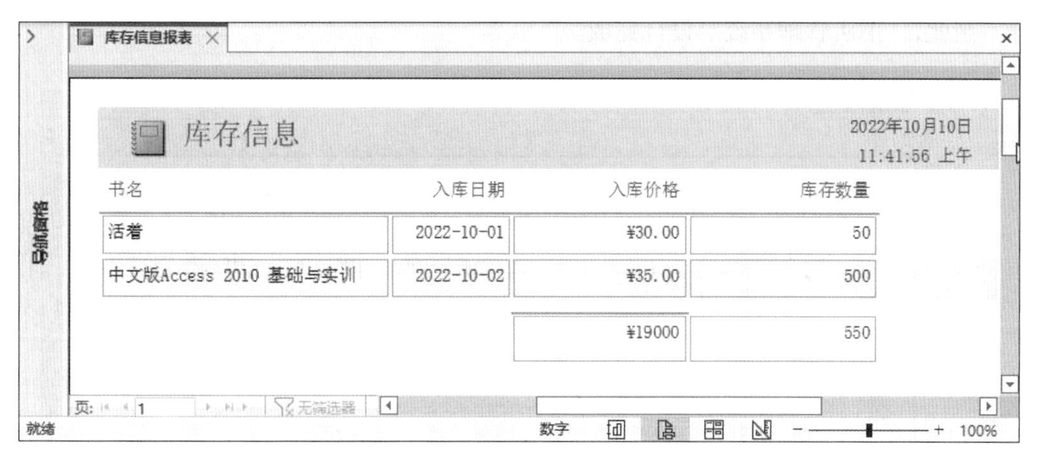

图 7-2-22　查看报表的数据显示

3. 设计“销售信息报表”

（1）创建“销售信息报表”，将视图切换到“设计视图”，将“销售信息”表中的字段添加至该报表中，并以表格布局显示，然后为“售出价格”和“售出数量”添加文本框控件“计数”用以统计信息，如图 7-2-23 所示。

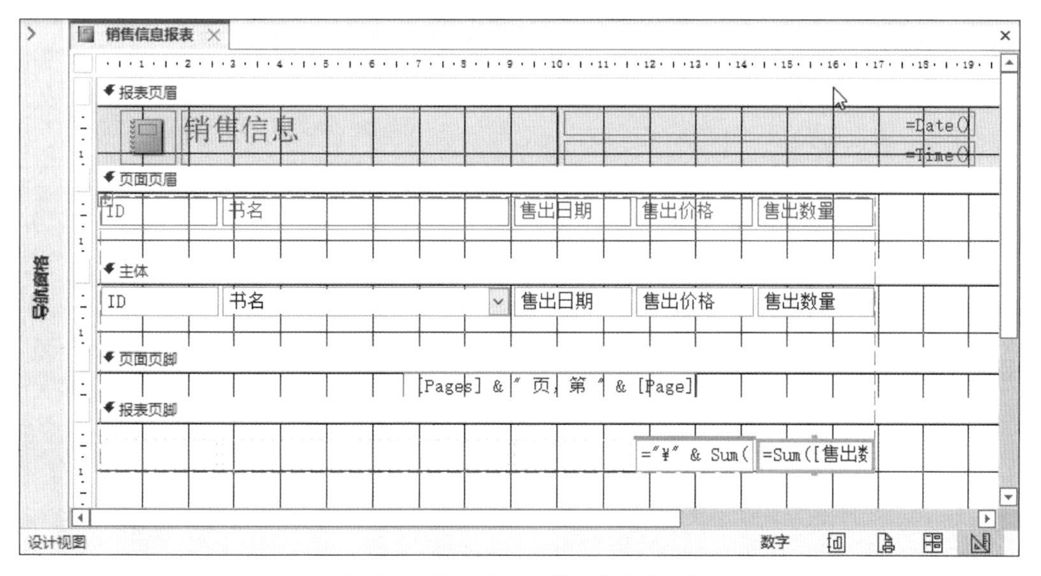

图 7-2-23　设计“销售信息报表”

（2）将视图切换到“打印预览”，查看报表的数据显示，图 7-2-24 中展示了数据库系统中所有的销售信息，并分别对“售出价格”和“售出数量”进行了“求和”统计。至此，“书店管理系统”设计完成。

图 7-2-24　查看报表的数据显示